Lob für »Mathe-Basics für Data Scientists«

In der Kakofonie, die die derzeitige Bildungslandschaft im Bereich der Data Science darstellt, hebt sich dieses Buch als Ressource mit vielen klaren, praktischen Beispielen für die Grundlagen ab, die erforderlich sind, um Daten zu verstehen und mit ihnen zu arbeiten. Da es in diesem Buch um die Basics geht, wird der Leser in die Lage versetzt, alle Aufgaben im Bereich Data Science mit einem stabilen Hintergrundwissen zu ihren Bausteinen zu bewältigen.

– Vicki Boykis, Senior Machine Learning Engineer bei Tumblr

Data Science baut auf linearer Algebra, Wahrscheinlichkeitstheorie und Analysis auf. Thomas Nield führt uns fachkundig durch all diese Themen – und mehr –, um eine solide Grundlage für das Verständnis der mathematischen Instrumente der Data Science zu schaffen.

– Mike X Cohen, sincXpress

Als Data Scientist verwenden wir täglich anspruchsvolle Modelle und Algorithmen. Dieses Buch entmystifiziert die Mathematik, die dahintersteckt, sodass sich diese Modelle und Algorithmen leichter begreifen und implementieren lassen.

– Siddharth Yadav, freiberuflicher Data Scientist

Ich wünschte, ich hätte früher schon mit diesem Buch arbeiten können! Thomas Nield hat es geschafft, komplexe mathematische Themen auf eine leicht verdauliche und fesselnde Art zu erklären. Ein erfrischender Ansatz sowohl für die Mathematik als auch die Data Science – er erklärt nahtlos die grundlegenden mathematischen Konzepte und ihre unmittelbaren Anwendungen beim maschinellen Lernen. Dieses Buch ist Pflichtlektüre für alle angehenden Data Scientists.

– Tatiana Ediger, freiberuflich tätig als Data Scientist,
Kursentwicklerin und Dozentin

Mathe-Basics für Data Scientists

Mathe-Basics für Data Scientists

Lineare Algebra, Statistik und Wahrscheinlichkeitsrechnung für die Datenanalyse

Thomas Nield

Deutsche Übersetzung von Frank Langenau

O'REILLY®

Wir hoffen, dass Sie Freude an diesem Buch haben und sich Ihre Erwartungen erfüllen. Falls Sie Anregungen, Wünsche und Kommentare haben, lassen Sie es uns wissen: **service@rheinwerk-verlag.de**.

Informationen zu unserem Verlag und Kontaktmöglichkeiten finden Sie auf unserer Verlagswebsite **www.dpunkt.de**. Dort können Sie sich auch umfassend über unser aktuelles Programm informieren und unsere Bücher und E-Books bestellen.

Autor: Thomas Nield
Übersetzung: Frank Langenau
Lektorat: Alexandra Follenius
Copy-Editing: Sibylle Feldmann, *www.richtiger-text.de*
Satz: III-satz, *www.drei-satz.de*
Herstellung: Stefanie Weidner, Frank Heidt
Covergestaltung: Karen Montgomery, Michael Oréal, *www.oreal.de*
Druck: mediaprint solutions GmbH, 33100 Paderborn

PEFC-zertifiziert
Dieses Buch stammt aus nachhaltig bewirtschafteten Wäldern und kontrollierten Quellen
PEFC
PEFC/04-31-0810
www.pefc.de

Dieses Buch wurde mit mineralölfreien Farben auf PEFC-zertifiziertem Papier aus nachhaltiger Waldwirtschaft gedruckt. Der Umwelt zuliebe verzichten wir zusätzlich auf die Einschweißfolie. Hergestellt in Deutschland.

Bibliografische Information der Deutschen Nationalbibliothek:
Die Deutsche Nationalbibliothek verzeichnet diese Publikation in der Deutschen Nationalbibliografie; detaillierte bibliografische Daten sind im Internet über *http://dnb.dnb.de* abrufbar.

ISBN Print: 978-3-96009-215-5
ISBN PDF: 978-3-96010-764-4
ISBN ePub: 978-3-96010-765-1

1. Auflage 2024, 1. Nachdruck 2025

Rheinwerk Verlag GmbH • Rheinwerkallee 4 • 53227 Bonn
service@rheinwerk-verlag.de

Inhalt

Einführung **13**

1 Grundlegende Mathematik und Infinitesimalrechnung **19**

Zahlentheorie 20
Reihenfolge der Operationen 21
Variablen 23
Funktionen 24
Summationen 28
Potenzen 30
Logarithmen 33
Eulersche Zahl und natürliche Logarithmen 35
  Die eulersche Zahl 35
  Natürliche Logarithmen 38
Grenzwerte 39
Ableitungen 41
  Partielle Ableitungen 44
  Die Kettenregel 47
Integrale 49
Zum Schluss 54
Übungen 54

2 Wahrscheinlichkeit **55**

Wahrscheinlichkeit verstehen 55
  Wahrscheinlichkeitsrechnung vs. Statistik 57
Wahrscheinlichkeitsmathematik 58
  Kombinierte Wahrscheinlichkeiten 58
  Vereinigungswahrscheinlichkeiten 59
  Bedingte Wahrscheinlichkeit und der Satz von Bayes 61
  Kombinierte und vereinigte bedingte Wahrscheinlichkeiten 63
Binomialverteilung 65
Beta-Verteilung 67

Zum Schluss . . . 73
Übungen . . . 74

3 **Deskriptive und inferenzielle Statistik** . . . **75**
Was sind Daten? . . . 75
Deskriptive versus inferenzielle Statistik . . . 78
Grundgesamtheiten, Stichproben und Verzerrungen . . . 78
Deskriptive Statistik . . . 82
Mittelwert und gewichteter Mittelwert . . . 83
Median . . . 84
Modus . . . 85
Varianz und Standardabweichung . . . 86
Die Normalverteilung . . . 91
Die inverse CDF . . . 97
z-Werte . . . 98
Inferenzielle Statistik . . . 100
Der zentrale Grenzwertsatz . . . 101
Konfidenzintervalle . . . 103
Was sind p-Werte? . . . 106
Hypothesentests . . . 107
Die t-Verteilung: mit kleinen Stichproben umgehen . . . 115
Big Data und der Zielscheibenfehler . . . 116
Zum Schluss . . . 118
Übungen . . . 119

4 **Lineare Algebra** . . . **121**
Was ist ein Vektor? . . . 121
Vektoren hinzufügen und kombinieren . . . 125
Vektoren skalieren . . . 127
Lineare Hülle (Spann) und lineare Abhängigkeit . . . 129
Lineare Transformationen . . . 131
Basisvektoren . . . 131
Matrix-Vektor-Multiplikation . . . 134
Matrixmultiplikation . . . 138
Determinanten . . . 141
Spezielle Matrixtypen . . . 144
Quadratische Matrix . . . 144
Identitätsmatrix . . . 145
Inverse Matrix . . . 145
Diagonalmatrix . . . 146
Dreiecksmatrix . . . 146
Dünnbesetzte Matrix . . . 146
Gleichungssysteme und inverse Matrizen . . . 147

Eigenvektoren und Eigenwerte . . . 151
Zum Schluss . . . 153
Übungen . . . 154

5 **Lineare Regression** . . . **155**
Eine einfache lineare Regression . . . 156
Einfache lineare Regression mit scikit-learn . . . 159
Residuen und Fehlerquadrate . . . 160
Die beste Anpassungsgerade suchen . . . 163
Gleichung in geschlossener Form . . . 164
Techniken mit inversen Matrizen . . . 165
Gradientenabstieg . . . 167
Überanpassung und Varianz . . . 173
Stochastischer Gradientenabstieg . . . 175
Der Korrelationskoeffizient . . . 177
Statistische Signifikanz . . . 180
Bestimmtheitsmaß . . . 185
Standardfehler der Schätzung . . . 186
Vorhersageintervalle . . . 187
Aufteilung in Trainings- und Testdaten . . . 190
Multiple lineare Regression . . . 196
Zum Schluss . . . 197
Übungen . . . 197

6 **Logistische Regression und Klassifikation** . . . **199**
Logistische Regression verstehen . . . 199
Eine logistische Regression durchführen . . . 202
Logistische Funktion . . . 202
Die logistische Kurve anpassen . . . 204
Multivariable logistische Regression . . . 210
Das Wesen der Log-Odds . . . 213
R-Quadrat . . . 217
p-Werte . . . 221
Aufteilung in Trainings- und Testdaten . . . 223
Wahrheitsmatrizen . . . 224
Der Satz von Bayes und Klassifizierung . . . 227
ROC-Kurve/Fläche unter der Kurve . . . 228
Klassenungleichgewicht . . . 229
Zum Schluss . . . 230
Übungen . . . 231

7 **Neuronale Netze** . . . **233**
Wann man neuronale Netze und Deep Learning verwendet . . . 234

Ein einfaches neuronales Netz 235
Aktivierungsfunktionen 237
Forward Propagation 242
Backpropagation 248
Die Ableitungen von Gewichts- und Schwellenwerten berechnen . . . 248
Stochastischer Gradientenabstieg 252
Die Bibliothek scikit-learn 256
Grenzen von neuronalen Netzen und Deep Learning 257
Zum Schluss 260
Übung 261

8 Karriereberatung und der Weg in die Zukunft 263
Data Science – neu definiert 264
Data Science – ein geschichtlicher Abriss 266
Ihr eigenes Profil schärfen 269
SQL-Kenntnisse 269
Programmierkenntnisse 272
Datenvisualisierung 275
Branchenkenntnisse 277
Produktives Lernen 279
Praktiker vs. Ratgeber 279
Worauf Sie bei Data-Science-Jobs achten sollten 282
Rollendefinition 283
Organisatorischer Fokus und Akzeptanz 283
Genügend Ressourcen 285
Vernünftige Ziele 286
Mit bestehenden Systemen konkurrieren 287
Eine Rolle ist nicht das, was Sie erwartet haben 289
Existiert Ihr Traumjob nicht? 291
Wie geht es weiter? 291
Zum Schluss 292

Anhang A Ergänzende Themen 295
LaTeX-Rendering mit SymPy 295
Binomialverteilung von Grund auf 297
Beta-Verteilung von Grund auf 298
Den Satz von Bayes ableiten 299
CDF und inverse CDF von Grund auf 301
Ereigniswahrscheinlichkeit mit e im Zeitverlauf vorhersagen 302
Bergsteigeralgorithmus und lineare Regression 304
Bergsteigeralgorithmus und logistische Regression 306
Eine kurze Einführung in lineare Optimierung 307
MNIST-Klassifizierer mit scikit-learn 312

Anhang B Lösungen zu den Übungen 315

Index 327

Einführung

In den letzten zehn Jahren hat das Interesse an angewandter Mathematik und Statistik in unserem Arbeits- und Lebensalltag zugenommen. Warum ist das so? Hat es mit dem gestiegenen Interesse an *Data Science* zu tun, das von der Harvard Business Review als der »sexiest Job des 21. Jahrhunderts« deklariert wurde (*https://oreil.ly/GslO6*)? Oder ist es das Versprechen, dass maschinelles Lernen und *künstliche Intelligenz* unser Leben verändern werden? Liegt es daran, dass die Schlagzeilen mit Studien, Umfragen und Forschungsergebnissen überschwemmt werden, wir aber nicht wissen, wie wir solche Behauptungen überprüfen sollen? Oder ist es das Versprechen, dass »selbstfahrende« Autos und Roboter in naher Zukunft Arbeitsplätze automatisieren werden?

Ich behaupte, dass die Disziplinen Mathematik und Statistik aufgrund der zunehmenden Verfügbarkeit von Daten das breite Interesse der Öffentlichkeit geweckt haben und wir Mathematik, Statistik und maschinelles Lernen benötigen, um diese Daten sinnvoll zu nutzen. Ja, wir haben wissenschaftliche Werkzeuge, maschinelles Lernen und andere Instrumente der Automatisierung, die wie die Sirenen nach uns rufen. Diesen »Blackboxes«, Geräten und Programmen vertrauen wir blindlings; wir verstehen sie zwar nicht, aber wir nutzen sie trotzdem.

Man ist zwar geneigt zu glauben, dass Computer schlauer sind als wir (und dieser Gedanke wird häufig vermarktet), aber die Realität ist weit davon entfernt. Diese Diskrepanz kann auf vielen Ebenen heikel sein. Wollen Sie wirklich, dass ein Algorithmus oder eine KI eine Strafe verhängt oder ein Fahrzeug steuert, dass aber niemand, nicht einmal der Entwickler, erklären kann, wie es zu einer bestimmten Entscheidung gekommen ist? Erklärbarkeit ist die nächste Stufe der statistischen Datenverarbeitung und der KI. Diese kann erst dann beginnen, wenn wir die Blackbox öffnen und die Mathematik enthüllen.

Vielleicht fragen Sie sich auch, wieso eine Entwicklerin nicht wissen kann, wie ihr eigener Algorithmus funktioniert. Darauf gehen wir in der zweiten Hälfte des Buchs ein, wenn wir Techniken des maschinellen Lernens erörtern und aufzeigen, warum wir die Mathematik hinter den von uns erstellten Blackboxes verstehen müssen.

Ein weiterer Punkt ist, dass der Grund für die massenhafte Datenerfassung vor allem in den vernetzten Geräten und ihrer Präsenz in unserem Alltag liegt. Wir nutzen das Internet nicht mehr nur über einen Desktop- oder Laptop-Computer. Wir haben es jetzt auch in unseren Smartphones, Autos und Haushaltsgeräten dabei. Dies hat in den letzten zwei Jahrzehnten einen fast unmerklichen Wandel in Gang gesetzt. Daten haben sich von einem operativen Werkzeug zu etwas entwickelt, das für Ziele gesammelt und analysiert wird, die noch gar nicht genau umrissen sind. Eine Smartwatch sammelt ständig Daten über unsere Herzfrequenz, die Atmung, die zu Fuß zurückgelegte Strecke und andere Kennwerte. Dann lädt sie die Daten hoch in eine Cloud, um sie zusammen mit anderen Usern zu analysieren. Unsere Fahrgewohnheiten werden von computergesteuerten Autos erfasst und von den Herstellern genutzt, um Daten für selbstfahrende Fahrzeuge zusammenzutragen. Sogar »intelligente Zahnbürsten« finden ihren Weg in die Drogerien. Sie zeichnen die Putzgewohnheiten auf und speichern diese Daten in der Cloud. Es lässt sich darüber streiten, ob die Daten der intelligenten Zahnbürste nützlich und wichtig sind!

Dieses ganze Datensammeln durchdringt jeden Winkel unseres Lebens. Das kann erdrückend sein, und man könnte ein ganzes Buch über Bedenken hinsichtlich Datenschutz und Ethik schreiben. Aber die Verfügbarkeit von Daten bietet auch die Möglichkeit, Mathematik und Statistik auf neue Art und Weise zu nutzen und sich außerhalb des akademischen Umfelds stärker zu engagieren. Wir können mehr über die menschliche Erfahrung lernen, das Design und die Anwendung von Produkten verbessern sowie kommerzielle Strategien optimieren. Wenn Sie die in diesem Buch vorgestellten Ideen verstehen, werden Sie den Wert erschließen können, der in unserer Daten sammelnden Infrastruktur steckt. Das bedeutet nicht, dass Daten und statistische Werkzeuge ein Allheilmittel sind, um alle Probleme dieser Welt zu lösen, aber sie bieten uns neue Werkzeuge, die wir nutzen können. Manchmal ist es ebenso wertvoll, bestimmte Datenprojekte als Irrwege anzuerkennen und sich klarzumachen, dass die Anstrengungen an anderer Stelle besser investiert sind.

Die zunehmende Verfügbarkeit von Daten hat bewirkt, dass Data Science und maschinelles Lernen zu gefragten Berufen geführt haben. Wir definieren die Mathe-Basics als einen Umgang mit Wahrscheinlichkeit, linearer Algebra, Statistik und maschinellem Lernen. Wenn Sie eine Karriere in den Bereichen Data Science, maschinelles Lernen oder Softwaretechnik anstreben, sind diese Themen unerlässlich. Ich werde nur so viel Hochschulmathematik, Analysis und Statistik einbringen, wie es für das Verständnis der Blackbox-Bibliotheken – mit denen Sie arbeiten werden – unerlässlich ist.

Mit diesem Buch möchte ich Leserinnen und Lesern verschiedene Bereiche der Mathematik, Statistik und des maschinellen Lernens näherbringen, die auf reale Probleme anwendbar sind. Die ersten vier Kapitel befassen sich mit grundlegenden mathematischen Konzepten, darunter praktische Analysis, Wahrscheinlichkeit, lineare Algebra und Statistik. Die letzten drei Kapitel sind dem maschinellen Lernen gewidmet. Der ultimative Zweck eines Lehrbuchs über maschinelles Lernen ist es, alles zu integrieren, was wir lernen, und praktische Einblicke in die Verwendung von maschinellem Lernen und statistischen Bibliotheken über ein Blackbox-Verständnis hinaus zu demonstrieren.

Um den Beispielen zu folgen, benötigen Sie lediglich einen Windows-/Mac-/Linux-Computer und eine Python-3-Umgebung Ihrer Wahl. Die wichtigsten Python-Bibliotheken, die Sie benötigen werden, sind `numpy`, `scipy`, `sympy` und `sklearn`. Wenn Sie mit Python nicht vertraut sind: Keine Angst, es handelt sich um eine einfache und übersichtliche Programmiersprache, die sich der Unterstützung durch riesige Lernressourcen erfreut. Unter anderem empfehle ich folgende Quellen:

Einführung in Data Science: Grundprinzipien der Datenanalyse mit Python, 2. Auflage, von Joel Grus (O'Reilly)
: Das zweite Kapitel dieses Buchs ist der beste Crashkurs in Python, der mir je untergekommen ist. Selbst wenn Sie noch nie zuvor ein Programm geschrieben haben, gelingt es Joel auf fantastische Art und Weise, Ihnen in kürzester Zeit einen effektiven Einstieg in Python zu ermöglichen. Zudem ist es ein großartiges Buch, das man im Regal stehen hat und mit dem man sein mathematisches Wissen anwenden kann!

Python for the Busy Java Developer von Deepak Sarda (Apress)
: Wenn Sie als Softwareentwicklerin oder Softwareentwickler von einem statisch typisierten, objektorientierten Programmierhintergrund kommen, sollten Sie zu diesem Buch greifen. Als jemand, der mit Java zu programmieren begonnen hat, schätze ich es sehr, wie Deepak die Features von Python insbesondere für Java-Entwickler erörtert. Sollten Sie mit .NET, C++ oder anderen C-ähnlichen Sprachen gearbeitet haben, werden Sie Python mit diesem Buch aller Voraussicht nach effektiv lernen.

Dieses Buch wird Sie nicht zu einem Experten machen oder Ihnen einen Doktortitel verleihen. Nach Möglichkeit vermeide ich mathematische Ausdrücke, die mit griechischen Buchstaben gespickt sind, und werde sie stattdessen in einfacher Sprache beschreiben. Aber dieses Buch wird Ihnen den Umgang mit Mathematik und Statistik erleichtern und Ihnen das *wesentliche* Wissen vermitteln, damit Sie sich in diesen Bereichen erfolgreich bewegen können. Meiner Ansicht nach besteht der Weg zum Erfolg nicht darin, ein profundes Spezialwissen zu einem Thema zu haben, sondern sich mit mehreren Themen auseinanderzusetzen und praktische Kenntnisse zu erwerben. Das ist das Ziel dieses Buchs, und Sie werden gerade genug lernen, um angriffslustig zu sein und diese einst so schwer fassbaren kritischen Fragen zu stellen.

Fangen wir also an!

Konventionen in diesem Buch

In diesem Buch werden folgende typografische Konventionen verwendet:

Kursiv
: Kennzeichnet neue Begriffe, URLs, E-Mail-Adressen, Dateinamen und Dateierweiterungen.

`Schreibmaschinenschrift`
: Wird in Programmlistings verwendet und im Fließtext für Programmelemente wie zum Beispiel Variablen- oder Funktionsnamen, Datenbanken, Datentypen, Umgebungsvariablen, Anweisungen und Schlüsselwörter.

`Schreibmaschinenschrift fett`
: Kennzeichnet Befehle oder andere Texte, die vom Benutzer buchstäblich eingegeben werden sollen.

`Schreibmaschinenschrift kursiv`
: Zeigt Text, der ersetzt werden soll durch Werte, die der Benutzer bereitstellt, oder Werte, die sich aus dem Kontext ergeben.

Tipp
Dieses Element kennzeichnet einen Tipp oder Vorschlag.

Hinweis
Dieses Element kennzeichnet einen allgemeinen Hinweis.

Warnung
Dieses Element steht für eine Warnung oder erhöhte Aufmerksamkeit.

Codebeispiele

Ergänzendes Material (Codebeispiele, Übungen usw.) stehen Ihnen unter *https://github.com/thomasnield/machine-learning-demo-data* zum Download zur Verfügung.

Dieses Buch soll Ihnen bei Ihrer täglichen Arbeit helfen. Falls Beispielcode zum Buch angeboten wird, dürfen Sie ihn im Allgemeinen in Ihren Programmen und für Dokumentationen verwenden. Sie müssen uns nicht um Erlaubnis bitten, es sei denn, Sie kopieren einen erheblichen Teil des Codes. Wenn Sie zum Beispiel ein Programm schreiben, das einige Codeblöcke aus diesem Buch verwendet, benötigen Sie keine Erlaubnis. Sollten Sie aber Beispiele aus O'Reilly-Büchern verkaufen oder verbreiten, ist eine Erlaubnis erforderlich. Wenn Sie eine Frage beantworten und dabei dieses Buch oder Beispielcode aus diesem Buch zitieren, brauchen Sie wiederum keine Erlaubnis. Aber lassen Sie erhebliche Teile des Beispielcodes aus diesem Buch in die Dokumentation Ihres Produkts einfließen, ist eine Erlaubnis einzuholen.

Wir schätzen eine Quellenangabe, verlangen sie aber nicht. Eine Quellenangabe umfasst in der Regel Titel, Autor, Verlag und ISBN, zum Beispiel: »*Mathe-Basics für Data Scientists* von Thomas Nield, O'Reilly 2024, ISBN 978-3-96009-215-5.«

Wenn Sie der Meinung sind, dass Sie die Codebeispiele in einer Weise verwenden, die über die oben erteilte Erlaubnis hinausgeht, kontaktieren Sie uns bitte unter *kommentar@oreilly.de*.

Danksagungen

An diesem Buch haben über ein Jahr lang viele Menschen mitgearbeitet. Zunächst möchte ich meiner Frau Kimberly für ihre Unterstützung danken, während ich dieses Buch geschrieben habe, insbesondere in der Zeit bis zum ersten Geburtstag unseres Sohnes Wyatt. Kimberly ist eine großartige Ehefrau und Mutter, und alles, was ich jetzt tue, ist für meinen Sohn und die bessere Zukunft unserer Familie.

Ich möchte meinen Eltern dafür danken, dass sie mich gelehrt haben, über meine Grenzen hinaus zu kämpfen und niemals das Handtuch zu werfen. Dem Thema dieses Buchs entsprechend bin ich froh, dass sie mich ermutigt haben, mich auf der Highschool und am College ernsthaft mit Analysis zu beschäftigen, und niemand kann ein Buch schreiben, ohne regelmäßig seine Komfortzone zu verlassen.

Dem fantastischen Team von Lektorinnen und Lektoren und Mitarbeitern bei O'Reilly möchte ich danken, die mir immer wieder Türen geöffnet haben, seit ich 2015 mein erstes Buch über SQL geschrieben habe. Es war fantastisch, mit Jill Leonard und Jessica Haberman zusammenzuarbeiten, um dieses Buch zu schreiben und zu veröffentlichen. Zudem bin ich dankbar, dass Jess an mich gedacht hat, als dieses Thema aufkam.

Ein Dank geht an meine Kollegen an der University of Southern California (USC) im Programm für Flugsicherheit. Die Möglichkeit, Pionierarbeit im Bereich der Sicherheit von Systemen mit künstlicher Intelligenz zu leisten, hat mir Einsichten vermittelt, die nur wenige Menschen haben, und ich freue mich darauf, zu sehen, was wir in den kommenden Jahren noch erreichen werden. Arch, Sie versetzen mich immer wieder in Erstaunen, und ich befürchte, dass die Welt an dem Tag, an dem Sie in den Ruhestand gehen, aufhören wird zu funktionieren.

Zu guter Letzt möchte ich meinem Bruder Dwight Nield und meinem Freund Jon Ostrower danken, die Partner in meinem Unternehmen Yawman Flight sind. Ein Start-up zu gründen, ist schwer, und ihre Hilfe hat mir wertvolle Zeit verschafft, um dieses Buch zu schreiben. Jon hat mich an der USC an Bord geholt, und seine unermüdlichen Leistungen in der Welt des Luftfahrtjournalismus sind schlichtweg bemerkenswert (suchen Sie nach seinem Namen!). Es ist mir eine Ehre, dass sie eine Erfindung, die ich in meiner Garage begonnen habe, genauso leidenschaftlich verfolgen wie ich, und ich glaube nicht, dass ich diese ohne sie in die Welt bringen könnte.

Allen, die ich hier nicht erwähnt habe, danke ich für die großen und kleinen Dinge, die ihr getan habt. Meistens bin ich dafür belohnt worden, dass ich neugierig war und Fragen gestellt habe. Das halte ich nicht für selbstverständlich. Wie Ted Lasso sagte: »Sei neugierig, nicht voreingenommen.«

KAPITEL 1

Grundlegende Mathematik und Infinitesimalrechnung

Das erste Kapitel beginnen wir mit der Frage, was Zahlen sind und wie Variablen und Funktionen in einem kartesischen System funktionieren. Dann beschäftigen wir uns mit Potenzen und Logarithmen. Anschließend geht es um die beiden grundlegenden Operationen der Infinitesimalrechnung: Ableitungen und Integrale.

Bevor wir in die angewandten Bereiche der grundlegenden Mathematik – zum Beispiel Wahrscheinlichkeit, lineare Algebra, Statistik und maschinelles Lernen – eintauchen, ist es zweckmäßig, einige grundlegende Konzepte der Mathematik und Infinitesimalrechnung aufzufrischen. Doch das sollte nicht dazu führen, dass Sie dieses Buch fallen lassen und schreiend davonlaufen. Keine Sorge! Ich werde Ihnen zeigen, wie man Ableitungen und Integrale für eine Funktion auf eine Art und Weise berechnet, die Ihnen im Studium wahrscheinlich nicht beigebracht wurde. Denn wir haben PyTorch auf unserer Seite, nicht nur Bleistift und Papier. Selbst wenn Sie mit Ableitungen und Integralen nicht vertraut sind, müssen Sie sich nicht abschrecken lassen.

Diese Themen werde ich so knapp und praktisch wie möglich halten und mich nur auf das konzentrieren, was Ihnen in späteren Kapiteln helfen wird und was unter den Begriff »grundlegende Mathematik« fällt.

Dies ist kein kompletter Crashkurs in Mathematik!

Dieses Buch bietet keineswegs einen umfassenden Überblick über die Mathematik an Gymnasien und Universitäten. Wenn Sie das wollen, empfiehlt sich das Buch *No Bullshit Guide to Math and Physics* von Ivan Savov. Die ersten Kapitel enthalten den besten Crashkurs zur Mathematik auf Abitur- und Universitätsniveau, den ich je gesehen habe. Das Buch *Mathematics 1001* von Dr. Richard Elwes bietet ebenfalls großartige Inhalte und zudem Erklärungen in leicht verdaulichen Häppchen.

Zahlentheorie

Was sind Zahlen? Ich verspreche, in diesem Buch nicht zu philosophisch zu werden, aber sind Zahlen nicht ein Konstrukt, das wir definiert haben? Warum haben wir die Ziffern 0 bis 9 und nicht mehr als diese? Warum haben wir Brüche und Dezimalzahlen und nicht einfach nur ganze Zahlen? Dieser Bereich der Mathematik, in dem wir über Zahlen nachsinnen und warum wir sie in einer bestimmten Weise konstruiert haben, wird als Zahlentheorie bezeichnet.

Die *Zahlentheorie* geht bis in die Antike zurück, als Mathematiker verschiedene Zahlensysteme untersucht haben, und sie erklärt, warum wir sie so akzeptieren, wie wir es heute tun. Hier sind verschiedene Zahlensysteme, die Sie vielleicht kennen:

Natürliche Zahlen
: Das sind die Zahlen 1, 2, 3, 4, 5 ... usw. Zu dieser Klasse gehören nur positive Zahlen. Die natürlichen Zahlen sind das älteste bekannte System, denn bereits die Höhlenmenschen ritzten Striche auf Knochen und Höhlenwände, um Aufzeichnungen zu machen.

Ganze Zahlen
: Zusätzlich zu den natürlichen Zahlen wurde später das Konzept der »0« hinzugefügt. Wir sprechen dann von *ganzen Zahlen*. Die Babylonier entwickelten auch die nützliche Idee, leere »Spalten« für Zahlen größer als 9 freizuhalten, wie zum Beispiel »10«, »1.000« oder »1.090«. Die Nullen zeigen an, dass die Spalten nicht durch einen Wert belegt sind.

Integer-Zahlen
: Integer-Zahlen umfassen sowohl positive als auch negative natürliche Zahlen sowie die 0. Wir mögen sie für selbstverständlich halten, Mathematiker der Antike jedoch misstrauten der Idee von negativen Zahlen zutiefst. Aber wenn man 5 von 3 subtrahiert, erhält man –2. Dies ist vor allem im Finanzwesen nützlich, wenn wir Gewinne und Verluste messen. Im Jahr 628 n. Chr. zeigte ein indischer Mathematiker namens Brahmagupta, warum negative Zahlen notwendig sind, damit die Arithmetik mit der quadratischen Formel möglich wurde. Daher wurden ganze Zahlen – positive und negative – akzeptiert.

Rationale Zahlen
: Jede Zahl, die sich als Bruch ausdrücken lässt, beispielsweise 2/3, ist eine rationale Zahl. Dies schließt alle endlichen Dezimalzahlen und ganzen Zahlen ein, da sie sich auch als Brüche darstellen lassen, wie zum Beispiel 687/100 = 6,87 oder 2/1 = 2. Die Bezeichnung *rationale Zahlen* stammt vom lateinischen Wort *ratio* = *Verhältnis*. Rationale Zahlen wurden schnell als notwendig erachtet, weil Zeit, Ressourcen und andere Größen nicht immer in diskreten Einheiten gemessen werden konnten. Milch wird nicht immer in Litern abgefüllt, wir müssen vielleicht in Teilen eines Liters messen. Wenn ich 12 Minuten laufe, werde ich das nicht in ganzen Kilometern angeben können, da ich bei gemächlichem Tempo eigentlich nur 1,7 Kilometer absolviert habe.

Irrationale Zahlen

Irrationale Zahlen lassen sich nicht als Bruch ausdrücken. Dieser Klasse gehören die berühmte Kreiszahl π an, die Quadratwurzeln einiger Zahlen wie $\sqrt{2}$ und die eulersche Zahl e, die Sie später noch kennenlernen werden. Diese Zahlen haben eine unendliche Anzahl von Dezimalstellen, etwa so: 3,141592653589793238462...

Hinter den irrationalen Zahlen verbirgt sich eine interessante Geschichte. Der griechische Mathematiker Pythagoras glaubte, dass alle Zahlen rational seien. Er glaubte so fest daran, dass er eine Religion gründete, die die Zahl 10 anbetete. »Segne uns, göttliche Zahl, du, die du Götter und Menschen hervorgebracht hast!«, beteten er und seine Anhänger (warum »10« für ihn so besonders war, weiß ich nicht). Eine Legende besagt, dass einer seiner Anhänger, Hippasus, bewies, dass nicht alle Zahlen rational sind, indem er einfach die Quadratwurzel aus 2 demonstrierte. Dies brachte Pythagoras' Glaubenssystem schwer durcheinander, und er reagierte, indem er Hippasus im Meer ertränkte.

Unabhängig davon wissen wir heute, dass nicht alle Zahlen rational sind.

Reelle Zahlen

Zu den reellen Zahlen gehören rationale sowie irrationale Zahlen. In der Praxis können Sie bei datenwissenschaftlichen Arbeiten alle Dezimalstellen, mit denen Sie arbeiten, als reelle Zahlen behandeln.

Komplexe und imaginäre Zahlen

Diesem Zahlentyp werden Sie häufiger begegnen, wenn Sie die Quadratwurzel einer negativen Zahl ziehen. Obwohl imaginäre und komplexe Zahlen für bestimmte Problemstellungen von Bedeutung sind, werden wir sie hier meistens meiden.

In der Data Science werden Sie einen Großteil Ihrer Arbeit (wenn nicht die gesamte Arbeit) mit ganzen Zahlen, natürlichen Zahlen, verschiedenen Integer-Typen und reellen Zahlen zu tun haben. Imaginäre Zahlen werden Sie in erweiterten Anwendungsfällen wiederfinden, beispielsweise als Matrixzerlegung, auf die wir in Kapitel 4 zurückkommen.

Komplexe und imaginäre Zahlen

Wenn Sie mehr über imaginäre Zahlen lernen möchten, gibt es eine großartige Playlist auf YouTube mit dem Titel *Imaginary Numbers are Real* (*https://oreil.ly/bvyIq*, englisch mit deutschen Untertiteln).

Reihenfolge der Operationen

Hoffentlich sind Sie mit der *Reihenfolge der Operationen* vertraut, d. h. mit der Reihenfolge, in der Sie die einzelnen Teile eines mathematischen Ausdrucks lösen. Eine kurze Auffrischung: Zuerst werten Sie die Teile in Klammern aus, gefolgt von den Potenzen, dann kommen Multiplikation, Division, Addition und Subtraktion.

Aufgrund der zugeordneten Rechenzeichen werden Multiplikation und Division als Punktrechnung und Addition und Subtraktion als Strichrechnung bezeichnet. Die Reihenfolge der Operationen können Sie sich dann mit der Eselsbrücke *KlaPoPuS* merken, also Klammern vor Potenzen vor Punkt- und Strichrechnungen. Nehmen Sie zum Beispiel folgenden Ausdruck:

$$2 \times \frac{(3+2)^2}{5} - 4$$

Zuerst werten wir den Inhalt der Klammern (3 + 2) aus, was gleich 5 ist:

$$2 \times \frac{\mathbf{(5)}^2}{5} - 4$$

Als Nächstes lösen wir die Potenz auf, hier das Quadrat der eben gebildeten Summe 5, also 25:

$$2 \times \frac{\mathbf{25}}{5} - 4$$

Nun sind Multiplikation und Division dran. Die Reihenfolge dieser beiden Operationen lässt sich vertauschen, da Division prinzipiell eine Multiplikation (mit Brüchen) ist. Wir multiplizieren 2 mit $\frac{25}{5}$, was $\frac{50}{5}$ ergibt:

$$\frac{50}{5} - 4$$

Wir führen die Division aus, d.h. 50 durch 5, was 10 ergibt:

$$\mathbf{10} - 4$$

Zum Schluss ist die Strichrechnung an der Reihe, d.h. Addition und Subtraktion. Im Beispiel ist nur noch 10 – 4 zu rechnen, was 6 liefert:

$$10 - 4 = 6$$

In Python ausgedrückt, würden wir natürlich einen Wert von `6.0` erhalten, wie Beispiel 1-1 zeigt.

Beispiel 1-1: Einen Ausdruck in Python lösen

```
my_value = 2 * (3 + 2)**2 / 5 - 4
print(my_value) # Ausgabe: 6.0
```

Dies mag zwar elementar sein, ist aber dennoch von entscheidender Bedeutung. Auch wenn Sie im Code ohne Klammern das richtige Ergebnis erhalten, empfiehlt es sich, Klammern in komplexen Ausdrücken großzügig zu verwenden, damit Sie immer die Kontrolle über die Auswertungsreihenfolge behalten.

In Beispiel 1-2 gruppiere ich den gebrochenen Teil meines Ausdrucks in Klammern, um ihn deutlich vom Rest des Ausdrucks abzugrenzen.

Beispiel 1-2: Mit Klammern in Python für Klarheit sorgen

```
my_value = 2 * ((3 + 2)**2 / 5) - 4

print(my_value) # Ausgabe: 6.0
```

Zwar sind beide Beispiele technisch korrekt, doch ist das zweite für uns leicht zu verwirrende Menschen übersichtlicher. Sollten Sie oder jemand anderes Ihren Code überarbeiten, bieten die Klammern einen gut erkennbaren Verweis auf die Reihenfolge der Operationen, wenn Sie Änderungen vornehmen. Dies bietet zudem eine Verteidigungslinie gegenüber Codeänderungen, um Fehler zu vermeiden.

Variablen

Wenn Sie bereits Skripte in Python oder einer anderen Programmiersprache geschrieben haben, wissen Sie schon in etwa, was eine Variable ist. In der Mathematik versteht man unter einer *Variablen* einen benannten Platzhalter für eine nicht festgelegte oder unbekannte Zahl.

Vielleicht haben Sie eine Variable x, die eine beliebige reelle Zahl darstellt, und Sie können diese Variable multiplizieren, ohne zu deklarieren, was sie ist. In Beispiel 1-3 nehmen wir eine Variableneingabe x von einem Benutzer und multiplizieren sie mit 3.

Beispiel 1-3: Eine Variable in Python, die dann multipliziert wird

```
x = int(input("Bitte eine Zahl eingeben\n"))

product = 3 * x

print(product)
```

Für bestimmte Variablentypen gibt es einige Standardvariablennamen. Wenn Ihnen diese Variablennamen und Konzepte nicht vertraut sind, keine Angst! Einige Leser werden aber erkennen, dass wir Theta (θ) verwenden, um Winkel zu bezeichnen, und Beta (β) für einen Parameter in einer linearen Regression. Griechische Buchstaben ergeben heikle Variablennamen in Python, wie Beispiel 1-4 zeigt.

Beispiel 1-4: Griechische Variablennamen in Python

```
beta = 1.75
theta = 30.0
```

Beachten Sie auch, dass sich Variablennamen indizieren lassen, sodass Sie mehrere Instanzen eines Variablennamens verwenden können. Aus praktischen Gründen behandeln wir diese als eigenständige Variablen. Wenn Sie die Variablen $x1$, $x2$ und $x3$ sehen, nehmen Sie sie einfach als drei separate Variablen, wie Beispiel 1-5 zeigt.

Beispiel 1-5: Indizierte Variablen in Python ausdrücken

```
x1 = 3 # oder x_1 = 3
x2 = 10 # oder x_2 = 10
x3 = 44 # oder x_3 = 44
```

Funktionen

Funktionen sind Ausdrücke, die Beziehungen zwischen zwei oder mehr Variablen definieren. Genauer gesagt, übernimmt eine Funktion *Eingabevariablen* (auch *Domänenvariablen* oder *unabhängige Variablen* genannt), fügt sie in einen Ausdruck ein und liefert dann eine *Ausgabevariable* (auch *abhängige Variable* genannt).

Nehmen Sie diese einfache lineare Funktion:

$$y = 2x + 1$$

Für jeden gegebenen x-Wert lösen wir den Ausdruck mit diesem x auf, um y zu ermitteln. Wenn $x = 1$, dann ist $y = 3$. Wenn $x = 2$, dann ist $y = 5$. Wenn $x = 3$, dann ist $y = 7$ und so weiter, wie Tabelle 1-1 zeigt.

Tabelle 1-1: Verschiedene Werte für $y = 2x + 1$

x	2x + 1	y
0	2(0) + 1	1
1	2(1) + 1	3
2	2(2) + 1	5
3	2(3) + 1	7

Funktionen sind nützlich, weil sie eine vorhersehbare Beziehung zwischen Variablen modellieren, beispielsweise wie viele Brände y bei einer Temperatur x zu erwarten sind. Lineare Funktionen werden wir in Kapitel 5 für lineare Regressionen verwenden.

Eine weitere Konvention besteht für die abhängige Variable y darin, sie explizit als Funktion von x zu bezeichnen, beispielsweise $f(x)$. Anstatt eine Funktion als $y = 2x + 1$ auszudrücken, können wir sie auch wie folgt schreiben:

$$f(x) = 2x + 1$$

Beispiel 1-6 zeigt, wie wir eine mathematische Funktion deklarieren und in Python durchlaufen können.

Beispiel 1-6: Eine lineare Funktion in Python deklarieren

```
def f(x):
  return 2 * x + 1

x_values = [0, 1, 2, 3]

for x in x_values:
  y = f(x)
  print(y)
```

Beim Umgang mit reellen Zahlen ist ein subtiles, aber wichtiges Feature von Funktionen zu beachten: Oftmals haben sie eine unendliche Anzahl von x-Werten und resultierenden y-Werten. Stellen Sie sich folgende Frage: Wie viele x-Werte können wir durch die Funktion $y = 2x + 1$ darstellen? Anstatt nur 0, 1, 2, 3, ... warum nicht auch 0, 0,5, 1, 1,5, 2, 2,5, 3, wie in Tabelle 1-2 gezeigt?

Tabelle 1-2: Verschiedene Werte für $y = 2x + 1$

x	2x + 1	y
0,0	2(0) + 1	1
0,5	2(0,5) + 1	2
1,0	2(1) + 1	3
1,5	2(1,5) + 1	4
2,0	2(2) + 1	5
2,5	2(2,5) + 1	6
3,0	2(3) + 1	7

Oder warum nicht Viertelschritte für x? Oder Zehntelschritte? Diese Schritte können wir unendlich klein machen und damit zeigen, dass $y = 2x + 1$ eine stetige Funktion ist, bei der es für jeden möglichen Wert von x einen Wert von y gibt. Dies ist eine gute Überleitung, um unsere Funktion als Gerade zu visualisieren, wie Abbildung 1-1 zeigt.

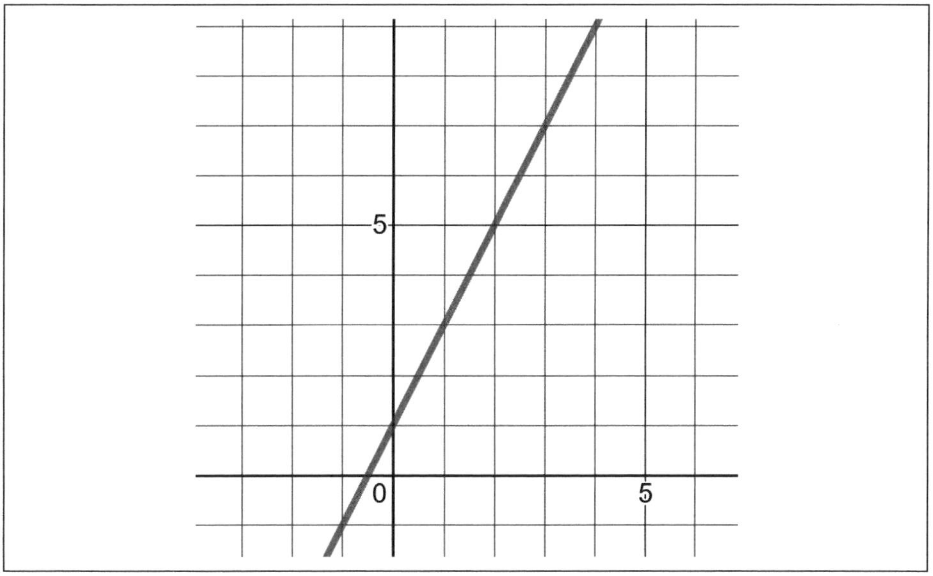

Abbildung 1-1: Graph der Funktion $y = 2x + 1$

Wenn wir auf einer zweidimensionalen Ebene mit zwei Zahlengeraden (einer für jede Variable) zeichnen, sprechen wir von einer *kartesischen Ebene*, *x-y-Ebene* oder *Koordinatenebene*. Wir tragen einen gegebenen x-Wert auf, gehen dann zum entsprechenden y-Wert und zeichnen eine Gerade durch die Schnittpunkte. Beachten

Sie, dass es aufgrund der Natur der reellen Zahlen (oder Dezimalzahlen, wenn Sie das bevorzugen) eine unendliche Anzahl von x-Werten gibt. Deshalb erhalten wir bei der Darstellung der Funktion $f(x)$ eine durchgehende Linie ohne Unterbrechungen. Es gibt eine unendliche Anzahl von Punkten auf dieser Linie oder einem Teil dieser Linie.

Wenn Sie dies mit Python plotten wollen, können Sie auf eine Reihe von Diagrammbibliotheken zurückgreifen – von Plotly bis matplotlib. In diesem Buch ziehen wir SymPy für viele Aufgaben heran, und als erste Aufgabe plotten wir eine Funktion. SymPy stützt sich auf matplotlib, sodass dieses Paket installiert sein muss. Andernfalls erscheint ein hässlicher textbasierter Graph auf der Konsole. Danach deklarieren Sie einfach die Variable x für SymPy mithilfe von `symbols()`, deklarieren Ihre Funktion und plotten sie dann, wie Beispiel 1-7 und Abbildung 1-2 zeigen.

Beispiel 1-7: Eine lineare Funktion in Python mithilfe von SymPy als Graph darstellen

```
from sympy import *

x = symbols('x')
f = 2*x + 1
plot(f)
```

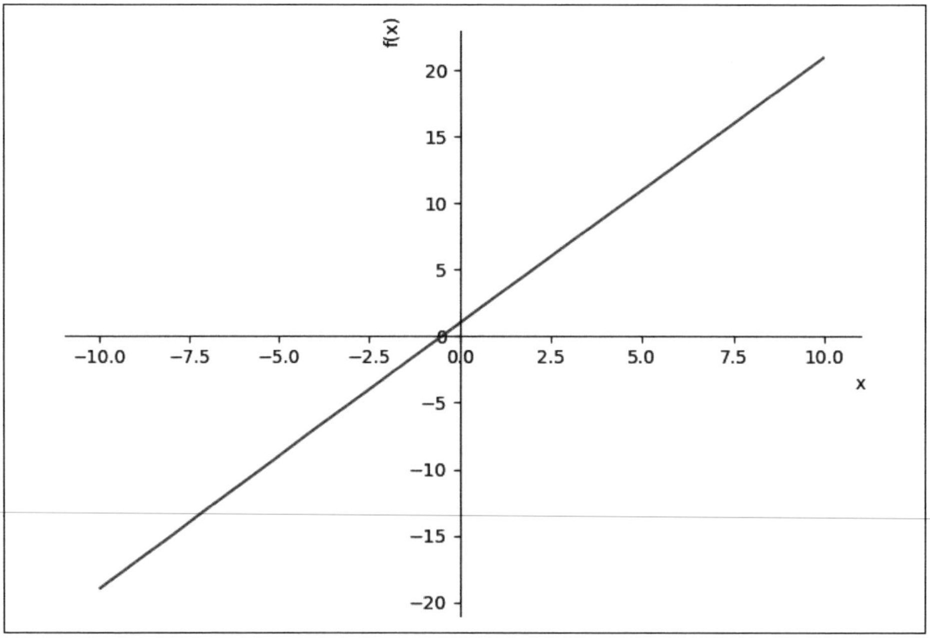

Abbildung 1-2: Mithilfe von SymPy eine lineare Funktion als Graph darstellen

Beispiel 1-8 und Abbildung 1-3 zeigen ein weiteres Beispiel, das die Funktion $f(x) = x^2 + 1$ darstellt.

Beispiel 1-8: Diagrammdarstellung einer Potenzfunktion

```
from sympy import *

x = symbols('x')
f = x**2 + 1
plot(f)
```

Der in Abbildung 1-3 dargestellte Verlauf ist keine Gerade, sondern eine glatte, symmetrische Kurve, eine sogenannte Parabel. Sie ist stetig, aber nicht linear, da sie keine Werte auf einer geraden Linie erzeugt. Gekrümmte Funktionen wie diese sind schwieriger zu handhaben, aber Sie werden einige Tricks lernen, damit es nicht ganz so schlimm wird.

Krummlinige Funktionen

Wenn eine Funktion nicht linear und gerade ist, sondern gekrümmt, sprechen wir von einer *krummlinigen Funktion*.

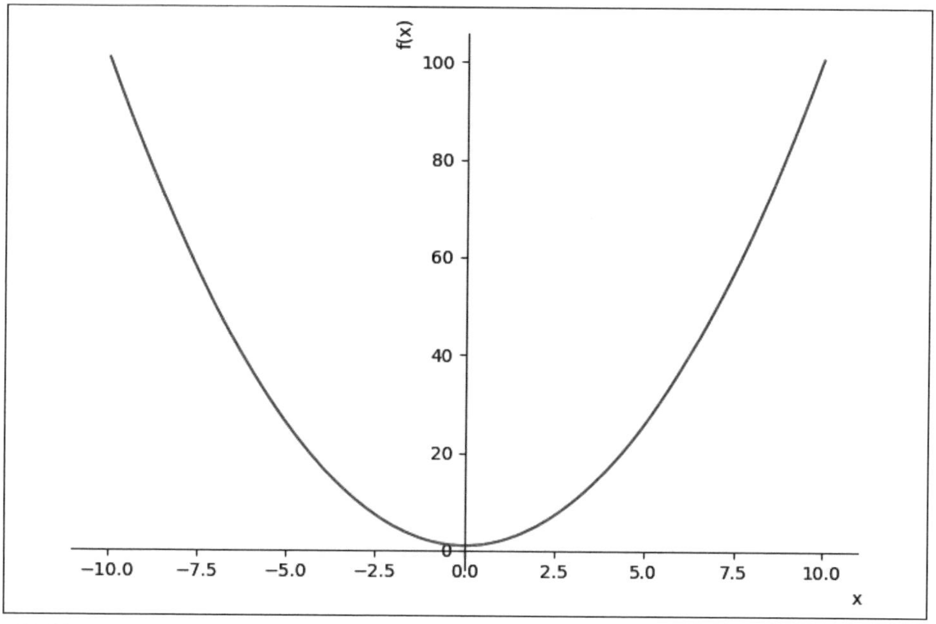

Abbildung 1-3: Eine Potenzfunktion mithilfe von SymPy grafisch darstellen

Funktionen verarbeiten auch mehrere Eingabevariablen, nicht nur eine. Zum Beispiel können wir eine Funktion mit den unabhängigen Variablen x und y schreiben. Hierbei ist y keine abhängige Variable wie in den vorherigen Beispielen.

$$f(x, y) = 2x + 3y$$

Da wir zwei unabhängige Variablen (x und y) und eine abhängige Variable (die Ausgabe von $f(x, y)$) haben, müssen wir diesen Graphen in drei Dimensionen plotten, um eine Ebene von Werten statt einer Linie zu erzeugen, wie in Beispiel 1-9 und Abbildung 1-4 zu sehen.

Beispiel 1-9: Eine Funktion mit zwei unabhängigen Variablen in Python deklarieren

```
from sympy import *
from sympy.plotting import plot3d

x, y = symbols('x y')
f = 2*x + 3*y
plot3d(f)
```

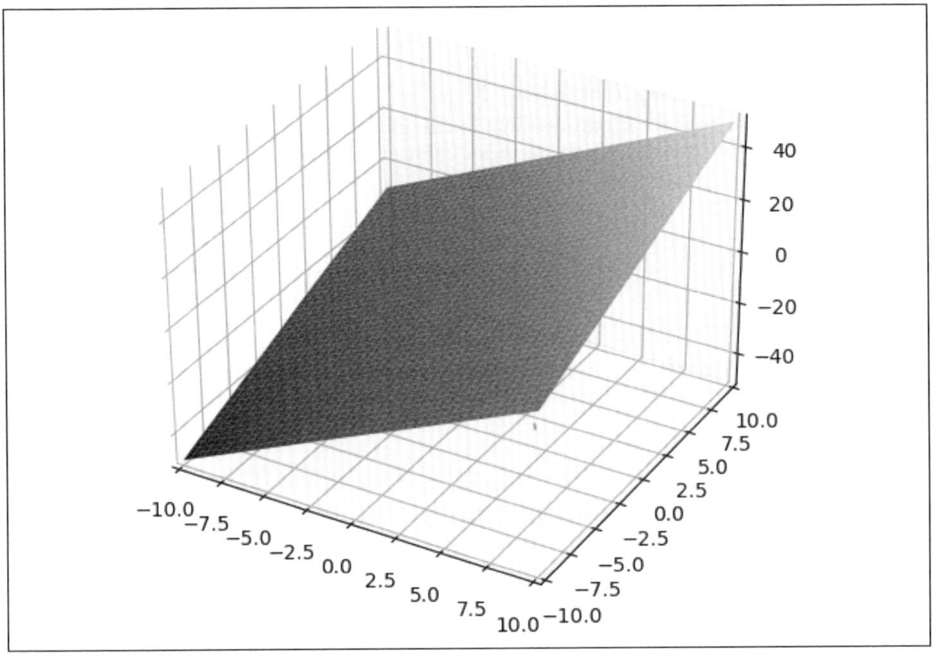

Abbildung 1-4: Eine dreidimensionale Funktion mithilfe von SymPy grafisch darstellen

Unabhängig davon, wie viele unabhängige Variablen Sie haben, wird Ihre Funktion typischerweise nur eine abhängige Variable ausgeben.

Wenn Sie Lösungen für mehrere abhängige Variablen benötigen, werden Sie wahrscheinlich separate Funktionen für die jeweiligen Variablen verwenden.

Summationen

Ich habe Ihnen versprochen, in diesem Buch keine Gleichungen voll mit griechischen Symbolen zu präsentieren. Allerdings gibt es ein Symbol, das so häufig und nützlich ist, dass es nachlässig wäre, es zu übergehen. Eine *Summation* kennzeichnet mit dem großen griechischen Sigma Σ, dass die angegebenen Elemente summiert werden.

Möchte ich zum Beispiel die Zahlen 1 bis 5 durchlaufen, jeweils mit 2 multiplizieren und dann summieren, würde ich das mit einem Summenzeichen wie folgt ausdrücken:

$$\sum_{i=1}^{5} 2i = (2)1 + (2)2 + (2)3 + (2)4 + (2)5 = 30$$

Beispiel 1-10 zeigt, wie sich dies in Python umsetzen lässt.

Beispiel 1-10: Eine Summation in Python ausführen

```
summation = sum(2*i for i in range(1,6))
print(summation)
```

Hier ist i eine Platzhaltervariable für die aufeinanderfolgenden Indexwerte, die wir in der Schleife durchlaufen, jeweils mit 2 multiplizieren und dann aufsummieren. Wenn Sie Daten in einer Schleife verarbeiten, haben Sie es oft mit Variablen wie x_i zu tun, die jeweils ein Element in einer Auflistung am Index i kennzeichnet.

Die Funktion range()

Die Funktion `range()` in Python schließt den Endwert aus. Wenn Sie also `range(1,4)` aufrufen, durchläuft die Funktion die Zahlen 1, 2 und 3. Die 4 wird als obere Grenze ausgeschlossen.

Es ist auch üblich, mit n die Anzahl der Elemente in einer Auflistung zu bezeichnen, etwa die Anzahl der Datensätze in einem Dataset. Das folgende Beispiel iteriert über eine Auflistung von Zahlen der Größe n, multipliziert die Zahlen jeweils mit 10 und summiert die Ergebnisse:

$$\sum_{i=1}^{n} 10x_i$$

Der Python-Code in Beispiel 1-11 führt diesen Ausdruck auf einer Auflistung von vier Zahlen aus. Beachten Sie, dass die Elemente in Python (wie in den meisten Programmiersprachen) mit Index 0 beginnend referenziert werden, während wir in der Mathematik bei Index 1 beginnen. Daher verschieben wir unsere Iteration entsprechend, indem wir in unserer Funktion `range()` bei 0 beginnen.

Beispiel 1-11: Summation von Elementen in Python

```
x = [1, 4, 6, 2]
n = len(x)

summation = sum(10*x[i] for i in range(0,n))
print(summation)
```

Das ist das Wesentliche der Summation. Kurz gesagt, drückt eine Summation Σ aus: »Addiere eine Reihe von Elementen und verwende einen Index i sowie einen Maximalwert n, um die einzelnen Iterationen darzustellen, die in die Summe eingehen. Derartige Ausdrücke werden Sie das ganze Buch hindurch finden.

Summationen in SymPy

Auf diesen Kasten können Sie gern später zurückkommen, wenn Sie mehr über SymPy erfahren. SymPy, mit der wir grafische Funktionen darstellen, ist eigentlich eine symbolische mathematische Bibliothek. Was das bedeutet, darüber sprechen wir später in diesem Kapitel. Für die Zukunft können Sie sich zumindest merken, dass in SymPy eine Summenbildung mit dem Operator `Sum()` ausgeführt wird. Im folgenden Code iterieren wir `i` von `1` bis `n`, multiplizieren jeweils mit `i` und summieren dann. Anschließend aber verwenden wir die Funktion `subs()`, um `n` als `5` festzulegen, sodass wir dann alle Elemente von `i` bis `n` summieren.

```
from sympy import *

i,n = symbols('i n')

# jedes Element i von 1 bis n durchlaufen,
# dann multiplizieren und summieren
summation = Sum(2*i,(i,1,n))

# n als 5 festlegen,
# über die Zahlen 1 bis 5 iterieren
up_to_5 = summation.subs(n, 5)
print(up_to_5.doit()) # 30
```

Die Summationen in SymPy sind träge, sodass weder automatische Berechnungen stattfinden noch Ausdrücke vereinfacht werden. Deshalb empfiehlt es sich, den Ausdruck mithilfe der Funktion `doit()` auszuführen.

Potenzen

Potenzen multiplizieren eine Zahl mit sich selbst mit einer festgelegten Anzahl von Malen. Wenn Sie 2 zur dritten Potenz erheben möchten (ausgedrückt als 23 mit dem Exponenten 3), werden drei 2en miteinander multipliziert:

$$2^3 = 2 * 2 * 2 = 8$$

Die *Basis* ist die Variable oder der Wert, den wir potenzieren, und der *Exponent* gibt an, wie oft wir den Basiswert multiplizieren. Für den Ausdruck 2^3 ist 2 die Basis und 3 der Exponent.

Potenzen besitzen einige interessante Eigenschaften. Angenommen, wir multiplizierten x^2 und x^3. Wenn ich nun die Exponenten mit einer einfachen Multiplikation erweitere und dann zu einem einzelnen Exponenten zusammenfasse, sieht das so aus:

$$x^2 x^3 = (x * x) * (x * x * x) = x^{2+3} = x^5$$

Wenn wir Potenzen mit der gleichen Basis miteinander multiplizieren, addieren wir einfach die Exponenten, was als *1. Potenzgesetz* bekannt ist. Lassen Sie mich betonen, dass die Basis aller multiplizierten Potenzen gleich sein muss, damit sich das 1. Potenzgesetz anwenden lässt.

Untersuchen wir als Nächstes die Division. Was passiert, wenn wir x^2 durch x^5 dividieren?

$$\frac{x * x}{x * x * x * x * x}$$

$$\frac{1}{x * x * x}$$

$$\frac{1}{x^3} = x^{-3}$$

Wie Sie sehen, können wir bei der Division von x^2 durch x^5 die beiden x im Zähler und Nenner streichen, sodass $1/x^3$ übrig bleibt. Ist ein Faktor sowohl im Zähler als auch im Nenner vorhanden, sagen wir, dass wir diesen Faktor ***kürzen*** können.

Was der Ausdruck x^{-3} bedeutet, wollen Sie wissen? Dies ist eine gute Gelegenheit, um negative Exponenten einzuführen, d.h. eine andere Methode, um eine Potenzoperation im Nenner eines Bruchs auszudrücken. So ist $1/x^3$ dasselbe wie x^{-3}:

$$\frac{1}{x^3} = x^{-3}$$

Wendet man wieder das 1. Potenzgesetz an, zeigt sich, dass es auch für negative Exponenten gilt. Um ein Gefühl dafür zu bekommen, gehen wir das Problem anders an. Diese Division zweier Potenzen können wir ausdrücken, indem wir den Exponenten »5« von x^5 negativ machen und die resultierende Potenz dann mit x^2 multiplizieren. Eine negative Zahl zu addieren, ist das Gleiche wie, die Zahl zu subtrahieren. Daher gilt das 1. Potenzgesetz für Potenzen mit gleicher Basis ebenfalls, wie im folgenden Beispiel:

$$\frac{x^2}{x^5} = x^2\frac{1}{x^5} = x^2x^{-5} = x^{2+-5} = x^{-3}$$

Zu guter Letzt: Können Sie herausfinden, warum die Potenz einer beliebigen Basis zum Exponenten 0 gleich 1 ist?

$$x^0 = 1$$

Am besten gelangt man zur Lösung dieser Frage, wenn man sich überlegt, dass jede Zahl dividiert durch sich selbst gleich 1 ist. Beim Ausdruck x^3/x^3 ist es algebraisch offensichtlich, dass er sich auf 1 reduziert. Aber dieser Ausdruck wird auch zu x^0 ausgewertet:

$$1 = \frac{x^3}{x^3} = x^3x^{-3} = x^{3+-3} = x^0$$

Durch die transitive Relation, dass $a = c$, wenn $a = b$ und $b = c$, wissen wir, dass $x^0 = 1$ ist.

Ausdrücke mit SymPy vereinfachen

Wenn es Ihnen schwerfällt, algebraische Ausdrücke zu vereinfachen, können Sie auf die Bibliothek SymPy zurückgreifen, die Ihnen diese Arbeit abnimmt. So lässt sich unser vorheriges Beispiel wie folgt vereinfachen:

```
from sympy import *

x = symbols('x')
expr = x**2 / x**5
print(expr) # x**(-3)
```

Wie sieht es nun mit gebrochenen Exponenten aus? Sie sind eine alternative Methode, um Wurzeln darzustellen, beispielsweise die Quadratwurzel. Zur Auffrischung: Der Ausdruck $\sqrt{4}$ fragt: »Welche Zahl multipliziert mit sich selbst ergibt 4?«, was natürlich 2 ist. Beachten Sie hier, dass $4^{1/2}$ dasselbe ist wie $\sqrt{4}$:

$$4^{1/2} = \sqrt{4} = 2$$

Kubikwurzeln sind Quadratwurzeln ähnlich, suchen aber nach einer Zahl, die dreimal mit sich selbst multipliziert das Ergebnis liefert. Eine Kubikwurzel von 8 wird als $\sqrt[3]{8}$ ausgedrückt und fragt: »Welche dreimal mit sich selbst multiplizierte Zahl liefert 8?« Diese Zahl ist 2, da $2 \times 2 \times = 8$. In der Potenzschreibweise lässt sich eine Kubikwurzel durch einen gebrochenen Exponenten ausdrücken, d.h., $\sqrt[3]{8}$ kann als $8^{1/3}$ ausgedrückt werden:

$$8^{1/3} = \sqrt[3]{8} = 2$$

Um den Kreis zu schließen: Was passiert, wenn man die Kubikwurzel aus 8 dreimal mit sich selbst multipliziert? Dies macht die Kubikwurzel rückgängig und liefert 8. Wenn wir die Kubikwurzel alternativ als Potenz mit gebrochenem Exponenten $8^{1/3}$ ausdrücken, wird klar, dass wir die Exponenten addieren, um einen Exponenten von 1 zu erhalten. Dies macht die Kubikwurzel ebenfalls rückgängig:

$$\sqrt[3]{8} * \sqrt[3]{8} * \sqrt[3]{8} = 8^{\frac{1}{3}} \times 8^{\frac{1}{3}} \times 8^{\frac{1}{3}} = 8^{\frac{1}{3}+\frac{1}{3}+\frac{1}{3}} = 8^1 = 8$$

Und eine letzte Eigenschaft: Wird eine Potenz potenziert, werden die Exponenten miteinander multipliziert. Diese Eigenschaft ist ebenfalls in den *Potenzgesetzen* verankert. Somit lässt sich $(8^3)^2$ zu 8^6 vereinfachen:

$$\left(8^3\right)^2 = 8^{3 \times 2} = 8^6$$

Falls Sie zweifeln, ob das wirklich so ist, erweitern Sie den Ausdruck und wenden das 1. Potenzgesetz an:

$$\left(8^3\right)^2 = 8^3 8^3 = 8^{3+3} = 8^6$$

Und was bedeutet es, wenn ein gebrochener Exponent einen anderen Zähler als 1 hat, wie zum Beispiel $8^{2/3}$? Nun, in diesem Fall wird die Kubikwurzel aus 8 gezogen und das Ergebnis dann quadriert:

$$8^{\frac{2}{3}} = \left(8^{\frac{1}{3}}\right)^2 = 2^2 = 4$$

Ja, auch irrationale Zahlen können im Exponenten stehen, beispielsweise 8^π, was 687,2913 ergibt. Dies mag nicht gleich einleuchten, was auch verständlich ist! Aus Zeitgründen gehen wir nicht näher darauf ein, da hier außerdem Kenntnisse in der Infinitesimalrechnung erforderlich sind. Im Grunde aber können wir irrationale Exponenten berechnen, indem wir uns einer rationalen Zahl annähern. Praktisch gehen Computer genauso vor, da sie ohnehin nur eine begrenzte Anzahl an Dezimalstellen berechnen können.

Zum Beispiel hat π eine unendliche Anzahl von Dezimalstellen. Doch wenn wir mit 3,1415926535 die ersten 11 Stellen nehmen, können wir π als Rationalzahl 31415926535 / 10000000000 annähern. Damit erhalten wir ungefähr 687,2913, was in etwa mit jedem Taschenrechner übereinstimmen sollte:

$$8^\pi \approx 8^{\frac{31415926535}{10000000000}} \approx 687.2913$$

Logarithmen

Ein *Logarithmus* ist eine mathematische Funktion, die eine Potenz für eine bestimmte Zahl und Basis ermittelt. Das mag zunächst uninteressant klingen, doch der Logarithmus hat tatsächlich viele Anwendungen. Von Erdbebenmessungen bis zur Lautstärkeeinstellung Ihrer Stereoanlage – der Logarithmus ist überall zu finden. Auch beim maschinellen Lernen und in der Data Science ist er gebräuchlich. Tatsächlich werden Logarithmen in Kapitel 6 bei der logistischen Regression eine Schlüsselrolle spielen.

Beginnen Sie Ihre Überlegungen mit der Frage: »*Welche Potenz* von 2 ergibt 8?« Mathematisch kann man dies zum Beispiel mit einem x für den Exponenten ausdrücken:

$$2^x = 8$$

Zwar kennen wir intuitiv die Antwort, $x = 3$, doch wir brauchen eine elegantere Art, um diese häufige mathematische Operation auszudrücken. Dafür gibt es die Funktion *log*().

$$log_2 8 = x$$

Wie Sie in diesem Logarithmusausdruck sehen, suchen wir eine Potenz x zur Basis 2, die uns 8 liefert. In einer allgemeineren Form kann man einen variablen Exponenten als Logarithmus ausdrücken:

$$a^x = b$$
$$log_a b = x$$

In der Sprache der Algebra ist dies eine Möglichkeit, das x zu isolieren, was wichtig ist, um nach x aufzulösen. Beispiel 1-12 zeigt, wie wir diesen Logarithmus in Python berechnen.

Beispiel 1-12: Die Funktion log in Python verwenden

```
from math import log

# 2 erhoben zu welcher Potenz liefert mir 8?
x = log(8, 2)
print(x) # Ausgabe: 3.0
```

Wenn Sie einer `log()`-Funktion kein Argument für die Basis übergeben, wird auf einer Plattform wie Python normalerweise eine Standardbasis angenommen. In einigen Bereichen wie zum Beispiel bei Erdbebenmessungen ist die Standardbasis für den Logarithmus 10. Dagegen ist in Data Science die eulersche Zahl e als Standardbasis üblich. Python verwendet die eulersche Zahl, auf die ich in Kürze eingehen werde.

Genau wie Potenzen haben Logarithmen mehrere Eigenschaften, wenn es um Multiplikation, Division, Potenzierung usw. geht. Im Hinblick auf Zeit und Thematik beschränke ich mich darauf, diese in Tabelle 1-3 zusammenzufassen. Bei einem Logarithmus geht es vor allem darum, einen Exponenten für eine gegebene Basis zu finden, sodass sich eine bestimmte Zahl ergibt.

Möchten Sie sich mit Logarithmen näher befassen, können Sie Tabelle 1-3 als Referenz nutzen, da sie das Verhalten von Potenzen und Logarithmen direkt nebeneinanderstellt.

Tabelle 1-3: Potenz- und Logarithmengesetze

Operation	Potenzgesetze	Logarithmengesetze
Multiplikation	$x^m \times x^n = x^{m+n}$	$log(a \times b) = log(a) + log(b)$
Division	$\frac{x^m}{x^n} = x^{m-n}$	$log\left(\frac{a}{b}\right) = log(a) - log(b)$
Potenzierung	$(x^m)^n = x^{mn}$	$log(a^n) = n \times log(a)$
Exponent null	$x^0 = 1$	$log(1) = 0$
Kehrwert	$x^{-1} = \frac{1}{x}$	$log(x^{-1}) = log\left(\frac{1}{x}\right) = -log(x)$

Eulersche Zahl und natürliche Logarithmen

Ähnlich wie Pi π gibt es eine besondere Zahl, die in der Mathematik häufig auftaucht, die *eulersche Zahl e*. Sie hat einen Wert von ungefähr 2,71828 und wird häufig verwendet, weil sich damit viele Probleme mathematisch vereinfachen lassen. Wir werden e im Zusammenhang mit Potenzen und Logarithmen behandeln.

Die eulersche Zahl

Damals in der Highschool hat mein Mathelehrer die eulersche Zahl anhand mehrerer Probleme mit exponentiellen Eigenschaften demonstriert. Schließlich fragte ich: »Mr. Nowe, was ist e überhaupt? Woher kommt es?« Ich erinnere mich, dass ich mit den Erklärungen, die sich auf Kaninchenpopulationen und andere Naturphänomene bezogen, nie ganz zufrieden war. Ich hoffe, dass ich hier eine befriedigendere Erklärung geben kann.

Warum die eulersche Zahl so häufig verwendet wird

Eine Eigenschaft der eulerschen Zahl ist, dass die Ableitung ihrer Exponentialfunktion wieder die Funktion selbst ergibt – eine komfortable Eigenschaft für exponentielle und logarithmische Funktionen. Ableitungen lernen Sie später in diesem Kapitel kennen. In vielen Anwendungen, bei denen die Basis eine untergeordnete Rolle spielt, wählen wir diejenige aus, die die einfachste Ableitung ergibt – und das ist die eulersche Zahl. Auch aus diesem Grund ist e in vielen Data-Science-Funktionen die Standardbasis.

Die eulersche Zahl möchte ich auf folgende Weise erschließen: Nehmen wir an, Sie leihen jemandem 100 Euro mit 20% Zinsen pro Jahr. Normalerweise werden die Zinsen monatlich aufgezinst, sodass der monatliche Zinssatz 0,20/12 = 0,01666 beträgt. Wie hoch wird der Kreditsaldo nach zwei Jahren sein? Der Einfachheit halber gehen wir davon aus, dass das Darlehen bis zum Ende dieser zwei Jahre keine Zahlungen erfordert (und keine Zahlungen geleistet werden).

Wenn wir die bisher gelernten Potenzkonzepte kombinieren (oder vielleicht aus einem Finanzlehrbuch übernehmen), können wir eine Formel zur Berechnung der Zinsen aufstellen. Die Formel besteht aus einem Saldo A für eine Anfangsinvestition P, dem Zinssatz r, der Zeitspanne t (Anzahl von Jahren) und den Perioden n (Anzahl der Monate in jedem Jahr). Die Formel sieht so aus:

$$A = P \times \left(1 + \frac{r}{n}\right)^{nt}$$

Wenn wir also jeden Monat aufzinsen, würde das Darlehen auf 148,69 Euro anwachsen:

$$A = P \times \left(1 + \frac{r}{n}\right)^{nt}$$

$$100 \times \left(1 + \frac{.20}{12}\right)^{12 \times 2} = 148.6914618$$

Mit dem Code in Beispiel 1-13 können Sie diese Rechnung in Python nachvollziehen.

Beispiel 1-13: Zinseszinsberechnung in Python

```
from math import exp

p = 100
r = .20
t = 2.0
n = 12

a = p * (1 + (r/n))**(n * t)

print(a) # Ausgabe: 148.69146179463576
```

Doch wie sieht es aus, wenn wir die Zinsen täglich aufzinsen? Was passiert dann? Ändern Sie n in 365:

$$A = P \times \left(1 + \frac{r}{n}\right)^{nt}$$

$$100 \times \left(1 + \frac{.20}{365}\right)^{365 \times 2} = 149.1661279$$

Aha! Wenn wir unsere Zinsen täglich statt monatlich aufzinsen, würden wir am Ende von zwei Jahren 47,4666 mehr verdient haben. Wir werden nun gierig und zinsen jede Stunde auf, wie die nächste Rechnung zeigt. Bringt uns das noch mehr? Ein Jahr hat 8.760 Stunden, also setzen wir n auf diesen Wert:

$$A = P \times \left(1 + \frac{r}{n}\right)^{nt}$$

$$100 \times \left(1 + \frac{.20}{8760}\right)^{8760 \times 2} = 149.1817886$$

Wir haben ungefähr 2 Cent mehr an Zinsen herausgequetscht! Aber erleben wir eine abnehmende Rendite? Versuchen wir, jede Minute zu verzinsen! Da ein Jahr 525.600 Minuten hat, setzen wir n auf diesen Wert:

$$A = P \times \left(1 + \frac{r}{n}\right)^{nt}$$

$$100 \times \left(1 + \frac{.20}{525600}\right)^{525600 \times 2} = 149.1824584$$

Okay, wir gewinnen nur immer kleinere Bruchteile eines Cents, je häufiger wir aufzinsen. Wenn ich also diese Zeiträume weiter verkleinere bis hin zur kontinuierlichen Aufzinsung, wohin führt das?

Ich möchte Sie nun mit der eulerschen Zahl e bekannt machen, deren Wert ungefähr 2,71828 beträgt. Mit der folgenden Formel können Sie den Zinseszins »kontinuierlich« berechnen, d. h. ununterbrochen aufzinsen:

$$A = P \times e^{rt}$$

Kehren wir zu unserem Beispiel zurück und berechnen wir den Saldo unseres Kredits nach zwei Jahren, wenn wir den Zinseszins kontinuierlich berechnen:

$$A = P \times e^{rt}$$
$$A = 100 \times e^{.20 \times 2} = 149.1824698$$

Dies dürfte kaum überraschen, wenn man bedenkt, dass die minutengenaue Aufzinsung einen Saldo von 149,1824584 ergibt. Damit sind wir unserem Wert von 149,1824698 bei kontinuierlicher Aufzinsung sehr nahe gekommen.

Normalerweise verwendet man e als Basis von Potenzen in Python, Excel und auf anderen Plattformen mit der Funktion `exp()`. Zweifellos werden Sie feststellen, dass e sehr häufig eingesetzt wird. Und e ist die Standardbasis für Potenz- und Logarithmusfunktionen.

Beispiel 1-14 berechnet den kontinuierlichen Zins in Python mit der Funktion `exp()`.

Beispiel 1-14: Den kontinuierlichen Zins in Python berechnen

```
from math import exp

p = 100 # Kreditsumme, Anfangssaldo
r = .20 # Zinssatz, pro Jahr
t = 2.0 # Zeit, Anzahl der Jahre

a = p * exp(r*t)

print(a) # gibt 149.18246976412703 aus
```

Wo leiten wir nun diese Konstante e ab? Vergleichen Sie die Zinseszinsformel und die Formel für den kontinuierlichen Zinseszins. Strukturell sehen sie ähnlich aus, weisen aber einige Unterschiede auf:

$$A = P \times \left(1 + \frac{r}{n}\right)^{nt}$$
$$A = P \times e^{rt}$$

Technisch gesehen, ist e der Wert, der sich aus dem Ausdruck $\left(1 + \frac{1}{n}\right)^{n}$ ergibt, wenn n immer größer wird und sich damit der Unendlichkeit nähert. Experimentieren Sie etwas mit zunehmend größeren Werten für n. Für immer größere n erhalten Sie zum Beispiel folgende Werte:

$$\left(1+\frac{1}{n}\right)^n$$

$$\left(1+\frac{1}{100}\right)^{100} = 2.70481382942$$

$$\left(1+\frac{1}{1000}\right)^{1000} = 2.71692393224$$

$$\left(1+\frac{1}{10000}\right)^{10000} = 2.71814592682$$

$$\left(1+\frac{1}{10000000}\right)^{10000000} = 2.71828169413$$

Je größer Sie n machen, desto geringer wird der Ertrag, und desto mehr konvergiert er gegen den Wert 2,71828, d.h. unser e. Dieses e wird nicht nur bei der Untersuchung von Populationen und deren Wachstum verwendet, es spielt in vielen Bereichen der Mathematik eine Schlüsselrolle. Später im Buch verwenden wir die eulersche Zahl, um Normalverteilungen (Kapitel 3) und logistische Regressionen (Kapitel 6) zu erstellen.

Natürliche Logarithmen

Wenn wir unser e als Basis für einen Logarithmus verwenden, sprechen wir von einem *natürlichen Logarithmus*. Je nach Plattform können wir mit $ln()$ anstelle von $log()$ einen natürlichen Logarithmus formulieren. Anstatt also einen natürlichen Logarithmus als $log_e 10$ auszudrücken, um die Potenz zu finden, um die e erhoben wird, sodass sich 10 ergibt, kürzen wir den Ausdruck zu $ln(10)$:

$$log_e 10 = ln(10)$$

In Python wird jedoch ein natürlicher Logarithmus durch die Funktion `log()` spezifiziert. Wie bereits erwähnt, ist e die Standardbasis für die Funktion `log()`. Lassen Sie das zweite Argument für die Basis leer, sodass die Funktion den Standardwert e als Basis verwendet, wie Beispiel 1-15 zeigt.

Beispiel 1-15: Den natürlichen Logarithmus von 10 in Python berechnen

```
from math import log

# e zu welcher Potenz erhoben gibt uns 10?
x = log(10)

print(x) # Ausgabe: 2.302585092994046
```

Wir verwenden e an vielen Stellen in diesem Buch. Experimentieren Sie ruhig mit Potenzen und Logarithmen, indem Sie Excel, Python, Desmos.com oder eine andere Plattform Ihrer Wahl verwenden. Zeichnen Sie Graphen und machen Sie sich vertraut damit, wie diese Funktionen aussehen.

Grenzwerte

Wie wir bei der eulerschen Zahl gesehen haben, ergeben sich einige interessante Ideen, wenn wir eine Eingabevariable dauernd erhöhen oder verringern, wobei sich die Ausgabevariable einem Wert annähert, ihn aber nie erreicht. Lassen Sie uns diese Idee formal untersuchen.

Nehmen wir diese Funktion, die auch in Abbildung 1-5 dargestellt ist:

$$f(x) = \frac{1}{x}$$

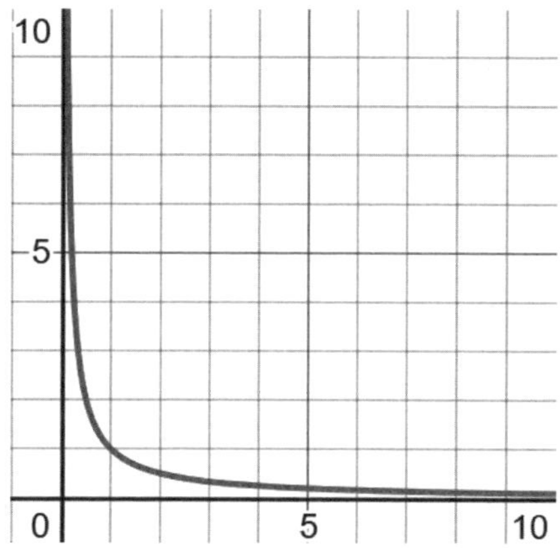

Abbildung 1-5: Eine Funktion, die sich fortwährend 0 annähert, aber niemals 0 erreicht

Wir betrachten nur positive x-Werte. Wie aus Abbildung 1-5 hervorgeht, nähert sich $f(x)$ mit immer größer werdendem x immer mehr der 0 an. Faszinierenderweise erreicht $f(x)$ nie wirklich 0, sondern nähert sich nur immer weiter an.

Daher besteht das Schicksal dieser Funktion darin, dass sie niemals 0 erreicht, während x ständig bis in die Unendlichkeit zunimmt. Um einen Wert auszudrücken, der beständig angenähert, aber niemals erreicht wird, verwendet man den Grenzwert – oder auch Limes genannt:

$$\lim_{x \to \infty} \frac{1}{x} = 0$$

Dieser Ausdruck ist zu lesen als »wenn sich x der Unendlichkeit nähert, nähert sich die Funktion $1/x$ dem Wert 0 (erreicht ihn aber niemals)«. Ein Verhalten der Art »Annähern, aber niemals berühren« ist häufig anzutreffen, insbesondere wenn wir uns mit Ableitungen und Integralen befassen.

Mit SymPy können wir berechnen, welchem Wert wir uns für $f(x) = \frac{1}{x}$ annähern, wenn x gegen ∞ geht (Beispiel 1-16). Das Zeichen für Unendlichkeit ∞ wird in SymPy mit *oo* ausgedrückt.

Beispiel 1-16: Grenzwerte mithilfe von SymPy berechnen

```
from sympy import *

x = symbols('x')
f = 1 / x
result = limit(f, x, oo)

print(result) # 0
```

Die eulersche Zahl e haben wir ebenfalls auf diese Weise entdeckt. Sie ist das Ergebnis einer ständigen Erweiterung von n in die Unendlichkeit für diese Funktion:

$$\lim_{n \to \infty} \left(1 + \frac{1}{n}\right)^n = e = 2.71828169413...$$

Wenn wir die eulersche Zahl mit Grenzwerten in SymPy berechnen (wie es der folgende Code zeigt), erkennt SymPy lustigerweise sofort, dass es sich um die eulersche Zahl handelt. Wir können `evalf()` aufrufen, sodass sich der Wert tatsächlich als Zahl anzeigen lässt:

```
from sympy import *

n = symbols('n')
f = (1 + (1/n))**n
result = limit(f, n, oo)

print(result) # E
print(result.evalf()) # 2.71828182845905
```

Die Stärke von SymPy

SymPy ist ein leistungsfähiges und fantastisches Computeralgebrasystem (CAS) für Python, das exakte symbolische Berechnungen anstelle von Näherungsberechnungen mit Dezimalzahlen durchführt. Es ist hilfreich in Situationen, in denen Sie »Bleistift und Papier« verwenden würden, um Probleme der Mathematik und der Infinitesimalrechnung zu lösen, dabei aber von der bekannten Python-Syntax profitieren möchten. Anstatt die Quadratwurzel von 2 mit 1,4142135623730951 anzunähern, bewahrt die Bibliothek sie genau als $sqrt(2)$.

Warum also nicht SymPy für alles verwenden, was mit Mathematik zu tun hat? Auch wenn wir diese Bibliothek in diesem Buch durchgängig verwenden werden, ist es dennoch wichtig, dass Sie sich mit der ziffernmäßigen Python-Mathematik auskennen, da scikit-learn und andere Data-Science-Bibliotheken nach diesem Ansatz arbeiten. Computer rechnen mit Dezimalzahlen viel schneller als mit Symbolen. Außerdem streikt SymPy, wenn mathematische Ausdrücke zu groß werden. Behalten Sie aber SymPy als Geheimwaffe in der Hinterhand und erzählen Sie Ihren Kindern im Schul- und Hochschulalter nichts davon. Denn diese können damit buchstäblich ihre Mathe-Hausaufgaben erledigen.

Ableitungen

Kehren wir zu den Funktionen zurück und betrachten wir sie aus der Perspektive der Infinitesimalrechnung, beginnend mit den Ableitungen. Eine *Ableitung* gibt den Anstieg einer Funktion an und ist nützlich, um die Änderungsrate an jedem Punkt einer Funktion zu messen.

Warum sind Ableitungen für uns wichtig? Häufig werden sie beim maschinellen Lernen und anderen mathematischen Algorithmen verwendet, insbesondere beim Gradientenanstieg. Wenn der Anstieg 0 ist, heißt das, dass wir uns am Minimum oder am Maximum einer Ausgangsvariablen befinden. Dieses Konzept wird später bei der linearen Regression (Kapitel 5), der logistischen Regression (Kapitel 6) und bei neuronalen Netzen (Kapitel 7) von Nutzen sein.

Beginnen wir mit einem einfachen Beispiel. Sehen Sie sich die Funktion $f(x) = x^2$ in Abbildung 1-6 an. Wie »steil« ist die Kurve bei $x = 2$?

Eine »Steilheit« können wir an jedem Punkt der Kurve messen und durch eine Tangente veranschaulichen. Stellen Sie sich eine *Tangente* als Gerade vor, die die Kurve an einem bestimmten Punkt »nur berührt«. Außerdem gibt sie den Anstieg an einem bestimmten Punkt an. Eine Tangente können Sie bei einem bestimmten x-Wert grob abschätzen, indem Sie eine Gerade zeichnen, die diesen x-Wert und einen *sehr nahen* benachbarten x-Wert auf der Funktion schneidet.

Nehmen wir $x = 2$ und einen nahe gelegenen Wert $x = 2{,}1$, die an die Funktion $f(x) = x^2$ übergeben werden und dann $f(2) = 4$ und $f(2{,}1) = 4{,}41$ liefern, wie Abbildung 1-7 zeigt. Die resultierende Gerade, die durch diese beiden Punkte verläuft, hat einen Anstieg von 4,1.

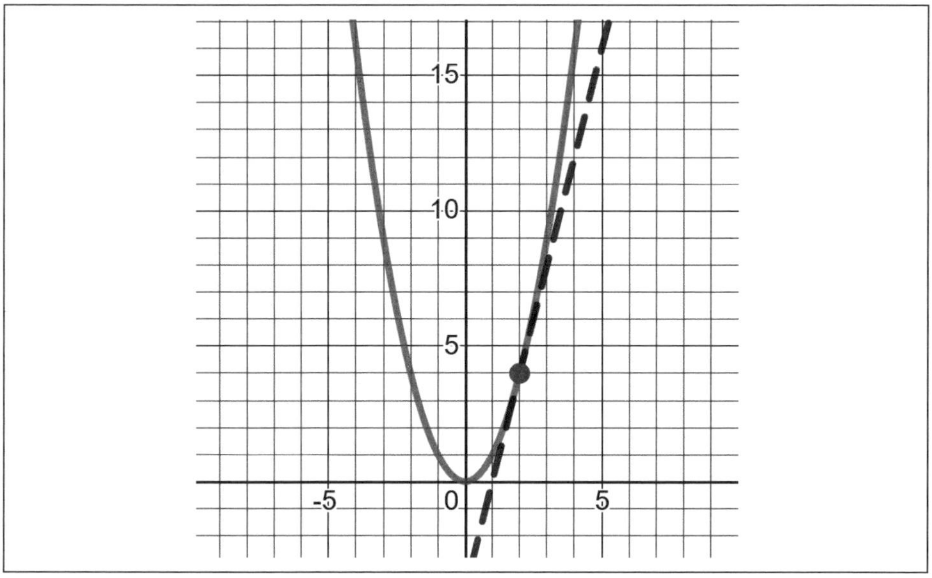

Abbildung 1-6: Die Steilheit an einem bestimmten Teil der Funktion beobachten

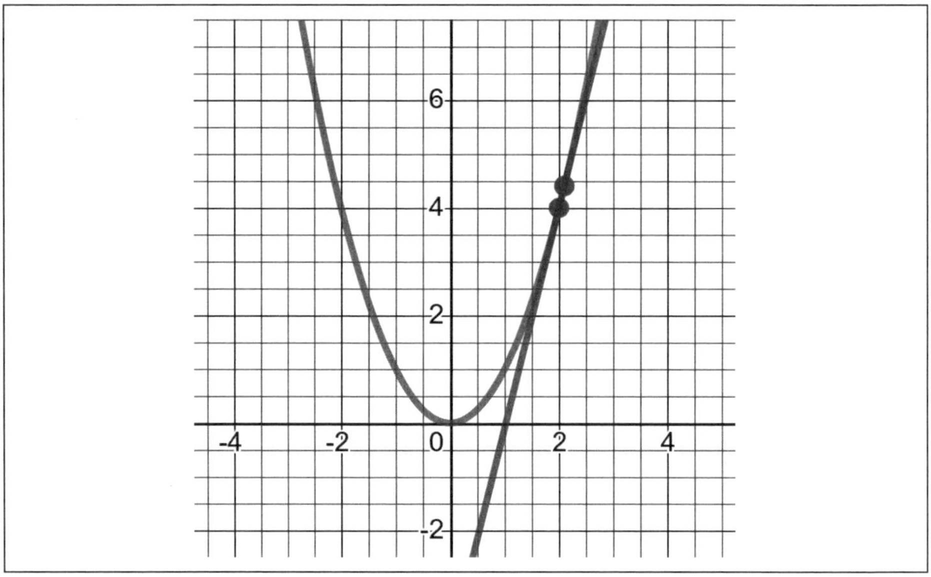

Abbildung 1-7: Eine grobe Methode, um den Anstieg zu berechnen

Der Anstieg m zwischen zwei Punkten lässt sich schnell mit der einfachen Anstiegsformel berechnen:

$$m = \frac{y_2 - y_1}{x_2 - x_1}$$

$$m = \frac{4.41 - 4.0}{2.1 - 2.0}$$

$$m = 4.1$$

Wenn ich den x-Schritt zwischen den beiden Punkten noch kleiner mache, zum Beispiel $x = 2$ und $x = 2{,}00001$, was $f(2) = 4$ und $f(2{,}00001) = 4{,}00004$ ergibt, käme das dem tatsächlichen Anstieg von 4 *sehr* nahe. Je kleiner also der Schritt zum Nachbarwert ist, desto näher kommen wir dem Anstiegswert an einem bestimmten Punkt der Kurve. Wie bei so vielen wichtigen Konzepten in der Mathematik finden wir etwas Sinnvolles, wenn wir uns unendlich großen oder unendlich kleinen Werten nähern.

Beispiel 1-17 zeigt einen Ableitungsrechner, der in Python implementiert ist.

Beispiel 1-17: Ein Ableitungsrechner in Python

```
def derivative_x(f, x, step_size):
    m = (f(x + step_size) - f(x)) / ((x + step_size) - x)
    return m


def my_function(x):
    return x**2
```

```
slope_at_2 = derivative_x(my_function, 2, .00001)

print(slope_at_2) # gibt 4.000010000000827 aus
```

Die gute Nachricht ist nun, dass es einen saubereren Weg gibt, um den Anstieg der Funktion an einer beliebigen Stelle zu berechnen. Wir haben SymPy bereits verwendet, um Graphen darzustellen, aber ich zeige Ihnen auch, wie Sie mit dieser Bibliothek Aufgaben mit der Magie symbolischer Berechnungen erledigen können – wie zum Beispiel das Ermitteln von Ableitungen.

Bei einer Potenzfunktion wie $f(x) = x^2$ bilden Sie die Ableitung, indem Sie den Exponenten zu einem Multiplikationsfaktor machen und den Exponenten um 1 verringern. Daraus ergibt sich die Ableitung $d/dx \times x^2 = 2x$. Der Term d/dx bezeichnet eine *Ableitung nach x*. Das bedeutet, dass wir eine Ableitung nach dem x-Wert bilden, um den Anstieg zu ermitteln. Wenn wir also den Anstieg bei $x = 2$ suchen und die Ableitungsfunktion haben, setzen wir einfach den x-Wert ein, um den Anstieg zu erhalten:

$$f(x) = x^2$$

$$\frac{d}{dx}f(x) = \frac{d}{dx}x^2 = 2x$$

$$\frac{d}{dx}f(2) = 2(2) = 4$$

Sofern Sie diese Regeln lernen möchten, um Ableitungen manuell zu berechnen, können Sie auf unzählige Bücher zur Differenzialrechnung zurückgreifen. Aber es gibt auch einige nette Tools, mit denen Sie Ableitungen symbolisch berechnen können. Die Python-Bibliothek SymPy ist zum einen frei und quelloffen, verträgt sich zum anderen jedoch auch gut mit der Python-Syntax. Beispiel 1-18 zeigt, wie Sie die Ableitung für die Funktion $f(x) = x^2$ mithilfe von SymPy berechnen.

Beispiel 1-18: Eine Ableitung in SymPy berechnen

```
from sympy import *

# 'x' für SymPy deklarieren
x = symbols('x')

# nun einfach mittels Python-Syntax die Funktion deklarieren
f = x**2

# die Ableitung der Funktion berechnen
dx_f = diff(f)
print(dx_f) # gibt 2*x aus
```

Wow! Wenn ich also Variablen mit der Funktion `symbols()` in SymPy deklariert habe, kann ich mit der normalen Python-Syntax fortfahren, um meine Funktion zu deklarieren. Danach kann ich mit `diff()` die Ableitungsfunktion ermitteln. In Beispiel 1-19 können wir unsere Ableitungsfunktion zurück in ganz normales Python bringen und sie einfach als eine andere Funktion deklarieren.

Beispiel 1-19: Ein Ableitungsrechner in Python

```
def f(x):
    return x**2

def dx_f(x):
    return 2*x

slope_at_2 = dx_f(2.0)

print(slope_at_2) # gibt 4.0 aus
```

Möchten Sie weiterhin SymPy einsetzen, können Sie die Funktion `subs()` aufrufen, um die Variable x mit dem Wert 2 zu vertauschen, wie Beispiel 1-20 zeigt.

Beispiel 1-20: Das Ersetzungsfeature in SymPy verwenden

```
# den Anstieg bei x = 2 berechnen
print(dx_f.subs(x,2)) # gibt 4 aus
```

Partielle Ableitungen

Ein weiteres Konzept, das uns in diesem Buch begegnen wird, sind *partielle Ableitungen*, die wir in den Kapiteln 5, 6 und 7 verwenden werden. Es handelt sich dabei um Ableitungen von Funktionen mit mehreren Eingabevariablen.

Stellen Sie sich das folgendermaßen vor: Anstatt den Anstieg einer eindimensionalen Funktion zu bestimmen, ermitteln wir Anstiege in Bezug auf mehrere Variablen in mehreren Richtungen. Bei jeder Ableitung einer bestimmten Variablen gehen wir davon aus, dass die anderen Variablen konstant gehalten werden. Wie zum Beispiel der 3-D-Graph von $f(x,y) = 2x^3 + 3y^3$ in Abbildung 1-8 zeigt, haben wir Anstiege in zwei Richtungen für zwei Variablen.

Nehmen wir die Funktion $f(x,y) = 2x^3 + 3y^3$. Die Variablen x und y erhalten jeweils ihre eigenen Ableitungen d/dx und d/dy. Diese stellen die Anstiegswerte bezüglich einer jeden Variablen auf einer mehrdimensionalen Fläche dar. Technisch gesehen, bezeichnen wir diese »Anstiege« als Gradienten, wenn wir es mit mehreren Dimensionen zu tun haben. Dies sind die Ableitungen für x und y, gefolgt vom SymPy-Code, mit dem sich die Ableitungen berechnen lassen.

$$f(x, y) = 2x^3 + 3y^3$$

$$\frac{d}{dx}2x^3 + 3y^3 = 6x^2$$

$$\frac{d}{dy}2x^3 + 3y^3 = 9y^2$$

Beispiel 1-21 und Abbildung 1-8 zeigen, wie wir die partiellen Ableitungen für x bzw. y mit SymPy berechnen.

Beispiel 1-21: Partielle Ableitungen mit SymPy berechnen

```
from sympy import *
from sympy.plotting import plot3d

# x und y für SymPy deklarieren
x,y = symbols('x y')

# nun einfach mittels der Python-Syntax die Funktion deklarieren
f = 2*x**3 + 3*y**3

# die partiellen Ableitungen für x und y berechnen
dx_f = diff(f, x)
dy_f = diff(f, y)

print(dx_f) # gibt 6*x**2 aus
print(dy_f) # gibt 9*y**2 aus

# die Funktion plotten
plot3d(f)
```

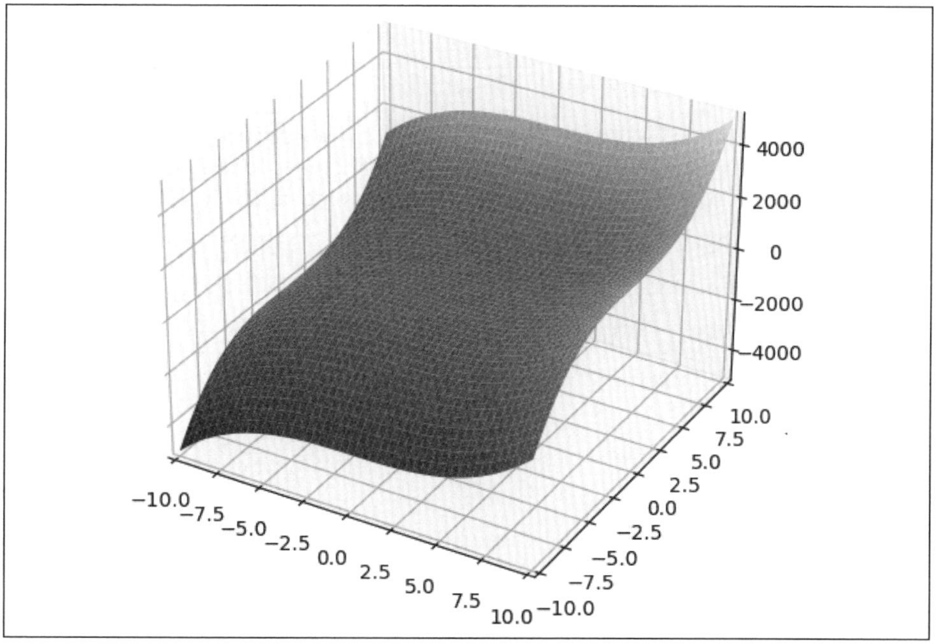

Abbildung 1-8: Eine dreidimensionale Potenzfunktion plotten

Für die (x,y)-Werte $(1, 2)$ ist also der Anstieg in Bezug auf x gleich $6(1) = 6$, und der Anstieg in Bezug auf y beträgt $9(2)^2 = 36$.

Mithilfe von Grenzwerten Ableitungen berechnen

Möchten Sie sehen, wo die Grenzen bei der Berechnung von Ableitungen eine Rolle spielen? Wenn Sie mit dem bisher Gelernten zufrieden sind, einfach weitermachen! Möchten Sie aber tiefer eindringen, können Sie auch später noch zu diesem Kasten zurückkehren.

Mit SymPy sind einige interessante mathematische Erkundungen möglich. Nehmen wir unsere Funktion $f(x) = x^2$. Hierfür haben wir bei $x = 2$ einen Anstieg angenähert, indem wir eine Gerade durch einen eng benachbarten Punkt $x = 2{,}0001$ durch einen zusätzlichen Schritt von 0,0001 gezogen haben. Warum verwenden wir nicht immer einen Grenzwert, um diesen Schritt s fortwährend zu verringern und zu sehen, welchem Punkt der Anstieg sich annähert?

$$\lim_{s \to 0} \frac{(x+s)^2 - x^2}{(x+s) - x}$$

In unserem Beispiel sind wir am Anstieg bei $x = 2$ interessiert, als setzen wir dies ein:

$$\lim_{s \to 0} \frac{(2+s)^2 - 2^2}{(2+s) - 2} = 4$$

Indem wir uns immer wieder mit einer Schrittweite von s der 0 annähern, aber nie erreichen (der Nachbarpunkt darf den Punkt bei $x = 2$ nicht berühren, sonst haben wir keine Gerade!), können wir einen Grenzwert verwenden, um zu sehen, dass wir auf einen Anstieg von 4 konvergieren, wie in Beispiel 1-22 gezeigt.

Beispiel 1-22: Einen Anstieg mithilfe von Grenzwerten berechnen

```
from sympy import *

# "x" und Schrittweite "s"
x, s = symbols('x s')

# Funktion deklarieren
f = x**2

# Anstieg zwischen zwei Punkten mit der Lücke "s"
# Ersetzen in Delta-Anstiegsformel
slope_f = (f.subs(x, x + s) - f) / ((x+s) - x)

# 2 für x setzen
slope_2 = slope_f.subs(x, 2)

# Anstieg bei x = 2 berechnen
# unendliche Annäherung mit der Schrittweite _s_ an 0
result = limit(slope_2, s, 0)

print(result) # 4
```

Wie wäre es, wenn wir x keinen bestimmten Wert zuweisen und es dann in Ruhe lassen? Was passiert, wenn wir unsere Schrittweite s immer weiter bis auf 0 verringern? Sehen Sie sich Beispiel 1-23 an.

Beispiel 1-23: Eine Ableitung mithilfe von Grenzwerten berechnen

```
from sympy import *

# "x" und Schrittweite "s"
x, s = symbols('x s')

# Funktion deklarieren
f = x**2

# Anstieg zwischen zwei Punkten mit der Lücke "s"
# Formel einsetzen

slope_f = (f.subs(x, x + s) - f) / ((x+s) - x)

# Ableitungsfunktion berechnen

# unendliche Annäherung der Schrittweite +s+ bis 0
result = limit(slope_f, s, 0)

print(result) # 2x
```

Damit haben wir unsere Ableitungsfunktion $2x$. SymPy hat sogar erkannt, dass unsere Schrittweite niemals 0 erreichen darf, sich aber immer weiter an 0 annähern muss. Dabei konvertiert $f(x) = x2$, um sein abgeleitetes Gegenstück $2x$ zu erreichen.

Die Kettenregel

In Kapitel 7 werden wir ein neuronales Netz aufbauen. Dafür benötigen wir einen speziellen mathematischen Trick, die sogenannte Kettenregel. Wenn wir die Schichten des neuronalen Netzes zusammenstellen, müssen wir die Ableitungen aus jeder Schicht entwirren. Doch zunächst wollen wir die Kettenregel anhand eines einfachen algebraischen Beispiels vorstellen. Angenommen, Sie hätten zwei Funktionen:

$$y = x^2 + 1$$
$$z = y^3 - 2$$

Diese beiden Funktionen sind miteinander verknüpft, denn y ist die Ausgabevariable in der ersten Funktion, aber die Eingabevariable in der zweiten. Das bedeutet, dass wir die erste Funktion y in die zweite Funktion z wie folgt einsetzen können:

$$z = \left(x^2 + 1\right)^3 - 2$$

Wie lautet nun die Ableitung von z nach x? Wir haben bereits die Substitution, die z in Form von x ausdrückt. Mittels SymPy berechnen wir dies nun in Beispiel 1-24.

Beispiel 1-24: Die Ableitung von z in Bezug auf x ermitteln

```
from sympy import *

x = symbols('x')

z = (x**2 + 1)**3 - 2
dz_dx = diff(z, x)
print(dz_dx)

# 6*x*(x**2 + 1)**2
```

Somit ist unsere Ableitung für z nach x gleich $6x(x^2+ 1)^2$:

$$\frac{dz}{dx}\left(\left(x^2 + 1\right)^3 - 2\right)$$

$$= 6x\left(x^2 + 1\right)^2$$

Doch Moment mal! Beginnen wir noch einmal von vorn und wählen wir einen anderen Ansatz. Wenn wir die Ableitungen der Funktionen y und z getrennt betrachten und sie dann miteinander multiplizieren, ergibt dies ebenfalls die Ableitung von z nach x! Probieren wir es:

$$\frac{dy}{dx}\left(x^2 + 1\right) = 2x$$

$$\frac{dz}{dy}\left(y^3 - 2\right) = 3y^2$$

$$\frac{dz}{dx} = (2x)\left(3y^2\right) = 6xy^2$$

Na schön, zwar sieht $6xy^2$ nicht wie $6x(x^2+ 1)^2$ aus, aber wir haben ja auch noch nicht die Funktion y substituiert. Wir holen das nach, sodass die gesamte dz/dx-Ableitung nur durch x ohne y ausgedrückt wird:

$$\frac{dz}{dx} = 6xy^2 = 6x\left(x^2 + 1\right)^2$$

Nun haben wir die gleiche Ableitungsfunktion $6x(x^2+ 1)^2$ bekommen!

Dies ist die *Kettenregel*, die besagt, dass wir für eine gegebene Funktion y (mit der Eingabevariablen x), die mit einer anderen Funktion z (mit der Eingabevariablen y) verkettet ist, die Ableitung von z nach x bekommen, indem wir die beiden jeweiligen Ableitungen miteinander multiplizieren.

$$\frac{dz}{dx} = \frac{dz}{dy} \times \frac{dy}{dx}$$

Der SymPy-Code in Beispiel 1-25 stellt diesen Vergleich an und zeigt, dass die Ableitung der Kettenregel gleich der Ableitung der substituierten Funktion ist.

Beispiel 1-25: Die Ableitung dz/dx mit und ohne Kettenregel berechnen, wobei das Ergebnis gleich bleibt

```
from sympy import *

x, y = symbols('x y')


# Ableitung für erste Funktion
# muss mit Unterstrich versehen werden, um Variablenkonflikte zu vermeiden
_y = x**2 + 1
dy_dx = diff(_y)

# Ableitung für zweite Funktion
z = y**3 - 2
dz_dy = diff(z)

# Ableitung berechnen mit und ohne
# Kettenregel, Funktion y substituieren
dz_dx_chain = (dy_dx * dz_dy).subs(y, _y)
dz_dx_no_chain = diff(z.subs(y, _y))

# Kettenregel beweisen, indem gezeigt wird, dass beide gleich sind
print(dz_dx_chain) # 6*x*(x**2 + 1)**2
print(dz_dx_no_chain) # 6*x*(x**2 + 1)**2
```

Die Kettenregel ist ein wichtiges Instrument beim Training eines neuronalen Netzes, um die richtigen Gewichte und Bias-Werte einzustellen. Anstatt die Ableitung jedes Knotens in einer verschachtelten Zwiebelform zu entwirren, können wir stattdessen die Ableitungen über jeden Knoten hinweg multiplizieren, was mathematisch viel einfacher ist.

Integrale

Das Gegenstück zur Ableitung ist das *Integral*, das die Fläche unter der Kurve für einen gegebenen Bereich verkörpert. In den Kapiteln 2 und 3 ermitteln wir die Flächen unter Wahrscheinlichkeitsverteilungen. Obwohl wir Integrale nicht direkt verwenden und stattdessen auf kumulative Verteilungsfunktionen zurückgreifen, die bereits integriert sind, ist es gut zu wissen, wie man die Flächen unter Kurven mit Integralen ermittelt. Anhang A enthält Beispiele, die mit diesem Ansatz bei Wahrscheinlichkeitsverteilungen arbeiten.

Integrale möchte ich mit einem intuitiven Ansatz einführen, nämlich anhand der sogenannten *riemannschen Summen*. Dies ist ein Ansatz, der sich flexibel an jede stetige Funktion anpasst. Zuerst möchte ich darauf hinweisen, dass sich die Fläche eines Bereichs unter einer Geraden ganz leicht ermitteln lässt. Nehmen wir an, ich möchte für eine Funktion $f(x) = 2x$ die Fläche unter der Geraden zwischen 0 und 1 ermitteln, wie sie in Abbildung 1-9 schattiert dargestellt ist.

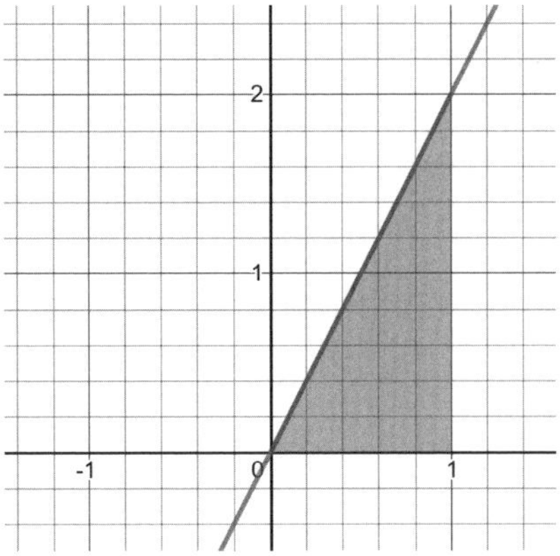

Abbildung 1-9: Eine Fläche unter einer linearen Funktion berechnen

Beachten Sie, dass ich die Fläche zwischen der Geraden und der x-Achse sowie im Bereich x von 0,0 bis 1,0 suche. Nach den Grundformeln der Geometrie lässt sich die Fläche A mit der Dreiecksformel $A = \frac{1}{2}bh$ berechnen, wobei b die Länge der Basis und h die Höhe ist. Visuell stellen wir fest, dass $b = 1$ und $h = 2$ ist. Setzt man diese Werte in die Formel ein, erhält man für die Fläche 1,0, was wie folgt berechnet wird:

$$A = \frac{1}{2}bh$$

$$A = \frac{1}{2} * 1 * 2$$

$$A = 1$$

Nicht schlecht, oder? Doch sehen wir uns eine Funktion an, für die sich die Fläche unter der Funktion $f(x) = x^2+1$ ermitteln lässt. Wie groß ist die Fläche zwischen 0 und 1, die der schattierte Bereich in Abbildung 1-10 angibt?

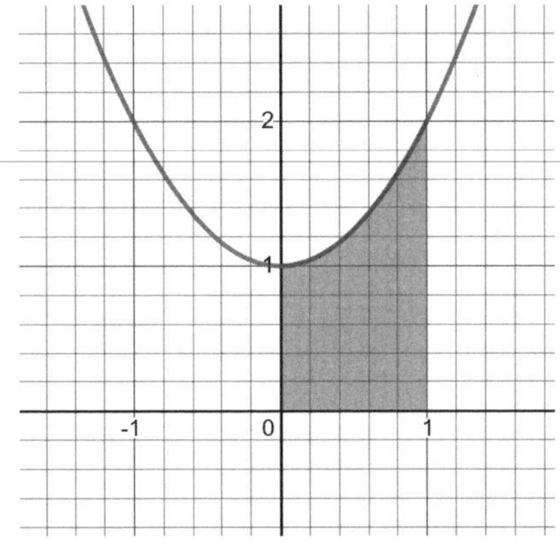

Abbildung 1-10: Weniger einfach ist es, die Fläche unter nichtlinearen Funktionen zu berechnen

Auch hier interessieren wir uns für die Fläche unterhalb der Kurve und oberhalb der x-Achse sowie nur im Bereich zwischen $x = 0$ und $x = 1$. Aufgrund der Krümmung der Kurve gibt es an dieser Stelle keine einfache geometrische Formel, um die Fläche zu ermitteln, doch es gibt einen kleinen Trick.

Wie wäre es, wenn wir fünf gleich lange Rechtecke unter die Kurve packen, wie Abbildung 1-11 zeigt, wobei jedes Rechteck von der x-Achse in der Höhe bis zu der Stelle reicht, an der der Mittelpunkt des Rechtecks die Kurve berührt?

Die Fläche eines Rechtecks beträgt A = Länge × Breite, sodass wir einfach die Flächen der Rechtecke addieren könnten. Würde uns das eine gute Annäherung an die Fläche unter der Kurve liefern? Wie sieht es aus, wenn wir 100 Rechtecke in diesen Bereich packen? 1.000? 100.000? Wenn wir die Anzahl der Rechtecke erhöhen und gleichzeitig ihre Breite verringern, würden wir uns dann nicht der Fläche unter der Kurve annähern? Ja, und das ist ein weiterer Fall, in dem wir etwas gegen unendlich vergrößern/verkleinern, um uns einem tatsächlichen Wert zu nähern.

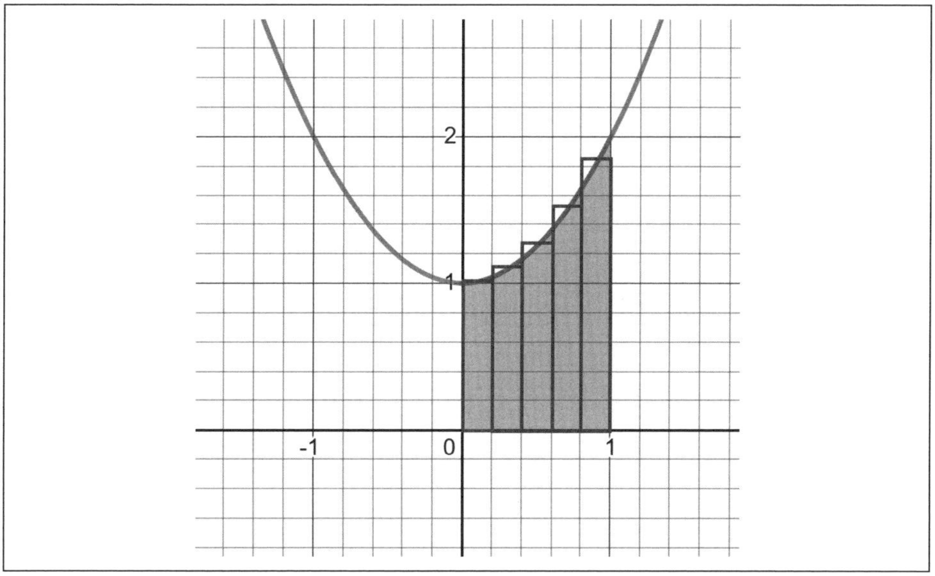

Abbildung 1-11: Rechtecke unter eine Kurve packen, um die Fläche anzunähern

Probieren wir es in Python aus. Zuerst brauchen wir eine Funktion, die ein Integral approximiert. Wir nennen sie `approximate_integral()`. Die Argumente `a` und `b` geben den kleinsten bzw. größten x-Wert des Bereichs an. Mit `n` wird die Anzahl der Rechtecke festgelegt, die in den Bereich zu packen sind. Schließlich soll `f` die Funktion sein, die wir integrieren. Wir implementieren die Funktion in Beispiel 1-26 und verwenden sie dann, um unsere Funktion $f(x) = x2 + 1$ mit fünf Rechtecken in den Grenzen zwischen 0,0 und 1,0 zu integrieren.

Beispiel 1-26: Eine Integralapproximation in Python

```
def approximate_integral(a, b, n, f):
```

```
    delta_x = (b - a) / n
    total_sum = 0

    for i in range(1, n + 1):
        midpoint = 0.5 * (2 * a + delta_x * (2 * i - 1))
        total_sum += f(midpoint)

    return total_sum * delta_x

def my_function(x):
    return x**2 + 1

area = approximate_integral(a=0, b=1, n=5, f=my_function)

print(area) # gibt 1.33 aus
```

Wir erhalten also eine Fläche von 1,33. Was passiert, wenn wir 1.000 Rechtecke verwenden? Probieren wir es in Beispiel 1-27 aus.

Beispiel 1-27: Eine weitere Integralapproximation in Python

```
area = approximate_integral(a=0, b=1, n=1000, f=my_function)

print(area) # gibt 1.333333250000001 aus
```

Okay – wir bekommen hier etwas mehr Genauigkeit und mehr Nachkommastellen. Wie wäre es mit einer Million Rechtecke, wie in Beispiel 1-28 gezeigt?

Beispiel 1-28: Noch eine andere Integralapproximation in Python

```
area = approximate_integral(a=0, b=1, n=1_000_000, f=my_function)

print(area) # gibt 1.3333333333332733 aus
```

Der Rückgabewert nimmt immer weniger zu und nähert sich dem Wert $1,\overline{333}$ an, wobei der $,\overline{333}$-Teil auf ewig wiederholt wird. Wäre dies eine Rationalzahl, könnte man sie als $4/3 = 1,\overline{333}$ ausdrücken. Wenn wir die Anzahl der Rechtecke erhöhen, erreicht die Approximation ihre Grenze bei immer kleiner werdenden Dezimalstellen.

Nachdem wir nun eine gewisse Vorstellung davon haben, was wir erreichen wollen und warum, verfolgen wir in Beispiel 1-29 einen genaueren Ansatz mit der Bibliothek SymPy, die rationale Zahlen unterstützt.

Beispiel 1-29: Eine Integration mithilfe von SymPy durchführen

```
from sympy import *

# 'x' für SymPy deklarieren
x = symbols('x')

# nun einfach mittels der Python-Syntax die Funktion deklarieren
f = x**2 + 1

# Das Integral der Funktion in Bezug auf x für die Fläche
# zwischen x = 0 und x = 1 berechnen.
```

```
area = integrate(f, (x, 0, 1))

print(area) # gibt 4/3 aus
```

Cool! Der Flächeninhalt beträgt also tatsächlich 4/3, was wir mit unserer vorherigen Methode angenähert haben. Leider unterstützt Python (und viele andere Programmiersprachen) nur Dezimalzahlen, aber Computeralgebrasysteme wie SymPy können mit exakten rationalen Zahlen umgehen. Integrale werden wir in den Kapiteln 2 und 3 verwenden, um Flächen unter Kurven zu bestimmen, obwohl wir die eigentliche Arbeit von scikit-learn erledigen lassen.

Integrale mit Grenzwerten berechnen

Für die ganz Neugierigen: Hier sehen Sie, wie wir bestimmte Integrale mithilfe von Grenzwerten in SymPy berechnen. Eine Bitte! Überspringen Sie diesen Kasten oder kommen Sie später darauf zurück, wenn Sie genügend verdaut haben. Doch wenn Sie sich fit fühlen und genauer verstehen wollen, wie Integrale mithilfe von Grenzwerten abgeleitet werden, fahren Sie fort!

Der Grundgedanke entspricht im Wesentlichen dem, was wir zuvor gemacht haben: Rechtecke unter eine Kurve packen und sie unendlich kleiner machen, bis wir die genaue Fläche annähern können. Natürlich lassen sich die Rechtecke nicht bis zu einer Breite von 0 verkleinern ... sie müssen lediglich immer näher an 0 herankommen, ohne jemals 0 zu erreichen. Dies ist ein weiterer Fall für die Verwendung von Grenzwerten.

Der großartige Artikel von Khan Academy (*https://oreil.ly/sBmCy*) erklärt, wie man Grenzwerte für riemannsche Summen verwendet. Beispiel 1-30 zeigt eine Realisierung in Python mit SymPy.

Beispiel 1-30: Integrale mithilfe von Grenzwerten berechnen

```
from sympy import *

# Variablen für SymPy deklarieren
x, i, n = symbols('x i n')

# Funktion und Bereich deklarieren
f = x**2 + 1
lower, upper = 0, 1

# die Breite und die jeweilige Höhe jedes Rechtecks bei Index "i" berechnen
delta_x = ((upper - lower) / n)
x_i = (lower + delta_x * i)
fx_i = f.subs(x, x_i)

# alle "n" Rechtecke durchlaufen und ihre Flächen summieren
rectangles = Sum(delta_x * fx_i, (i, 1, n)).doit()

# Die Fläche berechnen, indem die Anzahl "n" der
# Rechtecke bis zu unendlich angenähert wird.
area = limit(n_rectangles, n, oo)
print(area) # gibt 4/3 aus
```

Hier bestimmen wir die Länge jedes Rechtecks `delta_x` und den Beginn jedes Rechtecks `x_i`, wobei `i` der Index jedes Rechtecks ist. Mit `fx_i` wird die Höhe jedes Rechtecks bei Index `i` angegeben. Wir deklarieren mit `n` die Anzahl der Rechtecke und summieren ihre Flächen `delta_x * fx_i`, aber wir haben noch keinen Flächenwert, weil wir noch keine Zahl für `n` festgelegt haben. Stattdessen nähern wir `n` gegen unendlich an, um zu sehen, gegen welche Fläche wir konvergieren. Als Ergebnis sollten Sie 4/3 erhalten!

Zum Schluss

In diesem Kapitel haben wir einige Grundlagen behandelt, die wir für den Rest dieses Buchs verwenden werden. Von der Zahlentheorie bis hin zu Logarithmen und Integralen haben wir einige wichtige mathematische Konzepte hervorgehoben, die für Data Science, maschinelles Lernen und Analytik relevant sind. Möglicherweise tauchen bei Ihnen Fragen dazu auf, warum diese Konzepte nützlich sind. Dazu kommen wir gleich!

Bevor wir uns mit der Wahrscheinlichkeitsrechnung befassen, nehmen Sie sich ein wenig Zeit, um die Konzepte noch einmal zu überfliegen und dann die folgenden Übungen zu absolvieren. Auf dieses Kapitel können Sie sich immer wieder beziehen, wenn Sie dieses Buch durcharbeiten, und bei Bedarf Ihr Wissen auffrischen, wenn Sie diese mathematischen Ideen anwenden.

Übungen

1. Ist der Wert 62,6738 rational oder irrational? Warum bzw. warum nicht?
2. Werten Sie den Ausdruck $10^7 10^{-5}$ aus.
3. Werten Sie den Ausdruck $81^{1/2}$ aus.
4. Werten Sie den Ausdruck $25^{3/2}$ aus.
5. Nehmen Sie an, dass keine Zahlungen erfolgt sind. Wie viel wäre ein Darlehen von 1.000 $ bei 5 % Zinsen, die monatlich mit Zinseszins vergütet werden, nach drei Jahren wert?
6. Angenommen, es würden keine Zahlungen geleistet. Wie viel wäre ein Darlehen in Höhe von 1.000 $ bei 5 % Zinseszins nach drei Jahren wert?
7. Welchen Anstieg hat die Funktion $f(x) = 3x^2 + 1$ bei $x = 3$?
8. Wie groß ist die Fläche unter der Kurve der Funktion $f(x) = 3x^2 + 1$ im Bereich zwischen $x = 0$ und $x = 2$?

Die Antworten finden Sie in Anhang B.

KAPITEL 2
Wahrscheinlichkeit

Was kommt Ihnen in den Sinn, wenn Sie den Begriff *Wahrscheinlichkeit* hören? Vielleicht denken Sie an Beispiele aus dem Bereich des Glücksspiels, wie die Wahrscheinlichkeit, im Lotto zu gewinnen oder ein Paar mit zwei Würfeln zu bekommen. Vielleicht geht es aber auch um die Vorhersage von Aktienkursen, den Ausgang einer politischen Wahl oder die Frage, ob Ihr Flug pünktlich ankommt. Unsere Welt ist voller Ungewissheiten, die wir nur allzu gern messen würden.

Vielleicht ist es das Wort, auf das wir uns konzentrieren sollten: Unsicherheit. Wie messen wir etwas, über das wir uns nicht sicher sind?

Letztlich ist die Wahrscheinlichkeit die theoretische Untersuchung zur Messung der Bestimmtheit, dass ein Ereignis eintreten wird. Sie ist eine Grundlagendisziplin für Statistik, Hypothesentests, maschinelles Lernen und andere Themen in diesem Buch. Viele Menschen halten Wahrscheinlichkeit für selbstverständlich und gehen davon aus, dass sie sie verstehen. Allerdings ist sie vielschichtiger und komplizierter, als die meisten Menschen denken. Während die Theoreme und Ideen der Wahrscheinlichkeit mathematisch fundiert sind, wird es komplexer, wenn wir Daten einführen und uns in die Statistik vorwagen. Wir werden dies in Kapitel 3 zu Statistik und Hypothesentests behandeln.

Zunächst aber beschäftigen wir uns in diesem Kapitel damit, was Wahrscheinlichkeit ist. Dann geht es um mathematische Konzepte der Wahrscheinlichkeitsrechnung, den Satz von Bayes, die Binomialverteilung und die Beta-Verteilung.

Wahrscheinlichkeit verstehen

Die *Wahrscheinlichkeit* gibt an, wie stark wir glauben, dass ein Ereignis eintreten wird, oftmals als Prozentsatz ausgedrückt. Hier sind einige Fragen, die eine Beantwortung durch einen Wahrscheinlichkeitswert rechtfertigen könnten:

- Wie wahrscheinlich ist es, dass ich bei zehn fairen Münzwürfen siebenmal Kopf erhalte?
- Wie hoch stehen meine Chancen, eine Wahl zu gewinnen?
- Wird mein Flug Verspätung haben?
- Wie sicher bin ich, dass ein Produkt defekt ist?

Eine Wahrscheinlichkeit gibt man häufig in Prozent an, wie zum Beispiel: »Mein Flug hat mit 70% Wahrscheinlichkeit Verspätung.« Wir bezeichnen diese Wahrscheinlichkeit als $P(X)$, wobei X das interessierende Ereignis ist. Wenn Sie mit Wahrscheinlichkeiten arbeiten, werden Sie sie jedoch eher als Dezimalzahl (in diesem Fall *0,70*) sehen, die zwischen *0,0* und *1,0* liegen muss:

$$P(X) = .70$$

Die *Likelihood* ist der Wahrscheinlichkeit sehr ähnlich, und man kann beide leicht verwechseln (was auch viele Wörterbücher tun). In der Alltagssprache lassen sich die Begriffe »Wahrscheinlichkeit« und »Likelihood« ohne Weiteres synonym verwenden. Allerdings sollten wir die Unterschiede genau herausarbeiten. Bei Wahrscheinlichkeit (engl. *Probability*) geht es um die quantitative Vorhersage von Ereignissen, die noch nicht eingetreten sind, während Likelihood die Häufigkeit von bereits eingetretenen Ereignissen misst. In der Statistik und beim maschinellen Lernen verwenden wir Likelihood (die Vergangenheit) oft in Form von Daten, um die Wahrscheinlichkeit (die Zukunft) vorherzusagen.

Es ist wichtig zu wissen, dass die Wahrscheinlichkeit, dass ein Ereignis eintritt, streng zwischen 0% und 100% oder 0,0 und 1,0 liegen muss. Logischerweise berechnet man die Wahrscheinlichkeit, dass ein Ereignis *nicht* eintritt, indem man die Wahrscheinlichkeit dieses Ereignisses von 1,0 subtrahiert:

$$P(X) = .70$$
$$P(\text{not } X) = 1 - .70 = .30$$

Dies ist eine weitere Unterscheidung zwischen Probability und Likelihood. Die Wahrscheinlichkeiten aller möglichen sich gegenseitig ausschließenden Ergebnisse für ein Ereignis (d.h., es kann nur ein Ergebnis vorkommen, nicht mehrere) müssen in der Summe 1,0 oder 100% ergeben. Für Likelihoods gilt diese Regel jedoch nicht.

Alternativ kann die Wahrscheinlichkeit als *Chance* $O(X)$ wie 7:3, 7/3 oder $2,\overline{333}$ ausgedrückt werden. Eine Chance $O(X)$ lässt sich in eine proportionale Wahrscheinlichkeit $P(X)$ mit folgender Formel überführen:

$$P(X) = \frac{O(X)}{1 + O(X)}$$

Wenn ich also eine Chance von 7/3 habe, kann ich sie in eine proportionale Wahrscheinlichkeit wie folgt umwandeln:

$$P(X) = \frac{O(X)}{1 + O(X)}$$
$$P(X) = \frac{\frac{7}{3}}{1 + \frac{7}{3}}$$
$$P(X) = .7$$

Umgekehrt kann man eine Wahrscheinlichkeit in eine Chance umwandeln, indem man die Wahrscheinlichkeit, dass das Ereignis eintritt, durch die Wahrscheinlichkeit, dass es nicht eintritt, dividiert:

$$O(X) = \frac{P(X)}{1 - P(X)}$$

$$O(X) = \frac{.70}{1 - .70}$$

$$O(X) = \frac{7}{3}$$

Chancen sind nützlich

Viele Menschen sind zwar vertrauter damit, Wahrscheinlichkeiten als Prozentwerte oder Proportionen auszudrücken, Chancen können aber ebenfalls ein hilfreiches Instrument sein. Wenn ich eine Chance von 2,0 habe, heißt das, dass ich ein Ereignis für doppelt so wahrscheinlich halte, dass es eintritt, als dass es nicht eintritt. Das kann eingängiger sein, als eine Überzeugung mit einem Prozentsatz von $66,\overline{666}\%$ zu beschreiben. Aus diesem Grund sind Chancen hilfreich, um subjektive Überzeugungen zu quantifizieren, insbesondere im Zusammenhang mit Glücksspielen oder Wetten. Chancen spielen zudem eine Rolle in der bayesschen Statistik (einschließlich des Bayes-Faktors) sowie in der logistischen Regression mit der Log-Odds-Funktion, die wir in Kapitel 6 behandeln.

Wahrscheinlichkeitsrechnung vs. Statistik

Gelegentlich werden die Begriffe *Wahrscheinlichkeit* und *Statistik* synonym verwendet. Doch obwohl es verständlich ist, beide Disziplinen zu vermischen, gibt es doch Unterschiede zwischen ihnen. Die *Wahrscheinlichkeitsrechnung* ist eine rein theoretische Betrachtung der Wahrscheinlichkeit, mit der ein Ereignis eintritt, ohne dass dazu Daten erforderlich wären. Hingegen kann die *Statistik* ohne Daten nicht existieren, und sie stützt sich darauf, um die Wahrscheinlichkeit zu ermitteln und Tools bereitzustellen, mit denen sich die Daten beschreiben lassen.

Denken Sie an die Vorhersage des Ergebnisses, mit einem Würfel eine 4 zu werfen. Nähert man sich dem Problem mit einer reinen Wahrscheinlichkeitsbetrachtung, sagt man einfach, dass es sechs Seiten auf einem Würfel gibt. Wir nehmen an, dass jede Seite gleiche Eigenschaften aufweist, sodass die Wahrscheinlichkeit, eine 4 zu würfeln bei 1/6 oder 16,666 % liegt.

Ein eifriger Statistiker könnte jetzt sagen: »Nein! Wir müssen würfeln, um die Daten zu bekommen. Nur wenn wir 30 Würfe oder mehr machen können – und je mehr Würfe, desto besser –, nur dann bekommen wir genügend Daten, um die Wahrscheinlichkeit zu bestimmen, eine 4 zu würfeln.« Dieser Ansatz mag albern erscheinen, wenn wir davon ausgehen, dass der Würfel fair ist. Aber was ist, wenn das nicht zutrifft? In diesem Fall ist das Sammeln von Daten die einzige Möglichkeit, die Wahrscheinlichkeit für das Werfen einer 4 zu ermitteln. Über das Testen von Hypothesen sprechen wir in Kapitel 3.

Wahrscheinlichkeitsmathematik

Wenn wir mit einer einzelnen Wahrscheinlichkeit eines Ereignisses $P(X)$ arbeiten, die man als *Randwahrscheinlichkeit* bezeichnet, ist die Idee ziemlich einfach, wie bereits zuvor erwähnt. Doch wenn wir Wahrscheinlichkeiten von verschiedenen Ereignissen zusammenfassen, liegen die Dinge nicht mehr so klar auf der Hand.

Kombinierte Wahrscheinlichkeiten

Angenommen, Sie hätten eine faire Münze und einen fairen sechsseitigen Würfel. Nun möchten Sie wissen, wie groß die Wahrscheinlichkeit ist, mit der Münze Kopf (engl. *Heads*) zu werfen und mit dem Würfel eine 6 zu würfeln. Wir haben es hier mit zwei separaten Wahrscheinlichkeiten und zwei separaten Ereignissen zu tun, doch wir sind an der Wahrscheinlichkeit interessiert, dass beide Ereignisse zusammen eintreten. Dies wird als *kombinierte* oder *multivariate* (bei zwei Wahrscheinlichkeiten als *bivariate*) *Wahrscheinlichkeit* bezeichnet.

Stellen Sie sich eine kombinierte Wahrscheinlichkeit als AND-Operator vor. Ich möchte die Wahrscheinlichkeit ermitteln, dass ich Kopf werfe UND eine 6 würfle. Beide Ereignisse sollen zusammen eintreten. Wie berechnen wir diese Wahrscheinlichkeit?

Eine Münze hat zwei, ein Würfel sechs Seiten. Die Wahrscheinlichkeit für Kopf beträgt also 1/2, und die Wahrscheinlichkeit für eine 6 ist gleich 1/6. Um die Wahrscheinlichkeit zu berechnen, dass beide Ereignisse eintreten (unter der Annahme, dass sie unabhängig sind, mehr dazu später), multipliziert man die beiden Wahrscheinlichkeiten:

$$P(A \text{ AND } B) = P(A) \times P(B)$$

$$P(\text{heads}) = \frac{1}{2}$$

$$P(6) = \frac{1}{6}$$

$$P(\text{heads AND } 6) = \frac{1}{2} \times \frac{1}{6} = \frac{1}{12} = .08\overline{333}$$

Recht einfach, aber warum überhaupt? Viele Wahrscheinlichkeitsregeln lassen sich herleiten, indem man alle möglichen Kombinationen von Ereignissen bildet. Dieses Vorgehen stammt aus einem Bereich der diskreten Mathematik, in dem es um Permutationen und Kombinationen geht. In diesem Fall erzeugen Sie jedes mögliche Ergebnis aus Münz- und Würfelwürfen, wobei Sie Kopf (H für *Heads*) und Zahl (T für *Tails*) mit den Zahlen 1 bis 6 paaren. Das uns interessierende Ergebnis – Kopf mit 6 – ist in Sternchen (*) eingeschlossen:

```
H1  H2  H3  H4  H5  *H6*  T1  T2  T3  T4  T5  T6
```

Es gibt 12 mögliche Ergebnisse, wenn wir unsere Münze und unseren Würfel werfen. Als einziges Ergebnis ist für uns *H6* von Interesse, d.h. Kopf werfen und eine 6 würfeln. Da es nur ein Ergebnis gibt, das unsere Bedingung erfüllt, und 12 Ergebnisse möglich sind, beträgt die Wahrscheinlichkeit, Kopf zu werfen und eine 6 zu würfeln, gleich 1/12.

Anstatt alle möglichen Kombinationen zu erzeugen und die uns interessierenden zu zählen, kommen wir schneller zum Ziel, wenn wir die kombinierte Wahrscheinlichkeit per Multiplikation berechnen – mit der *Produktregel* für Wahrscheinlichkeiten:

$$P(A \text{ AND } B) = P(A) \times P(B)$$

$$P(\text{heads AND } 6) = \frac{1}{2} \times \frac{1}{6} = \frac{1}{12} = .08\overline{333}$$

Vereinigungswahrscheinlichkeiten

Wir haben über kombinierte Wahrscheinlichkeiten gesprochen, d.h. über die Wahrscheinlichkeit, dass zwei oder mehr Ereignisse gleichzeitig eintreten. Aber mit welcher Wahrscheinlichkeit tritt Ereignis A oder B ein? Bei OR-Verknüpfungen mit Wahrscheinlichkeiten spricht man von einer *Vereinigungswahrscheinlichkeit.*

Sehen wir uns zunächst Ereignisse an, die *sich gegenseitig ausschließen*, d.h. Ereignisse, die nicht gleichzeitig auftreten können. Wenn ich zum Beispiel einen Würfel werfe, kann ich nicht gleichzeitig eine 4 und eine 6 erhalten, sondern nur eines der beiden Ergebnisse. Die Summenwahrscheinlichkeit für diese Fälle lässt sich leicht ermitteln. Ich addiere einfach die Einzelwahrscheinlichkeiten. So berechnet sich die Wahrscheinlichkeit für eine 4 oder eine 6 bei einem Würfelwurf zu 2/6 = 1/3:

$$P(4) = \frac{1}{6}$$

$$P(6) = \frac{1}{6}$$

$$P(4 \text{ OR } 6) = \frac{1}{6} + \frac{1}{6} = \frac{1}{3}$$

Doch wie sieht es aus mit Ereignissen, die *sich nicht gegenseitig ausschließen*, die also gleichzeitig auftreten können? Kehren wir zum Beispiel mit den Münz- und Würfelwürfen zurück. Wie hoch ist die Wahrscheinlichkeit, Kopf ODER eine 6 zu erhalten? Bevor Sie in Versuchung geraten, diese Wahrscheinlichkeiten zu addieren, wollen wir noch einmal alle möglichen Ergebnisse bilden und diejenigen markieren, die uns interessieren:

```
*H1*  *H2*  *H3*  *H4*  *H5*  *H6*  T1  T2  T3  T4  T5  *T6*
```

Wir sind jetzt an allen Kopf-Ergebnissen sowie an den 6-Ergebnissen interessiert. Wenn wir die 7 interessierenden zu den 12 möglichen Ergebnissen ins Verhältnis setzen, erhalten wir mit 7/12 eine korrekte Wahrscheinlichkeit von $0{,}58\overline{333}$.

Aber was passiert, wenn wir die Wahrscheinlichkeiten von Kopf und 6 addieren? Wir erhalten eine andere (und falsche!) Antwort von $0,\overline{666}$:

$$P(heads) = \frac{1}{2}$$

$$P(6) = \frac{1}{6}$$

$$P(\text{heads OR } 6) = \frac{1}{2} + \frac{1}{6} = \frac{4}{6} = .\overline{666}$$

Weshalb ist das so? Sehen Sie sich die Kombinationen von Münzwurf und Würfelergebnis noch einmal genau an. Finden Sie etwas Verdächtiges? Wenn wir die Wahrscheinlichkeiten addieren, zählen wir die Wahrscheinlichkeit, eine 6 zu erhalten, sowohl in *H6* als auch in *T6*, also doppelt! Sollte Ihnen das nicht einleuchten, versuchen Sie, die Wahrscheinlichkeit für Kopf oder einen Würfelwurf von 1 bis 5 zu ermitteln:

$$P(heads) = \frac{1}{2}$$

$$P(1 \text{ bis } 5) = \frac{5}{6}$$

$$P(\text{heads OR 1 bis 5}) = \frac{1}{2} + \frac{5}{6} = \frac{8}{6} = 1.\overline{333}$$

Wir erhalten eine Wahrscheinlichkeit von 133,333 %, was definitiv nicht korrekt ist, da eine Wahrscheinlichkeit nicht mehr als 100 % oder 1,0 betragen darf. Das Problem ist wieder, dass wir die Ergebnisse doppelt zählen.

Wenn Sie lange genug nachdenken, werden Sie feststellen, dass die logische Methode zur Beseitigung von Doppelzählungen in einer Summenwahrscheinlichkeit darin besteht, die kombinierte Wahrscheinlichkeit zu subtrahieren. Diese sogenannte Summenregel für Wahrscheinlichkeiten stellt sicher, dass jedes kombinierte Ereignis nur einmal gezählt wird:

$$P(A \text{ OR } B) = P(A) + P(B) - P(A \text{ AND } B)$$

$$P(A \text{ OR } B) = P(A) + P(B) - P(A) \times P(B)$$

Um zu unserem Beispiel zurückzukehren und die Wahrscheinlichkeit von Kopf oder 6 zu berechnen, müssen wir die kombinierte Wahrscheinlichkeit, Kopf oder 6 zu erhalten, von der Summenwahrscheinlichkeit subtrahieren:

$$P(heads) = \frac{1}{2}$$

$$P(6) = \frac{1}{6}$$

$$P(A \text{ OR } B) = P(A) + P(B) - P(A) \times P(B)$$

$$P(\text{heads OR } 6) = \frac{1}{2} + \frac{1}{6} - \left(\frac{1}{2} \times \frac{1}{6}\right) = .58\overline{333}$$

Diese Formel gilt auch für sich gegenseitig ausschließende Ereignisse. Wenn sich die Ereignisse gegenseitig ausschließen, d.h. nur ein Ergebnis A oder B möglich ist, nicht aber beide, ist die kombinierte Wahrscheinlichkeit *P*(A AND B) gleich 0, sodass sie sich selbst aus der Formel entfernt. Dann bleibt nur noch die Summierung der Ereignisse, wie wir es zuvor schon durchgeführt haben.

Zusammenfassend lässt sich sagen, dass bei einer Vereinigungswahrscheinlichkeit zwischen zwei oder mehreren Ereignissen, die sich nicht gegenseitig ausschließen, die kombinierte Wahrscheinlichkeit abgezogen werden muss, damit Wahrscheinlichkeiten nicht doppelt gezählt werden.

Bedingte Wahrscheinlichkeit und der Satz von Bayes

Ein Thema der Wahrscheinlichkeitsrechnung, das häufig Verwirrung stiftet, ist das Konzept der bedingten Wahrscheinlichkeit, d.h. der Wahrscheinlichkeit eines Ereignisses A, das eintritt, sofern Ereignis B eingetreten ist. Normalerweise drückt man das als *P*(A GIVEN B) oder *P*(A|B) aus.

Angenommen, eine Studie behauptet, dass 85 % der Krebspatienten Kaffee getrunken haben. Wie reagieren Sie auf diese Behauptung? Beunruhigt Sie das und fühlen Sie sich veranlasst, auf Ihr Lieblingsgetränk am Morgen zu verzichten? Definieren wir dies zunächst als bedingte Wahrscheinlichkeit *P*(Coffee given Cancer) oder *P*(Coffee|Cancer). Das stellt die Wahrscheinlichkeit dar, dass Menschen, die an Krebs erkrankt sind, Kaffee trinken.

Vergleichen wir dies in den Vereinigten Staaten mit dem Prozentsatz der Menschen, bei denen Krebs diagnostiziert wurde (0,5 % laut *cancer.gov*), und dem Prozentsatz der Menschen, die Kaffee trinken (65 % laut *statista.com*):

$$P(\text{Cancer}) = .005$$
$$P(\text{Coffee}) = .65$$
$$P(\text{Coffee}|\text{Cancer}) = .85$$

Hmmmm ... lassen Sie diese Zahlen für einen Moment auf sich wirken und fragen Sie sich, ob Kaffee hier wirklich das Problem ist. Bedenken Sie auch, dass nur 0,5 % der Bevölkerung zu irgendeinem Zeitpunkt an Krebs erkrankt sind. Allerdings trinken 65 % der Bevölkerung regelmäßig Kaffee. Wenn Kaffee zu Krebs beiträgt, müssten wir dann nicht viel höhere Krebszahlen als 0,5 % haben? Müssten es nicht eher 65 % sein?

Dies ist das Heimtückische an proportionalen Zahlen. Zunächst können sie ohne jeglichen Kontext signifikant erscheinen, und die Schlagzeilen der Medien können dies sicherlich für Klicks ausnutzen: »Neue Studie deckt auf, dass 85 % der Krebspatienten Kaffee trinken«, könnte es heißen. Natürlich ist dies albern, denn wir haben eine häufige Eigenschaft (Kaffee trinken) mit einer ungewöhnlichen Eigenschaft (an Krebs erkrankt sein) in Verbindung gebracht.

Der Grund, warum Menschen so leicht durch bedingte Wahrscheinlichkeiten verwirrt werden können, liegt darin, dass die Richtung der Bedingung eine Rolle spielt und die beiden Bedingungen irgendwie als gleichwertig verschmelzen. Die »Wahrscheinlichkeit, an Krebs zu erkranken, wenn man Kaffeetrinker ist«, ist etwas anderes als die »Wahrscheinlichkeit, Kaffeetrinker zu sein, wenn man Krebs hat«. Einfacher ausgedrückt: Nur wenige Kaffeetrinker haben Krebs, aber viele Krebspatienten trinken Kaffee.

Wenn wir untersuchen wollen, ob Kaffee zu Krebs beiträgt, sind wir eigentlich an der ersten bedingten Wahrscheinlichkeit interessiert: der Wahrscheinlichkeit, dass jemand Krebs hat, wenn er Kaffeetrinker ist.

$$P(\text{Coffee}|\text{Cancer}) = .85$$
$$P(\text{Cancer}|\text{Coffee}) = ?$$

Wie können wir die Bedingung umkehren? Es gibt mit dem *Satz von Bayes* eine leistungsfähige kleine Formel, mit der sich bedingte Wahrscheinlichkeiten umkehren lassen.

$$P(A|B) = \frac{P(B|A)P(A)}{P(B)}$$

Wenn wir die Informationen, die wir bereits haben, in diese Formel einsetzen, können wir sie nach der Wahrscheinlichkeit auflösen, mit der jemand Krebs hat, wenn er Kaffee trinkt:

$$\text{P}(\text{A}|\text{B}) = \frac{\text{P}(\text{B}|\text{A}) * \text{P}(\text{A})}{\text{P}(\text{B})}$$

$$\text{P}(\text{Cancer}|\text{Coffee}) = \frac{\text{P}(\text{Coffee}|\text{Cancer}) * \text{P}(\text{Cancer})}{\text{P}(\text{Coffee})}$$

$$\text{P}(\text{Cancer}|\text{Coffee}) = \frac{.85 * .005}{.65} = .0065$$

Beispiel 2-1 zeigt, wie Sie das in Python berechnen können.

Beispiel 2-1: Den Satz von Bayes in Python verwenden

```
p_coffee_drinker = .65
p_cancer = .005
p_coffee_drinker_given_cancer = .85

p_cancer_given_coffee_drinker = p_coffee_drinker_given_cancer *
    p_cancer / p_coffee_drinker

# gibt 0.006538461538461539 aus
print(p_cancer_given_coffee_drinker)
```

Die Wahrscheinlichkeit, dass jemand Krebs hat, wenn er Kaffeetrinker ist, beträgt also nur 0,65 %! Dieser Wert unterscheidet sich stark von der mit 85 % angegebenen Wahrscheinlichkeit, dass jemand Kaffeetrinker ist, wenn er Krebs hat. Verstehen Sie nun, warum die Richtung der Bedingung wichtig ist? Der Satz von Bayes ist aus diesem Grund hilfreich. Man kann ihn auch heranziehen, um mehrere bedingte Wahrscheinlichkeiten zu verketten und unsere Überzeugungen basierend auf neuen Informationen zu aktualisieren.

Was macht einen »Kaffeetrinker« aus?

Natürlich hätte ich hier auch andere Variablen berücksichtigen können, insbesondere die Frage, was einen als »Kaffeetrinker« qualifiziert. Wenn jemand einmal im Monat Kaffee trinkt, ein anderer aber täglich, sollte ich dann beide als »Kaffeetrinker« bezeichnen? Was ist mit der Person, die vor einem Monat mit dem Kaffeetrinken begonnen hat, im Gegensatz zu der, die seit 20 Jahren Kaffee trinkt? Wie oft und wie lange müssen Menschen Kaffee trinken, bevor sie die Schwelle zum »Kaffeetrinker« in dieser Krebsstudie erreichen?

Dies sind wichtige Fragen, die zu bedenken sind, und sie zeigen, warum Daten selten die ganze Geschichte erzählen. Wenn Ihnen jemand eine Tabelle mit Patienten vorlegt, auf der einfach nur angekreuzt ist, ob sie Kaffeetrinker sind, muss dieser Schwellenwert definiert werden! Oder wir brauchen eine aussagekräftigere Metrik wie »Anzahl der in den letzten drei Jahren konsumierten Kaffeegetränke«. Ich habe dieses Gedankenexperiment einfach gehalten und nicht definiert, wie sich jemand als »Kaffeetrinker« qualifiziert, aber seien Sie sich darüber im Klaren, dass es in der Praxis immer eine gute Idee ist, Daten kritisch zu bewerten. In Kapitel 3 gehe ich ausführlicher darauf ein.

Wenn Sie sich eingehender mit der Intuition hinter dem Satz von Bayes befassen möchten, lesen Sie Anhang A. Fürs Erste genügt es, zu wissen, dass er uns hilft, eine bedingte Wahrscheinlichkeit umzudrehen. Als Nächstes sprechen wir darüber, wie bedingte Wahrscheinlichkeiten mit kombinierten und Vereinigungsoperationen zusammenwirken.

Naive Bayes

Der Satz von Bayes spielt eine zentrale Rolle in einem verbreiteten Algorithmus für maschinelles Lernen, Naive Bayes genannt. Joel Grus behandelt ihn in seinem Buch *Einführung in Data Science* (O'Reilly).

Kombinierte und vereinigte bedingte Wahrscheinlichkeiten

Sehen wir uns noch einmal die kombinierten Wahrscheinlichkeiten an und wie sie mit bedingten Wahrscheinlichkeiten interagieren. Ich möchte die Wahrscheinlichkeit ermitteln, dass jemand ein Kaffeetrinker ist UND Krebs hat. Soll ich $P(\text{Coffee})$ und $P(\text{Cancer})$ multiplizieren? Oder sollte ich $P(\text{Coffee}|\text{Cancer})$ anstelle von $P(\text{Coffee})$ verwenden, sofern dies verfügbar ist? Welche Werte soll ich verwenden?

Option 1:
$P(\text{Coffee}) \times P(\text{Cancer}) = .65 \times .005 = .00325$

Option 2:
$P(\text{Coffee}|\text{Cancer}) \times P(\text{Cancer}) = .85 \times .005 = .00425$

Wenn wir bereits festgestellt haben, dass unsere Wahrscheinlichkeit nur für Menschen mit Krebs gilt, ist es dann nicht sinnvoll, $P(\text{Coffee}|\text{Cancer})$ anstelle von $P(\text{Coffee})$ zu verwenden? Das eine ist spezifischer und bezieht sich auf eine Bedingung, die bereits bekannt ist. Wir sollten also $P(\text{Coffee}|\text{Cancer})$ nehmen, da $P(\text{Cancer})$ bereits Teil unserer kombinierten Wahrscheinlichkeit ist. Das bedeutet, dass die Wahrscheinlichkeit, dass jemand Krebs hat und Kaffeetrinker ist, bei 0,425 % liegt:

$$P(\text{Coffee and Cancer}) = P(\text{Coffee}|\text{Cancer}) \times P(\text{Cancer}) = .85 \times .005 = .00425$$

Diese kombinierte Wahrscheinlichkeit gilt auch in umgekehrter Richtung. Ich kann die Wahrscheinlichkeit, dass jemand Kaffeetrinker ist und Krebs hat, ermitteln, indem ich $P(\text{Cancer}|\text{Coffee})$ und $P(\text{Coffee})$ multipliziere. Wie Sie sich überzeugen können, komme ich auf das gleiche Ergebnis:

$$P(\text{Cancer}|\text{Coffee}) \times P(\text{Coffee}) = .0065 \times .65 = .00425$$

Hätten wir keine bedingten Wahrscheinlichkeiten zur Verfügung, könnten wir bestenfalls $P(\text{Coffee Drinker})$ und $P(\text{Cancer})$ wie folgt multiplizieren:

$$P(\text{Coffee Drinker}) \times P(\text{Cancer}) = .65 \times .005 = .00325$$

Überlegen Sie nun Folgendes: Wenn Ereignis A keinen Einfluss auf Ereignis B hat, was bedeutet das dann für die bedingte Wahrscheinlichkeit $P(B|A)$? Es bedeutet, dass $P(B|A) = P(B)$ ist, also das Eintreten von Ereignis A keinen Einfluss darauf hat, wie wahrscheinlich Ereignis B auftritt. Demzufolge können wir unsere Formel für die kombinierte Wahrscheinlichkeit wie folgt aktualisieren – und zwar unabhängig davon, ob die beiden Ereignisse voneinander abhängig sind:

$$P(A \text{ AND } B) = P(B) \times P(A|B)$$

Und schließlich wollen wir uns noch mit vereinigten und bedingten Wahrscheinlichkeiten befassen. Wenn ich die Wahrscheinlichkeit berechnen will, ob A oder B eintritt, aber A die Wahrscheinlichkeit von B beeinflussen kann, aktualisieren wir unsere Summenregel so:

$$P(A \text{ OR } B) = P(A) + P(B) - P(A|B) \times P(B)$$

Zur Erinnerung: Dies gilt auch für sich gegenseitig ausschließende Ereignisse. Die Summenregel $P(A|B) \times P(B)$ würde 0 ergeben, wenn die Ereignisse A und B nicht gleichzeitig eintreten können.

Binomialverteilung

Im weiteren Verlauf dieses Kapitels lernen Sie zwei Wahrscheinlichkeitsverteilungen kennen: die Binomial- und die Beta-Verteilung. Auch wenn wir diese Verteilungen für den Rest des Buchs nicht mehr verwenden werden, sind sie doch nützliche Hilfsmittel und grundlegend für das Verständnis, wie Ereignisse bei einer bestimmten Anzahl von Versuchen auftreten. Zudem bilden sie eine gute Überleitung zum Verständnis von Wahrscheinlichkeitsverteilungen, die wir in Kapitel 3 intensiv nutzen werden. Schauen wir uns einen Anwendungsfall an, der in einem praktischen Szenario auftreten könnte.

Angenommen, Sie arbeiteten an einem neuen Strahltriebwerk und haben zehn Tests durchgeführt. Die Ergebnisse ergaben acht Erfolge und zwei Fehlschläge:

✓ ✓ ✓ ✓ ✓ ✗ ✓ ✗ ✓ ✓

Ursprünglich hatten Sie gehofft, eine Erfolgsquote von 90 % zu erreichen. Aber auf der Grundlage der vorliegenden Daten kommen Sie zu dem Schluss, dass Ihre Tests mit nur 80 % Erfolg gescheitert sind. Da jeder Test zeitaufwendig und teuer ist, entscheiden Sie, das Design überarbeiten zu lassen.

Allerdings besteht eine Ihrer Ingenieurinnen darauf, weitere Tests durchzuführen: »Der einzige Weg, um sicherzugehen, ist, mehr Tests durchzuführen«, argumentiert sie. »Was ist, wenn mehr Tests einen Erfolg von 90 % oder mehr bringen? Denn wenn man eine Münze zehnmal wirft und achtmal Kopf erhält, heißt das ja nicht, dass die Münze zu 80 % korrekt liegt.«

Sie denken kurz über das Argument der Ingenieurin nach und stellen fest, dass sie nicht ganz unrecht hat. Selbst ein fairer Münzwurf hat nicht immer ein gleichmäßig aufgeteiltes Ergebnis, schon gleich gar nicht bei nur zehn Würfen. Am wahrscheinlichsten ist es, dass Sie fünfmal Kopf bekommen, aber Sie können auch drei-, vier-, sechs- oder siebenmal Kopf bekommen. Es ist sogar möglich, dass Sie zehnmal Kopf werfen, auch wenn dies ziemlich unwahrscheinlich ist. Wie kann man also die Wahrscheinlichkeit für einen 80%igen Erfolg bestimmen, wenn die zugrunde liegende Wahrscheinlichkeit 90 % beträgt?

Ein Instrument, das hier infrage kommt, ist die *Binomialverteilung*, die ein Maß dafür liefert, wie wahrscheinlich k Erfolge auftreten, wenn n Versuche mit einer Wahrscheinlichkeit von p durchgeführt werden.

Abbildung 2-1 zeigt, wie eine Binomialverteilung grafisch aussieht.

Hier sehen Sie die Wahrscheinlichkeit von k Erfolgen für jeden Balken von insgesamt zehn Versuchen. Diese Binomialverteilung geht von einer Wahrscheinlichkeit p von 90 % aus, d. h., es besteht eine Chance von 0,90 (oder 90 %) dafür, dass ein Erfolg auftritt. Unter diesen Voraussetzungen beträgt die Wahrscheinlichkeit 0,1937, dass wir acht Erfolge bei zehn Versuchen erhalten. Die Wahrscheinlichkeit, nur einen Erfolg bei zehn Versuchen zu erhalten, ist mit 0,000000008999 äußerst gering, weshalb der Balken im Diagramm nicht einmal sichtbar ist.

Wir können auch die Wahrscheinlichkeit für acht oder weniger Erfolge berechnen, indem wir die Balken für acht oder weniger Erfolge addieren. Dies würde uns eine Wahrscheinlichkeit von 0,2639 für acht oder weniger Erfolge liefern.

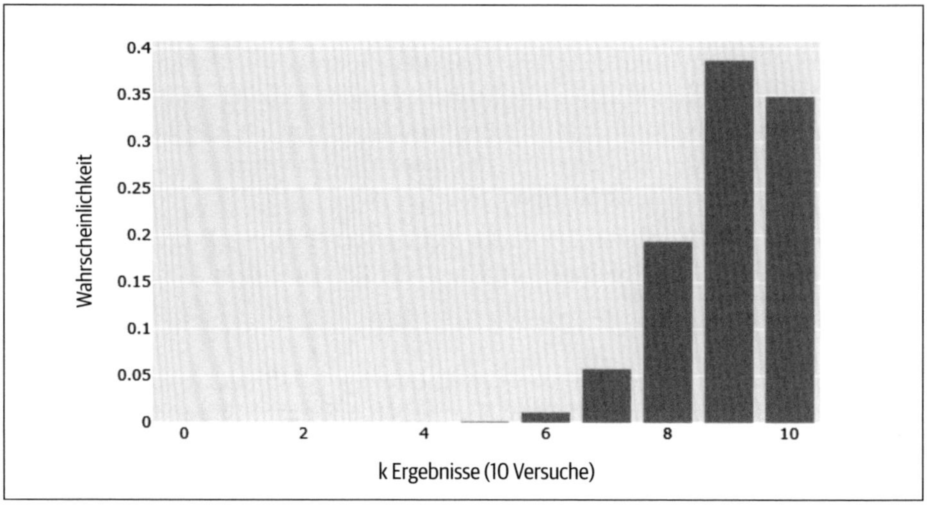

Abbildung 2-1: Eine Binomialverteilung

Wie implementieren wir nun die Binomialverteilung? Zum einen können wir es relativ einfach von Grund auf tun (wie in Anhang A beschrieben), oder wir greifen auf Bibliotheken wie SciPy zurück. Beispiel 2-2 zeigt, wie wir die SciPy-Funktion `binom.pmf()` verwenden (wobei `pmf` für *probability mass function* steht), um alle elf Wahrscheinlichkeiten für unsere Binomialverteilung von 0 bis 10 Erfolge auszugeben.

Beispiel 2-2: SciPy für die Binomialverteilung verwenden

```
from scipy.stats import binom

n = 10
p = 0.9

for k in range(n + 1):
    probability = binom.pmf(k, n, p)
    print("{0} - {1}".format(k, probability))

# OUTPUT:

# 0 - 9.9999999999996e-11
# 1 - 8.999999999999996e-09
# 2 - 3.644999999999996e-07
# 3 - 8.748000000000003e-06
# 4 - 0.0001377809999999999
# 5 - 0.001488034799999988
# 6 - 0.011160260999999996
# 7 - 0.05739562800000001
# 8 - 0.19371024449999993
# 9 - 0.38742048900000037
# 10 - 0.34867844010000004
```

Wie aus dem Code hervorgeht, spezifizieren wir mit `n` die Anzahl der Versuche, mit `p` die Erfolgswahrscheinlichkeit und mit `k` die Anzahl der Erfolge, für die wir die Wahrscheinlichkeit ermitteln möchten. Wir iterieren über jeder Anzahl von Erfolgen k mit der entsprechenden Wahrscheinlichkeit, so viele Erfolge zu sehen. Wie die Ausgabe zeigt, ist 9 die wahrscheinlichste Anzahl von Erfolgen.

Aber wenn wir die Wahrscheinlichkeit für acht oder weniger Erfolge aufsummieren, erhalten wir 0,2639. Das bedeutet, dass wir mit einer Chance von 26,39 % acht oder weniger Erfolge sehen, wenn die zugrunde liegende Erfolgsquote 90 % beträgt. Vielleicht hat die Ingenieurin also recht: Eine Chance von 26,39 % ist nicht nichts und durchaus möglich.

Allerdings haben wir hier in unserem Modell eine Annahme getroffen, die wir als Nächstes mit der Beta-Verteilung diskutieren werden.

Binomialverteilung von Grund auf

In Anhang A erfahren Sie, wie Sie die Binomialverteilung von Grund auf ohne SciPy erstellen können.

Beta-Verteilung

Wovon bin ich bei meinem Triebwerktestmodell mit der Binomialverteilung ausgegangen? Gibt es einen Parameter, den ich als `true` angenommen habe und um den ich dann mein gesamtes Modell aufgebaut habe? Denken Sie genau nach und lesen Sie weiter.

Bei meiner Binomialverteilung könnte es problematisch sein, dass ich die zugrunde liegende Erfolgsquote mit 90 % *angenommen* habe. Das soll nicht heißen, dass mein Modell wertlos ist. Ich habe lediglich gezeigt, dass bei einer zugrunde liegenden Erfolgsquote von 90 % eine Chance von 26,39 % besteht, dass ich bei zehn Versuchen acht oder weniger Erfolge erzielen würde. Die Ingenieurin hatte also nicht unrecht, als sie meinte, dass die zugrunde liegende Erfolgsquote bei 90 % liegen könnte.

Aber drehen wir die Frage um: Was wäre, wenn es neben den 90 % noch andere zugrunde liegende Erfolgsquoten gäbe, die 8/10 Erfolge liefern würden? Könnten wir 8/10 Erfolge mit einer zugrunde liegenden Erfolgsquote von 80 % sehen? 70 %? 30 %? Wenn wir die 8/10 Erfolge festlegen, können wir dann die Wahrscheinlichkeiten der Wahrscheinlichkeiten untersuchen?

Anstatt zahllose Binomialverteilungen zu erstellen, um diese Frage zu beantworten, können wir mit der *Beta-Verteilung* auf ein Werkzeug zurückgreifen, mit dem wir die Likelihood der verschiedenen zugrunde liegenden Wahrscheinlichkeiten für das Eintreten eines Ereignisses bei *Alpha*-Erfolgen oder *Beta*-Misserfolgen sehen. Abbildung 2-2 zeigt ein Diagramm der Beta-Verteilung bei acht Erfolgen und zwei Misserfolgen.

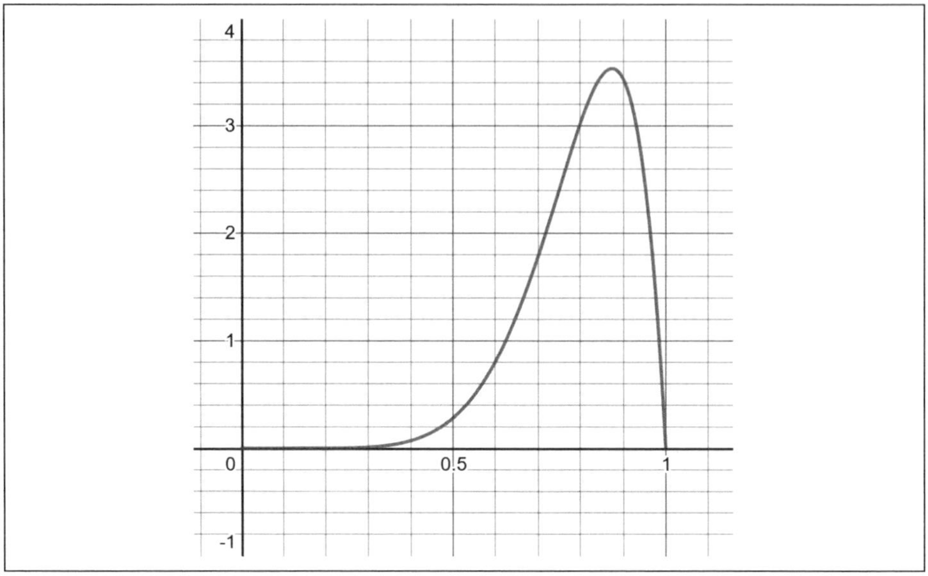

Abbildung 2-2: Beta-Verteilung

Beta-Verteilung auf Desmos

Wenn Sie mit der Beta-Verteilung spielen möchten, finden Sie unter *https://oreil.ly/pN4Ep* einen Desmos-Graphen.

Die x-Achse stellt alle zugrunde liegenden Erfolgsraten von 0,0 bis 1,0 (0 % bis 100 %) dar und die y-Achse die Likelihood dieser Wahrscheinlichkeit bei acht Erfolgen und zwei Misserfolgen. Mit anderen Worten, die Beta-Verteilung erlaubt uns, die Wahrscheinlichkeiten von Wahrscheinlichkeiten bei 8/10 Erfolgen zu sehen. Betrachten Sie sie als eine Meta-Wahrscheinlichkeit und nehmen Sie sich Zeit, um diese Idee zu begreifen!

Darüber hinaus ist die Beta-Verteilung eine stetige Funktion, bildet also eine kontinuierliche Kurve von Dezimalwerten (im Unterschied zu den ordentlichen und diskreten Ganzzahlen in der Binomialverteilung). Das macht die Mathematik mit der Beta-Verteilung etwas schwieriger, da ein bestimmter Dichtewert auf der y-Achse keine Wahrscheinlichkeit ist. Stattdessen ermitteln wir Wahrscheinlichkeiten anhand der Flächen unter der Kurve.

Die Beta-Verteilung ist eine Art *Wahrscheinlichkeitsverteilung*, d. h., die Fläche unter der gesamten Kurve ist 1,0 oder 100 %. Um eine Wahrscheinlichkeit zu ermitteln, müssen wir die Fläche innerhalb eines Bereichs bestimmen. Wenn wir zum Beispiel die Wahrscheinlichkeit bewerten wollen, dass 8/10 Erfolge eine Erfolgsquote von 90 % oder mehr ergeben, müssen wir die Fläche zwischen 0,9 und 1,0 finden, die 0,225 beträgt. In Abbildung 2-3 ist sie schattiert dargestellt.

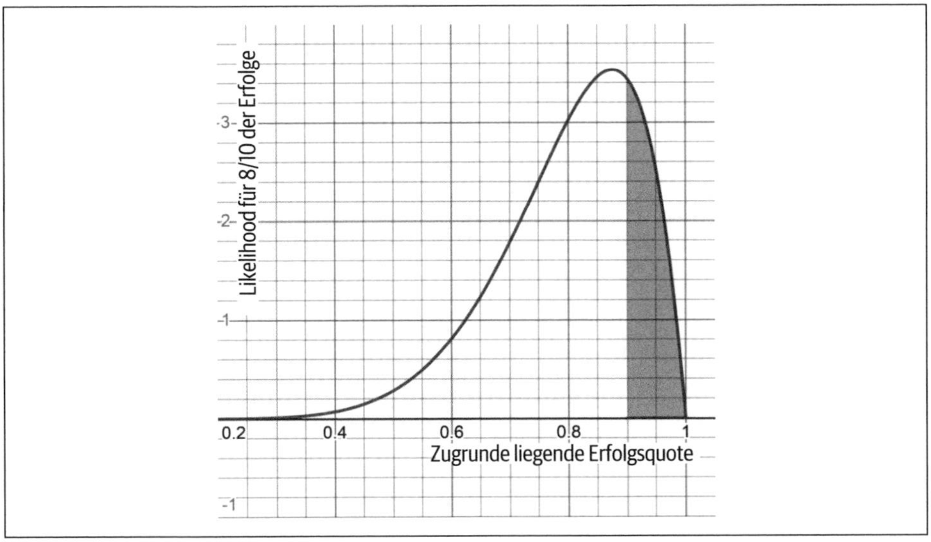

Abbildung 2-3: Die Fläche zwischen 90 % und 100 %, die 22,5 % ausmacht

Wie die Binomialverteilung können wir die Beta-Verteilung mithilfe von SciPy implementieren. Jede stetige Wahrscheinlichkeitsverteilung hat eine ***kumulative Verteilungsfunktion*** (*Cumulative Distribution Function*, CDF), die die Fläche bis zu einem bestimmten x-Wert berechnet. Angenommen, ich möchte die Fläche bis zu 90 % (0,0 bis 0,90) berechnen, wie sie in Abbildung 2-4 schattiert ist.

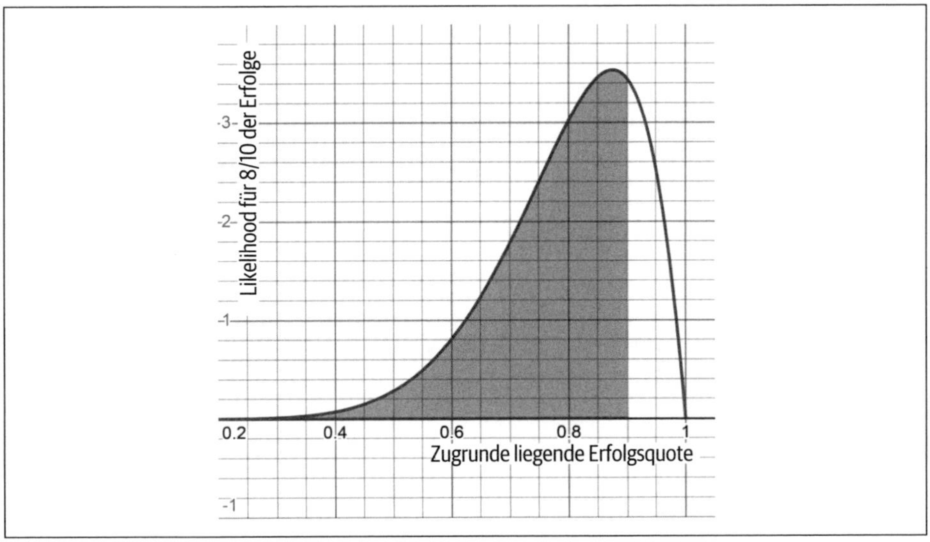

Abbildung 2-4: Die Fläche bis zu 90 % (0,0 bis 0,90) berechnen

Es ist ziemlich einfach, SciPy mit der Funktion `beta.cdf()` zu verwenden. Als Parameter muss ich lediglich den x-Wert, die Anzahl der Erfolge `a` und Anzahl der Misserfolge `b` angeben, wie Beispiel 2-3 zeigt.

Beispiel 2-3: Beta-Verteilung mithilfe von SciPy

```
from scipy.stats import beta

a = 8
b = 2

p = beta.cdf(.90, a, b)

# 0.7748409780000001
print(p)
```

Entsprechend unserer Berechnung besteht also eine Chance von 77,48 % für die zugrunde liegende Erfolgswahrscheinlichkeit von 90 % oder weniger. Wie berechnen wir die Erfolgswahrscheinlichkeit für 90 % oder mehr, wie in Abbildung 2-5 schattiert dargestellt?

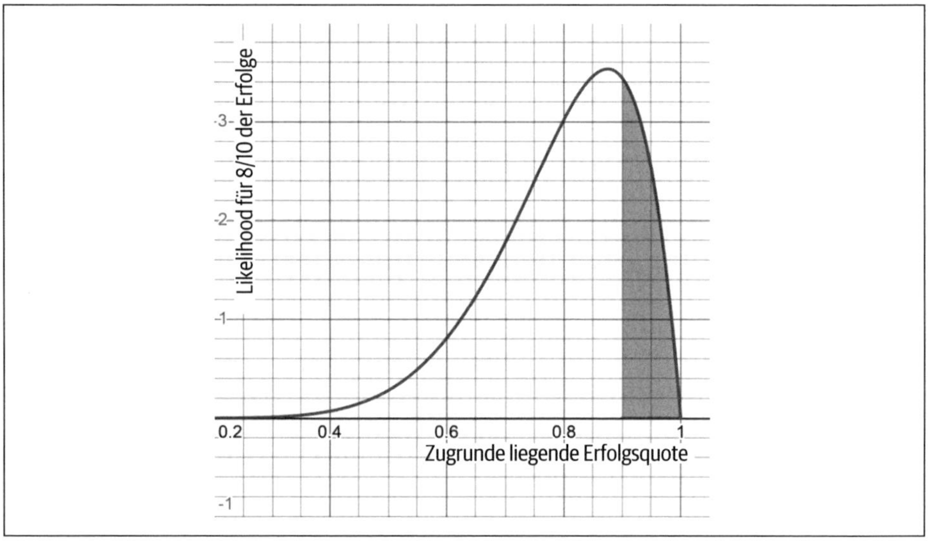

Abbildung 2-5: Die Erfolgswahrscheinlichkeit beträgt 90 % oder mehr.

Unsere CDF berechnet nur die Fläche links von unserer Grenze, nicht rechts davon. Denken Sie an die Wahrscheinlichkeitsregeln, und bei einer Wahrscheinlichkeitsverteilung ist die Gesamtfläche unter der Kurve 1,0. Wenn wir die gegenteilige Wahrscheinlichkeit eines Ereignisses ermitteln wollen (größer als 0,90 im Unterschied zu kleiner als 0,90), subtrahieren wir einfach die Wahrscheinlichkeit, kleiner als 0,90 zu sein, von 1,0, und die restliche Wahrscheinlichkeit wird größer als 0,90 sein. Abbildung 2-6 veranschaulicht diese Subtraktion.

Beispiel 2-4 zeigt, wie wir diese Subtraktion in Python berechnen.

Beispiel 2-4: Subtrahieren, um einen rechten Bereich in einer Beta-Verteilung zu erhalten

```
from scipy.stats import beta

a = 8
```

```
b = 2

p = 1.0 - beta.cdf(.90, a, b)

# 0.22515902199999993
print(p)
```

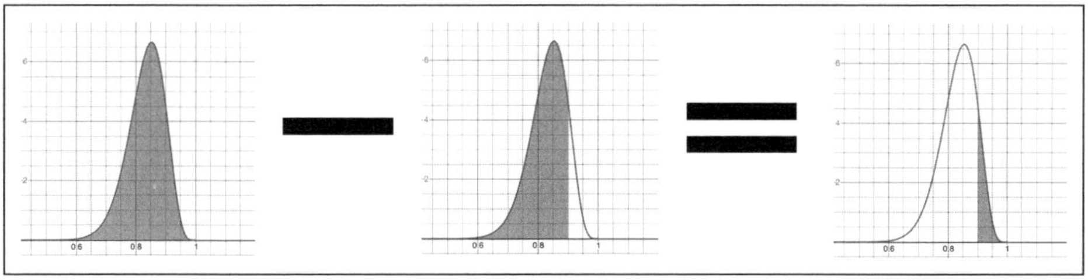

Abbildung 2-6: Die Wahrscheinlichkeit ermitteln, dass der Erfolg größer als 90% ist

Das bedeutet, dass bei 8/10 erfolgreichen Motortests nur eine Chance von 22,5% besteht, dass die zugrunde liegende Erfolgsrate 90% oder größer ist. Es besteht aber eine Wahrscheinlichkeit von 77,5%, dass die Chance kleiner als 90% ist. Die Chancen sehen also nicht gut aus, dass unsere Tests erfolgreich waren, aber wir könnten darauf setzen, dass eine Rate von 22,5% bei weiteren Tests erreicht wird, wenn wir Glück haben. Sollte unser CFO weitere 26 Tests bewilligen, die 30 Erfolge und 6 Misserfolge ergeben, würde unsere Beta-Verteilung wie in Abbildung 2-7 aussehen.

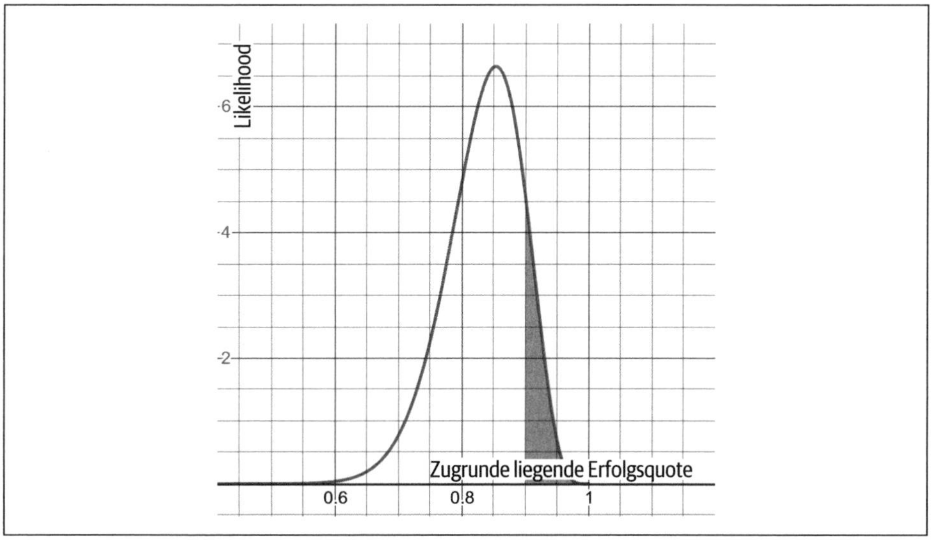

Abbildung 2-7: Beta-Verteilung nach 30 Erfolgen und 6 Misserfolgen

Unsere Verteilung ist nun enger geworden. Damit steigt die Zuversicht, dass die zugrunde liegende Erfolgsquote in einem kleineren Bereich liegt. Leider ist die Wahrscheinlichkeit, dass wir unser Minimum bei 90% erreichen, von 22,5% auf 13,16% gesunken, wie Abbildung 2-5 zeigt.

Beispiel 2-5: Eine Beta-Verteilung mit mehr Versuchen

```
from scipy.stats import beta
a = 30
b = 6
p = 1.0 - beta.cdf(.90, a, b)
# 0.13163577484183708
print(p)
```

An diesem Punkt wäre es vielleicht eine gute Idee, die Tests vorübergehend abzubrechen, es sei denn, Sie spielen weiterhin gegen diese 13,16%-Chance und hoffen, dass sich die Spitze nach rechts bewegt.

Zu guter Letzt: Wie berechnen wir einen Bereich in der Mitte? Wie sieht es aus, wenn Sie die Wahrscheinlichkeit ermitteln möchten, dass meine Erfolgsrate zwischen 80% und 90% liegt, wie Abbildung 2-8 zeigt?

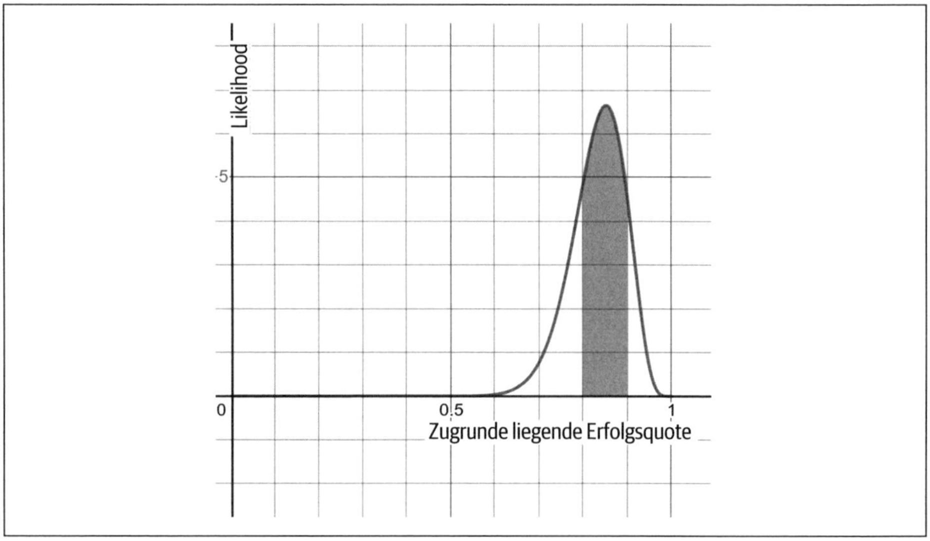

Abbildung 2-8: Wahrscheinlichkeit, dass die zugrunde liegende Erfolgsrate zwischen 80% und 90% liegt

Denken Sie genau darüber nach, wie Sie dies angehen. Was wäre, wenn wir die Fläche hinter 0,80 von der Fläche hinter 0,90 subtrahieren, wie Abbildung 2-9 zeigt?

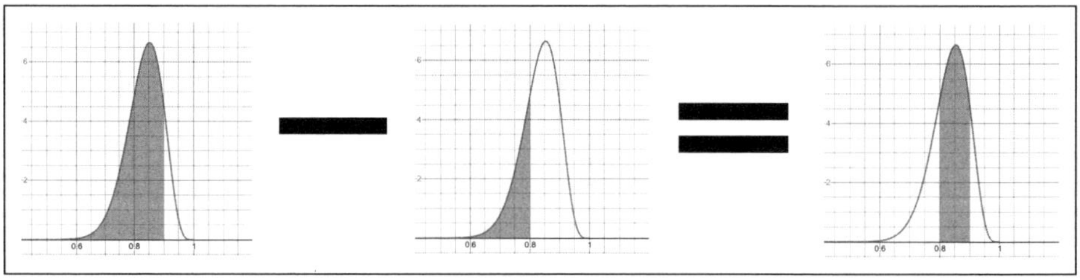

Abbildung 2-9: Die Fläche zwischen 0,80 und 0,90 ermitteln

Würden wir damit die Fläche zwischen 0,80 und 0,90 erhalten? Ja, und es würde sich eine Fläche von 0,3386 oder 33,86 % Wahrscheinlichkeit ergeben. Beispiel 2-6 zeigt, wie sich dies in Python berechnen lässt.

Beispiel 2-6: Mittlere Fläche der Beta-Verteilung mithilfe von SciPy

```
from scipy.stats import beta

a = 8
b = 2

p = beta.cdf(.90, a, b) - beta.cdf(.80, a, b)

# 0.33863336200000016
print(p)
```

Die Beta-Verteilung ist ein faszinierendes Instrument, mit dem sich auf der Grundlage einer begrenzten Anzahl von Beobachtungen die Wahrscheinlichkeit berechnen lässt, dass ein Ereignis auftritt bzw. dass es nicht auftritt. Damit haben wir die Möglichkeit, über Wahrscheinlichkeiten von Wahrscheinlichkeiten nachzudenken. Zudem können wir sie aktualisieren, wenn wir neue Daten bekommen, und darüber hinaus für das Testen von Hypothesen heranziehen. Allerdings befassen wir uns ausführlicher mit der Normalverteilung und der t-Verteilung für diesen Zweck in Kapitel 3.

Beta-Verteilung von Grund auf neu

Um mehr darüber zu lernen, wie sich die Beta-Verteilung von Anfang an implementieren lässt, sollten Sie sich Anhang A zuwenden.

Zum Schluss

Dieses Kapitel hat eine Menge Grundlagenthemen behandelt! Wir beschäftigen uns hier nicht nur mit den grundlegenden Elementen der Wahrscheinlichkeit, ihren logischen Operatoren und dem Satz von Bayes, sondern führen auch Wahrscheinlichkeitsverteilungen ein, einschließlich der binomialen und der Beta-Verteilungen. Im nächsten Kapitel befassen wir uns mit einer der bekannteren Wahrscheinlichkeiten, der Normalverteilung, und ihrer Bedeutung für Hypothesentests.

Wenn Sie mehr über bayessche Wahrscheinlichkeit und Statistik lernen wollen, empfiehlt sich *Bayesian Statistics the Fun Way* von Will Kurt (No Starch Press). Außerdem gibt es interaktive Katacoda-Szenarios, die auf der O'Reilly-Plattform verfügbar sind (*https://oreil.ly/OFbai*).

Übungen

1. Es besteht eine 30%ige Chance, dass es heute regnet, und eine 40%ige Chance, dass Ihre Regenschirmbestellung rechtzeitig eintrifft.

   Sie wollen heute unbedingt im Regen spazieren gehen, können es aber ohne den Schirm nicht tun!

   Wie hoch ist die Wahrscheinlichkeit, dass es regnet UND dass Ihr Regenschirm eintrifft?

2. Es gibt eine 30%ige Chance, dass es heute regnet, und eine 40%ige Chance, dass Ihre Regenschirmbestellung rechtzeitig eintrifft.

   Besorgungen können Sie nur machen, wenn es nicht regnet oder Ihre Regenschirmbestellung eintrifft.

   Wie groß ist die Wahrscheinlichkeit, dass es nicht regnet ODER Ihr Regenschirm eintrifft?

3. Heute besteht eine 30%ige Chance, dass es regnet, und eine 40%ige Chance, dass Ihre Regenschirmbestellung rechtzeitig eintrifft.

   Allerdings haben Sie herausgefunden, dass bei Regen nur eine 20%ige Chance besteht, dass Ihr Regenschirm rechtzeitig eintrifft.

   Wie groß ist die Wahrscheinlichkeit, dass es regnet UND Ihr Regenschirm rechtzeitig eintrifft?

4. Einen Flug von Las Vegas nach Dallas haben 137 Passagiere gebucht. Allerdings startet der Flug in Las Vegas an einem Sonntagmorgen, und Sie schätzen, dass ein Passagier mit 40%iger Wahrscheinlichkeit nicht auftaucht.

   Sie versuchen herauszufinden, wie viele Sitze überbucht sind, damit das Flugzeug nicht leer fliegt.

   Wie wahrscheinlich ist es, dass mindestens 50 Passagiere nicht eintreffen?

5. Eine Münze haben Sie 19-mal geworfen und dabei 15-mal Kopf und 4-mal Zahl erhalten.

   Denken Sie, dass diese Münze mit einigermaßen guter Wahrscheinlichkeit fair ist? Warum oder warum nicht?

Die Antworten finden Sie in Anhang B.

KAPITEL 3

Deskriptive und inferenzielle Statistik

In der *Statistik* geht es darum, Daten zu sammeln und zu analysieren, um nützliche Erkenntnisse zu gewinnen oder die Ursachen dieser Erkenntnisse zu ergründen. Die Wahrscheinlichkeit spielt in der Statistik oftmals eine große Rolle, da wir anhand von Daten abschätzen, wie wahrscheinlich ein Ereignis eintrifft.

Auch wenn das nicht immer ausreichend gewürdigt wird, bildet die Statistik das Herzstück vieler datengesteuerter Innovationen. Maschinelles Lernen ist schon an sich ein statistisches Werkzeug, das nach möglichen Hypothesen sucht, um Beziehungen zwischen verschiedenen Variablen in den Daten zu korrelieren. Allerdings gibt es in der Statistik selbst für professionelle Statistiker noch eine Menge blinder Flecken. Wir können uns leicht in den Daten verheddern, sodass wir vergessen zu fragen, woher die Daten überhaupt kommen. Solche Belange werden umso wichtiger, als Big Data, Data Mining und maschinelles Lernen die Automatisierung statistischer Algorithmen beschleunigen.

Daher ist eine solide Grundlage in Statistik und Hypothesentests wichtig, damit Sie diese Automatisierungen nicht als Blackboxes behandeln.

Dieser Abschnitt befasst sich mit den Grundlagen der Statistik und der Hypothesentests. Los geht es mit der deskriptiven Statistik. Dabei lernen Sie, wie man Daten zusammenfassen kann. Danach wagen wir uns an die inferenzielle Statistik und versuchen, anhand einer Stichprobe Attribute einer Grundgesamtheit zu ermitteln.

Was sind Daten?

Es mag seltsam erscheinen, »Daten« zu definieren, etwas, das wir alle benutzen und für selbstverständlich halten. Aber ich denke, wir kommen nicht daran vorbei. Wenn Sie eine beliebige Person fragen, was Daten sind, wird sie wahrscheinlich antworten: »Sie wissen schon ... Daten! Es sind ... Sie wissen schon ... Informationen!«, weiter wird sie sich vermutlich nicht vorwagen. Jetzt scheinen sie aber als das A und O vermarktet zu werden – die Quelle nicht nur der Wahrheit ... sondern auch der Intelligenz! Sie sind der Treibstoff für künstliche Intelligenz, und man glaubt, je mehr Daten man hat, desto mehr Wahrheit hat man. Deshalb kann man nie genug Daten haben. Daten werden die Geheimnisse lüften, die Sie brauchen, um Ihre Geschäftsstrategie neu zu definieren und vielleicht sogar eine allgemeine künstliche Intelligenz zu schaffen. Lassen Sie mich jedoch eine pragmatische Perspektive auf die Bedeutung von Daten anbieten. Daten an sich sind nicht wichtig. Es ist die Analyse der Daten (und wie sie erzeugt werden), die als Motor all dieser Innovationen und Lösungen fungiert.

Stellen Sie sich vor, Sie bekämen ein Foto einer Familie geschickt. Können Sie aus diesem einen Foto die Geschichte der Familie ablesen? Was wäre, wenn Sie 20 Fotos hätten? 200 Fotos? 2.000 Fotos? Wie viele Fotos brauchen Sie, um die Geschichte dieser Familie zu verstehen? Brauchen Sie Fotos von ihnen in verschiedenen Situationen? Allein und zusammen? Mit Verwandten und Freunden? Zu Hause und bei der Arbeit?

Daten sind wie Fotografien; sie liefern Momentaufnahmen einer Geschichte. Weder werden die kontinuierliche Realität und die Kontexte vollständig erfasst noch die unendliche Anzahl der Variablen, die diese Geschichte vorantreiben. Wie wir noch erläutern werden, können Daten auch verzerrt sein. Gegebenenfalls treten Lücken auf, und es fehlen relevante Variablen. Im Idealfall hätten wir gern eine unendliche Menge an Daten, die eine unendliche Anzahl von Variablen erfassen, und zwar so detailliert, dass wir die Realität scheinbar neu erschaffen und alternative Realitäten konstruieren könnten! Doch ist das möglich? Derzeit nicht. Nicht einmal die größten Supercomputer der Welt könnten zusammengeschaltet auch nur annähernd die Gesamtheit der Welt als Daten erfassen.

Demzufolge müssen wir unseren Betrachtungsbereich einengen, um unsere Zielstellungen greifbar zu machen. Ein paar strategische Fotos des Golf spielenden Vaters können uns leicht sagen, ob er ein guter Golfspieler ist. Aber lässt sich seine gesamte Lebensgeschichte nur anhand von Fotos entschlüsseln? Das dürfte unmöglich sein. Es gibt so vieles, was sich nicht in Schnappschüssen erfassen lässt. Diese praktischen Überlegungen sollten auch beim Arbeiten mit Datenprojekten angestellt werden, denn Daten sind eigentlich nur Schnappschüsse für einen bestimmten Zeitpunkt, die nur das erfassen, worauf sich der Betrachter konzentriert hat (ähnlich wie bei einer Kamera). Wir müssen unsere Ziele bündeln, um relevante und vollständige Daten zusammenzutragen. Wenn wir die Ziele breit fächern und offen gestalten, entstehen Probleme mit falschen Ergebnissen und unvollständigen Datensätzen. Diese als *Data Mining* bekannte Praxis hat ihre Zeit und ihren Platz, muss aber sehr sorgfältig durchgeführt werden. Am Ende des Kapitels kommen wir noch einmal darauf zurück.

Selbst mit eng definierten Zielen können wir immer noch auf Probleme mit unseren Daten stoßen. Kehren wir zu der Frage zurück, ob man mit einigen strategischen Fotos feststellen kann, ob der Vater ein guter Golfspieler ist. Wenn Sie ein Foto von ihm mitten im Schwung hätten, könnten Sie vielleicht feststellen, ob er eine gute Figur abgibt. Oder wenn man sieht, wie er an einem Loch jubelt und die Fäuste hochreißt, kann man darauf schließen, dass er ein gutes Ergebnis erzielt hat. Vielleicht bekommen Sie auch einfach ein Foto von seiner Scorekarte! Unbedingt zu beachten ist dabei, dass alle diese Beispiele gefälscht oder aus dem Zusammenhang gerissen sein können. Möglicherweise hat er nur jemand anderen angefeuert, oder die Scorekarte war nicht seine oder sogar gefälscht. Genau wie diese Fotos erfassen die Daten weder Kontext noch Erklärungen. Das ist ein unglaublich wichtiger Punkt, denn Daten liefern Hinweise, nicht unbedingt die Wahrheit. Die Hinweise können uns zur Wahrheit führen oder uns zu falschen Schlussfolgerungen verleiten.

Deshalb sollten Sie immer neugierig sein und sich darüber informieren, woher die Daten kommen. Stellen Sie Fragen dazu, wie die Daten erzeugt wurden, wer sie erzeugt hat und was die Daten nicht erfassen. Es ist sehr leicht, sich in den Daten zu verlieren und die Frage nach der Herkunft der Daten zu vergessen. Noch schlimmer ist die weitverbreitete Meinung, man könne die Daten einfach in die Algorithmen des maschinellen Lernens schaufeln und erwarten, dass der Computer damit schon klarkommen wird. Aber wie heißt es doch so treffend: »Garbage in, Garbage out« (wörtlich »Müll rein, Müll raus«). Kein Wunder, dass laut VentureBeat (*https://oreil.ly/8hFrO*) nur 13 % der Projekte mit maschinellem Lernen gelingen. Erfolgreiche Projekte des maschinellen Lernens beruhen auf Überlegungen und Analysen, und zwar sowohl in Bezug auf die Daten als auch in Bezug auf die Quellen, die diese Daten erzeugt haben.

Grundwahrheit

Das Beispiel mit den Familienfotos wirft im weiteren Sinne ein Problem mit der *Grundwahrheit* (*https://oreil.ly/sa6Ff*) auf.

Als ich eine Vorlesung über die Sicherheit von KI-Systemen hielt, wurde mir einmal eine Frage dazu gestellt, wie sich autonom fahrende Autos sicherer machen lassen: »Wenn ein autonom fahrendes Auto einen Fußgänger auf seinem Kamerasensor nicht erkennt, gibt es dann nicht eine Möglichkeit, den Fehler zu erkennen und anzuhalten?« Meine Antwort war: »Nein, denn das System verfügt über kein Framework für *Grundwahrheit*, d.h. über ein verifiziertes und vollständiges Wissen darüber, was wahr ist.« Wenn das Auto einen Fußgänger nicht erkennt, wie soll es dann erkennen, dass es einen Fußgänger nicht erkannt hat? Es gibt keine Grundwahrheit, auf die es zurückgreifen kann, es sei denn, es gibt einen menschlichen Operator, der sie liefern und eingreifen kann.

Dies ist der Status quo bei »selbst fahrenden« Autos und Taxidiensten. Einige Sensoren, wie zum Beispiel Radar, liefern einigermaßen verlässliche Informationen zu speziellen Fragen wie »Befindet sich etwas vor dem Fahrzeug?«. Aber die Erkennung von Objekten auf der Grundlage von Kamera- und LiDAR-Sensoren (in einer unkontrollierten Umgebung) ist demgegenüber ein viel unschärferes Wahrnehmungsproblem mit einer astronomischen Anzahl von Pixelkombinationen, die gesehen werden könnten. Somit gibt es hier keine Grundwahrheit.

Repräsentieren Ihre Daten eine Grundwahrheit, die überprüfbar und vollständig ist? Sind die Sensoren und Quellen zuverlässig und genau? Oder ist die Grundwahrheit unbekannt?

Deskriptive versus inferenzielle Statistik

Was kommt Ihnen in den Sinn, wenn Sie das Wort »Statistik« hören? Ist es die Berechnung von Mittelwert, Median, Modus, Diagrammen, Glockenkurven und anderen Instrumenten, um Daten zu beschreiben? Dies sind die Dinge, die man am ehesten mit Statistik in Verbindung bringt. Dabei geht es um die sogenannte *deskriptive Statistik*. Wir verwenden sie, um Daten zusammenzufassen. Denn ist es sinnvoller, durch eine Million Datensätze zu blättern oder sie zusammenzufassen? Diesen Bereich der Statistik werden wir zuerst behandeln.

Die *inferenzielle Statistik* versucht, Attribute über eine größere Grundgesamtheit aufzudecken, oftmals basierend auf einer Stichprobe. Allerdings wird dieser Bereich häufig missverstanden, und er ist weniger intuitiv als deskriptive Statistik. Oftmals sind wir daran interessiert, eine Gruppe zu untersuchen, die zu groß ist, um sie zu beobachten (z. B. die Durchschnittsgröße von Jugendlichen in Nordamerika), und wir müssen uns auf einige wenige Mitglieder dieser Gruppe beschränken, um Schlussfolgerungen über die Gruppe abzuleiten. Wie Sie sich denken können, ist es nicht einfach, dies richtig hinzubekommen. Immerhin versuchen wir, eine Grundgesamtheit durch eine Stichprobe darzustellen, die möglicherweise nicht repräsentativ ist. Entsprechende Vorsichtsmaßnahmen untersuchen wir dabei gleich mit.

Grundgesamtheiten, Stichproben und Verzerrungen

Bevor wir tiefer einsteigen in die deskriptive und die inferenzielle Statistik, ist es sicherlich zweckmäßig, einige Definitionen zu formulieren und sie mit konkreten Beispielen zu verbinden.

Eine *Grundgesamtheit* ist eine bestimmte Interessengruppe, die wir untersuchen wollen, wie zum Beispiel »alle Senioren, die mindestens 65 Jahre alt sind und in Nordamerika leben«, »alle Golden Retriever in Schottland« oder »die derzeitigen Zehntklässler an der Los Altos High School«. Beachten Sie, wie wir beim Definieren unserer Grundgesamtheit Grenzen setzen. Einige dieser Grenzen sind weit gesteckt und erfassen eine große Gruppe über einen großen geografischen Bereich oder eine große Altersgruppe. Andere sind sehr spezifisch und klein, wie zum Beispiel die Zehntklässler der Los Altos High School. Wie Sie eine Grundgesamtheit definieren, hängt davon ab, was Sie untersuchen möchten.

Eine *Stichprobe* ist eine Teilmenge der Grundgesamtheit, im Idealfall zufällig und unverzerrt, woraus wir Attribute über die Grundgesamtheit ableiten. Wir müssen oftmals Stichproben untersuchen, weil es nicht immer möglich ist, die gesamte Grundgesamtheit abzufragen. Natürlich sind manche Grundgesamtheiten leichter zu erfassen, wenn sie klein und zugänglich sind. Aber alle Senioren über 65 in Nordamerika zu befragen? Höchstwahrscheinlich ist das nicht praktikabel!

Grundgesamtheiten können abstrakt sein!

Es ist wichtig zu wissen, dass Grundgesamtheiten theoretisch sein können und nicht physisch greifbar sein müssen. In diesen Fällen fungiert unsere Grundgesamtheit mehr wie eine Strichprobe von etwas Abstraktem. Hier mein Lieblingsbeispiel: Wir interessieren uns für Flüge, die zwischen 14 und 15 Uhr an einem Flughafen abfliegen, aber wir wissen kaum etwas über Flüge zu dieser Zeit, um zuverlässig vorhersagen zu können, wie oft diese Flüge verspätet sind. Stattdessen können wir diese Grundgesamtheit als Stichprobe einer zugrunde liegenden Grundgesamtheit aller theoretischen Flüge behandeln, die zwischen 14 und 15 Uhr starten.

Derartige Probleme sind der Grund, warum viele Forscher auf Simulationen zurückgreifen, um Daten zu generieren. Zwar können Simulationen nützlich sein, doch sind sie selten genau, da sie nur eine bestimmte Anzahl von Variablen erfassen und von Annahmen abhängig sind.

Wenn wir ausgehend von einer Stichprobe Attribute über eine Grundgesamtheit ableiten, ist es wichtig, dass die Stichprobe möglichst zufällig ist, damit wir unsere Schlussfolgerungen nicht verfälschen. Hierzu ein Beispiel: Nehmen wir an, ich bin ein Student der Arizona State University. Ich möchte herausfinden, wie viele Stunden die Studentinnen und Studenten in den Vereinigten Staaten durchschnittlich pro Woche fernsehen. Ich begebe mich direkt vor mein Wohnheim und beginne, zufällig vorbeigehende Studenten zu befragen. Nach einigen Stunden beende ich meine Datenerhebung. Worin liegt hier das Problem?

Das Problem besteht darin, dass unsere Studentenstichprobe eine Schieflage aufweist, d.h., sie verzerrt unsere Ergebnisse, indem eine bestimmte Gruppe auf Kosten anderer Gruppen überrepräsentiert wird. Meine Studie hat die Grundgesamtheit als »Hochschulstudenten in den Vereinigten Staaten« definiert und nicht als »Hochschulstudenten an der Arizona State University«. Ich befrage nur Studierende einer bestimmten Universität, um alle Studentinnen und Studenten in den gesamten Vereinigten Staaten zu repräsentieren! Ist das wirklich fair?

Es ist unwahrscheinlich, dass alle Hochschulen im ganzen Land die gleichen studentischen Attribute aufweisen. Was ist, wenn Studierende der Arizona State University viel mehr fernsehen als die anderer Universitäten? Würden die Ergebnisse nicht verfälscht, wenn man sie stellvertretend für das ganze Land heranzöge? Vielleicht ist dies möglich, weil es in Tempe, Arizona, normalerweise zu heiß ist, um nach draußen zu gehen. Daher ist das Fernsehen ein weitverbreiteter Zeitvertreib (ich weiß es aus eigener Erfahrung, da ich viele Jahre in Phoenix gelebt habe). Andere Hochschulstudenten in milderen Klimazonen unternehmen vielleicht mehr Aktivitäten im Freien und sehen weniger fern.

Dies ist lediglich eine mögliche Variable, die zeigt, warum es sich nicht empfiehlt, mit nur einer Stichprobe von Studierenden einer einzigen Universität Studentinnen und Studenten in den gesamten Vereinigten Staaten zu repräsentieren. Im Idealfall sollte ich die Hochschulstudenten aus allen Ländern von verschiedenen Universitäten abfragen. Auf diese Weise erhalte ich eine repräsentativere Stichprobe.

Verzerrungen sind jedoch nicht immer geografisch bedingt. Angenommen, ich bemühe mich aufrichtig, Studentinnen und Studenten in den gesamten Vereinigten Staaten zu befragen. Ich organisiere eine Social-Media-Kampagne, um eine Umfrage an verschiedenen Universitäten auf Twitter (jetzt X) und Facebook zu veröffentlichen. Auf diese Weise sehen die Studierenden die Umfrage und füllen sie hoffentlich aus. Ich erhalte Hunderte von Antworten zu deren Fernsehgewohnheiten im ganzen Land und habe das Gefühl, das Biest der Verzerrung besiegt zu haben ... oder doch nicht?

Was ist, wenn Studierende, die immerhin so viel in den sozialen Medien unterwegs sind, dass sie die Umfrage sehen, wahrscheinlich auch mehr fernsehen? Wenn sie häufig die sozialen Medien nutzen, brauchen sie wahrscheinlich kein Urlaub vom Bildschirm. Man kann sich leicht vorstellen, dass sie Netflix und Hulu auf dem anderen Tab zum Streamen bereithalten! Diese besondere Art der Verzerrung, bei der sich eine bestimmte Gruppe höchstwahrscheinlich selbst mit in eine Stichprobe einbezieht, wird als *Stichprobenverzerrung durch Selbstselektion* bezeichnet.

Zum Kuckuck! Man kann einfach nicht gewinnen, oder? Denkt man lange genug darüber nach, fühlt sich die Verzerrung von Daten einfach unvermeidlich an! Und oft ist das auch so. So viele *Störvariablen* oder Faktoren, die wir nicht berücksichtigt haben, können unsere Studie beeinflussen. Dieses Problem der Datenverzerrung ist teuer und schwer zu lösen, und das maschinelle Lernen ist besonders anfällig dafür.

Um dieses Problem aus der Welt zu schaffen, kann man die Studierenden wirklich nach dem Zufallsprinzip aus der gesamten Grundgesamtheit auswählen, ohne dass sie sich freiwillig in die Stichprobe eintragen oder aus ihr austragen können. Dies ist der effektivste Weg, um Verzerrungen abzuschwächen, doch wie Sie sich vorstellen können, sind dazu viele koordinierte Ressourcen erforderlich.

Verzerrungsarten im Schnelldurchlauf

Als Menschen sind wir seltsamerweise darauf programmiert, voreingenommen zu sein. Wir suchen nach Mustern, selbst wenn es sie gar nicht gibt. Vielleicht war dies in unserer frühen Geschichte eine Notwendigkeit fürs Überleben, da das Erkennen von Mustern das Jagen, Sammeln und die Landwirtschaft produktiver machte.

Es gibt viele Arten von Verzerrungen, doch haben sie alle den gleichen Effekt: Sie stören die Ergebnisse. Bei *Bestätigungsverzerrung* (engl. *Confirmation Bias*) werden lediglich Daten ausgewählt, die die eigenen Erwartungen unterstützen, was sogar unbewusst geschehen kann. Ein Beispiel dafür ist, dass man in den sozialen Medien nur Accounts verfolgt, mit denen man politisch übereinstimmt, und so seine Überzeugungen bestätigt, anstatt sie zu hinterfragen.

Wir haben gerade über die Verzerrung durch Selbstselektion gesprochen, die entsteht, wenn es für bestimmte Arten von Probanden wahrscheinlicher ist, dass sie sich selbst in das Experiment einbeziehen. Einen Flug anzutreten und die Kunden zu befragen, ob sie die Airline gegenüber anderen Fluggesellschaften bevorzugen, und daraus eine Rangfolge der Kundenzufriedenheit unter allen Fluggesellschaften abzuleiten, ist albern. Warum? Viele dieser Kunden sind wahrscheinlich nicht das erste Mal mit dieser Fluglinie unterwegs, und sie werden eine Verzerrung durch Selbstselektion verursachen. Wir wissen nicht, wie viele von ihnen zum ersten Mal oder zum wiederholten Mal fliegen, und natürlich werden Letztere diese Fluggesellschaft gegenüber anderen Fluggesellschaften bevorzugen. Selbst bei Erstfliegern kann eine Verzerrung und eine Selbstselektion vorliegen, da ihre Wahl auf diese Fluggesellschaft gefallen ist und wir nicht alle Fluggesellschaften in die Stichprobe aufgenommen haben.

Überlebenden-Verzerrung (engl. *Survival Bias*) erfasst nur lebende und überlebende Individuen, während die verstorbenen niemals berücksichtigt werden. Meiner Meinung nach ist dies die faszinierendste Art der Verzerrung, weil die Beispiele so vielfältig und nicht offensichtlich sind.

Das wohl berühmteste Beispiel für eine Überlebenden-Verzerrung ist wohl folgendes: Die Royal Air Force hatte im Zweiten Weltkrieg Probleme mit dem deutschen Feinfeuer, das bei den Bombern Verluste verursachte. Anfänglich wollte man die Bomber nur dort panzern, wo Einschusslöcher zu finden waren. Denn man glaubte, dass dies die Überlebenschancen der Crew verbessern würde. Ein Mathematiker namens Abraham Wald wies sie jedoch darauf hin, dass dies ein fataler Fehler wäre. Er schlug vor, die Bereiche des Flugzeugs zu panzern, die *keine* Einschusslöcher aufwiesen. War er wahnsinnig? Weit gefehlt. Die Bomber, die zurückkehrten, hatten offensichtlich keine tödlichen Schäden erlitten an den Stellen, an denen Einschusslöcher gefunden wurden. Woher wissen wir das? Weil sie von ihrer Mission zurückgekehrt sind! Aber was ist mit den Flugzeugen, die nicht zurückgekehrt sind? Wo wurden sie getroffen? Walds Theorie lautete: »Wahrscheinlich in den Bereichen, die *bei den überlebenden* und zum Stützpunkt zurückgekehrten Flugzeugen nicht beschädigt wurden«, und dies erwies sich als richtig. Die Bereiche ohne Einschusslöcher wurden daraufhin gepanzert, was die Überlebenswahrscheinlichkeit von Flugzeugen und Piloten erhöht hat. Diese unorthodoxe Beobachtung soll die Wende im Krieg zugunsten der Alliierten herbeigeführt haben.

Es gibt weitere faszinierende Beispiele für die Überlebenden-Verzerrung, die weniger offensichtlich sind. Viele Unternehmensberatungsfirmen und Buchverlage ermitteln gern Merkmale erfolgreicher Unternehmen/Einzelpersonen und verwenden sie als Prädiktoren für künftige Erfolge. Diese Arbeiten sind reine Überlebenden-Verzerrungen (und XKCD bringt dazu einen lustigen Cartoon – *https://xkcd.com/1827*). Denn die Arbeiten berücksichtigen weder Firmen noch Einzelpersonen, die in der Bedeutungslosigkeit gescheitert sind, und diese »Erfolgs«-Eigenschaften können auch bei gescheiterten Unternehmen üblich sein. Wir haben nur noch nicht von ihnen gehört, weil sie nie im Rampenlicht gestanden haben.

Ein anekdotisches Beispiel, das mir in den Sinn kommt, ist Steve Jobs. Vielfach wurde ihm nachgesagt, er sei leidenschaftlich und jähzornig. Aber er hat auch eines der wertvollsten Unternehmen aller Zeiten geschaffen. Daher glaubten einige Leute, dass Leidenschaft und sogar Temperament mit Erfolg korrelieren könnten. Auch hier handelt es sich wieder um die Überlebenden-Verzerrung. Ich wette, dass es viele Unternehmen gibt, die von leidenschaftlichen Führungskräften geführt werden und in der Bedeutungslosigkeit untergehen, doch wir fixieren uns auf Erfolgsgeschichten wie Apple und klammern uns an sie.

Schließlich gab es 1987 eine veterinärmedizinische Studie, aus der hervorging, dass Katzen, die aus sechsten Stockwerken oder darunter fielen, schwerere Verletzungen hatten als solche, die aus höheren Stockwerken als dem sechsten fielen. Die vorherrschenden wissenschaftlichen Theorien gingen davon aus, dass sich Katzen bei etwa fünf Stockwerken selbst aufrichten, sodass sie genug Zeit haben, sich auf den Aufprall einzustellen, und sich dadurch weniger Verletzungen zuziehen. Doch dann erschien in der Kolumne *The Straight Dope* eine wichtige Frage: Was geschah mit den toten Katzen? Es ist unwahrscheinlich, dass Menschen eine tote Katze zum Tierarzt bringen. Und deshalb wird nicht berichtet, wie viele Katzen bei Stürzen aus größeren Höhen ums Leben gekommen sind. Um Homer Simpson zu zitieren: »Neinn!«[1]

Genug über Grundgesamtheiten, Stichproben und Verzerrungen gesprochen. Kommen wir nun zu etwas Mathematik und deskriptiven Statistiken. Denken Sie daran, dass Mathematik und Computer keine Verzerrungen in Ihren Daten erkennen. Es liegt bei Ihnen als gute Datenwissenschaftlerinnen und -wissenschaftler, diese aufzuspüren! Stellen Sie immer Fragen dazu, wie die Daten gewonnen wurden, und untersuchen Sie dann, wie dieser Prozess die Daten verzerrt haben könnte.

Stichproben und Verzerrungen im maschinellen Lernen

Diese Probleme mit Stichproben und Verzerrungen sind auch beim maschinellen Lernen anzutreffen. Unabhängig davon, ob es sich um lineare Regression, logistische Regression oder neuronale Netze handelt, um Vorhersagen abzuleiten, wird eine Stichprobe der Daten verwendet. Wenn diese Daten verzerrt sind, führt das dazu, dass der Algorithmus für maschinelles Lernen zu verzerrten Schlussfolgerungen kommt.

Hierfür gibt es viele dokumentierte Fälle. Die Strafjustiz ist eine prekäre Anwendung des maschinellen Lernens, weil sie sich wiederholt im wörtlichen Sinne als verzerrend erwiesen hat, wobei Minderheiten aufgrund von Datensätzen mit hohem Minderheitenanteil diskriminiert werden. Volvo hat 2017 autonom fahrende Autos getestet, die auf Datensätzen trainiert wurden, die Rehe, Elche und Karibus erfassten. Allerdings gab es keine Verkehrsdaten für Australien, und so konnten die Autos keine Kängurus erkennen, geschweige denn ihre Sprungbewegungen nachvollziehen! Beides sind Beispiele für verzerrte Daten.

Deskriptive Statistik

Deskriptive Statistik ist der Bereich, mit dem die meisten Menschen vertraut sind. Wir werden uns mit den Grundlagen wie Mittelwert, Median und Modus befassen, gefolgt von Varianz, Standardabweichung und Normalverteilung.

1 Im englischen Original: D'oh!

Mittelwert und gewichteter Mittelwert

Der *Mittelwert* ist der Durchschnitt einer Reihe von Werten. Die Berechnung ist einfach: Man summiert alle Werte und dividiert sie durch die Anzahl der Werte. Der Mittelwert zeigt, wo der »Schwerpunkt« für eine beobachtete Wertegruppe liegt.

Berechnet wird der Mittelwert in der gleichen Weise für Grundgesamtheiten wie auch für Stichproben. Beispiel 3-1 zeigt eine Stichprobe von acht Werten und wie ihr Mittelwert in Python berechnet wird.

Beispiel 3-1: Einen Mittelwert in Python berechnen

```
# Anzahl der Haustiere, die jede Person besitzt
sample = [1, 3, 2, 5, 7, 0, 2, 3]

mean = sum(sample) / len(sample)

print(mean) # Ausgabe: 2.875
```

Wie Sie sehen, haben wir acht Personen nach der Anzahl ihrer Haustiere befragt. Die Stichprobenwerte ergeben eine Summe von 23, und die Anzahl der Elemente in der Stichprobe ist 8, sodass wir einen Mittelwert von 2,875 erhalten, da 23/8 = 2,875 ist.

In der Praxis haben Sie es mit zwei Versionen des Mittelwerts zu tun: dem Stichprobenmittelwert $\bar{x}$ und dem Grundgesamtheitsmittelwert μ, die wie folgt ausgedrückt werden:

$$\bar{x} = \frac{x_1 + x_2 + x_3 + \ldots + x_n}{n} = \sum \frac{x_i}{n}$$

$$\mu = \frac{x_1 + x_2 + x_3 + \ldots + x_n}{N} = \sum \frac{x_i}{N}$$

Wie Sie wissen, bedeutet das Summensymbol Σ, dass alle Elemente zu einer Summe addiert werden sollen. Die Parameter n und N stehen für die Größe der Stichprobe bzw. der Grundgesamtheit, doch mathematisch stellen sie dasselbe dar: die Anzahl der Elemente. Das Gleiche gilt für die Benennung des Stichprobenmittelwerts $\bar{x}$ (»x quer«) und des Grundgesamtheitsmittelwerts μ. Sowohl $\bar{x}$ als auch μ werden auf die gleiche Weise berechnet, sind aber unterschiedlich benannt, je nachdem, ob es sich um eine Stichprobe oder eine Grundgesamtheit handelt.

Der Mittelwert ist Ihnen wahrscheinlich bekannt, doch es gibt etwas, das über den Mittelwert wenig bekannt ist: Der Mittelwert ist eigentlich ein gewichteter Durchschnitt, der als *gewichteter Mittelwert* bezeichnet wird. Bei dem von uns üblicherweise verwendeten Mittelwert wird jedem Wert die gleiche Bedeutung beigemessen. Aber wir können den Mittelwert manipulieren und jedem Element ein anderes Gewicht zuordnen:

$$\text{gewichteter Mittelwert} = \frac{(x_1 \cdot w_1) + (x_2 \cdot w_2) + (x_3 \cdot w_3) + \ldots (x_n \cdot w_n)}{w_1 + w_2 + w_3 + \ldots + w_n}$$

Dies kann hilfreich sein, wenn einige Werte stärker zum Mittelwert beitragen sollen als andere. Ein gängiges Beispiel hierfür ist die Gewichtung von akademischen Prüfungen, um eine Endnote zu erhalten. Angenommen, Sie hätten drei Prüfungen und eine Abschlussprüfung und ordnen jeder der drei Prüfungen eine Gewichtung von 20% sowie der Abschlussprüfung eine Gewichtung von 40% für die Endnote zu. Beispiel 3-2 zeigt, wie Sie das in Python ausdrücken.

Beispiel 3-2: Einen gewichteten Mittelwert in Python berechnen

```
# drei Prüfungen mit einem Gewicht von je 20% und
# eine Abschlussprüfung mit einem Gewicht von 40%
sample = [90, 80, 63, 87]
weights = [.20, .20, .20, .40]

weighted_mean = sum(s * w for s,w in zip(sample, weights)) / sum(weights)

print(weighted_mean) # Ausgabe: 81.4
```

Wir gewichten jede Prüfungsnote durch entsprechende Multiplikation und dividieren nicht durch die Anzahl der Werte, sondern durch die Summe der Gewichte. Die Gewichtungen müssen nicht in Prozentwerten erfolgen, da alle für die Gewichtung verwendeten Zahlen letztlich proportionalisiert werden. So gewichten wir in Beispiel 3-3 jede Prüfung mit »1«, die Abschlussprüfung aber mit »2«, sodass sie das doppelte Gewicht einer einfachen Prüfung erhält. Die Antwort bleibt mit 81,4 gleich, da ja diese Werte noch proportionalisiert werden.

Beispiel 3-3: Einen gewichteten Mittelwert in Python berechnen

```
# drei Prüfungen mit einem Gewicht von je 20% und
# eine Abschlussprüfung mit einem Gewicht von 40%
sample = [90, 80, 63, 87]
weights = [1.0, 1.0, 1.0, 2.0]

weighted_mean = sum(s * w for s,w in zip(sample, weights)) / sum(weights)

print(weighted_mean) # Ausgabe: 81.4
```

Median

Der *Median* ist der mittlere Wert in einer Reihe von geordneten Werten. Bei einer ungeraden Anzahl der sortierten Werte ist der Median genau der Wert in der Mitte. Bei einer geraden Anzahl von Werten wird der Mittelwert der beiden Werte gebildet, die der Mitte am nächsten liegen. In Beispiel 3-4 sehen Sie, dass der Median der Anzahl der Haustiere in unserer Stichprobe 7 beträgt:

```
0, 1, 5, *7*, 9, 10, 14
```

Beispiel 3-4: Den Median in Python berechnen

```
# Anzahl der Haustiere, die jede Person besitzt
sample = [0, 1, 5, 7, 9, 10, 14]

def median(values):
    ordered = sorted(values)
```

```
    print(ordered)
    n = len(ordered)
    mid = int(n / 2) - 1 if n% 2 == 0 else int(n/2)

    if n% 2 == 0:
        return (ordered[mid] + ordered[mid+1]) / 2.0
    else:
        return ordered[mid]

print(median(sample)) # Ausgabe: 7
```

Der Median kann eine hilfreiche Alternative zum Mittelwert sein, wenn die Daten durch *Ausreißer* – d.h. extrem große oder kleine Werte im Vergleich zum Rest der Werte – verzerrt sind. Hier eine interessante Anekdote, die das deutlich macht. Im Jahr 1986 lag das durchschnittliche jährliche Einstiegsgehalt von Geografieabsolventen der University of North Carolina in Chapel Hill bei 250.000 Dollar. An anderen Universitäten lag der Durchschnitt bei 22.000 Dollar. Wow! Die UNC-CH muss ja ein tolles Geografieprogramm haben!

Aber was war in Wirklichkeit so lukrativ am Geografieprogramm der UNC? Nun, Michael Jordan war einer ihrer Absolventen. Einer der berühmtesten NBA-Spieler aller Zeiten hat tatsächlich einen Abschluss in Geografie von der UNC. Allerdings begann er seine Karriere als Basketballspieler und nicht als Landvermesser. Offensichtlich ist dies eine Störvariable, die einen großen Ausreißer darstellt und den Einkommensdurchschnitt stark verzerrt.

Aus diesem Grund kann der Median in Situationen mit vielen Ausreißern (wie bei einkommensbezogenen Daten) dem Mittelwert vorgezogen werden. Er reagiert weniger empfindlich auf Ausreißer und teilt die Daten entsprechend ihrer relativen Reihenfolge streng in der Mitte anstatt an der Stelle, an der sie genau auf eine Zahlengerade fallen. Wenn der Median sehr stark vom Mittelwert abweicht, weist das auf einen verzerrten Datensatz mit Ausreißern hin.

Der Median ist ein Quantil

In der deskriptiven Statistik gibt es das Konzept der *Quantile*. Es ist praktisch so etwas wie ein Median, teilt aber die Daten an anderen Stellen, nicht unbedingt in der Mitte. Der Median ist eigentlich das 50%-Quantil, d.h. der Wert, unter dem 50% der geordneten Werte liegen. Dann gibt es noch die 25%- und 75%-Quantile, die auch als *Quartile* bezeichnet werden, da sie die Daten bei 25% von unten bzw. oben teilen.

Modus

Der *Modus* oder *Modalwert* ist der am häufigsten vorkommende Wert in einer Stichprobe. Er ist vor allem bei sich wiederholenden Daten nützlich, wenn Sie herausfinden möchten, welche Werte am häufigsten vorkommen.

Wenn kein Wert mehr als einmal vorkommt, gibt es keinen Modus. Treten zwei Werte mit gleicher Häufigkeit auf, wird der Datensatz als *bimodal* bezeichnet. Der Code in Beispiel 3-5 berechnet den Modus für unseren Haustierdatensatz. Und wie sich zeigt, ist dieser Datensatz bimodal, da sowohl 2 als auch 3 am häufigsten (und zwar gleich häufig) vorkommen.

Beispiel 3-5: Den Modus in Python berechnen

```
# Anzahl der Haustiere, die jede Person besitzt
from collections import defaultdict

sample = [1, 3, 2, 5, 7, 0, 2, 3]

def mode(values):
    counts = defaultdict(lambda: 0)

    for s in values:
        counts[s] += 1

    max_count = max(counts.values())
    modes = [v for v in set(values) if counts[v] == max_count]
    return modes

print(mode(sample)) # [2, 3]
```

In der Praxis verwendet man den Modus nicht oft, es sei denn, die Daten wiederholen sich. Dies ist häufig bei Ganzzahlen, Kategorien und anderen diskreten Variablen der Fall.

Varianz und Standardabweichung

Richtig interessant wird es erst, wenn wir über Varianz und Standardabweichung sprechen. Verwirrend kann für viele bei diesem Thema sein, dass es einige Berechnungsunterschiede für die Stichprobe und die Grundgesamtheit gibt. Diese Unterschiede wollen wir möglichst deutlich machen.

Varianz und Standardabweichung der Grundgesamtheit

Bei der Beschreibung der Daten sind wir oft daran interessiert, die Unterschiede zwischen dem Mittelwert und jedem Datenpunkt zu messen. Dies gibt uns ein Gefühl dafür, wie »gestreut« die Daten sind.

Angenommen, ich wäre an der Anzahl der Haustiere interessiert, die meine Mitarbeitenden besitzen (wobei zu beachten ist, dass ich dies als meine Grundgesamtheit und nicht als Stichprobe definiere). Meine Arbeitsgruppe umfasst sieben Mitglieder.

Ich nehme den Mittelwert aller Anzahlen der Haustiere, die sie besitzen, und erhalte 6,571. Ziehen wir nun diesen Mittelwert von jedem Wert ab. Das zeigt uns, wie weit jeder Wert vom Mittelwert entfernt ist (siehe Tabelle 3-1).

Tabelle 3-1: Anzahl der Haustiere, die meine Teammitglieder besitzen

Wert	Mittelwert	Differenz
0	6,571	–6,571
1	6,571	–5,571
5	6,571	–1,571
7	6,571	0,429
9	6,571	2,429
10	6,571	3,429
14	6,571	7,429

Wir wollen dies auf einer Zahlengeraden visualisieren, wobei das »X« in Abbildung 3-1 den Mittelwert darstellt.

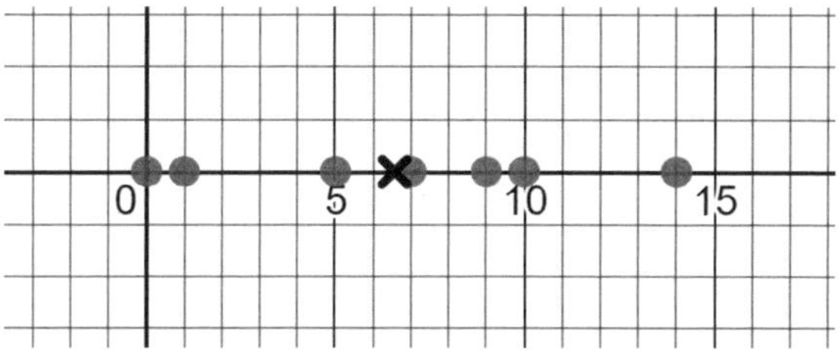

Abbildung 3-1: Die Streuung der Daten visualisieren, wobei »X« den Mittelwert kennzeichnet

Überlegen Sie, warum diese Informationen nützlich sein können. Die Unterschiede geben uns ein Gefühl dafür, wie weit die Daten gestreut sind und wie weit die Werte vom Mittelwert entfernt sind. Gibt es eine Möglichkeit, diese Unterschiede in einer einzelnen Zahl zusammenzufassen, um schnell zu beschreiben, wie zerstreut die Daten sind?

Man könnte versucht sein, den Durchschnitt der Differenzen zu nehmen, aber die negativen und positiven Werte heben sich gegenseitig auf, wenn sie summiert werden. Wir könnten die Absolutwerte summieren (die negativen Vorzeichen entfernen und alle Werte positiv machen). Noch besser wäre es, diese Differenzen zu quadrieren, bevor sie summiert werden. Dadurch verschwinden nicht nur die negativen Werte (denn durch das Quadrieren einer negativen Zahl wird diese positiv), sondern auch die Differenzen werden vergrößert, und es ist mathematisch einfacher, damit zu arbeiten (Ableitungen sind bei absoluten Werten nicht einfach.) Anschließend wird der Durchschnitt der quadrierten Differenzen gebildet. Dadurch erhalten wir die *Varianz*, ein Maß für die Streuung unserer Daten. Die folgende mathematische Formel zeigt, wie gestreut unsere Daten sind.

Die folgende Formel zeigt, wie man die Varianz ermittelt, ein Maß für die Dichte unserer Daten.

$$\text{Varianz der Grundgesamtheit} = \frac{(x_1 - \mathit{Mittelwert})^2 + (x_2 - \mathit{Mittelwert})^2 + \ldots + (x_n - \mathit{Mittelwert})^2}{N}$$

In der Formeldarstellung sieht die Varianz für eine Grundgesamtheit so aus:

$$\sigma^2 = \frac{\Sigma(x_i - \mu)^2}{N}$$

Beispiel 3-6 zeigt, wie sich die Varianz der Grundgesamtheit für unser Haustierbeispiel in Python berechnen lässt.

Beispiel 3-6: Varianz in Python berechnen

```
# Anzahl der Haustiere, die jede Person besitzt
data = [0, 1, 5, 7, 9, 10, 14]

def variance(values):
    mean = sum(values) / len(values)
    _variance = sum((v - mean) ** 2 for v in values) / len(values)
    return _variance

print(variance(data)) # Ausgabe: 21.387755102040813
```

Die Varianz für die Anzahl der Haustiere meiner Büromitarbeiter beträgt also 21,387755. Okay, aber was bedeutet das genau? Es liegt der Schluss nahe, dass eine höhere Varianz mehr Streuung bedeutet, doch wie können wir dies mit unseren Daten in Verbindung bringen? Diese Zahl ist größer als alle unsere Beobachtungen, weil wir viel quadriert und summiert haben, was sie auf eine vollkommen andere Metrik bringt. Wie können wir sie also wieder zurück auf die ursprüngliche Skala zusammendrücken?

Das Gegenstück zum Quadrieren ist das Ziehen der Quadratwurzel. Wenn wir die Quadratwurzel der Varianz nehmen, erhalten wir die *Standardabweichung*. Dies ist die Varianz skaliert in eine Zahl, die als »Anzahl der Haustiere« ausgedrückt wird, was sie ein wenig aussagekräftiger macht:

$$\sigma = \sqrt{\frac{\Sigma(x_i - \mu)^2}{N}}$$

Um dies in Python zu implementieren, können wir die Funktion `variance()` wiederverwenden und mit `sqrt()` die Quadratwurzel aus ihrem Ergebnis ziehen. Damit bekommen wir eine Funktion `std_dev()`, die Sie in Beispiel 3-7 sehen.

Beispiel 3-7: Die Standardabweichung in Python berechnen

```
from math import sqrt

# Anzahl der Haustiere, die jede Person besitzt
data = [0, 1, 5, 7, 9, 10, 14]

def variance(values):
    mean = sum(values) / len(values)
    _variance = sum((v - mean) ** 2 for v in values) / len(values)
    return _variance
```

```
def std_dev(values):
    return sqrt(variance(values))

print(std_dev(data)) # Ausgabe: 4.624689730353898
```

Wenn Sie den Code in Beispiel 3-7 ausführen, erhalten Sie als Standardabweichung ungefähr 4,62 Haustiere. Somit können wir unsere Streuung auf einer Skala ausdrücken, mit der wir begonnen haben, und das macht unsere Varianz etwas einfacher interpretierbar. Einige wichtige Anwendungen der Standardabweichung werden Sie in Kapitel 5 kennenlernen.

Warum das Quadrat?

Wenn Sie der Exponent in σ^2 in der Varianzformel stört, liegt das daran, dass er darauf hinweisen soll, die Quadratwurzel zu ziehen, um die Standardabweichung zu erhalten. Gewissermaßen ist es eine mahnende Erinnerung daran, dass Sie es mit quadrierten Werten zu tun haben, aus denen die Quadratwurzel gezogen werden muss.

Varianz und Standardabweichung einer Stichprobe

Im vorherigen Abschnitt haben wir über Varianz und Standardabweichung für eine Grundgesamtheit gesprochen. Es gibt allerdings eine wichtige Anpassung, die wir an diesen beiden Formeln vornehmen müssen, wenn wir die Werte für eine Stichprobe berechnen:

$$s^2 = \frac{\Sigma(x_i - \bar{x})^2}{n - 1}$$

$$s = \sqrt{\frac{\Sigma(x_i - \bar{x})^2}{n - 1}}$$

Haben Sie den Unterschied bemerkt? Wenn wir die quadrierten Differenzen mitteln, teilen wir durch $n - 1$ und nicht durch die Gesamtanzahl der Elemente n. Warum tun wir das? Es geht darum, jegliche Verzerrung in einer Stichprobe zu verringern und die Varianz der Grundgesamtheit auf der Grundlage unserer Stichprobe nicht zu unterschätzen. Wenn wir in unserem Divisor ein Element weniger angeben, erhöhen wir die Varianz und erfassen somit eine größere Unsicherheit in unserer Stichprobe.

Weshalb subtrahieren wir 1 von der Stichprobengröße?

Auf YouTube hat Josh Starmer eine ausgezeichnete Videoreihe namens StatQuest (*https://oreil.ly/6S9DO*) veröffentlicht. In einem Video erklärt er auf verständliche Weise, warum wir Stichproben bei der Berechnung der Varianz anders behandeln und ein Element von der Anzahl der Elemente abziehen.

Wenn es sich bei unseren Haustierdaten um eine Stichprobe und nicht um eine Grundgesamtheit handelt, sollten wir diese Anpassung entsprechend vornehmen. In Beispiel 3-8 ändere ich den vorherigen Python-Code der Funktionen `variance()` und `std_dev()`, um einen optionalen Parameter `is_sample` zu übergeben. Wenn dieser `True` ist, wird 1 vom Divisor in der Varianz subtrahiert.

Beispiel 3-8: Berechnung der Standardabweichung für eine Stichprobe

```
from math import sqrt

# Anzahl der Haustiere, die jede Person besitzt
data = [0, 1, 5, 7, 9, 10, 14]

def variance(values, is_sample: bool = False):
    mean = sum(values) / len(values)
    _variance = sum((v - mean) ** 2 for v in values) /
      (len(values) - (1 if is_sample else 0))

    return _variance

def std_dev(values, is_sample: bool = False):
    return sqrt(variance(values, is_sample))

print("VARIANCE = {}".format(variance(data, is_sample=True))) # 24.95238095238095
print("STD DEV = {}".format(std_dev(data, is_sample=True))) # 4.99523582550223
```

Beachten Sie in Beispiel 3-8, dass sich meine Varianz und meine Standardabweichung im Vergleich zu den vorherigen Beispielen, die sich auf die Grundgesamtheit und nicht auf eine Stichprobe bezogen, erhöht haben. In Beispiel 3-7 lag die Standardabweichung bei etwa 4,62, wenn man von einer Grundgesamtheit ausging. In diesem Beispiel aber, das die Daten als Stichprobe behandelt (indem 1 vom Nenner der Varianz subtrahiert wird), erhalten wir ungefähr 4,99. Dies ist korrekt, da eine Stichprobe verzerrt sein könnte und die Grundgesamtheit nur unvollkommen repräsentiert. Daher erhöhen wir die Varianz (und damit die Standardabweichung), um unsere Schätzung für die Streuung der Werte zu verbessern. Eine größere Varianz/Standardabweichung zeigt ein geringeres Vertrauen bei einem größeren Bereich.

Wie beim Mittelwert ($\bar{x}$ für die Stichprobe und μ für die Grundgesamtheit) sind auch für die Varianz und die Standardabweichung häufig bestimmte Symbole üblich. Die Standardabweichung für eine Stichprobe und die Grundgesamtheit werden durch s bzw. σ dargestellt. Hier noch einmal die Formeln der Standardabweichung für die Stichprobe und die Grundgesamtheit:

$$s = \sqrt{\frac{\Sigma(x_i - \bar{x})^2}{n - 1}}$$

$$\sigma = \sqrt{\frac{\Sigma(x_i - \mu)^2}{N}}$$

Die Varianz ist jeweils das Quadrat dieser beiden Formeln. Die Quadratwurzel wird also entfernt, sodass sich die Varianz für die Stichprobe und die Grundgesamtheit zu s^2 bzw. σ^2 ergibt:

$$s^2 = \frac{\Sigma(x_i - \bar{x})^2}{n - 1}$$

$$\sigma^2 = \frac{\Sigma(x_i - \mu)^2}{N}$$

Auch hier deutet das Quadrat darauf hin, dass die Quadratwurzel zu ziehen ist, um die Standardabweichung zu erhalten.

Die Normalverteilung

Wahrscheinlichkeitsverteilungen haben wir im letzten Kapitel kurz angerissen, insbesondere die Binomialverteilung und die Beta-Verteilung. Die berühmteste aller Verteilungen ist jedoch die Normalverteilung. Die auch als *Gauß-Verteilung* bekannte *Normalverteilung* ist eine symmetrische glockenförmige Verteilung, deren größte Masse um den Mittelwert herum liegt und deren Streuung als Standardabweichung definiert ist. Die »Ausläufer« auf jeder Seite werden dünner, je weiter man sich vom Mittelwert entfernt.

Abbildung 3-2 zeigt eine Normalverteilung für die Gewichte von Golden Retrievern. Die Masse ist größtenteils um den Mittelwert von 64,43 Pfund zu finden.

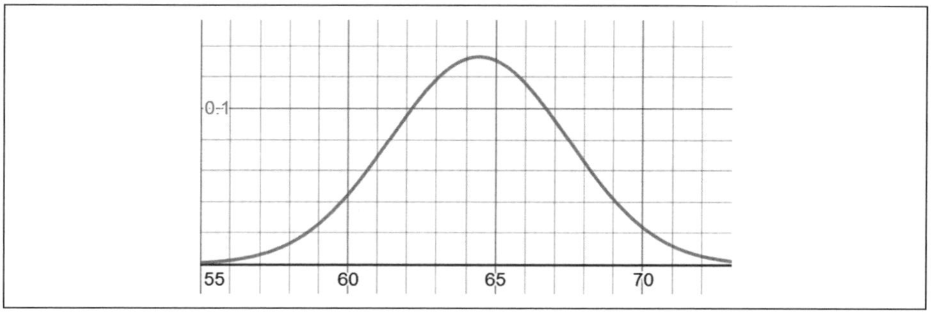

Abbildung 3-2: Eine Normalverteilung

Entdeckung der Normalverteilung

Die Normalverteilung ist in der Natur, in der Technik, in der Wissenschaft und in anderen Bereichen vielfach anzutreffen. Wie können wir sie entdecken? Angenommen, wir tragen die Gewichte von 50 ausgewachsenen Golden Retrievern auf einer Zahlengeraden ein, wie Abbildung 3-3 zeigt.

In der Mitte sind mehr Werte zu sehen, doch je weiter wir nach links oder rechts gehen, desto weniger Werte sehen wir. Auf der Grundlage unserer Stichprobe scheint es höchst unwahrscheinlich, dass wir einen Golden Retriever mit einem Gewicht von 57 oder 71 sehen. Aber ein Gewicht von 64 oder 65? Ja, das scheint sehr wahrscheinlich zu sein.

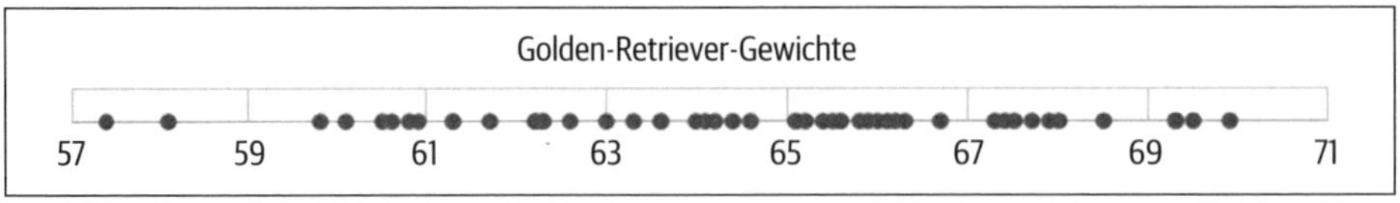

Abbildung 3-3: Eine Stichprobe von 50 Golden-Retriever-Gewichten

Gibt es eine bessere Möglichkeit, diese Likelihood zu visualisieren, um festzustellen, welche Golden-Retriever-Gewichte wir in der Stichprobe aus der Grundgesamtheit wahrscheinlicher sehen? Wir können versuchen, ein *Histogramm* zu erstellen, das die Werte auf der Grundlage gleich langer numerischer Bereiche in Gruppen (oder Kategorien, engl. *Bins*) einteilt, und dann mit einem Balkendiagramm die Anzahl der Werte innerhalb jedes Bereichs anzuzeigen. Abbildung 3-4 zeigt ein Histogramm, das die Werte in Bereichen von 0,5 Pfund gruppiert.

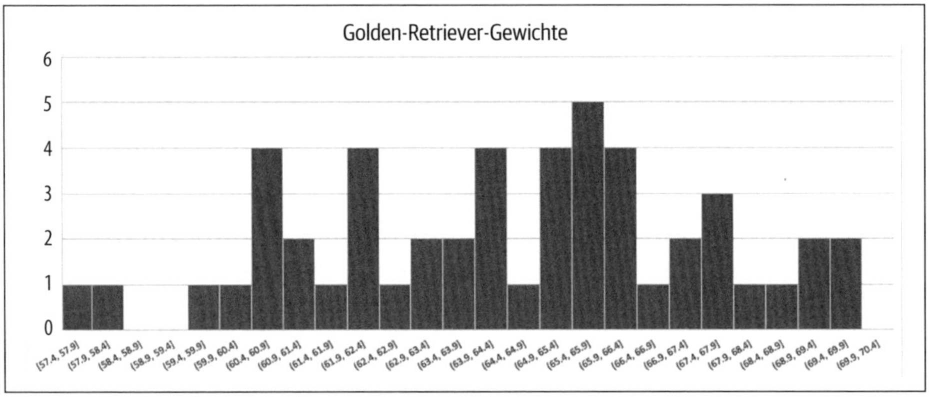

Abbildung 3-4: Ein Histogramm von Golden-Retriever-Gewichten

Dieses Histogramm zeigt keine aussagekräftige Form für diese Daten. Das liegt daran, dass unsere Kategorien zu klein sind. Wir verfügen weder über extrem große noch über unendliche Mengen von Daten, um in jeder Kategorie eine aussagekräftige Anzahl von Datenpunkten zu haben. Demzufolge müssen wir unsere Kategorien größer machen. Für jede Gruppe von Gewichten wählen wir nun eine Breite von drei Gewichten, wie Abbildung 3-5 zeigt.

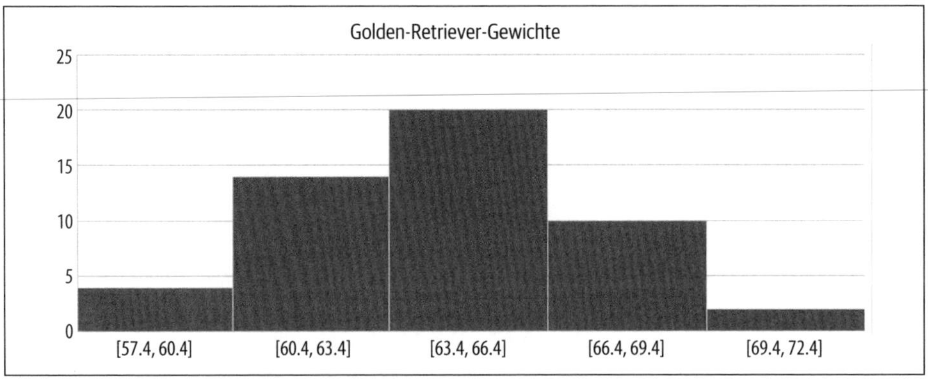

Abbildung 3-5: Ein aussagekräftigeres Histogramm

Das bringt uns ein Stück weiter! Wie Sie sehen, kommen wir mit den richtigen Klassengrößen (in diesem Fall hat jede Klasse einen Bereich von drei Pfund) zu einer aussagekräftigen Glockenform für unsere Daten. Es ist zwar keine perfekte Glockenform, da unsere Stichproben die Grundgesamtheit nie perfekt repräsentieren, aber dies hier dürfte als Beweis genügen, dass unsere Stichprobe einer Normalverteilung folgt. Wenn wir ein Histogramm mit geeigneten Klassengrößen so skalieren, dass es eine Fläche von 1,0 hat (was für eine Wahrscheinlichkeitsverteilung erforderlich ist), sehen wir eine grobe Glockenkurve, die unsere Stichprobe repräsentiert. In Abbildung 3-6 ist sie zusammen mit den ursprünglichen Datenpunkten dargestellt.

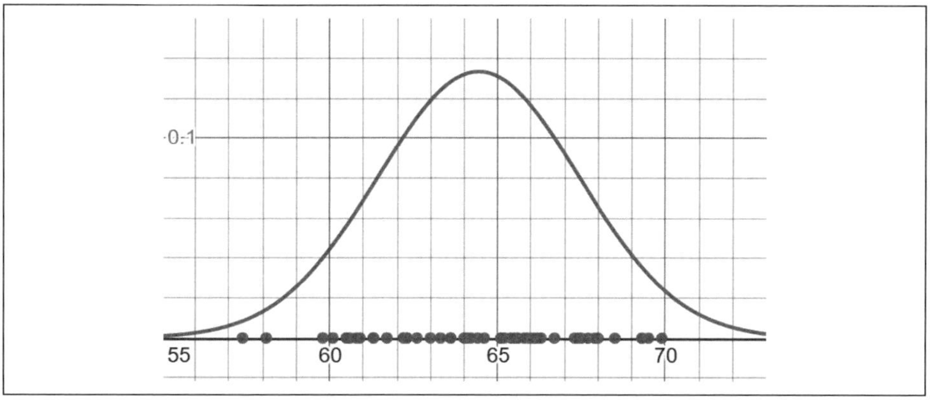

Abbildung 3-6: Eine Normalverteilung, die an die Datenpunkte angepasst wurde

Anhand dieser Glockenkurve können wir berechtigterweise erwarten, dass ein Golden Retriever höchstwahrscheinlich ein Gewicht um 64,43 Pfund (den Mittelwert) hat, dass aber kaum mit 55 oder 73 Pfund zu rechnen ist. Und alles, was darüber hinausgeht, wird noch unwahrscheinlicher.

Eigenschaften einer Normalverteilung

Die Normalverteilung besitzt mehrere wichtige Eigenschaften, die sie nützlich machen:

- Sie ist symmetrisch; beide Seiten sind identisch um den Mittelwert, der die Mitte darstellt, gespiegelt.
- Die meiste Masse befindet sich in der Mitte um den Mittelwert herum.
- Sie hat eine Streuung (schmal oder breit), die durch die Standardabweichung spezifiziert wird.
- Die »Schwänze« sind die am wenigsten wahrscheinlichen Ergebnisse, und ihre Werte nähern sich im Unendlichen null an, erreichen aber niemals null.
- Viele Erscheinungen in der Natur und im täglichen Leben lassen sich mit einer Normalverteilung beschreiben, und sie verallgemeinert sogar nicht normale Probleme aufgrund des zentralen Grenzwertsatzes, über den wir gleich sprechen werden.

Die Wahrscheinlichkeitsdichtefunktion

Die Standardabweichung spielt in der Normalverteilung eine wichtige Rolle, denn sie gibt an, wie »breit gestreut« sie ist. Neben dem Mittelwert gehört sie zu den Parametern der Normalverteilung. Die *Wahrscheinlichkeitsdichtefunktion* (WDF oder PDF vom englischen Begriff *Probability Density Function*), die die Normalverteilung erzeugt, sieht folgendermaßen aus:

$$f(x) = \frac{1}{\sigma\sqrt{2\pi}} e^{-\frac{1}{2}\left(\frac{x-\mu^2}{\sigma}\right)}$$

Oha, ein ganz schöner Brocken, oder? Hier sehen wir sogar unsere Freundin, die eulersche Zahl aus Kapitel 1, und einige verrückte Exponenten. Beispiel 3-9 zeigt, wie Sie diese Funktion in Python ausdrücken können.

Beispiel 3-9: Die Normalverteilungsfunktion in Python

```
# Normalverteilung, gibt Likelihood zurück
def normal_pdf(x: float, mean: float, std_dev: float) -> float:
    return (1.0 / (2.0 * math.pi * std_dev ** 2) ** 0.5) *
        math.exp(-1.0 * ((x - mean) ** 2 / (2.0 * std_dev ** 2)))
```

Diese Formel baut sich aus vielen Termen zusammen. Wichtig ist, dass sie einen Mittelwert, eine Standardabweichung und einen x-Wert als Parameter übernimmt, sodass Sie die Likelihood bei diesem Wert ermitteln können.

Genau wie die Beta-Verteilung in Kapitel 2 ist auch die Normalverteilung stetig. Um also eine Wahrscheinlichkeit abzurufen, integrieren wir einen Bereich von x-Werten, sodass wir eine Fläche erhalten.

In der Praxis allerdings nimmt SciPy uns diese Berechnungen ab.

Die kumulative Verteilungsfunktion

Bei der Normalverteilung ist die vertikale Achse nicht die Wahrscheinlichkeit, sondern die Likelihood für die Daten. Um die Wahrscheinlichkeit zu ermitteln, müssen wir einen bestimmten Bereich betrachten und dann die Fläche unter der Kurve für diesen Bereich berechnen. Angenommen, ich suche die Wahrscheinlichkeit, dass ein Golden Retriever zwischen 62 und 66 Pfund wiegt. Abbildung 3-7 zeigt den Bereich, für den wir die Fläche bestimmen wollen.

Diese Aufgabe haben wir bereits in Kapitel 2 mit der Beta-Verteilung gelöst. Und genau wie bei der Beta-Verteilung gibt es eine *kumulative Verteilungsfunktion* (CDF, *Cumulative Distribution Function*). An diesen Ansatz werden wir uns halten.

Wie Sie im letzten Kapitel gelernt haben, liefert die CDF die Fläche *bis zu* einem bestimmten x-Wert für eine gegebene Verteilung. Abbildung 3-8 zeigt, wie die CDF für unsere Golden-Retriever-Normalverteilung aussieht. Als Referenz ist die PDF eingezeichnet.

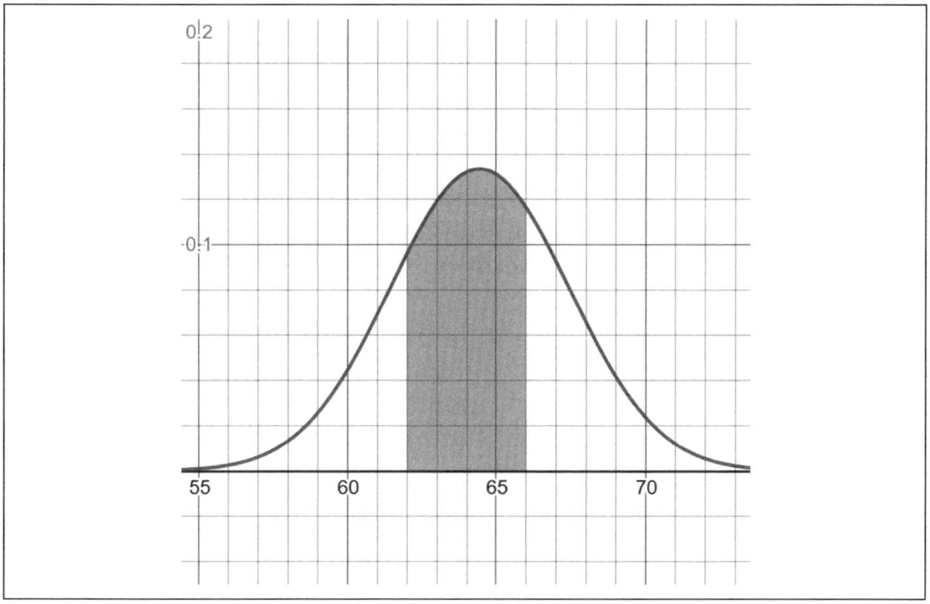

Abbildung 3-7: Eine kumulative Verteilungsfunktion, um die Wahrscheinlichkeit zwischen 62 und 66 Pfund zu messen

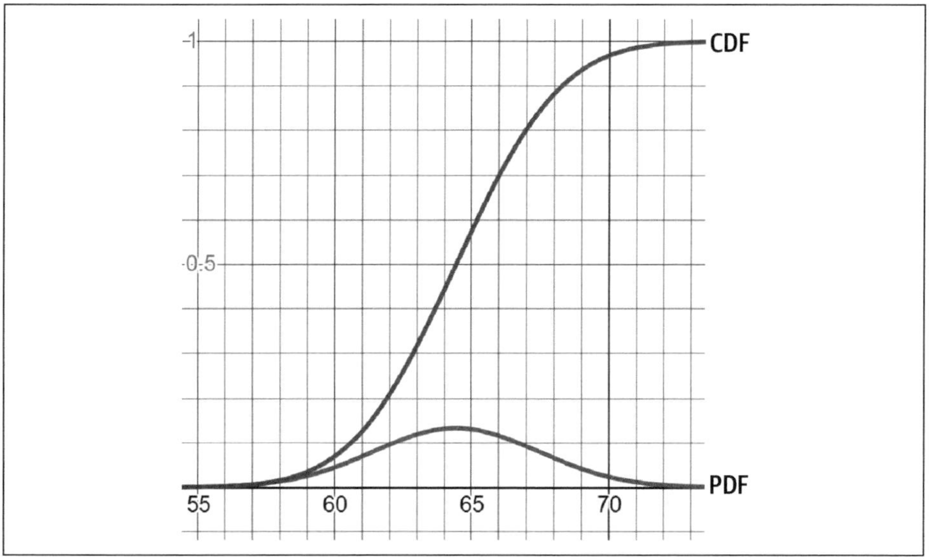

Abbildung 3-8: Eine PDF zusammen mit ihrer CDF

Beachten Sie, dass es eine Beziehung zwischen den beiden Graphen gibt. Die CDF, die eine s-förmige Kurve (eine sogenannte Sigmoid-Kurve) ist, projiziert die Fläche bis zu diesem Bereich in die PDF. In Abbildung 3-9 können Sie beobachten, dass unsere CDF einen Wert von genau 0,5 oder 50 % zeigt, wenn wir die Fläche von minus unendlich bis zu 64,43 (dem Mittelwert) erfassen!

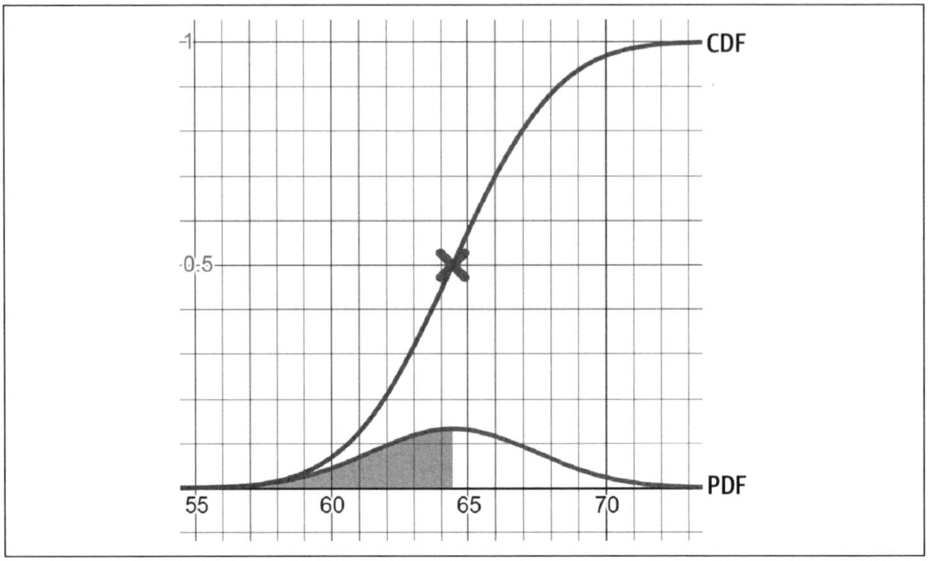

Abbildung 3-9: Eine PDF und eine CDF für Golden-Retriever-Gewichte, die die Wahrscheinlichkeit bis zum Mittelwert messen

Diese Fläche von 0,5 oder 50 % bis zum Mittelwert ist aufgrund der Symmetrie der Normalverteilung bekannt, und wir können erwarten, dass die andere Seite der Glockenkurve ebenfalls 50 % der Fläche beinhaltet.

Um diese Fläche bis zu 64,43 in Python mittels SciPy zu berechnen, verwenden Sie die Funktion `norm.cdf()`, wie Beispiel 3-10 zeigt.

Beispiel 3-10: Die CDF der Normalverteilung in Python

```
from scipy.stats import norm

mean = 64.43
std_dev = 2.99

x = norm.cdf(64.43, mean, std_dev)

print(x) # Ausgabe: 0.5
```

Genau wie in Kapitel 2 können wir die Fläche für einen mittleren Bereich herleiten, indem wir die Flächen subtrahieren. Wollen wir die Wahrscheinlichkeit ermitteln, einen Golden Retriever zwischen 62 und 66 Pfund zu beobachten, berechnen wir die Fläche bis 66 und subtrahieren davon die Fläche bis 62, wie es Abbildung 3-10 veranschaulicht.

Mit SciPy lässt sich das in Python ganz einfach bewerkstelligen, indem man die beiden CDF-Operationen wie in Beispiel 3-11 subtrahiert.

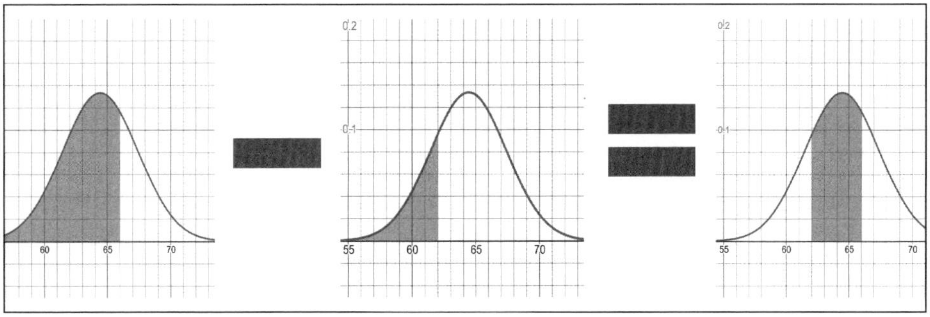

Abbildung 3-10: Einen mittleren Wahrscheinlichkeitsbereich ermitteln

Beispiel 3-11: Die Wahrscheinlichkeit für einen mittleren Bereich mithilfe der CDF ermitteln

```
from scipy.stats import norm

mean = 64.43
std_dev = 2.99

x = norm.cdf(66, mean, std_dev) - norm.cdf(62, mean, std_dev)

print(x) # Ausgabe: 0.4920450147062894
```

Die Wahrscheinlichkeit für die Beobachtung eines Golden Retrievers zwischen 62 und 66 Pfund sollten Sie mit 0,4920 oder ungefähr 49,2 % ermitteln.

Die inverse CDF

Wenn wir später in diesem Kapitel mit Hypothesentests beginnen, werden wir auf Situationen stoßen, in denen wir nach einer Fläche auf der CDF suchen und dann den korrespondierenden x-Wert zurückgeben müssen. Dies ist natürlich eine rückwärts gerichtete Verwendung der CDF, sodass wir die inverse CDF benötigen, die die Achsen vertauscht, wie Abbildung 3-11 zeigt.

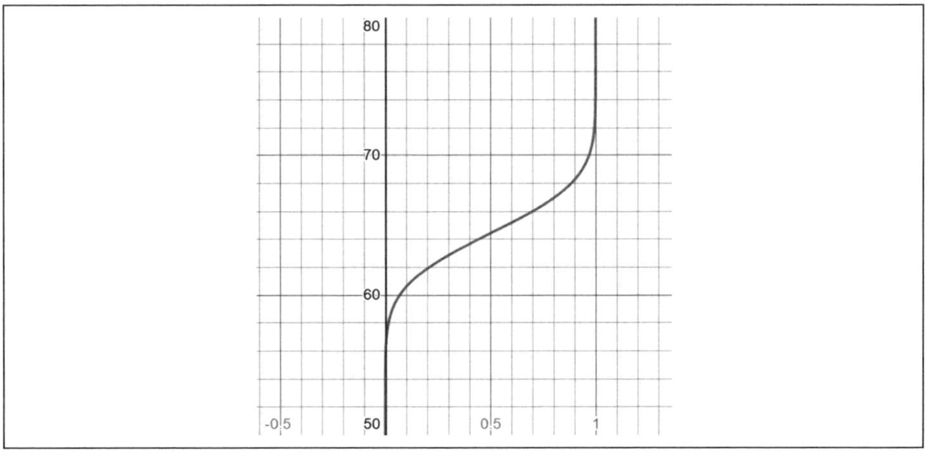

Abbildung 3-11: Die inverse CDF, auch als PPF oder Quantil-Funktion bezeichnet

Auf diese Weise können wir nun nach einer Wahrscheinlichkeit suchen und den entsprechenden x-Wert zurückgeben. In SciPy rufen wir hierzu die Funktion `norm.ppf()` auf. Angenommen, ich möchte das Gewicht ermitteln, unter das 95 % der Golden Retriever fallen. Mit der inversen CDF lässt sich das leicht bewerkstelligen, wie Beispiel 3-12 zeigt.

Beispiel 3-12: Die inverse CDF (namens ppf()) in Python verwenden

```
from scipy.stats import norm

x = norm.ppf(.95, loc=64.43, scale=2.99)

print(x) # 69.3481123445849
```

Es ergibt sich, dass 95 % der Golden Retriever 69,348 Pfund oder weniger wiegen.

Mit der inversen CDF können Sie auch Zufallszahlen generieren, die der Normalverteilung folgen. Möchten Sie eine Simulation erstellen, die 1.000 realistische Golden-Retriever-Gewichte generiert, erzeugen Sie einfach einen Zufallswert zwischen 0,0 und 1,0, übergeben ihn an die inverse CDF und geben den Gewichtswert zurück, wie Beispiel 3-13 zeigt.

Beispiel 3-13: Zufallszahlen von einer Normalverteilung generieren

```
import random
from scipy.stats import norm

for i in range(0,1000):
    random_p = random.uniform(0.0, 1.0)
    random_weight = norm.ppf(random_p,  loc=64.43, scale=2.99)
    print(random_weight)
```

Natürlich sind NumPy und andere Bibliotheken in der Lage, Zufallswerte aus einer Verteilung zu generieren. Der hier angegebene Anwendungsfall soll lediglich zeigen, wo sich die inverse CDF praktisch einsetzen lässt.

CDF und inverse CDF von Grund auf neu

Wie Sie CDF und inverse CDF von Grund auf neu in Python implementieren, erfahren Sie in Anhang A.

z-Werte

Es ist üblich, eine Normalverteilung so zu skalieren, dass der Erwartungswert 0 und die Varianz 1 ist, was als *Standardnormalverteilung* bezeichnet wird. Damit ist es einfacher, die Streuung einer Normalverteilung mit der einer anderen Normalverteilung zu vergleichen, selbst wenn sie verschiedene Mittelwerte und Varianzen haben.

Insbesondere drückt die Standardnormalverteilung alle x-Werte in Form von Standardabweichungen aus, sogenannten *z-Werten*. Ein x-Wert lässt sich mit einer grundlegenden Skalierungsformel in einen z-Wert umwandeln:

$$z = \frac{x - \mu}{\sigma}$$

Ein Beispiel soll das verdeutlichen. Wir haben zwei Häuser aus zwei verschiedenen Stadtteilen. Stadtteil A hat einen mittleren Immobilienwert von 140.000 Dollar mit einer Standardabweichung von 3.000 Dollar. Stadtteil B hat einen mittleren Immobilienwert von 800.000 Dollar und eine Standardabweichung von 10.000 Dollar.

$$\mu_A = 140.000$$
$$\mu_B = 800.000$$
$$\sigma_A = 3.000$$
$$\sigma_B = 10.000$$

Jetzt haben wir zwei Häuser aus jedem Stadtteil. Haus A aus dem Stadtteil A ist 150.000 Dollar wert und Haus B aus dem Stadtteil B 815.000 Dollar. Welches Haus ist im Vergleich zum durchschnittlichen Haus im jeweiligen Stadtteil teurer?

$$x_A = 150.000$$
$$x_B = 815.000$$

Wenn wir diese beiden Werte in Form von Standardabweichungen ausdrücken, können wir sie im Verhältnis zum jeweiligen Mittelwert des Stadtteils vergleichen. Verwenden Sie die Formel für den z-Wert:

$$z = \frac{\text{x} - \text{Mittelwert}}{\text{Standardabweichung}}$$

$$z_A = \frac{150000 - 140000}{3000} = 3.\overline{333}$$

$$z_B = \frac{815000 - 800000}{10000} = 1.5$$

Das Haus in Stadtteil A ist also im Verhältnis zu seinem Stadtteil viel teurer als das Haus in Stadtteil B, da sie z-Werte von $3,\overline{333}$ bzw. 1,5 haben.

Beispiel 3-14 zeigt, wie Sie einen x-Wert, der aus einer gegebenen Verteilung mit Mittelwert und Standardabweichung stammt, in einen z-Wert (und umgekehrt) umwandeln können.

Beispiel 3-14: z-Werte in x-Werte (und umgekehrt) umwandeln

```
def z_score(x, mean, std):
    return (x - mean) / std

def z_to_x(z, mean, std):
    return (z * std) + mean

mean = 140000
std_dev = 3000
x = 150000

# in z-Wert konvertieren und dann zurück in x-Wert
z = z_score(x, mean, std_dev)
back_to_x = z_to_x(z, mean, std_dev)
```

```
print("z-Wert: {}".format(z)) # z-Wert: 3.333
print("Zurück nach X: {}".format(back_to_x)) # zurück nach X: 150000.0
```

Die Funktion `z_score()` übernimmt einen x-Wert und skaliert ihn in Form von Standardabweichungen für die ebenfalls übergebenen Parameter Mittelwert (`mean`) und Standardabweichung (`std_dev`). Die Funktion `z_to_x()` übernimmt einen z-Wert und konvertiert ihn zurück in einen x-Wert. Wenn Sie sich die beiden Funktionen genauer ansehen, erkennen Sie ihre algebraische Beziehung, wobei die eine nach dem z-Wert und die andere nach dem x-Wert aufgelöst wird. Wir wandeln also einen x-Wert von 150.000 in einen z-Wert von $3,\overline{333}$ um und dann diesen z-Wert zurück in einen x-Wert.

Variationskoeffizient

Ein hilfreiches Instrument zur Messung der Streuung ist der Variationskoeffizient. Er vergleicht zwei Verteilungen und quantifiziert, wie weit sie jeweils auseinanderliegen. Um ihn zu berechnen, dividieren Sie einfach die Standardabweichung durch den Mittelwert. Die folgenden Formeln zeigen den Variationskoeffizienten in der allgemeinen Form zusammen mit dem Beispiel, in dem zwei Stadtteile verglichen werden:

$$cv = \frac{\sigma}{\mu}$$

$$cv_A = \frac{3000}{140000} = 0.0214$$

$$cv_B = \frac{10000}{800000} = 0.0125$$

Hieraus geht hervor, dass Stadtteil A zwar preiswerter ist als Stadtteil B, aber eine größere Streuung und damit eine größere Preisvielfalt als Stadtteil B hat.

Inferenzielle Statistik

Deskriptive Statistik, die wir bisher behandelt haben, ist allgemein bekannt. Wenn wir uns jedoch mit inferenzieller Statistik befassen, kommen die abstrakten Beziehungen zwischen Stichprobe und Grundgesamtheit voll zum Tragen. Diese abstrakten Nuancen sollten Sie nicht in aller Eile überfliegen – nehmen Sie sich Zeit, um sie sich sorgfältig zu Gemüte zu führen. Wie bereits erwähnt, sind wir Menschen darauf programmiert, voreingenommen zu sein und schnell zu Schlussfolgerungen zu kommen. Als guter Data Scientist müssen Sie diesen Urwunsch unterdrücken und die Möglichkeit in Betracht ziehen, dass es auch andere Erklärungen geben kann. Es ist akzeptabel (vielleicht sogar aufschlussreich), die Theorie aufzustellen, dass es überhaupt keine Erklärung gibt und ein Ergebnis nur zufällig und willkürlich ist.

Beginnen wir mit dem Theorem, das die Grundlage für die gesamte Inferenzstatistik bildet.

Der zentrale Grenzwertsatz

Die Normalverteilung ist unter anderem deshalb nützlich, weil sie in der Natur häufig vorkommt, zum Beispiel bei den Gewichten erwachsener Golden Retriever. Allerdings zeigt sie sich außerhalb natürlicher Populationen in einem noch faszinierenderen Zusammenhang. Wenn wir ausreichend große Stichproben aus einer Grundgesamtheit messen, tritt die Normalverteilung auch dann in Erscheinung, wenn diese Grundgesamtheit nicht einer Normalverteilung folgt.

Nehmen wir an, wir messen eine Grundgesamtheit, die wirklich und gleichförmig zufällig ist. Jeder Wert zwischen 0,0 und 1,0 ist gleich wahrscheinlich, und kein Wert wird in irgendeiner Weise bevorzugt. Doch wenn wir immer größere Stichproben aus dieser Grundgesamtheit entnehmen, jeweils den Durchschnitt bilden und die Ergebnisse in ein Histogramm eintragen, passiert etwas Faszinierendes. Führen Sie den Python-Code in Beispiel 3-15 aus und sehen Sie sich den Plot in Abbildung 3-12 an.

Beispiel 3-15: Den zentralen Grenzwertsatz in Python erkunden

```
# Stichproben der Gleichverteilung ergeben im Durchschnitt eine Normalverteilung.
import random
import plotly.express as px

sample_size = 31
sample_count = 1000

# zentraler Grenzwertsatz, 1.000 Stichproben mit jeweils 31
# Zufallszahlen zwischen 0.0 und 1.0
x_values = [(sum([random.uniform(0.0, 1.0) for i in range(sample_size)]) / \
    sample_size)
        for _ in range(sample_count)]

y_values = [1 for _ in range(sample_count)]

px.histogram(x=x_values, y = y_values, nbins=20).show()
```

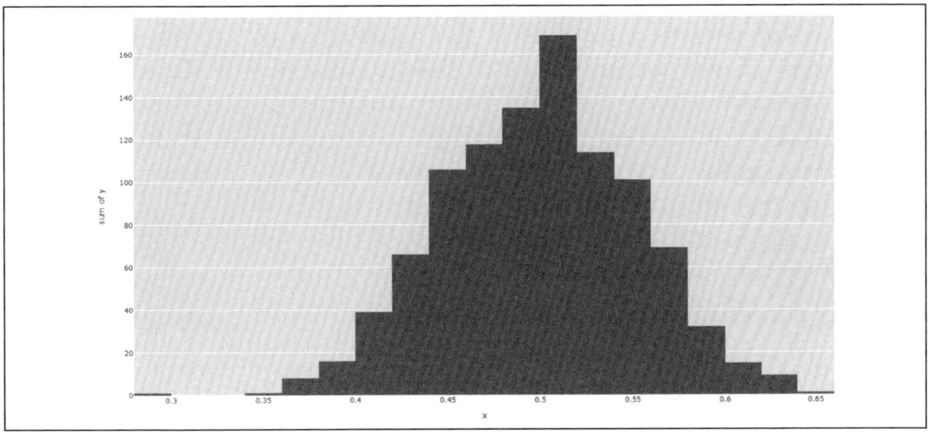

Abbildung 3-12: Die Mittelwerte von Stichproben (mit jeweils 31 Werten) berechnen und als Diagramm darstellen

Moment mal! Wie können gleichförmig verteilte Zufallszahlen, wenn man sie als Stichproben in Gruppen von 31 entnimmt und ihren Mittelwert bildet, näherungsweise eine Normalverteilung ergeben? Jede Zahl ist doch gleich wahrscheinlich, oder? Sollte die Verteilung dann nicht flach verlaufen und nicht glockenförmig?

Hier passiert Folgendes. Die einzelnen Zahlen in den Stichproben allein ergeben keine Normalverteilung. Die Verteilung wird flach sein, wobei jede Zahl gleich wahrscheinlich ist (daher die Bezeichnung *Gleichverteilung*). Wenn wir sie jedoch als Stichproben gruppieren und den Durchschnitt bilden, entsteht daraus eine Normalverteilung.

Das liegt am *zentralen Grenzwertsatz*, der besagt, dass interessante Dinge passieren, wenn wir genügend große Stichproben aus einer Grundgesamtheit entnehmen, den Mittelwert jeder Stichprobe berechnen und die Ergebnisse dann als Verteilung darstellen:

Der Mittelwert der Stichprobenmittelwerte ist gleich dem Mittelwert der Grundgesamtheit.

1. Ist die Grundgesamtheit normal verteilt, dann sind die Stichprobenmittelwerte normal verteilt.
2. Ist die Grundgesamt nicht normal verteilt, der Umfang der Stichprobe aber größer als 30, dann bilden die Stichprobenmittelwerte dennoch ungefähr eine Normalverteilung.
3. Die Standardabweichung der Stichprobenmittelwerte ist gleich der Standardabweichung der Grundgesamtheit, geteilt durch die Quadratwurzel von n:

$$\text{Standardabweichung der Stichprobe} = \frac{\text{Standardabweichung der Grundgesamtheit}}{\sqrt{\text{Stichprobengröße}}}$$

Warum sind die obigen Punkte so wichtig? Diese Verhaltensweisen ermöglichen uns, auf der Grundlage von Stichproben nützliche Rückschlüsse auf Grundgesamtheiten zu ziehen, selbst bei nicht normalen Grundgesamtheiten. Wenn Sie den obigen Code modifizieren und kleinere Stichprobengrößen von 1 oder 2 ausprobieren, wird keine Normalverteilung entstehen. Doch sobald Sie sich 31 nähern oder darüber hinausgehen, werden Sie feststellen, dass die Kurve zu einer Normalverteilung konvergiert, wie Abbildung 3-13 zeigt.

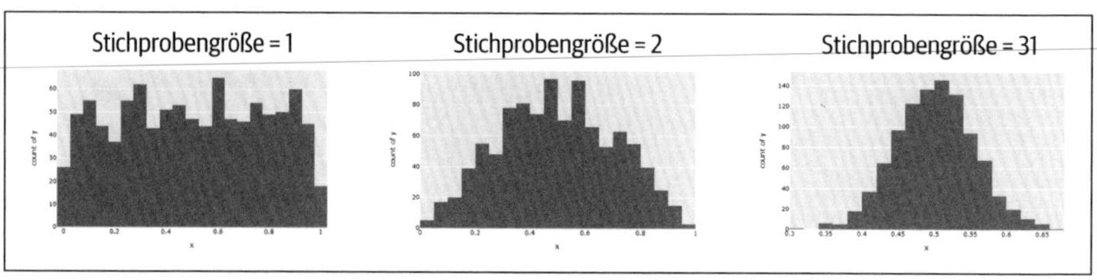

Abbildung 3-13: Größere Stichproben nähern sich der Normalverteilung an.

Lehrbücher der Statistik nennen die Zahl 31, weil die Stichprobenverteilung dann häufig mit der Verteilung der Grundgesamtheit konvergiert, insbesondere wenn wir Mittelwerte oder andere Parameter messen. Wenn Sie weniger als 31 Elemente in Ihrer Stichprobe haben, müssen Sie sich auf die t-Verteilung verlassen und nicht auf die Normalverteilung, deren Ausläufer breiter werden, je kleiner die Stichprobe ist. Wir werden später noch kurz darauf eingehen, aber wir gehen zunächst davon aus, dass wir mindestens 31 Elemente in unseren Stichproben haben, wenn wir über Konfidenzintervalle und Tests sprechen.

Wie viel Stichprobe ist genug?

Zwar ist 31 die lehrbuchmäßige Anzahl der Elemente, die man in einer Stichprobe braucht, um den zentralen Grenzwertsatz zu erfüllen und eine Normalverteilung zu sehen, doch manchmal ist dies nicht der Fall. Hin und wieder brauchen Sie eine noch größere Stichprobe, beispielsweise wenn die zugrunde liegende Verteilung asymmetrisch oder multimodal ist (d. h. mehrere Peaks hat statt nur einen beim Mittelwert).

Fazit: Größere Stichproben sind besser geeignet, wenn Sie hinsichtlich der zugrunde liegenden Wahrscheinlichkeitsverteilung unsicher sind. Mehr dazu finden Sie in dem Artikel unter *https://oreil.ly/IZ4Rk*.

Konfidenzintervalle

Vielleicht haben Sie schon einmal den Begriff »Konfidenzintervall« gehört, der Statistikneulinge und Studierende oftmals verwirrt. Ein *Konfidenzintervall* ist eine Bereichskennzahl, die zeigt, wie sicher wir glauben, dass der Mittelwert (oder ein anderer Parameter) einer Stichprobe in einen Bereich für den Mittelwert der Grundgesamtheit fällt.

Ausgehend von der Stichprobe mit 31 Golden Retrievern, einem Mittelwert der Stichprobe von 64,408 und einer Standardabweichung der Stichprobe von 2,05 bin ich zu 95 % sicher, dass der Mittelwert der Grundgesamtheit zwischen 63,686 und 65,1296 liegt.

Woher weiß ich das? Das zeige ich Ihnen jetzt, und wenn Sie verwirrt sind, gehen Sie zu diesem Absatz zurück und überlegen noch einmal, was wir zu erreichen versuchen. Ich habe es aus gutem Grund hervorgehoben!

Zuerst wähle ich ein *Konfidenzniveau*, das die gewünschte Wahrscheinlichkeit für den Mittelwertbereich der Grundgesamtheit enthält. Ich möchte zu 95 % sicher sein, dass mein Stichprobenmittelwert in den Bereich des von mir berechneten Mittelwerts der Grundgesamtheit fällt. Das ist mein Konfidenzniveau. Mithilfe des zentralen Grenzwertsatzes können wir ableiten, wie groß dieser Bereich für den Mittelwert der Grundgesamtheit ist. Zunächst benötige ich den *kritischen z-Wert*, d. h. den symmetrischen Bereich in einer Standardverteilung, der mir in der Mitte eine Wahrscheinlichkeit von 95 % gibt, wie in Abbildung 3-14 hervorgehoben.

Wie berechnen wir diesen symmetrischen Bereich, der 95 % der Fläche beinhaltet? Das Konzept ist einfacher zu begreifen als die Berechnung. Instinktiv möchten Sie vielleicht die CDF verwenden, werden dann aber feststellen, dass hier noch mehr Teile zusammenspielen.

Zunächst müssen Sie die inverse CDF nutzen. Um 95 % der symmetrischen Fläche in der Mitte zu erhalten, müssten wir die Ausläufer abschneiden, die die restlichen 5 % der Fläche ausmachen. Teilt man die verbleibenden 5 % der Fläche in zwei Hälften, bekommt man in jedem Ausläufer 2,5 % der Fläche. Demzufolge sind die Flächen, für die wir die x-Werte ermitteln wollen, 0,025 und 0,975, wie Abbildung 3-15 zeigt.

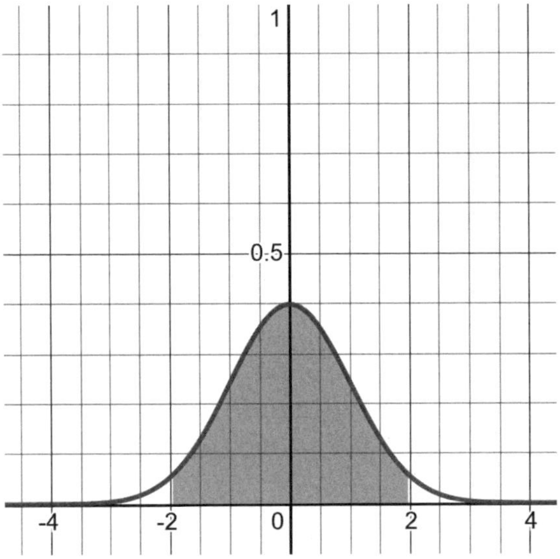

Abbildung 3-14: 95%ige symmetrische Wahrscheinlichkeit in der Mitte einer Standardnormalverteilung

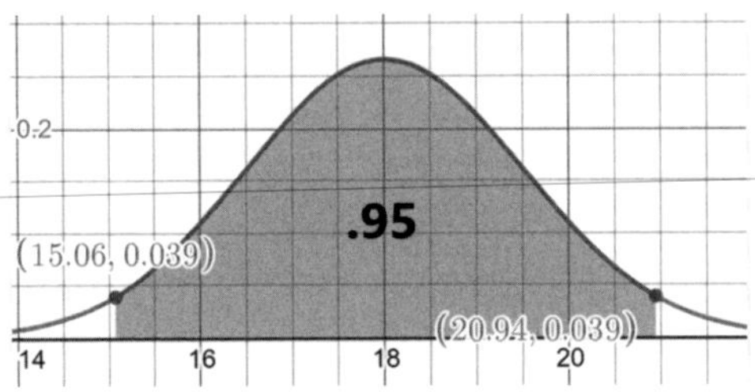

Abbildung 3-15: Wir suchen die x-Werte, die uns Flächen von 0,025 und 0,975 liefern.

Wir können den x-Wert für eine Fläche von 0,025 und den x-Wert für eine Fläche von 0,975 aufsuchen und erhalten so unseren mittleren Bereich, der 95 % der Fläche enthält. Dann geben wir die entsprechenden unteren und oberen z-Werte zurück, die diesen Bereich enthalten. Denken Sie daran, dass wir hier die Standardnormalverteilung verwenden, sodass sie abgesehen vom Vorzeichen gleich sind. Beispiel 3-16 zeigt, wie sich dies in Python berechnen lässt.

Beispiel 3-16: Einen kritischen z-Wert abrufen

```
from scipy.stats import norm

def critical_z_value(p):
    norm_dist = norm(loc=0.0, scale=1.0)
    left_tail_area = (1.0 - p) / 2.0
    upper_area = 1.0 - ((1.0 - p) / 2.0)
    return norm_dist.ppf(left_tail_area), norm_dist.ppf(upper_area)

print(critical_z_value(p=.95))
# (-1.959963984540054, 1.959963984540054)
```

Okay, wir erhalten also ±1,95996, was unser kritischer z-Wert ist, der 95% der Wahrscheinlichkeit in der Mitte der Standardnormalverteilung abdeckt. Als Nächstes nutze ich den zentralen Grenzwertsatz, um die *Fehlerspanne* zu erzeugen, d.h. den Bereich um den Stichprobenmittelwert, der den Mittelwert der Grundgesamtheit bei diesem Konfidenzniveau enthält. Bekanntlich hat unsere Stichprobe einen Mittelwert von 64,408 und eine Standardabweichung von 2,05. Die Formel für die Fehlerspanne lautet:

$$E = \pm z_c \frac{s}{\sqrt{n}}$$

$$E = \pm 1.95996 * \frac{2.05}{\sqrt{31}}$$

$$E = \pm 0.72164$$

Wenn wir diese Fehlerspanne auf den Mittelwert der Stichprobe anwenden, erhalten wir schließlich das Konfidenzintervall!

$$95\% \text{ Konfidenzintervall} = 64.408 \pm 0.72164$$

Beispiel 3-17 zeigt, wie Sie in Python dieses Konfidenzintervall von Anfang bis Ende berechnen.

Beispiel 3-17: Ein Konfidenzintervall in Python berechnen

```
from math import sqrt
from scipy.stats import norm

def critical_z_value(p):
    norm_dist = norm(loc=0.0, scale=1.0)
    left_tail_area = (1.0 - p) / 2.0
    upper_area = 1.0 - ((1.0 - p) / 2.0)
    return norm_dist.ppf(left_tail_area), norm_dist.ppf(upper_area)

def confidence_interval(p, sample_mean, sample_std, n):
    # Stichprobe muss größer als 30 sein

    lower, upper = critical_z_value(p)
    lower_ci = lower * (sample_std / sqrt(n))
```

```
    upper_ci = upper * (sample_std / sqrt(n))

    return sample_mean - lower_ci, sample_mean + upper_ci

print(confidence_interval(p=.95, sample_mean=64.408, sample_std=2.05, n=31))
# (63.68635915701992, 65.12964084298008)
```

Dies ist also wie folgt zu interpretieren: »Basierend auf meiner Stichprobe mit 31 Gewichten von Golden Retrievern, einem Mittelwert von 64,408 und einer Standardabweichung von 2,05 bin ich zu 95 % sicher, dass der Mittelwert der Grundgesamtheit zwischen 63,686 und 65,1296 liegt.« Auf diese Weise beschreiben wir unser Konfidenzintervall.

Interessant ist auch, dass in unserer Formel für die Fehlerspanne das Konfidenzintervall umso enger wird, je größer `n` ist! Das ist plausibel, denn bei größeren Stichproben sind wir zuversichtlicher, dass der Mittelwert der Grundgesamtheit in einen kleineren Bereich fällt, weshalb er auch Konfidenzintervall genannt wird.

Damit dies funktioniert, muss aber die Stichprobe mindestens 31 Elemente umfassen. Das geht auf den zentralen Grenzwertsatz zurück. Wenn wir ein Konfidenzintervall auf eine kleinere Stichprobe anwenden möchten, müssen wir eine Verteilung mit höherer Varianz verwenden (dickere Ausläufer spiegeln mehr Unsicherheit wider). Hier bietet sich die t-Verteilung an, mit der wir uns am Ende dieses Kapitels beschäftigen.

Auf Konfidenzintervalle kommen wir in Kapitel 5 bei linearen Regressionen zurück.

Was sind p-Werte?

Was ist damit gemeint, wenn wir sagen, dass etwas *statistisch signifikant* ist? Dieser Begriff wird locker und häufig verwendet, doch was bedeutet er mathematisch? Technisch gesehen, handelt es sich um den sogenannten *p-Wert*, der für viele Menschen schwer zu verstehen ist. Aber ich glaube, das Konzept der p-Werte ergibt mehr Sinn, wenn man es bis zu seiner Erfindung zurückverfolgt. Auch wenn dies ein unvollkommenes Beispiel ist, macht es einige wichtige Ideen verständlich.

Im Jahr 1925 war der Mathematiker Ronald Fisher auf einer Party. Eine seiner Kolleginnen, Muriel Bristol, behauptete, sie könne durch einfaches Schmecken herausbekommen, ob zuerst der Tee oder erst die Milch eingegossen worden ist. Ronald Fisher war von dieser Behauptung fasziniert und stellte sofort ein Experiment auf die Beine.

Er bereitete acht Tassen Tee zu. Bei vier Tassen wurde zuerst die Milch eingegossen, bei den anderen vier zuerst der Tee. Dann präsentierte er sie seiner Feinschmeckerkollegin und bat sie, die Reihenfolgen des Einschenkens zu bestimmen. Bemerkenswerterweise erkannte sie alle richtig. Die Wahrscheinlichkeit, dass dies zufällig geschah, liegt bei 1 zu 70, also 0,01428571.

Diese Wahrscheinlichkeit von 1,4% bezeichnen wir als *p-Wert*, d.h. die Wahrscheinlichkeit, dass etwas zufällig und nicht aufgrund einer hypothetischen Erklärung auftritt. Ohne jetzt in das Labyrinth der kombinatorischen Mathematik einzusteigen – die Wahrscheinlichkeit, dass Muriel die Tassen vollständig richtig errät, beträgt 1,4%. Was genau sagt uns das?

Wenn wir ein Experiment planen – sei es, um herauszufinden, ob Bio-Donuts zu einer Gewichtszunahme führen oder ob das Wohnen in der Nähe von Hochspannungsleitungen Krebs verursacht –, müssen wir immer die Möglichkeit in Betracht ziehen, dass der Zufall eine Rolle spielt. So wie es eine 1,4%ige Chance gibt, dass Muriel die Teetassen durch einfaches Raten richtig identifiziert, besteht immer die Möglichkeit, dass der Zufall uns wie ein Spielautomat ein gutes Blatt gegeben hat. Damit können wir unsere *Nullhypothese* (H_0) formulieren, die besagt, dass die betreffende Variable keinen Einfluss auf das Experiment hatte und alle positiven Ergebnisse nur zufälliges Glück sind. Die *Alternativhypothese* (H_1) besagt, dass die betreffende Variable (die sogenannte *Kontrollvariable*) ein positives Ergebnis verursacht.

Der Schwellenwert für die statistische Signifikanz liegt traditionell bei einem p-Wert von 5% (also 0,05) oder weniger. Da 0,014 kleiner ist als 0,05, können wir unsere Nullhypothese, dass Muriel zufällig geraten hat, verwerfen. Wir können dann die Alternativhypothese unterstützen, dass Muriel eine besondere Fähigkeit besitzt, nämlich zu erkennen, ob zuerst Tee oder Milch eingeschenkt wurde.

Bei diesem Teeparty-Beispiel wurde eines nicht berücksichtigt: Wenn wir einen p-Wert berechnen, erfassen wir alle Wahrscheinlichkeiten dieses oder eines selteneren Ereignisses. Auf diesen Punkt kommen wir im nächsten Beispiel mit der Normalverteilung zu sprechen.

Hypothesentests

Frühere Untersuchungen haben gezeigt, dass die Erholungszeit bei einer Erkältung im Mittel 18 Tage beträgt, eine Standardabweichung von 1,5 Tagen aufweist und einer Normalverteilung folgt.

Das bedeutet, dass mit einer Wahrscheinlichkeit von etwa 95% die Genesung zwischen 15 und 21 Tagen dauert, wie in Abbildung 3-16 und Beispiel 3-18 dargestellt.

Beispiel 3-18: Die Wahrscheinlichkeit für eine Genesung zwischen 15 und 21 Tagen berechnen

```
from scipy.stats import norm

# Die Genesung nach einer Erkältung dauert im Mittel 18 Tage
# bei einer Standardabweichung von 1,5 Tagen.
mean = 18
std_dev = 1.5

# 95%ige Wahrscheinlichkeit, dass die Genesung zwischen 15 und 21 Tagen dauert
x = norm.cdf(21, mean, std_dev) - norm.cdf(15, mean, std_dev)

print(x) # 0.9544997361036416
```

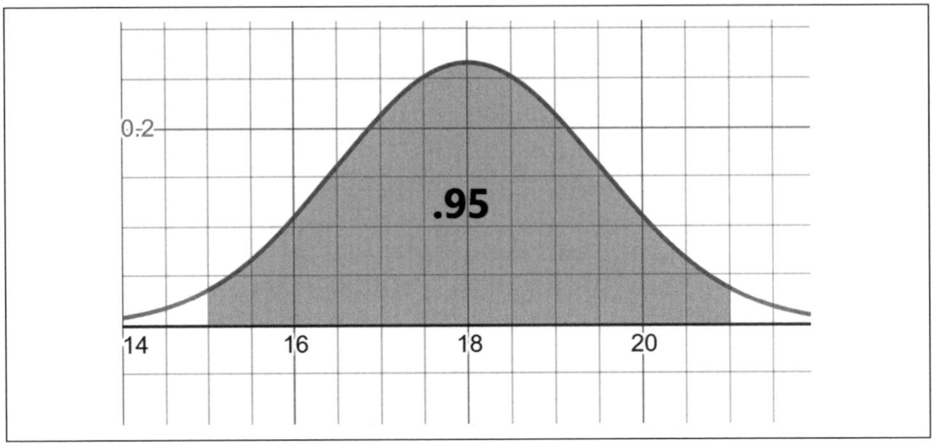

Abbildung 3-16: Es besteht eine 95%ige Chance, dass die Genesung zwischen 15 und 21 Tagen dauert.

Aus den verbleibenden 5% Wahrscheinlichkeit lässt sich ableiten, dass die Genesung mit einer Chance von 2,5% länger als 21 Tage und mit einer Chance von 2,5% weniger als 15 Tage dauert. Behalten Sie diese Informationen im Hinterkopf, da sie später noch eine wichtige Rolle spielen werden! Daraus ergibt sich unser p-Wert.

Nehmen wir nun an, ein experimentelles neues Medikament wurde einer Testgruppe von 40 Personen verabreicht, und es dauerte durchschnittlich 16 Tage, bis sie sich von der Erkältung erholt hatten (siehe Abbildung 3-17).

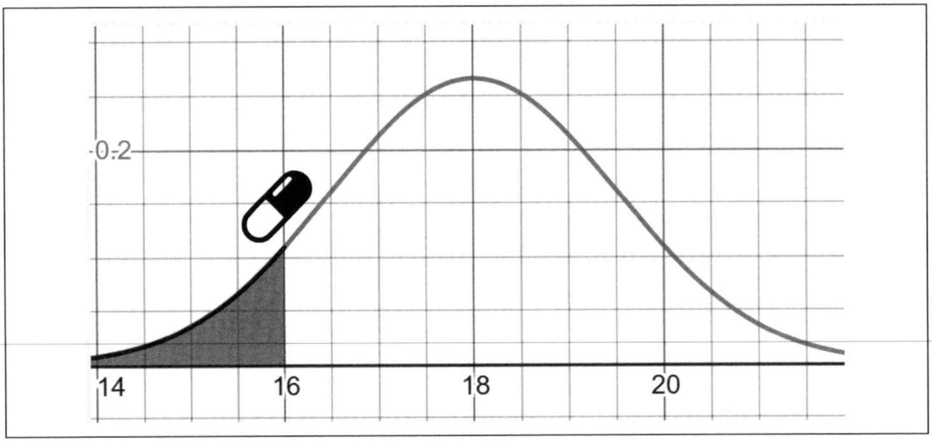

Abbildung 3-17: Bei einer Gruppe, die ein Medikament eingenommen hatte, dauerte die Genesung 16 Tage.

Hatte das Medikament eine Wirkung? Wenn Sie genau überlegen, wird Ihnen vielleicht klar, dass die Frage eigentlich lautet: Hat das Medikament ein statistisch signifikantes Ergebnis gezeigt? Oder hat das Medikament nicht gewirkt, und die 16-tägige Genesungszeit war ein Zufall in der Testgruppe? Diese erste Frage bildet den

Rahmen unserer Alternativhypothese, während die zweite Frage den Rahmen unserer Nullhypothese bildet.

Es gibt zwei Methoden, um dies zu berechnen: den einseitigen und den zweiseitigen Test. Wir beginnen mit dem einseitigen Test.

Einseitiger Test

Beim *einseitigen Test* formulieren wir in der Regel die Null- und Alternativhypothesen mithilfe von Ungleichungen. Wir stellen Hypothesen um den Mittelwert der Grundgesamtheit auf und sagen, dass er entweder größer/gleich 18 (Nullhypothese H_0) oder kleiner als 18 (Alternativhypothese H_1) ist:

H_0: Mittelwert der Grundgesamtheit ≥ 18

H_1: Mittelwert der Grundgesamtheit < 18

Um unsere Nullhypothese zu verwerfen, müssen wir zeigen, dass der Mittelwert unserer Stichprobe der Patienten, die das Medikament eingenommen haben, sicherlich nicht zufällig gewesen ist. Da ein p-Wert von 0,05 oder weniger traditionell als statistisch signifikant gilt, verwenden wir diesen als unseren Schwellenwert (Abbildung 3-17). Wenn wir dies in Python mit der inversen CDF berechnen, wie es Abbildung 3-18 und Beispiel 3-19 zeigen, werden wir feststellen, dass bei einer Anzahl der Genesungstage von etwa 15,53 am linken Ende eine Fläche von 0,05 bleibt.

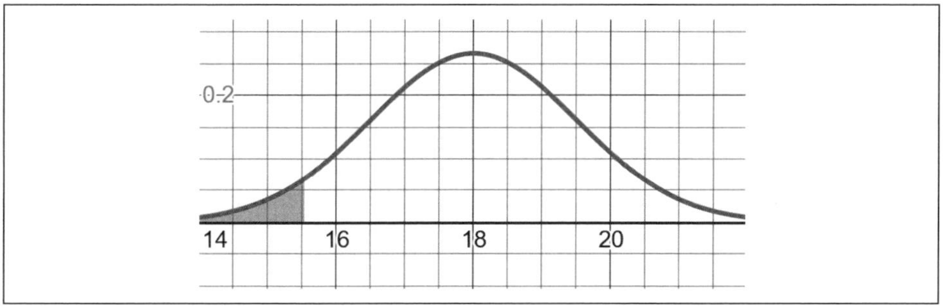

Abbildung 3-18: Den x-Wert mit einer dahinterliegenden Fläche von 5 % ermitteln

Beispiel 3-19: Python-Code, der den x-Wert mit 5 % der dahinterliegenden Fläche ermittelt

```
from scipy.stats import norm

# Die Genesung nach einer Erkältung dauert im Mittel 18 Tage
# bei einer Standardabweichung von 1,5 Tagen.
mean = 18
std_dev = 1.5

# Hinter welchem x-Wert liegen 5% der Fläche?
x = norm.ppf(.05, mean, std_dev)

print(x) # 15.53271955957279
```

Wenn wir also in unserer Stichprobengruppe eine durchschnittliche Genesungszeit von 15,53 oder weniger Tagen erreichen, gilt die Wirkung des Medikaments als statistisch signifikant gesichert. Allerdings beträgt der Mittelwert der Genesungsdauer bei unserer Stichprobe tatsächlich 16 Tage und fällt nicht in den Bereich, in dem die Nullhypothese abzulehnen ist. Daher ist der statistische Signifikanztest fehlgeschlagen, wie Abbildung 3-19 zeigt.

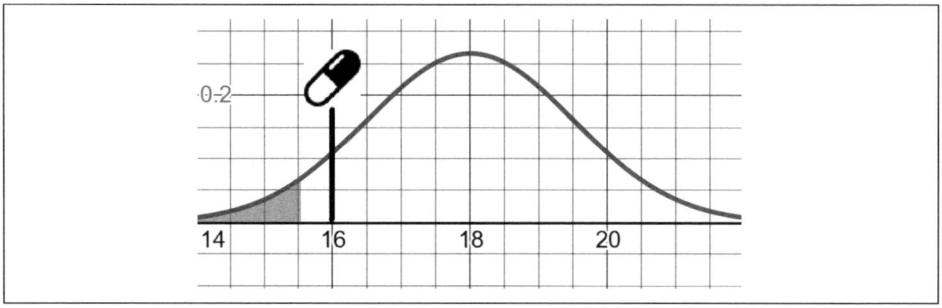

Abbildung 3-19: Wir konnten nicht beweisen, dass unser Medikamententestergebnis statistisch signifikant ist.

Die Fläche bis zu dieser 16-Tage-Markierung ist unser p-Wert, der 0,0912 beträgt. In Python lässt er sich wie in Beispiel 3-20 gezeigt berechnen.

Beispiel 3-20: Den einseitigen p-Wert berechnen

```
from scipy.stats import norm

# Die Genesung nach einer Erkältung dauert im Mittel 18 Tage
# bei einer Standardabweichung von 1,5 Tagen.
mean = 18
std_dev = 1.5

# Wahrscheinlichkeit von 16 oder weniger Tagen
p_value = norm.cdf(16, mean, std_dev)

print(p_value) # 0.09121121972586788
```

Da der p-Wert von 0,0912 über unserem Schwellenwert der statistischen Signifikanz von 0,05 liegt, betrachten wir den Medikamententest nicht als erfolgreich und können unsere Nullhypothese nicht zurückweisen.

Zweiseitiger Test

Der zuvor durchgeführte Test wird als einseitiger Test bezeichnet, da er die statistische Signifikanz nur an einem Ende prüft. Allerdings ist ein zweiseitiger Test oftmals sicherer und besser. Zu den Gründen dafür kommen wir später, zunächst aber wollen wir ihn berechnen.

Bei einem *zweiseitigen Test* formulieren wir unsere Null- und Alternativhypothesen in einer Struktur mit »gleich« und »ungleich«. In unserem Medikamententest sagen wir als Nullhypothese, dass die Genesung im Mittel 18 Tage dauert. Unsere Alternativhypothese lautet jedoch, dass die mittlere Genesungsdauer dank des neuen Medikaments nicht 18 Tage beträgt:

H_0: Mittelwert der Grundgesamtheit = 18

H_1: Mittelwert der Grundgesamtheit ≠ 18

Dies hat eine wichtige Konsequenz. Wir strukturieren unsere Alternativhypothese so, dass wir nicht testen, ob das Medikament die Genesungszeit bei einer Erkältung verbessert, sondern ob es *irgendeinen* Einfluss hatte. Dazu gehört auch der Test, ob das Medikament die Dauer der Erkältung verlängert. Ist dies hilfreich? Halten Sie diesen Gedanken einmal fest.

Das bedeutet natürlich, dass wir unsere statistische Signifikanzschwelle für den p-Wert auf beide Enden ausdehnen, nicht nur auf ein Ende. Wenn wir auf eine statistische Signifikanz von 5 % testen, teilen wir den Wert auf und geben jedem Ausläufer jeweils 2,5 %. Fällt die mittlere Genesungszeit mit unserem Medikament in einen der beiden Bereiche, ist unser Test erfolgreich, und wir verwerfen die Nullhypothese (Abbildung 3-20).

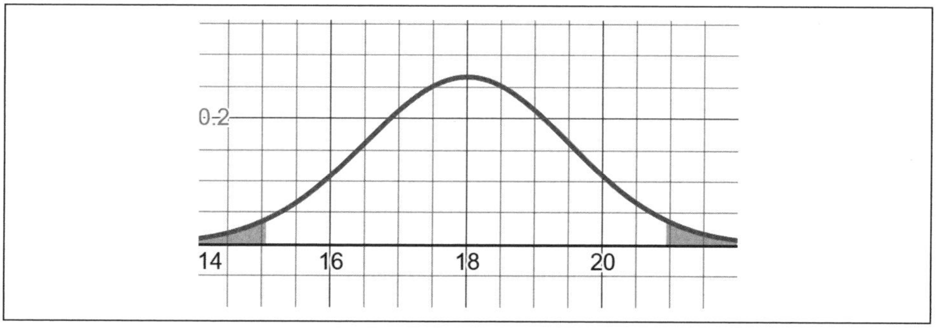

Abbildung 3-20: Ein zweiseitiger Test

Die x-Werte für das untere und das obere Ende betragen 15,06 und 20,93. Wenn wir darunter- bzw. darüberliegen, lehnen wir die Nullhypothese ab. Diese beiden Werte werden mit der inversen CDF berechnet, wie Abbildung 3-21 und Beispiel 3-21 zeigen. Zur Erinnerung: Um das obere Ende zu erhalten, nehmen wir 0,95 und addieren dazu den 0,025-Anteil des Signifikanzschwellenwerts, sodass wir 0,975 erhalten.

Beispiel 3-21: Einen Bereich für eine statistische Signifikanz von 5 % berechnen

```
from scipy.stats import norm

# Die Genesung nach einer Erkältung dauert im Mittel 18 Tage
# bei einer Standardabweichung von 1,5 Tagen.
mean = 18
std_dev = 1.5

# Hinter welchem x-Wert liegen 2,5% der Fläche?
x1 = norm.ppf(.025, mean, std_dev)
```

```
# Hinter welchem x-Wert liegen 97,5% der Fläche?
x2 = norm.ppf(.975, mean, std_dev)

print(x1) # 15.060054023189918
print(x2) # 20.93994597681008
```

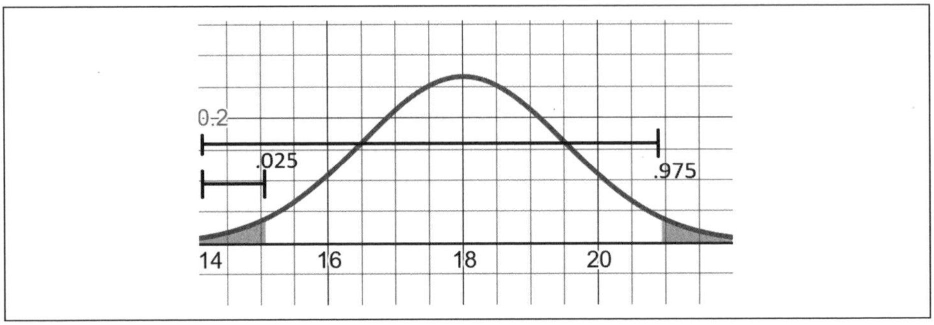

Abbildung 3-21: Die mittlere 95 %-Fläche der Normalverteilung berechnen

Der Mittelwert der Stichprobe für die Medikamententestgruppe beträgt 16. Und 16 ist weder kleiner als 15,06 noch größer als 20,9399. Wie beim einseitigen Test können wir also auch hier die Nullhypothese nicht verwerfen. Unser Medikament hat immer noch keine statistisch signifikante Wirkung gezeigt (siehe Abbildung 3-22).

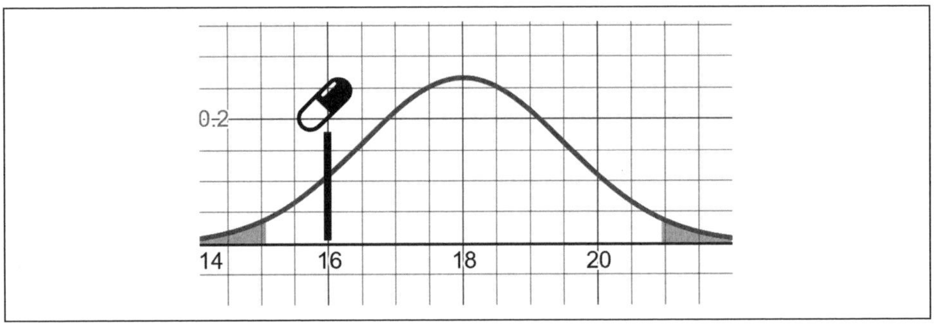

Abbildung 3-22: Der zweiseitige Test hat keine statistisch signifikante Wirkung nachweisen können.

Aber was ist der p-Wert? An dieser Stelle wird es bei zweiseitigen Tests interessant. Unser p-Wert erfasst nicht nur die Fläche links von 16, sondern auch die symmetrisch äquivalente Fläche am rechten Ende. Da 16 um 2 Tage kleiner als der Mittelwert ist, erfassen wir auch die Fläche über dem Wert 20, der 2 Tage über dem Mittelwert liegt (Abbildung 3-23). Damit wird die Wahrscheinlichkeit auch von seltenen Ereignissen erfasst, und zwar auf beiden Seiten der Glockenkurve.

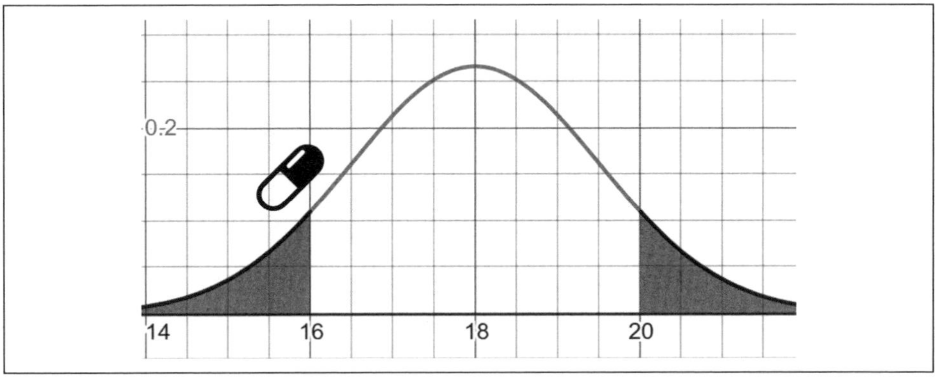

Abbildung 3-23: Der p-Wert addiert symmetrische Seiten für statistische Signifikanz.

Wenn wir diese beiden Flächen addieren, erhalten wir einen p-Wert von 0,1824. Dieser Wert ist erheblich größer als 0,05, sodass er definitiv nicht unseren Schwellenwert von 0,05 für den p-Wert überschreitet (Beispiel 3-22).

Beispiel 3-22: Den zweiseitigen p-Wert berechnen

```
from scipy.stats import norm

# Die Genesung nach einer Erkältung dauert im Mittel 18 Tage
# bei einer Standardabweichung von 1,5 Tagen.
mean = 18
std_dev = 1.5

# Wahrscheinlichkeit für 16 oder weniger Tage
p1 = norm.cdf(16, mean, std_dev)

# Wahrscheinlichkeit für 20 oder mehr Tage
p2 = 1.0 -  norm.cdf(20, mean, std_dev)

# p-Wert beider Enden
p_value = p1 + p2

print(p_value) # 0.18242243945173575
```

Warum addieren wir bei einem zweiseitigen Test auch den symmetrischen Bereich auf der gegenüberliegenden Seite? Dies ist vielleicht nicht das eingängigste Konzept, aber erinnern Sie sich, wie wir unsere Hypothesen strukturiert haben:

H_0: Mittelwert der Grundgesamtheit $= 18$

H_1: Mittelwert der Grundgesamtheit $\neq 18$

Wenn wir einen Test im Sinne von »ist gleich 18« versus »ist nicht gleich 18« durchführen, müssen wir jede Wahrscheinlichkeit erfassen, die auf beiden Seiten einen gleichen oder kleineren Wert hat. Immerhin versuchen wir, Signifikanz zu beweisen, und das schließt alles ein, was gleich oder weniger wahrscheinlich passiert. Diese besondere Betrachtung gab es beim einseitigen Test nicht, der nur die Logik »größer/kleiner als« verwendet hat. Doch wenn wir es mit »gleich/nicht gleich« zu tun haben, gehen unsere Interessen in beide Richtungen.

Was sind also die praktischen Auswirkungen des zweiseitigen Tests? Wie wirkt er sich darauf aus, ob wir die Nullhypothese ablehnen? Stellen Sie sich folgende Frage: Welcher Test setzt einen höheren Schwellenwert? Dabei werden Sie feststellen, dass selbst dann, wenn wir zeigen wollen, dass wir etwas verringert haben (die Genesungsphase bei Einnahme eines Medikaments), die Neuformulierung unserer Hypothese, um irgendeinen (größeren oder geringeren) Einfluss zu zeigen, einen höheren Schwellenwert für die Signifikanz erzeugt. Wenn der Signifikanzschwellenwert ein p-Wert von 0,05 oder weniger ist, war unser einseitiger Test näher an der Akzeptanz bei einem p-Wert von 0,0912 als der zweiseitige Test, der mit dem p-Wert von 0,182 etwa doppelt so hoch war.

Bei einem zweiseitigen Test ist es demnach schwieriger, die Nullhypothese abzulehnen, und es sind stärkere Beweise erforderlich, um einen Test zu bestehen. Was wäre überhaupt, wenn das Medikament die Erkältung verschlimmert und die Genesung länger dauert? Es wäre hilfreich, diese Wahrscheinlichkeit ebenfalls zu erfassen und die Variation in dieser Richtung zu berücksichtigen. Aus diesem Grund sind zweiseitige Tests in den meisten Fällen zu bevorzugen. In der Regel sind sie zuverlässiger und verzerren die Hypothese nicht nur in eine Richtung.

Auf Hypothesentests und p-Werte kommen wir in den Kapiteln 5 und 6 zurück.

Hüten Sie sich vor p-Hacking!

In der wissenschaftlichen Forschungsgemeinde tritt ein Problem immer mehr zutage: das sogenannte p-Hacking, bei dem Forscher auf statistisch signifikante p-Werte von 0,05 oder kleiner hinarbeiten. Bei Big Data, maschinellem Lernen und Data Mining ist dies nicht schwer zu bewerkstelligen, da wir Hunderte oder Tausende Variablen durchgehen und dann statistisch signifikante (aber zufällige) Beziehungen zwischen ihnen finden.

Weshalb drücken so viele Forscher den p-Wert künstlich? Viele sind sich wahrscheinlich nicht bewusst, dass sie es tun. Es ist doch so leicht, ein Modell immer weiter zu optimieren, um »verrauschte« Daten zu eliminieren und Parameter zu ändern, bis das »richtige« Ergebnis herauskommt. Andere stehen einfach unter dem Druck von Wissenschaft und Industrie, lukrative – nicht objektive – Ergebnisse zu erzielen.

Wenn die Firma Calvin Cereal Company Sie einstellt, um zu untersuchen, ob Frosted Chocolate Sugar Bombs zu Diabetes führen, und Sie eine ehrliche Analyse liefern, erwarten Sie dann, dass Sie erneut für eine derartige Aufgabe engagiert werden könnten? Was ist, wenn ein Manager Sie bittet, eine Umsatzprognose für das nächste Quartal in Höhe von 15 Millionen Dollar für die Markteinführung eines neuen Produkts zu erstellen? Sie haben keinen Einfluss darauf, wie hoch die Umsätze sein werden, aber Sie werden um ein Modell gebeten, das ein vorgegebenes Ergebnis liefert. Im schlimmsten Fall werden Sie sogar zur Rechenschaft gezogen, wenn sich das Modell als falsch erweisen sollte. Unfair, passiert aber!

Aus diesem Grund kann Sozialkompetenz wie Diplomatie den Unterschied in der Karriere eines Datenwissenschaftlers oder einer Datenwissenschaftlerin ausmachen. Wenn Sie schwierige und unbequeme Geschichten auf eine Art und Weise erzählen können, die beim Publikum ankommt, ist das ein enormes Kunststück. Achten Sie stets auf das Klima in der Unternehmensführung und schlagen Sie immer alternative Lösungen vor. Wenn Sie sich in einer ausweglosen Situation befinden, in der man Ihnen p-Hacking nahelegt und Sie dafür zur Rechenschaft gezogen werden könnten, wenn es nach hinten losgeht, sollten Sie auf jeden Fall das Arbeitsumfeld wechseln!

Die t-Verteilung: mit kleinen Stichproben umgehen

Wir wollen uns kurz damit beschäftigen, wie man mit kleineren Stichproben von 30 oder weniger Elementen umgeht. Dieses Wissen brauchen Sie, wenn es in Kapitel 5 um lineare Regression geht. Ob wir nun Konfidenzintervalle berechnen oder Hypothesen testen, wenn wir 30 oder weniger Elemente in einer Stichprobe haben, sollten wir statt zur Normalverteilung zu einer t-Verteilung greifen. Die *t-Verteilung* ähnelt einer Normalverteilung, hat aber breitere Ausläufer, die größere Varianz und Unbestimmtheit widerspiegeln. Abbildung 3-24 zeigt eine Normalverteilung (gestrichelt) neben einer t-Verteilung mit einem Freiheitsgrad (durchgezogen).

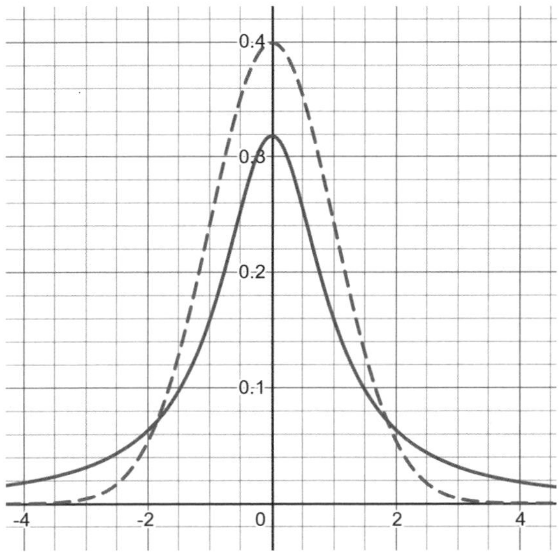

Abbildung 3-24: Die t-Verteilung neben einer Normalverteilung. Beachten Sie die breiteren Ausläufer.

Je kleiner die Stichprobe, desto breiter werden die Ausläufer in einer t-Verteilung. Interessant ist jedoch, dass die t-Verteilung ab einer Stichprobengröße von 31 fast nicht mehr von der Normalverteilung zu unterscheiden ist, was den Gedanken des zentralen Grenzwertsatzes sehr gut widerspiegelt.

Beispiel 3-23 zeigt, wie man den *kritischen t-Wert* für eine Konfidenz von 95% findet. Diesen Wert können Sie für Konfidenzintervalle und Hypothesentests heranziehen, wenn Ihre Stichprobe 30 oder weniger Elemente umfasst. Konzeptionell ist es der gleiche Wert wie der kritische z-Wert, aber wir verwenden eine t-Verteilung anstelle einer Normalverteilung, um eine größere Unsicherheit widerzuspiegeln. Je kleiner die Stichprobe, desto größer ist der Bereich, was eine größere Unsicherheit bedeutet.

Beispiel 3-23: Einen kritischen Wertebereich mit einer t-Verteilung ermitteln

```
from scipy.stats import t

# den kritischen Wertebereich für eine Konfidenz von 95%
# bei einer Stichprobengröße von 25 ermitteln

n = 25
lower = t.ppf(.025, df=n-1)
upper = t.ppf(.975, df=n-1)

print(lower, upper)
-2.063898561628021 2.0638985616280205
```

Der Parameter `df` gibt die *Freiheitsgrade* (engl. *degrees of freedom*) an. Wie weiter oben erwähnt, sollte er um eins kleiner als der Stichprobenumfang sein.

Mittelwert und mehr

Mit Konfidenzintervallen und Hypothesentests können wir auch andere Parameter als den Mittelwert bewerten, einschließlich Varianz/Standardabweichung sowie Proportionen (z.B. 60% der Menschen berichten von gesteigerter Zufriedenheit, nachdem sie eine Stunde am Tag spazieren gegangen sind). Hierfür sind anstelle der Normalverteilung andere Verteilungen erforderlich, zum Beispiel die Chi-Quadrat-Verteilung. Wie bereits erwähnt, gingen diese Themen über den Rahmen dieses Buchs hinaus, doch ich hoffe, dass Sie über solide konzeptionelle Grundkenntnisse verfügen, um diese Bereiche bei Bedarf zu vertiefen.

Dennoch werden wir in den Kapiteln 5 und 6 auf Konfidenzintervalle und Hypothesentests zurückgreifen.

Big Data und der Zielscheibenfehler

Ein letzter Gedanke, bevor wir dieses Kapitel abschließen: Wie wir bereits erörtert haben, spielt die Zufälligkeit eine große Rolle, wenn wir unsere Ergebnisse validieren, und wir müssen dies immer berücksichtigen. Leider ist die wissenschaftliche Methode mit Big Data, maschinellem Lernen und anderen Data-Mining-Tools plötzlich zu einer rückwärts gerichteten Praxis geworden. Warum dies heikel sein kann, möchte ich Ihnen an einem adaptierten Beispiel aus dem Buch *Standard De-*

viations: Flawed Assumptions, Tortured Data, and Other Ways to Lie with Statistics (Abrams Press) von Gary Smith demonstrieren.

Angenommen, ich ziehe vier Spielkarten aus einem fairen Kartenstapel. Es gibt weder ein Spiel noch ein konkretes Ziel, außer dass ich vier Karten ziehe und sie betrachte. Ich erhalte zwei Zehnen, eine Drei und eine Zwei. »Das ist interessant«, sage ich. »Ich habe zwei Zehnen, eine Drei und eine Zwei. Hat das eine Bedeutung? Werden die nächsten vier Karten, die ich ziehe, auch zwei aufeinanderfolgende Zahlen und ein Paar sein? Wie sieht hier das zugrunde liegende Modell aus?

Erkennen Sie, was ich hier gemacht habe? Ich habe etwas vollkommen Zufälliges genommen und nicht nur Muster erkennen wollen, sondern auch versucht, ein Vorhersagemodell daraus zu machen. Auf unterschwellige Weise ist hier etwas passiert, das ich gar nicht angestrebt hatte. Denn ich hatte mir nie zum Ziel gesetzt, diese vier Karten mit diesen bestimmten Mustern zu bekommen. Vielmehr habe ich sie erst beobachtet, *nachdem* dieses Muster aufgetreten ist.

Das beschreibt genau das, dem das Data Mining jeden Tag zum Opfer fällt: zufällige Muster in zufälligen Ereignissen aufspüren. Mit riesigen Datenmengen und schnellen Algorithmen, die nach Mustern suchen, lassen sich leicht Dinge finden, die bedeutungsvoll aussehen, aber eigentlich nur zufällige Zufälle sind.

Ähnlich verhält es sich, wenn ich mit einer Waffe zufällig auf eine Wand schieße. Um die größte Trefferhäufung zeichne ich dann eine Zielscheibe und lade meine Freunde ein, um mit meiner erstaunlichen Treffsicherheit zu prahlen. Töricht, oder? Doch viele Menschen in der Data Science tun dies im übertragenen Sinne jeden Tag. Dieser Denkfehler ist als *Texas Sharpshooter Fallacy* oder *Zielscheibenfehler* bekannt. Man macht sich auf den Weg, ohne ein Ziel zu verfolgen, stolpert über etwas Seltenes und weist dann darauf hin, dass das Fundstück irgendwie einen Vorhersagewert erzeugt.

Das Gesetz wirklich großer Zahlen besagt zwar, dass seltene Ereignisse wahrscheinlich sind, wir aber nur nicht wissen, welche es sind. Wenn wir auf seltene Ereignisse stoßen, heben wir sie hervor und spekulieren sogar darüber, was sie verursacht haben könnte. Das Problem ist folgendes: Die Wahrscheinlichkeit, dass eine bestimmte Person im Lotto gewinnt, ist äußerst gering, aber dennoch *wird* jemand im Lotto gewinnen. Weshalb sollten wir überrascht sein, dass es einen Gewinner gibt? Sofern nicht jemand den Gewinner vorhergesagt hat, ist nichts Bedeutendes passiert, außer dass eine zufällige Person Glück hatte.

Dies gilt auch für Korrelationen, die wir in Kapitel 5 untersuchen werden. Ist es bei einem riesigen Datensatz mit Tausenden von Variablen einfach, statistisch signifikante Ergebnisse mit einem p-Wert von 0,05 zu finden? Darauf können Sie wetten! Ich werde Tausende davon finden. Ich werde sogar Beweise dafür finden, dass die Anzahl der Nicolas-Cage-Filme mit der Anzahl der Ertrinkungsfälle in einem Jahr korreliert (*https://oreil.ly/eGxm0*).

Um also den Zielscheibenfehler zu vermeiden und nicht Opfer von Big-Data-Trugschlüssen zu werden, sollten Sie versuchen, strukturierte Hypothesentests durchzuführen und Daten für dieses Ziel zu sammeln. Wenn Sie Data Mining einsetzen, empfiehlt es sich, frische Daten zu sammeln, um zu sehen, ob Ihre bisher gewonnenen Ergebnisse noch gültig sind. Schließlich sollten Sie immer die Möglichkeit in Betracht ziehen, dass Dinge zufällig sein können; gibt es keine vernünftige Erklärung, dann war es wahrscheinlich Zufall.

Sie haben gelernt, wie man Hypothesen aufstellt, bevor man Daten sammelt, aber beim Data Mining werden erst Daten gesammelt und dann Hypothesen aufgestellt. Ironischerweise sind wir oft objektiver, wenn wir mit einer Hypothese beginnen, weil wir dann nach Daten suchen, um unsere Hypothese bewusst zu beweisen oder zu widerlegen.

Zum Schluss

In diesem Kapitel haben Sie eine Menge gelernt, und Sie sollten sich freuen, dass Sie so weit gekommen sind. Wahrscheinlich war es eines der schwierigeren Themen in diesem Buch! Dabei haben Sie nicht nur die deskriptive Statistik vom Mittelwert bis zur Normalverteilung kennengelernt, sondern sich auch mit Konfidenzintervallen und Hypothesentests beschäftigt.

Hoffentlich sehen Sie die Daten jetzt ein wenig anders. Denn sie sind eher Schnappschüsse als ein vollständiges Abbild der Realität. Daten allein sind nicht sehr nützlich. Wir brauchen einen Kontext, Neugier und eine Analyse ihrer Herkunft, bevor wir aussagekräftige Erkenntnisse aus ihnen gewinnen können. Des Weiteren haben Sie sich damit beschäftigt, wie man Daten beschreibt und wie man aus einer Stichprobe auf Attribute einer größeren Grundgesamtheit schließen kann. Schließlich sind wir auf einige Trugschlüsse beim Data Mining eingegangen, über die Sie stolpern können, wenn Sie nicht sorgfältig arbeiten, und wie Sie diese mit neuen Daten und gesundem Menschenverstand beheben können.

Bleiben Sie gelassen, wenn Sie noch einmal zurückgehen und den Inhalt dieses Kapitels wiederholen müssen, denn es gibt viel zu verdauen. Außerdem ist es wichtig, sich auf das Testen von Hypothesen einzustellen, wenn Sie in Data Science und maschinellem Lernen erfolgreich sein wollen. Nur wenige Praktiker nehmen sich die Zeit, Statistik und Konzepte der Hypothesentests mit maschinellem Lernen zu verknüpfen, und das ist bedauerlich.

Verständlichkeit und Erklärbarkeit sind die nächste Grenze des maschinellen Lernens. Fahren Sie also fort und integrieren Sie diese Ideen, wenn Sie sich mit dem Rest dieses Buchs und Ihrer weiteren Karriere befassen.

Übungen

1. Sie haben eine Spule mit 1,75-mm-Filament für Ihren 3-D-Drucker gekauft. Nun möchten Sie messen, wie nahe der Durchmesser des Filaments tatsächlich an 1,75 mm liegt. Mit einem Messschieber messen Sie den Durchmesser fünfmal auf der Spule:

   1,78; 1,75; 1,72; 1,74; 1,77

   Berechnen Sie Mittelwert und Standardabweichung für diesen Satz von Werten.

2. Ein Hersteller gibt an, dass das Smartphone Z-Phone eine mittlere Lebensdauer von 42 Monaten bei einer Standardabweichung von 8 Monaten besitzt. Wenn Sie eine Normalverteilung annehmen, wie groß ist dann die Wahrscheinlichkeit, dass ein zufällig ausgewähltes Z-Phone zwischen 20 und 30 Monaten funktioniert?

3. Ich zweifle daran, dass der mittlere Durchmesser meines 3-D-Druckerfilaments 1,75 mm beträgt, wie es beworben wurde. Ich habe 34 Messungen mit meinem Werkzeug durchgeführt. Der Mittelwert der Stichprobe beträgt 1,715588 und die Standardabweichung der Stichprobe 0,029252.

   Wie groß ist das 99%ige Konfidenzintervall für den Mittelwert meiner gesamten Filamentspule?

4. Ihre Marketingabteilung hat eine neue Werbekampagne gestartet und möchte wissen, ob sie sich auf den Verkauf ausgewirkt hat, der in der Vergangenheit bei 10.345 $ pro Tag mit einer Standardabweichung von 552 $ gelegen hat. Die neue Werbekampagne lief 45 Tage und brachte im Mittel einen Umsatz von 11.641 $.

   Hat die Kampagne den Umsatz beeinflusst? Warum oder warum nicht? (Verwenden Sie einen zweiseitigen Test, um eine zuverlässigere Signifikanz zu erhalten).

Die Antworten finden Sie in Anhang B.

KAPITEL 4
Lineare Algebra

Wechseln wir ein wenig die Blickrichtung – weg von der Wahrscheinlichkeitsrechnung und der Statistik hin zur linearen Algebra. Gelegentlich wird die lineare Algebra mit der einfachen Algebra verwechselt, weil man denkt, es ginge um das Zeichnen von Linien mit der algebraischen Funktion $y = mx + b$. Deshalb hätte man die lineare Algebra wohl besser »Vektoralgebra« oder »Matrixalgebra« genannt, weil sie viel abstrakter ist. Lineare Systeme spielen hier zwar eine Rolle, aber auf eine viel metaphysischere Weise. Was genau ist also lineare Algebra? Nun, die *lineare Algebra* beschäftigt sich mit linearen Systemen, stellt diese aber durch Vektorräume und Matrizen dar. Wenn Sie nicht wissen, was ein Vektor oder eine Matrix ist, keine Bange! Wir werden sie definieren und eingehend untersuchen. Lineare Algebra ist für viele angewandte Bereiche der Mathematik, der Statistik, der Unternehmensforschung, der Data Science und des maschinellen Lernens von Bedeutung. Wenn Sie Daten in einem dieser Bereiche verarbeiten, haben Sie es immer mit linearer Algebra zu tun, auch wenn Sie es vielleicht gar nicht wissen.

Eine ganze Zeit lang können Sie darauf verzichten, lineare Algebra zu lernen, indem Sie auf Bibliotheken für maschinelles Lernen und Statistik zurückgreifen, die das alles für Sie erledigen. Doch wenn Sie die Wirkungsweise dieser Blackboxes verstehen und effektiver mit Daten arbeiten wollen, sind grundlegende Kenntnisse der linearen Algebra unverzichtbar. Da lineare Algebra ein umfangreiches Thema ist, das dicke Lehrbücher füllen kann, sollten Sie von nur einem Kapitel dieses Buchs nicht erwarten, dass es Sie zur Meisterschaft führt. Immerhin können Sie genug lernen, um sich besser zurechtzufinden und sich im Bereich der Data Science effektiv zu bewegen. In den verbleibenden Kapiteln dieses Buchs, einschließlich der Kapitel 5 und 7, gibt es auch Gelegenheiten, Ihre Kenntnisse anzuwenden.

Was ist ein Vektor?

Einfach ausgedrückt, ist ein *Vektor* ein Pfeil im Raum mit einer bestimmten Richtung und Länge, der oft ein Datenelement verkörpert. Er ist neben Matrizen und linearen Transformationen der zentrale Baustein der linearen Algebra. Da er in seiner grundlegenden Form kein Konzept des Orts kennt, kann man sich immer vorstellen, dass sein Pfeil vom Ursprung (0, 0) einer kartesischen Ebene ausgeht.

Abbildung 4-1 zeigt einen Vektor $\vec{v}$, der drei Schritte in horizontaler und zwei Schritte in vertikaler Richtung verläuft.

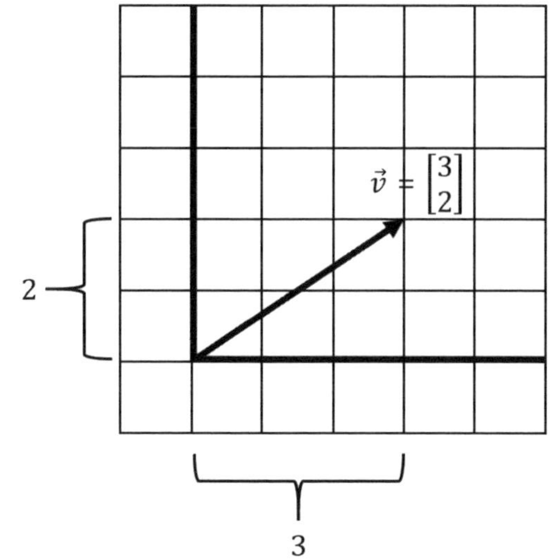

Abbildung 4-1: Ein einfacher Vektor

Um es noch einmal zu betonen: Der Zweck eines Vektors besteht darin, ein Datenelement visuell darzustellen. Wenn Sie einen Datensatz für die Wohnfläche eines Hauses von 18.000 Quadratfuß und einer Bewertung von 260.000 $ haben, könnten wir dies als Vektor [18000, 260000] ausdrücken, der 18.000 Schritte in horizontaler Richtung und 260.000 Schritte in vertikaler Richtung zurücklegt.

Mathematisch deklarieren wir einen Vektor wie folgt:

$$\vec{v} = \begin{bmatrix} x \\ y \end{bmatrix}$$

$$\vec{v} = \begin{bmatrix} 3 \\ 2 \end{bmatrix}$$

Wir können einen Vektor mit einer einfachen Python-Liste deklarieren, wie es Beispiel 4-1 zeigt.

Beispiel 4-1: Einen Vektor in Python mit einer Liste deklarieren

```
v = [3, 2]
print(v)
```

Sobald wir aber mathematische Berechnungen mit Vektoren anstellen, insbesondere bei Aufgaben, wie sie beim maschinellen Lernen anfallen, sollten wir vorzugsweise die Bibliothek NumPy heranziehen, da sie effizienter ist als einfaches Python. Operationen der linearen Algebra können Sie auch mit SymPy durchführen, und wir werden diese Bibliothek gelegentlich auch in diesem Kapitel verwenden, wenn

Dezimalzahlen unpraktisch werden. Da Sie aber in der Praxis eher mit NumPy arbeiten werden, bleiben wir hier hauptsächlich bei dieser Bibliothek.

Einen Vektor können Sie mit der Funktion `array()` von NumPy deklarieren und ihm dann eine Liste von Zahlen übergeben, wie Beispiel 4-2 zeigt.

Beispiel 4-2: Einen Vektor in Python mittels NumPy deklarieren

```
import numpy as np
v = np.array([3, 2])
print(v)
```

> **Python ist langsam – seine numerischen Bibliotheken nicht**
> Aus rechentechnischer Sicht ist Python eine langsame Sprachplattform, da sie nicht wie Java, C#, C usw. in systemnahen Maschinencode kompiliert wird. Vielmehr werden ihre Anweisungen dynamisch zur Laufzeit interpretiert. Die numerischen und wissenschaftlichen Bibliotheken von Python sind allerdings keinesfalls langsam. Bibliotheken wie NumPy werden in der Regel in systemnahen Sprachen wie C und C++ geschrieben und führen daher den Code sehr effizient aus. Python fungiert eigentlich als »Vermittlercode«, der diese Bibliotheken für Ihre Aufgaben integriert.

Ein Vektor hat unzählige praktische Anwendungen. In der Physik versteht man unter einem Vektor oft eine physikalische Größe, die eine Richtung und einen Betrag besitzt. In der Mathematik beschreibt er eine Richtung und eine Länge auf einer xy-Ebene, ähnlich wie eine Verschiebung. In der Informatik ist ein Vektor eine Array-Datenstruktur. Als Datenwissenschaftler werden Sie vor allem mit dem Informatikkontext vertraut sein. Es ist jedoch wichtig, nicht den visuellen Aspekt zu vergessen, damit wir Vektoren nicht als esoterische Zahlengitter betrachten. Ohne eine visuelle Vorstellung ist es fast unmöglich, alle grundlegenden Konzepte der linearen Algebra wie lineare Abhängigkeiten und Determinanten zu begreifen.

Abbildung 4-2 zeigt weitere Beispiele für Vektoren. Einige dieser Vektoren haben negative Richtungen auf x- und y-Skalen. Dies hat Konsequenzen, wenn wir Vektoren später kombinieren, d. h. subtrahieren statt addieren.

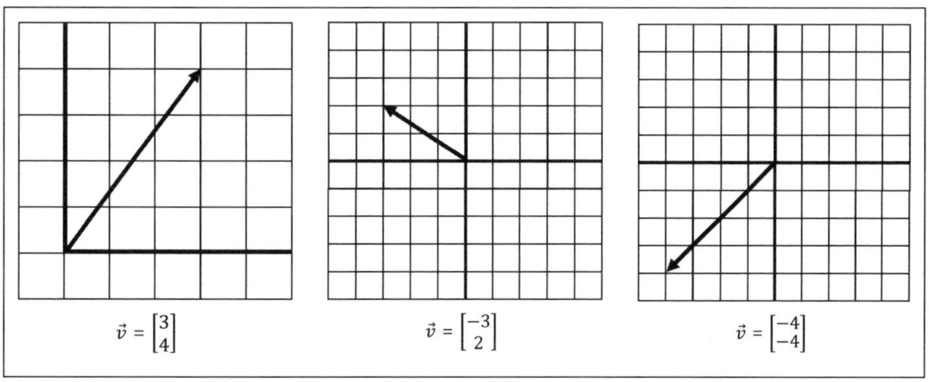

Abbildung 4-2: Beispiele für verschiedene Vektoren

Wozu sind Vektoren nützlich?

Viele Menschen haben mit Vektoren (und linearer Algebra im Allgemeinen) Probleme, weil sie nicht verstehen, wozu sie nützlich sind. Vektoren sind zwar ein sehr abstraktes Konzept, aber nützlich bei vielen konkreten Anwendungen. Mit Computergrafiken kommen Sie besser zurecht, wenn Sie Kenntnisse über Vektoren und lineare Transformationen mitbringen (die fantastische Visualisierungsbibliothek Manim [*https://oreil.ly/Os5WK*] definiert Animationen und Transformationen mit Vektoren). Bei der Arbeit mit Statistiken und maschinellem Lernen werden Daten oftmals importiert und in numerische Vektoren umgewandelt, damit wir mit ihnen arbeiten können. Solver wie der in Excel oder Python PuLP verwenden lineare Programmierung, die sich auf Vektoren stützt, um den Wert einer Lösung zu maximieren und dabei die gegebenen Einschränkungen zu erfüllen. Selbst Videospiele und Flugsimulatoren verwenden Vektoren und lineare Algebra, um nicht nur die Grafik, sondern auch die physikalischen Zusammenhänge zu modellieren. Ich denke, was Vektoren so schwer verständlich macht, ist nicht, dass ihre Anwendung nicht offensichtlich ist, sondern dass ihre Anwendungen so vielfältig sind, dass sich eine Verallgemeinerung nur schwer erkennen lässt.

Beachten Sie auch, dass Vektoren in mehr als zwei Dimensionen vorkommen. Als Nächstes deklarieren wir einen dreidimensionalen Vektor bezüglich der x-, y- und z-Achsen:

$$\vec{v} = \begin{bmatrix} x \\ y \\ z \end{bmatrix} = \begin{bmatrix} 4 \\ 1 \\ 2 \end{bmatrix}$$

Um diesen Vektor zu erzeugen, gehen Sie vier Schritte in x-Richtung, einen in y-Richtung und zwei in z-Richtung. Abbildung 4-3 veranschaulicht dies. Einen Vektor zeigen wir jetzt nicht mehr in einem zweidimensionalen Raster an, sondern im dreidimensionalen Raum mit drei Achsen: x, y und z.

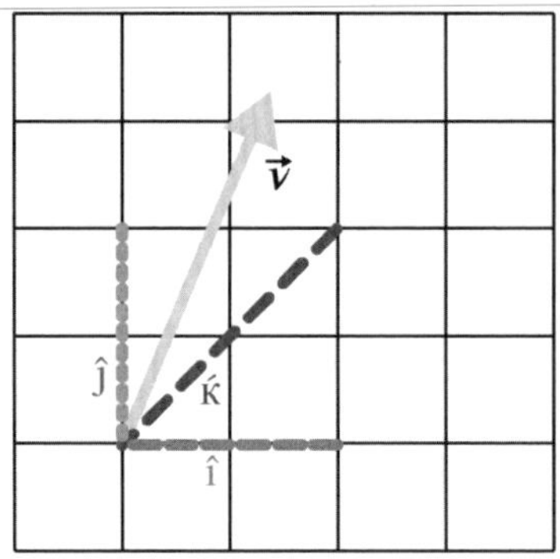

Abbildung 4-3: Ein dreidimensionaler Vektor

Selbstverständlich können wir diesen dreidimensionalen Vektor in Python mit drei numerischen Werten ausdrücken, wie in Beispiel 4-3 deklariert.

Beispiel 4-3: Einen dreidimensionalen Vektor in Python mithilfe von NumPy deklarieren

```
import numpy as np
v = np.array([4, 1, 2])
print(v)
```

Wie bei vielen mathematischen Modellen ist es äußerst schwierig, mehr als drei Dimensionen bildlich darzustellen, worauf wir in diesem Buch auch keine Energie mehr verschwenden. Numerisch gesehen, ist es immer noch einfach. Beispiel 4-4 zeigt, wie Sie einen fünfdimensionalen Vektor mathematisch in Python deklarieren.

$$\vec{v} = \begin{bmatrix} 6 \\ 1 \\ 5 \\ 8 \\ 3 \end{bmatrix}$$

Beispiel 4-4: Einen fünfdimensionalen Vektor in Python mithilfe von NumPy deklarieren

```
import numpy as np
v = np.array([6, 1, 5, 8, 3])
print(v)
```

Vektoren hinzufügen und kombinieren

Vektoren an sich sind nicht sonderlich interessant. Man drückt eine Richtung und eine Größe aus – wie eine Verschiebung im Raum. Aber sobald man Vektoren kombiniert – *Vektoraddition* genannt –, wird es richtig interessant. Praktisch kombinieren wir die Verschiebungen von zwei Vektoren in einen einzelnen Vektor.

Angenommen, wir hätten zwei Vektoren $\vec{v}$ und $\vec{w}$, wie in Abbildung 4-4 dargestellt. Wie addieren wir nun diese beiden Vektoren?

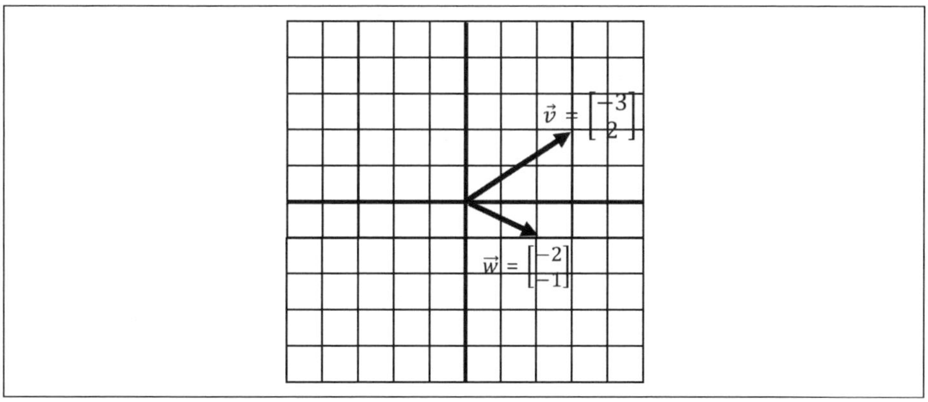

Abbildung 4-4: Zwei Vektoren addieren

Warum die Addition von Vektoren nützlich ist, werden Sie gleich sehen. Aber wie würde es überhaupt aussehen, wenn wir diese beiden Vektoren einschließlich ihrer Richtungen und Längen kombinieren wollten? Numerisch gesehen, ist das ganz einfach. Man addiert einfach die jeweiligen x- und dann die y-Werte zu einem neuen Vektor, wie Beispiel 4-5 zeigt.

$$\vec{v} = \begin{bmatrix} 3 \\ 2 \end{bmatrix}$$

$$\vec{w} = \begin{bmatrix} 2 \\ -1 \end{bmatrix}$$

$$\vec{v} + \vec{w} = \begin{bmatrix} 3+2 \\ 2+-1 \end{bmatrix} = \begin{bmatrix} 5 \\ 1 \end{bmatrix}$$

Beispiel 4-5: Zwei Vektoren in Python mithilfe von NumPy addieren

```
from numpy import array

v = array([3,2])
w = array([2,-1])

# die Vektoren summieren
v_plus_w = v + w

# den summierten Vektor anzeigen
print(v_plus_w) # [5, 1]
```

Aber was bedeutet das visuell? Um diese beiden Vektoren visuell zu addieren, verbinden Sie einen Vektor mit dem anderen und gehen zur Spitze des letzten Vektors (Abbildung 4-5). Dieser Punkt ist der Endpunkt eines neuen Vektors – das Ergebnis der Summierung beider Vektoren.

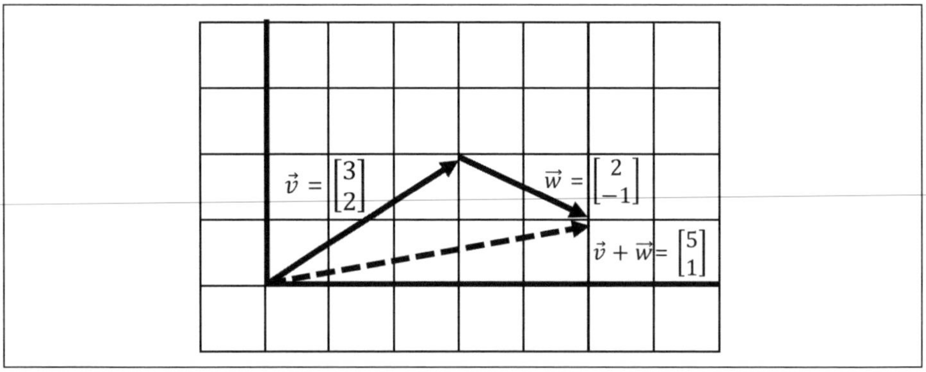

Abbildung 4-5: Zwei Vektoren addieren und dadurch einen neuen Vektor erzeugen

Wie aus Abbildung 4-5 hervorgeht, erhalten wir einen neuen Vektor [5, 1], wenn wir an das Ende des letzten Vektors $\vec{w}$ gehen. Dieser neue Vektor ist das Ergebnis der Summierung von $\vec{v}$ und $\vec{w}$. In der Praxis kann dies eine einfache Addition von

Daten sein. Wollten wir die Werte von Wohnungen und deren Quadratmeterzahl in einem Gebiet zusammenzählen, würden wir auf diese Weise mehrere Vektoren zu einem einzigen Vektor addieren.

Dabei ist es egal, ob wir $\vec{v}$ vor $\vec{w}$ oder umgekehrt addieren. Die Vektoraddition ist also *kommutativ*, die Reihenfolge der Operation spielt keine Rolle. Wenn wir $\vec{w}$ vor $\vec{v}$ verschieben, ergibt sich der gleiche resultierende Vektor [5, 1], wie in Abbildung 4-6 dargestellt.

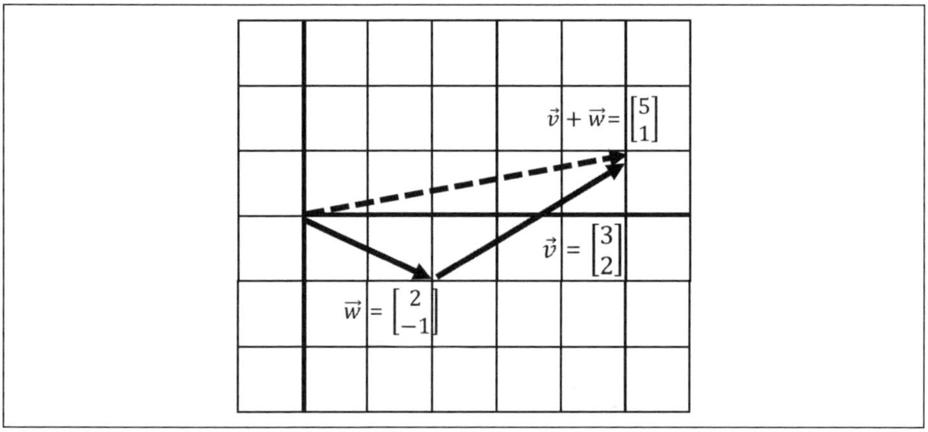

Abbildung 4-6: Die Addition von Vektoren ist kommutativ.

Vektoren skalieren

Skalieren heißt, die Länge eines Vektors zu vergrößern oder zu verkleinern. Dazu multiplizieren Sie den Vektor mit einem einzelnen Wert, einem sogenannten *Skalar*. Abbildung 4-7 zeigt einen Vektor, der mit dem Faktor 2 multipliziert bzw. skaliert und somit verdoppelt wird.

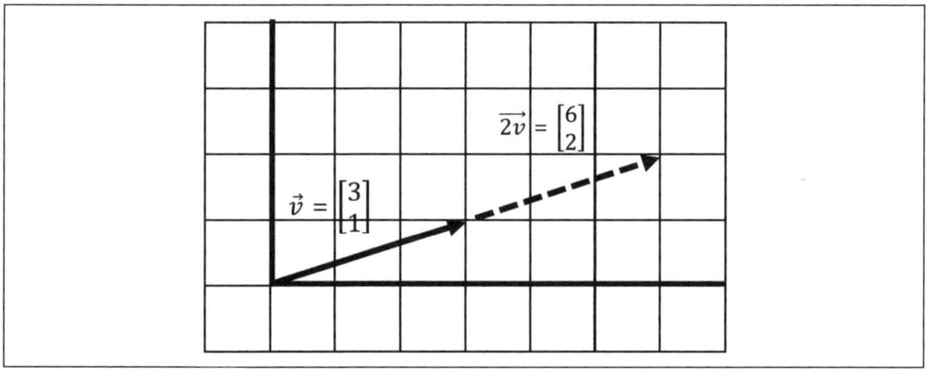

Abbildung 4-7: Einen Vektor skalieren

Mathematisch gesehen, multiplizieren Sie jedes Element des Vektors mit dem Skalarwert:

$$\vec{v} = \begin{bmatrix} 3 \\ 1 \end{bmatrix}$$

$$2\vec{v} = 2\begin{bmatrix} 3 \\ 1 \end{bmatrix} = \begin{bmatrix} 3 \times 2 \\ 1 \times 2 \end{bmatrix} = \begin{bmatrix} 6 \\ 2 \end{bmatrix}$$

In Python lässt sich diese Skalierung leicht durchführen, da lediglich ein Vektor mit einem Skalar zu multiplizieren ist, wie der Code in Beispiel 4-6 zeigt.

Beispiel 4-6: Einen Vektor in Python mithilfe von NumPy skalieren

```
from numpy import array

v = array([3,1])

# den Vektor skalieren
scaled_v = 2.0 * v

# den skalierten Vektor anzeigen
print(scaled_v) # [6 2]
```

In Abbildung 4-8 ist dargestellt, wie $\vec{v}$ um den Faktor 0,5 nach unten skaliert und damit halbiert wird.

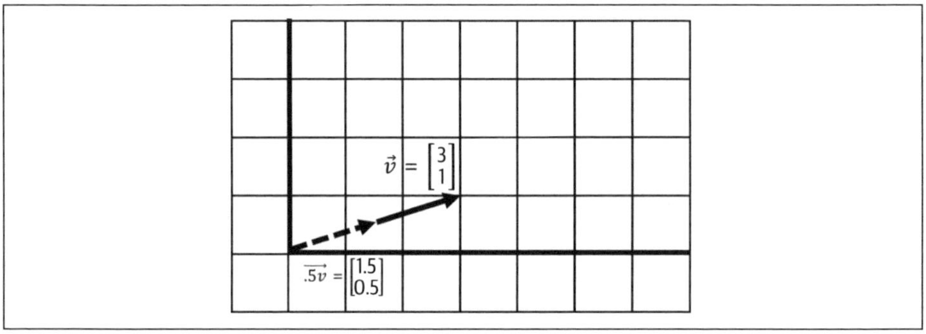

Abbildung 4-8: Einen Vektor auf die Hälfte herunterskalieren

Daten manipulieren ist Vektoren manipulieren

Jede Datenoperation kann man sich in Form von Vektoren vorstellen, selbst einfache Durchschnittswerte.

Nehmen wir zum Beispiel das Skalieren. Angenommen, wir wollten den durchschnittlichen Wohnungswert und die durchschnittliche Quadratmeterzahl für einen ganzen Stadtteil ermitteln. Wir würden die Vektoren addieren, um ihre Werte bzw. Quadratmeterzahlen zusammenzufassen, was uns einen riesigen Vektor beschert, der sowohl den Gesamtwert als auch die Gesamtquadratmeterzahl enthält. Dann skalieren wir den Vektor herunter, indem wir durch die Anzahl der Häuser N dividieren, was einer Multiplikation mit $1/N$ entspricht. Jetzt haben wir einen Vektor, der den durchschnittlichen Wohnungswert und die durchschnittliche Quadratmeterzahl enthält.

Als wichtiges Detail ist hier anzumerken, dass das Skalieren eines Vektors nicht dessen Richtung, sondern nur seinen Betrag ändert. Allerdings gibt es eine kleine Ausnahme von dieser Regel, wie in Abbildung 4-9 zu sehen ist. Wenn Sie einen Vektor mit einer negativen Zahl multiplizieren, kehrt dies die Richtung des Vektors um, wie die Abbildung zeigt.

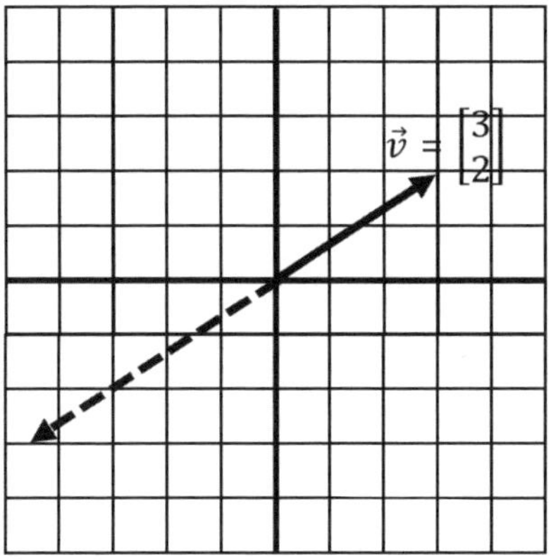

Abbildung 4-9: Ein negativer Skalar kehrt die Richtung des Vektors um.

Genau genommen hat sich durch die Skalierung mit einer negativen Zahl die Richtung nicht wirklich geändert, da der Vektor noch immer auf derselben Linie liegt. Dies bringt uns zu einem Schlüsselkonzept, der sogenannten linearen Abhängigkeit.

Lineare Hülle (Spann) und lineare Abhängigkeit

Diese beiden Operationen, das Addieren zweier Vektoren und ihre Skalierung, führen zu einer einfachen, aber wirkungsvollen Idee. Mit diesen beiden Operationen können wir zwei Vektoren kombinieren und sie skalieren, um jeden beliebigen Vektor zu erzeugen, den man sich wünscht. Abbildung 4-10 zeigt sechs Beispiele, die zwei Vektoren $\vec{v}$ und $\vec{w}$ skalieren und kombinieren. Diese Vektoren, $\vec{v}$ und $\vec{w}$, die in zwei verschiedenen Richtungen fixiert sind, lassen sich skalieren und addieren, um einen *beliebigen* neuen Vektor $\vec{v} + \vec{w}$ zu erzeugen.

Auch hier sind $\vec{v}$ und $\vec{w}$ in ihrer Richtung festgelegt – mit der Ausnahme, dass sich die Richtung mit negativen Skalaren umkehren lässt –, aber wir können durch Skalierung jeden beliebigen Vektor bilden, der aus $\vec{v} + \vec{w}$ zusammengesetzt ist.

Dieser gesamte Raum möglicher Vektoren wird *Spann* oder *lineare Hülle* genannt, und in den meisten Fällen kann unsere lineare Hülle unbegrenzt viele Vektoren aus diesen beiden Vektoren erzeugen, indem diese einfach skaliert und addiert werden. Wenn wir zwei Vektoren in zwei verschiedenen Richtungen haben, sind sie *linear unabhängig* und haben diese unbeschränkte Spannweite.

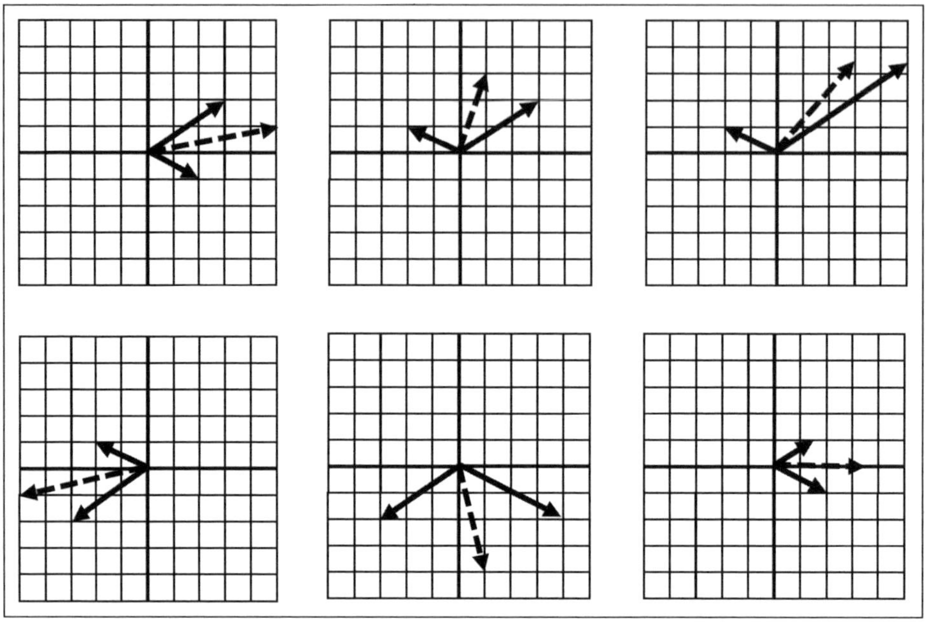

Abbildung 4-10: Wenn man zwei Vektoren skaliert und addiert, kann man einen beliebigen neuen Vektor erzeugen.

Aber in welchem Fall sind wir in Bezug auf die Vektoren, die wir erzeugen können, eingeschränkt? Überlegen Sie es sich und lesen Sie dann weiter.

Was passiert, wenn zwei Vektoren in derselben Richtung oder auf derselben Geraden liegen? Die Kombination dieser Vektoren liegt ebenfalls auf derselben Geraden, sodass unser Spann allein auf diese Gerade beschränkt ist. Egal wie Sie die Vektoren skalieren, der resultierende Summenvektor bleibt auf dieselbe Linie beschränkt. Dadurch sind sie linear abhängig, wie Abbildung 4-11 zeigt.

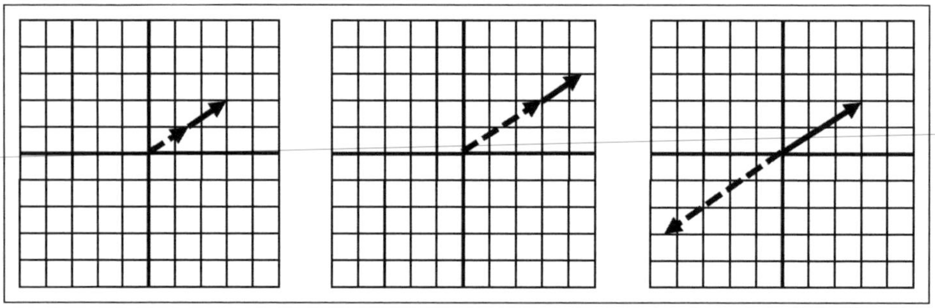

Abbildung 4-11: Linear abhängige Vektoren

Die lineare Hülle ist hier auf dieselbe Gerade festgelegt wie die beiden Vektoren, aus denen sie gebildet wird. Da die beiden Vektoren auf derselben zugrunde liegenden Linie liegen, sind wir nicht in der Lage, flexibel durch Skalieren einen beliebigen neuen Vektor zu erzeugen.

Wenn wir in drei oder mehr Dimensionen eine linear abhängige Menge von Vektoren haben, bleiben wir oft auf einer Ebene mit einer kleineren Anzahl von Dimensionen stecken. Das nächste Beispiel zeigt, dass wir auf einer zweidimensionalen Ebene feststecken, obwohl wir dreidimensionale Vektoren haben, wie in Abbildung 4-12 deklariert.

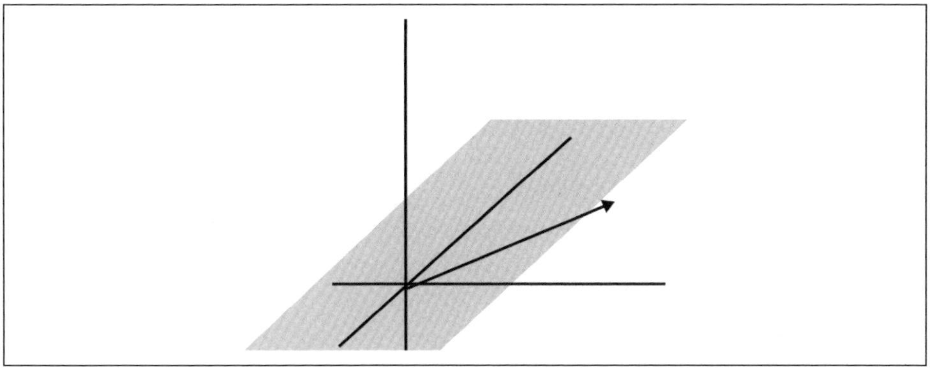

Abbildung 4-12: Lineare Abhängigkeit in drei Dimensionen; die lineare Hülle ist auf eine Ebene beschränkt.

Später lernen Sie mit der Determinante ein einfaches Tool kennen, mit dem Sie auf lineare Abhängigkeit prüfen können. Aber wieso interessiert es uns eigentlich, ob zwei Vektoren linear abhängig oder unabhängig sind? Viele Probleme werden schwierig oder unlösbar, wenn eine lineare Abhängigkeit besteht. Geht es zum Beispiel um Gleichungssysteme (später in diesem Kapitel), kann eine linear abhängige Menge von Gleichungen dazu führen, dass Variablen verschwinden und das Problem unlösbar machen. Bei linearer Unabhängigkeit ist die Flexibilität, aus zwei oder mehr Vektoren einen beliebigen Vektor zu erzeugen, von unschätzbarem Wert, um eine Lösung zu finden.

Lineare Transformationen

Das Konzept, zwei Vektoren mit fester Richtung zu addieren, sie aber zu skalieren, um unterschiedliche kombinierte Vektoren zu erhalten, ist enorm wichtig. Außer in Fällen von linearer Abhängigkeit kann dieser kombinierte Vektor in jede Richtung zeigen und jede gewünschte Länge haben. Damit bekommen Sie eine Vorstellung von linearen Transformationen, bei denen wir einen Vektor verwenden, um einen anderen Vektor auf eine Art ähnlich einer Funktion zu transformieren.

Basisvektoren

Angenommen, wir hätten zwei einfache Vektoren $\hat{i}$ und $\hat{j}$ (»i-Hut« und »j-Hut«). Diese sogenannten *Basisvektoren* werden verwendet, um Transformationen auf andere Vektoren zu beschreiben. Typischerweise haben sie eine Länge von 1, zeigen in positive Richtungen und stehen lotrecht aufeinander, wie Abbildung 4-13 veranschaulicht.

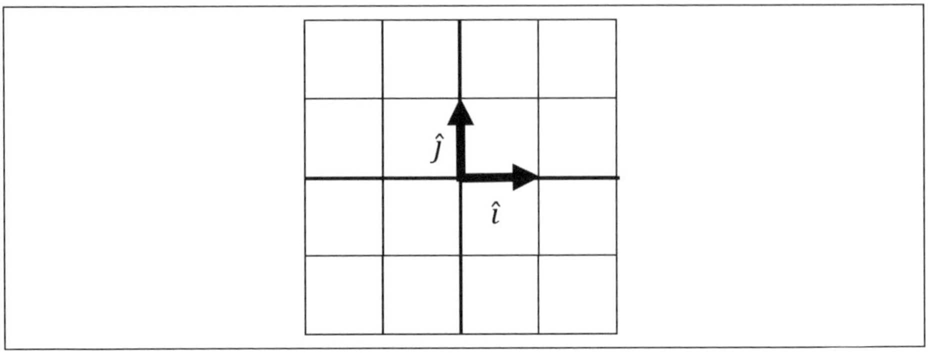

Abbildung 4-13: Die Basisvektoren $\hat{i}$ und $\hat{j}$

Stellen Sie sich die Basisvektoren als Bausteine vor, mit denen Sie jeden beliebigen Vektor transformieren können. Unser Basisvektor wird in einer 2 × 2-Matrix ausgedrückt, in der die erste Spalte $\hat{i}$ und die zweite Spalte $\hat{j}$ ist:

$$\hat{i} = \begin{bmatrix} 1 \\ 0 \end{bmatrix}$$

$$\hat{j} = \begin{bmatrix} 0 \\ 1 \end{bmatrix}$$

$$\text{basis} = \begin{bmatrix} 1 & 0 \\ 0 & 1 \end{bmatrix}$$

Eine *Matrix* ist eine Sammlung von Vektoren (wie zum Beispiel $\hat{i}$, $\hat{j}$), die mehrere Zeilen und Spalten haben kann, und ist eine praktische Möglichkeit, um Daten zu verpacken. Aus den Vektoren $\hat{i}$ und $\hat{j}$ können wir jeden gewünschten Vektor erzeugen, indem wir sie skalieren und addieren. Zu Beginn soll jeder Vektor eine Länge von 1 haben. Abbildung 4-14 zeigt diese und den resultierenden Vektor $\vec{v}$.

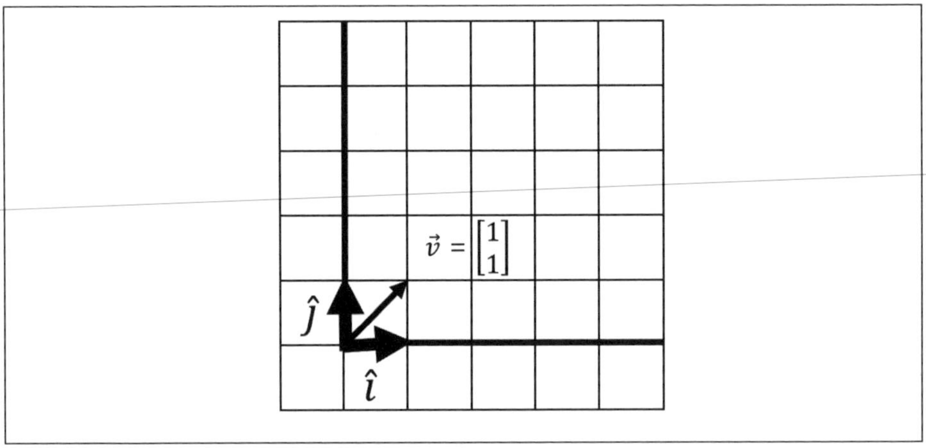

Abbildung 4-14: Einen Vektor aus Basisvektoren erzeugen

Ich möchte nun, dass der Vektor $\vec{v}$ auf [3, 2] landet. Was passiert mit $\vec{v}$, wenn wir $\hat{i}$ um den Faktor 3 und $\hat{j}$ um den Faktor 2 strecken? Zunächst skalieren wir sie einzeln wie folgt:

$$3\hat{i} = 3\begin{bmatrix}1\\0\end{bmatrix} = \begin{bmatrix}3\\0\end{bmatrix}$$

$$2\hat{j} = 2\begin{bmatrix}0\\1\end{bmatrix} = \begin{bmatrix}0\\2\end{bmatrix}$$

Wenn wir den Raum in diese beiden Richtungen strecken, was macht das mit $\vec{v}$? Nun, er wird sich mit $\hat{i}$ und $\hat{j}$ dehnen. Dies ist eine sogenannte lineare Transformation, bei der wir einen Vektor durch Strecken, Quetschen, Scheren oder Drehen transformieren, indem wir Verschiebungen der Basisvektoren verfolgen. In diesem Fall (Abbildung 4-15) hat die Skalierung von $\hat{i}$ und $\hat{j}$ den Raum zusammen mit unserem Vektor $\vec{v}$ gestreckt.

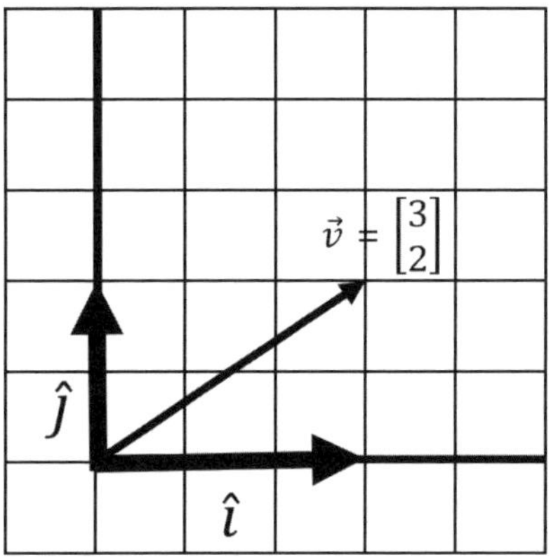

Abbildung 4-15: Eine lineare Transformation

Aber wo landet $\vec{v}$? In der Abbildung ist das leicht zu erkennen, nämlich auf [3, 2]. Denken Sie daran, dass der Vektor $\vec{v}$ durch Addition von $\hat{i}$ und $\hat{j}$ entstanden ist. Wir nehmen also einfach die gestreckten $\hat{i}$ und $\hat{j}$ und addieren sie, um zu sehen, wo Vektor $\vec{v}$ gelandet ist:

$$\vec{v}_{new} = \begin{bmatrix}3\\0\end{bmatrix} + \begin{bmatrix}0\\2\end{bmatrix} = \begin{bmatrix}3\\2\end{bmatrix}$$

Im Allgemeinen lassen sich mit linearen Transformationen vier Verschiebungen erreichen, wie Abbildung 4-16 zeigt.

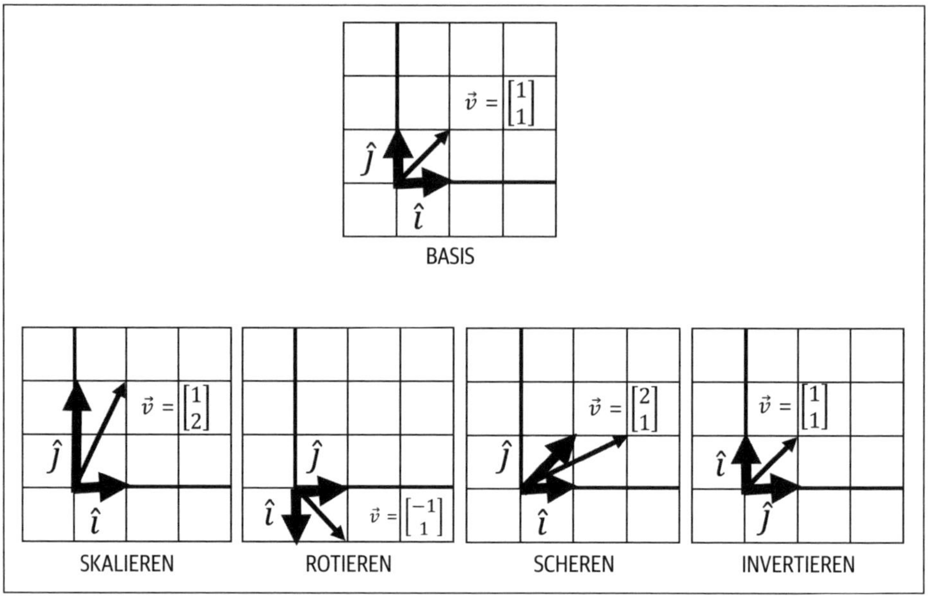

Abbildung 4-16: Mit linearen Transformationen lassen sich vier Verschiebungen realisieren.

Diese vier linearen Transformationen sind ein zentraler Bestandteil der linearen Algebra. Die Skalierung eines Vektors streckt oder staucht ihn. Durch Rotation wird der Vektorraum gedreht, und Inversion spiegelt den Vektorraum, sodass $\hat{i}$ und $\hat{j}$ ihre Plätze tauschen.

Es ist wichtig, anzumerken, dass Sie keine nichtlinearen Transformationen haben können, die zu kurvigen oder verschnörkelten Transformationen führen und sich nicht mehr an eine Gerade halten. Deshalb sprechen wir von linearer Algebra und nicht von nichtlinearer Algebra!

Matrix-Vektor-Multiplikation

Das bringt uns zur nächsten großen Idee in der linearen Algebra. Dieses Konzept der Verfolgung, wo $\hat{i}$ und $\hat{j}$ nach einer Transformation landen, ist wichtig, weil es uns nicht nur erlaubt, Vektoren zu erzeugen, sondern auch bestehende Vektoren zu transformieren. Wenn Sie lineare Algebra wirklich verstehen wollen, sollten Sie darüber nachdenken, warum das Erzeugen von Vektoren und das Transformieren von Vektoren eigentlich dasselbe sind. Es ist alles eine Frage der Relativität, wenn man die Basisvektoren als Ausgangspunkt vor und nach einer Transformation nimmt.

Die Formel für die Transformation eines Vektors $\vec{v}$ bei gegebenen Basisvektoren $\hat{i}$ und $\hat{j}$, die in einer Matrix verpackt sind, lautet:

$$\begin{bmatrix} x_{new} \\ y_{new} \end{bmatrix} = \begin{bmatrix} a & b \\ c & d \end{bmatrix} \begin{bmatrix} x \\ y \end{bmatrix}$$

$$\begin{bmatrix} x_{new} \\ y_{new} \end{bmatrix} = \begin{bmatrix} ax + by \\ cx + dy \end{bmatrix}$$

$\hat{i}$ ist die erste Spalte [a, c], und $\hat{j}$ ist die Spalte [b, d]. Wir verpacken diese beiden Basisvektoren als Matrix, die wiederum eine Sammlung von Vektoren ist, ausgedrückt als Zahlenraster in zwei oder mehr Dimensionen. Diese Transformation eines Vektors durch Anwendung von Basisvektoren wird als *Matrix-Vektor-Multiplikation* bezeichnet. Auf den ersten Blick mag dies etwas konstruiert erscheinen, aber diese Formel ist ein Shortcut für das Skalieren und Addieren von $\hat{i}$ und $\hat{j}$, so wie wir zuvor zwei Vektoren addiert haben, und das Anwenden der Transformation auf einen beliebigen Vektor $\vec{v}$.

Praktisch ist eine Matrix also eine Transformation, die als Basisvektoren ausgedrückt wird.

Um diese Transformation in Python mithilfe von NumPy auszuführen, müssen wir unsere Basisvektoren als Matrix deklarieren und sie dann mit `dot()`-Operator auf den Vektor $\vec{v}$ anwenden (Beispiel 4-7). Der `dot()`-Operator führt diese Skalierung und Addition zwischen Matrix und Vektor wie eben beschrieben aus. Dieses sogenannte *Punktprodukt* werden Sie im weiteren Verlauf dieses Kapitels noch näher kennenlernen.

Beispiel 4-7: Matrix-Vektor-Multiplikation in NumPy

```
from numpy import array

# Basismatrix mit i-Hut und j-Hut zusammensetzen
basis = array(
    [[3, 0],
    [0, 2]]
)

# Vektor v deklarieren
v = array([1,1])

# neuen Vektor durch Transformation von
# v mit Punktprodukt erzeugen
new_v = basis.dot(v)

print(new_v) # [3, 2]
```

Wenn ich in Form von Basisvektoren denke, ziehe ich es vor, die Basisvektoren zu zerlegen und sie dann in einer Matrix zusammenzusetzen. Beachten Sie jedoch, dass Sie die Spalten und Zeilen transponieren und vertauschen müssen. Das hängt damit zusammen, dass die Funktion `array()` von NumPy für die umgekehrte Ausrichtung ausgelegt ist und jeden Vektor als Zeile statt als Spalte füllt. Beispiel 4-8 zeigt die Transponierung in NumPy.

Beispiel 4-8: Die Basisvektoren trennen und als Transformation anwenden

```
from numpy import array

# i-Hut und j-Hut deklarieren
i_hat = array([2, 0])
j_hat = array([0, 3])

# Basismatrix mit i-Hut und j-Hut zusammensetzen
# Außerdem müssen Zeilen in Spalten transponiert werden.
basis = array([i_hat, j_hat]).transpose()

# Vektor v deklarieren
v = array([1,1])

# neuen Vektor durch Transformation
# von v mit Punktprodukt erzeugen
new_v = basis.dot(v)

print(new_v) # [2, 3]
```

Hier ein weiteres Beispiel: Vektor $\vec{v}$ soll zu Beginn [2, 1] sein, und die Vektoren $\hat{i}$ und $\hat{j}$ seien [1, 0] bzw. [0, 1]. Dann transformieren wir $\hat{i}$ und $\hat{j}$ nach [2, 0] und [0, 3]. Was passiert mit Vektor $\vec{v}$? Wenn wir dies mathematisch zu Fuß mithilfe unserer Formel ausrechnen, erhalten wir folgendes Ergebnis:

$$\begin{bmatrix} x_{new} \\ y_{new} \end{bmatrix} = \begin{bmatrix} a & b \\ c & d \end{bmatrix} \begin{bmatrix} x \\ y \end{bmatrix} = \begin{bmatrix} ax + by \\ cx + dy \end{bmatrix}$$

$$\begin{bmatrix} x_{new} \\ y_{new} \end{bmatrix} = \begin{bmatrix} 2 & 0 \\ 0 & 3 \end{bmatrix} \begin{bmatrix} 2 \\ 1 \end{bmatrix} = \begin{bmatrix} (2)(2) + (0)(1) \\ (2)(0) + (3)(1) \end{bmatrix} = \begin{bmatrix} 4 \\ 3 \end{bmatrix}$$

Beispiel 4-9 zeigt die Lösung in Python.

Beispiel 4-9: Einen Vektor mithilfe von NumPy transformieren

```
from numpy import array

# i-Hut und j-Hut deklarieren
i_hat = array([2, 0])
j_hat = array([0, 3])

# Basismatrix mit i-Hut und j-Hut zusammensetzen
# Außerdem müssen Zeilen in Spalten transponiert werden.
basis = array([i_hat, j_hat]).transpose()

# Vektor v 0 deklarieren
v = array([2,1])

# einen neuen Vektor erzeugen, indem
# v mit dem Punktprodukt transformiert wird
new_v = basis.dot(v)

print(new_v) # [4, 3]
```

Der Vektor $\vec{v}$ landet nun auf [4, 3]. Abbildung 4-17 zeigt, wie diese Transformation aussieht.

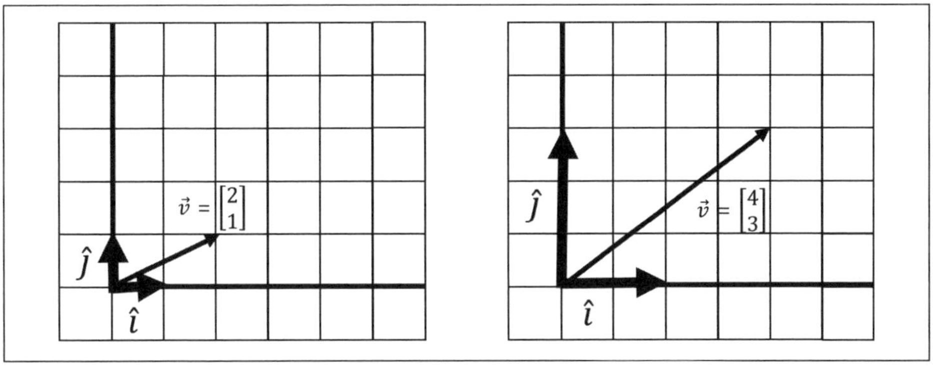

Abbildung 4-17: Eine streckende lineare Transformation

Das nächste Beispiel legt noch einen Zahn zu. Nehmen wir den Vektor $\vec{v}$ mit dem Wert [2, 1]. Die Vektoren $\hat{\imath}$ und $\hat{\jmath}$ beginnen bei [1, 0] und [0, 1], werden dann aber transformiert und landen bei [2, 3] und [2, –1]. Was passiert mit $\vec{v}$? Sehen Sie sich dazu Abbildung 4-18 und Beispiel 4-10 an.

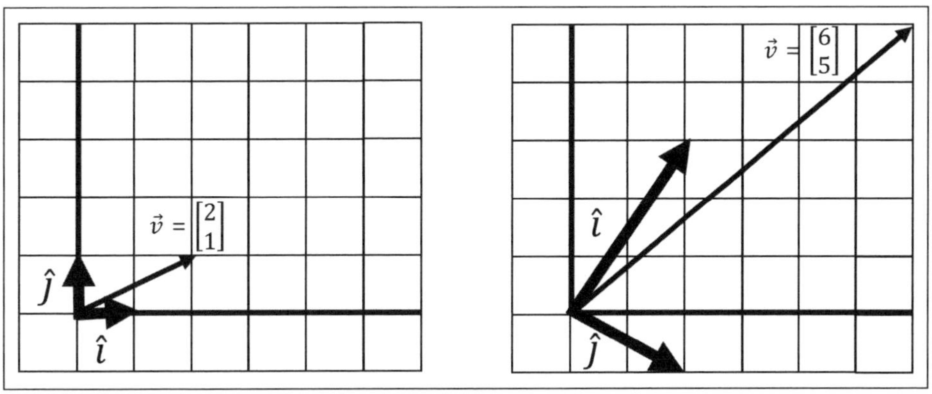

Abbildung 4-18: Eine lineare Transformation, die den Raum dreht, schert und spiegelt

Beispiel 4-10: Eine komplexere Transformation

```
from numpy import array

# i-Hut und j-Hut deklarieren
i_hat = array([2, 3])
j_hat = array([2, -1])

# Basismatrix mit i-Hut und j-Hut zusammensetzen
# Außerdem müssen Zeilen in Spalten transponiert werden.
basis = array([i_hat, j_hat]).transpose()

# Vektor v 0 deklarieren
v = array([2,1])
```

```
# einen neuen Vektor erzeugen, indem
# v mit dem Punktprodukt transformiert wird

new_v = basis.dot(v)
print(new_v) # [6, 5]
```

Hier ist eine Menge passiert. Wir haben nicht nur $\hat{i}$ und $\hat{j}$ skaliert und den Vektor $\vec{v}$ gestreckt, sondern den Raum auch noch geschert, gedreht und gespiegelt. Der Raum wird gespiegelt, wenn $\hat{i}$ und $\hat{j}$ ihre Plätze im Uhrzeigersinn tauschen. Später in diesem Kapitel lernen Sie, wie man dies mit Determinanten feststellen kann.

Basisvektoren in 3-D und darüber hinaus

Vielleicht fragen Sie sich, wie man sich unsere Vektortransformationen in drei oder mehr Dimensionen vorstellen kann. Das Konzept der Basisvektoren lässt sich recht gut erweitern. Bei einem dreidimensionalen Vektorraum habe ich die Basisvektoren $\hat{i}$, $\hat{j}$ und $\hat{k}$. Für jede neue Dimension füge ich einfach weitere Buchstaben aus dem Alphabet hinzu (Abbildung 4-19).

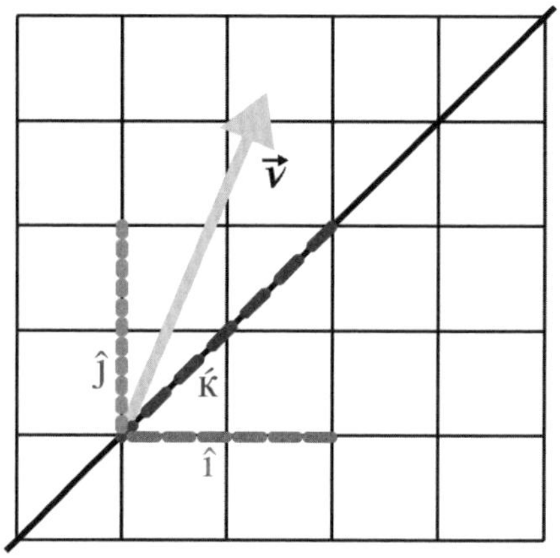

Abbildung 4-19: 3-D-Basisvektor

Es sei noch darauf hingewiesen, dass einige lineare Transformationen einen Vektorraum in weniger oder mehr Dimensionen verschieben können. Genau das tun auch nicht quadratische Matrizen (bei denen die Anzahl der Zeilen und Spalten nicht gleich ist). Aus Platzgründen können wir dies hier nicht erläutern. Aber das Video *3Blue1Brown* unter *https://oreil.ly/TsoSJ* erklärt und animiert dieses Konzept sehr schön.

Matrixmultiplikation

Sie haben gelernt, wie man einen Vektor und eine Matrix multipliziert. Doch was genau erreicht man mit der Multiplikation zweier Matrizen? Stellen Sie sich die

Matrixmultiplikation als Anwendung mehrerer Transformationen auf einen Vektorraum vor. Jede Transformation ist wie eine Funktion, wobei wir die innerste zuerst anwenden und dann jede darauffolgende Transformation nach außen.

Eine Drehung und dann eine Scherung wendet man wie folgt auf einen Vektor $\vec{v}$ mit dem Wert [x, y] an:

$$\begin{bmatrix}1 & 1\\0 & 1\end{bmatrix}\begin{bmatrix}0 & -1\\1 & 0\end{bmatrix}\begin{bmatrix}x\\y\end{bmatrix}$$

Wir können diese beiden Transformationen mithilfe dieser Formel konsolidieren, indem wir eine Transformation auf die vorherige anwenden. Man multipliziert und addiert jede Zeile der ersten Matrix mit der jeweiligen Spalte der zweiten Matrix nach dem Muster »Hinüber und hinunter! Hinüber und nach unten!«:

$$\begin{bmatrix}a & b\\c & d\end{bmatrix}\begin{bmatrix}e & f\\g & h\end{bmatrix} = \begin{bmatrix}ae + bg & af + bh\\ce + dg & cf + dh\end{bmatrix}$$

Diese beiden separaten Transformationen (Drehen und Scheren) können wir eigentlich zu einer einzigen Transformation zusammenfassen:

$$\begin{bmatrix}1 & 1\\0 & 1\end{bmatrix}\begin{bmatrix}0 & -1\\1 & 0\end{bmatrix}\begin{bmatrix}x\\y\end{bmatrix}$$

$$= \begin{bmatrix}(1)(0) + (1)(1) & (-1)(1) + (1)(0)\\(0)(0) + (1)(1) & (0)(-1) + (1)(0)\end{bmatrix}\begin{bmatrix}x\\y\end{bmatrix}$$

$$= \begin{bmatrix}1 & -1\\1 & 0\end{bmatrix}\begin{bmatrix}x\\y\end{bmatrix}$$

Um dies in Python mit NumPy auszuführen, können Sie die beiden Matrizen einfach mit dem Operator `matmul()` oder dem Operator `@` kombinieren (Beispiel 4-11). Dann drehen Sie diese konsolidierte Transformation um und wenden sie auf einen Vektor [1, 2] an.

Beispiel 4-11: Zwei Transformationen kombinieren

```
from numpy import array

# Transformation 1
i_hat1 = array([0, 1])
j_hat1 = array([-1, 0])
transform1 = array([i_hat1, j_hat1]).transpose()

# Transformation 2
i_hat2 = array([1, 0])
j_hat2 = array([1, 1])
transform2 = array([i_hat2, j_hat2]).transpose()

# Transformationen kombinieren
combined = transform2 @ transform1
```

```
# Test
print("COMBINED MATRIX:\n {}".format(combined))

v = array([1, 2])
print(combined.dot(v))  # [-1, 1]
```

Wann man dot(), matmul() und @ verwendet

Im Allgemeinen sollten Sie den Operator `matmul()` und dessen Kurzform `@` dem Operator `dot()` in NumPy vorziehen, um Matrizen zu kombinieren. Ersterer hat im Allgemeinen eine bessere Strategie für höherdimensionale Matrizen und die Art und Weise, wie die Elemente verteilt werden.

Wenn Sie sich näher mit derartigen Implementierungsdetails befassen möchten, ist diese Frage bei StackOverflow unter *https://oreil.ly/YX83Q* ein guter Ausgangspunkt.

Wir hätten jede Transformation auch einzeln auf den Vektor $\vec{v}$ anwenden können und trotzdem das gleiche Ergebnis erhalten. Wenn Sie die letzte Zeile durch die folgenden drei Zeilen ersetzen, die jede Transformation anwenden, bekommen Sie immer noch [–1, 1] für diesen neuen Vektor:

```
rotated = transform1.dot(v)
sheared = transform2.dot(rotated)
print(sheared) # [-1, 1]
```

Allerdings spielt die Reihenfolge, in der Sie die einzelnen Transformationen anwenden, eine Rolle! Wenn Sie `transformation1` auf `transformation2` anwenden, erhalten Sie mit [–2, 3] ein anderes Ergebnis, wie in Beispiel 4-12 berechnet. Da also Matrixpunktprodukte nicht kommutativ sind, können Sie die Reihenfolge nicht vertauschen und dann das gleiche Ergebnis erwarten!

Beispiel 4-12: Transformationen in umgekehrter Reihenfolge anwenden

```
from numpy import array

# Transformation 1
i_hat1 = array([0, 1])
j_hat1 = array([-1, 0])
transform1 = array([i_hat1, j_hat1]).transpose()

# Transformation 2
i_hat2 = array([1, 0])
j_hat2 = array([1, 1])
transform2 = array([i_hat2, j_hat2]).transpose()

# Transformationen kombinieren, zuerst Scherung und dann Drehung anwenden
combined = transform1 @ transform2

# Test
print("COMBINED MATRIX:\n {}".format(combined))

v = array([1, 2])
print(combined.dot(v)) # [-2, 3]
```

Stellen Sie sich jede Transformation als eine Funktion vor, die wir von ganz innen nach außen anwenden, genau wie verschachtelte Funktionsaufrufe.

Lineare Transformationen in der Praxis

Vielleicht fragen Sie sich, was all diese linearen Transformationen und Matrizen mit Data Science und maschinellem Lernen zu tun haben. Die Antwort lautet: alles! Angefangen beim Importieren von Daten bis hin zu numerischen Operationen mit linearer Regression, logistischer Regression und neuronalen Netzen sind lineare Transformationen das Herzstück der mathematisch manipulierten Daten.

In der Praxis werden Sie sich jedoch nur selten die Zeit nehmen, Ihre Daten geometrisch als Vektorräume und lineare Transformationen zu visualisieren. Es dürften zu viele Dimensionen sein, um dies produktiv zu tun. Dennoch ist es wichtig, sich die geometrische Interpretation vor Augen zu halten, allein um zu verstehen, was diese künstlich anmutenden numerischen Operationen bewirken! Dadurch werden auch neue Konzepte der linearen Algebra wie Determinanten verständlicher. Andernfalls lernen Sie nur numerische Operationsmuster ohne jeden Zusammenhang auswendig.

Determinanten

Wenn wir lineare Transformationen durchführen, »dehnen« oder »stauchen« wir manchmal den Raum, und es ist interessant, in welchem Maße das geschieht. Nehmen wir einen Ausschnitt aus dem Vektorraum in Abbildung 4-20: Was passiert mit ihm, wenn wir $\hat{\imath}$ und $\hat{\jmath}$ skalieren?

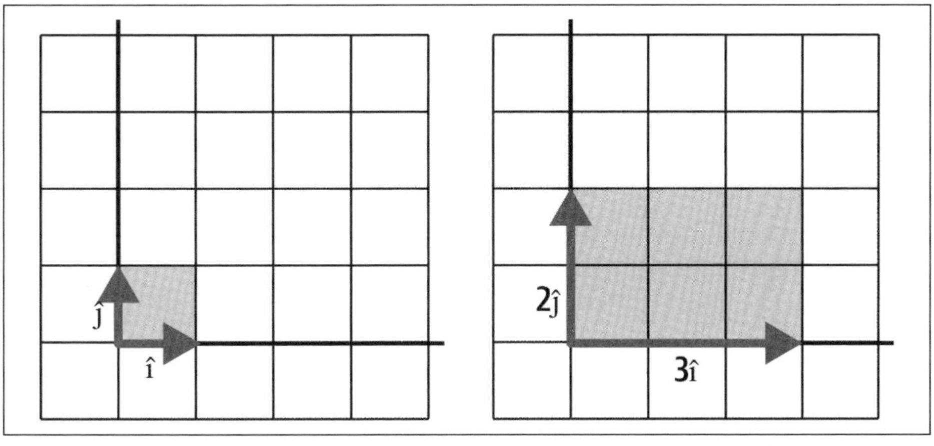

Abbildung 4-20: Eine Determinante erfasst quantitativ, wie eine lineare Transformation eine Fläche skaliert.

Man beachte, dass sich die Fläche um den Faktor 6,0 vergrößert, und dieser Faktor wird als *Determinante* bezeichnet. Determinanten beschreiben, um wie viel sich die

Skalierung einer Stichprobenfläche in einem Vektorraum bei linearen Transformationen ändert. Das kann hilfreiche Informationen über die Transformation liefern.

Beispiel 4-13 zeigt, wie man diese Determinante in Python berechnet.

Beispiel 4-13: Eine Determinante berechnen

```
from numpy.linalg import det
from numpy import array

i_hat = array([3, 0])
j_hat = array([0, 2])

basis = array([i_hat, j_hat]).transpose()

determinant = det(basis)

print(determinant) # Ausgabe: 6.0
```

Einfache Scherungen und Drehungen sollten die Determinante nicht beeinflussen, da sich die Fläche nicht ändert. Abbildung 4-21 und Beispiel 4-14 zeigen eine einfache Scherung – die Determinante behält den Faktor 1,0 bei, was zeigt, dass sie unverändert ist.

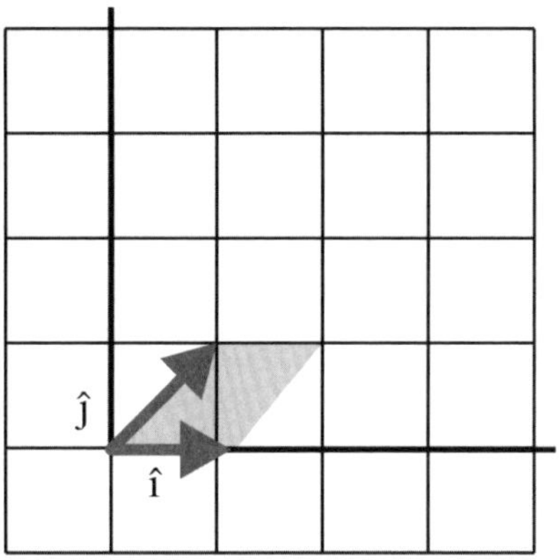

Abbildung 4-21: Eine einfache Scherung ändert die Determinante nicht.

Beispiel 4-14: Eine Determinante für eine Scherung

```
from numpy.linalg import det
from numpy import array

i_hat = array([1, 0])
j_hat = array([1, 1])

basis = array([i_hat, j_hat]).transpose()

determinant = det(basis)

print(determinant) # Ausgabe: 1.0
```

Skalieren vergrößert oder verkleinert jedoch die Determinante, da sich dadurch der Stichprobenbereich vergrößert oder verkleinert. Wenn die Orientierung wechselt ($\hat{\imath}$, $\hat{\jmath}$ tauschen ihre Positionen im Uhrzeigersinn), wird die Determinante negativ sein. Abbildung 4-22 und Beispiel 4-15 veranschaulichen eine Determinante für eine Transformation, die nicht nur skaliert, sondern auch die Orientierung des Vektorraums umgedreht hat.

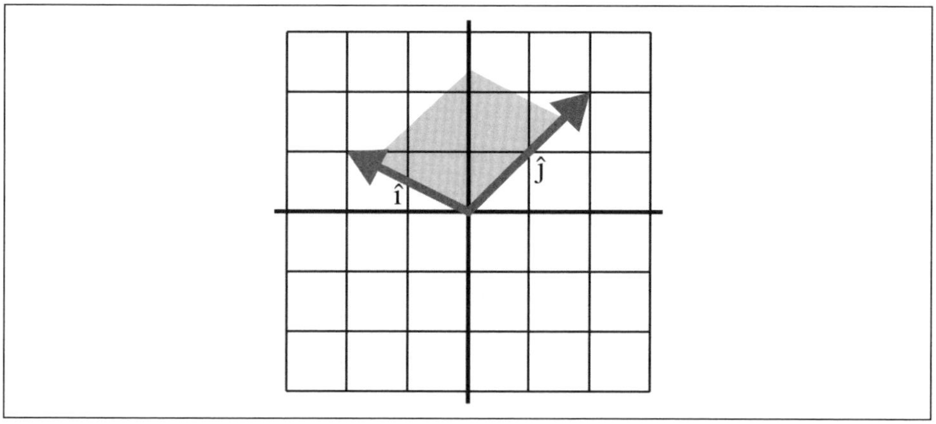

Abbildung 4-22: Die Determinante auf einem gespiegelten Raum ist negativ.

Beispiel 4-15: Eine negative Determinante

```
from numpy.linalg import det
from numpy import array

i_hat = array([-2, 1])
j_hat = array([1, 2])

basis = array([i_hat, j_hat]).transpose()

determinant = det(basis)

print(determinant) # Ausgabe: -5.0
```

Da diese Determinante negativ ist, sieht man schnell, dass sich die Orientierung umgekehrt hat. Die bei Weitem wichtigste Information, die die Determinante liefert, ist jedoch, ob die Transformation linear abhängig ist. Wenn eine Determinante 0 ist, bedeutet dies, dass der gesamte Raum in eine niedrigere Dimension gequetscht worden ist.

Abbildung 4-23 zeigt zwei linear abhängige Transformationen, wobei ein 2-D-Raum in eine Dimension und ein 3-D-Raum in zwei Dimensionen komprimiert wird. Die Fläche und das Volumen sind in beiden Fällen 0!

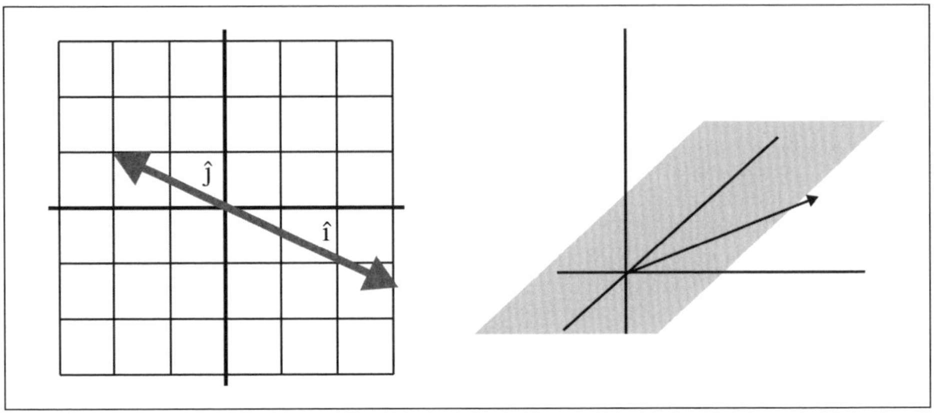

Abbildung 4-23: Lineare Abhängigkeit in 2-D und 3-D

Beispiel 4-16 zeigt den Code für das vorhergehende 2-D-Beispiel, der einen gesamten 2-D-Raum in eine einzige eindimensionale Zahlengerade quetscht.

Beispiel 4-16: Eine Determinante mit dem Wert null

```
from numpy.linalg import det
from numpy import array

i_hat = array([-2, 1])
j_hat = array([3, -1.5])

basis = array([i_hat, j_hat]).transpose()

determinant = det(basis)

print(determinant) # Ausgabe: 0.0
```

Wenn man also eine Determinante auf 0 testet, lässt sich in einfacher Weise feststellen, ob eine Transformation linear abhängig ist. In diesem Fall werden Sie es wahrscheinlich mit einem schwierigen oder unlösbaren Problem zu tun haben.

Spezielle Matrixtypen

Es gibt einige bemerkenswerte Fälle von Matrizen, die wir nicht unerwähnt lassen sollten.

Quadratische Matrix

Die *quadratische Matrix* ist eine Matrix, bei der die Anzahl der Zeilen und Spalten gleich ist:

$$\begin{bmatrix} 4 & 2 & 7 \\ 5 & 1 & 9 \\ 4 & 0 & 1 \end{bmatrix}$$

Hauptsächlich dienen Matrizen dazu, lineare Transformationen darzustellen, und sie sind für viele Operationen wie die Spektralzerlegung (bei der eine Matrix durch ihre Eigenwerte und Eigenvektoren dargestellt wird) erforderlich.

Identitätsmatrix

Die *Identitätsmatrix* oder *Einheitsmatrix* ist eine quadratische Matrix, bei der alle Diagonalwerte 1 und alle anderen Werte 0 sind:

$$\begin{bmatrix} 1 & 0 & 0 \\ 0 & 1 & 0 \\ 0 & 0 & 1 \end{bmatrix}$$

Was hat es mit den Identitätsmatrizen auf sich? Nun, wenn Sie eine Identitätsmatrix haben, dann haben Sie im Grunde eine Transformation rückgängig gemacht und Ihre Ausgangsbasisvektoren gefunden. Dies wird beim Lösen von Gleichungssystemen im nächsten Abschnitt eine große Rolle spielen.

Inverse Matrix

Eine *inverse Matrix* ist eine Matrix, die die Transformation einer anderen Matrix rückgängig macht. Angenommen, ich hätte die Matrix A:

$$A = \begin{bmatrix} 4 & 2 & 4 \\ 5 & 3 & 7 \\ 9 & 3 & 6 \end{bmatrix}$$

Die Inverse der Matrix A wird A^{-1} genannt. Wie Sie die Inverse mithilfe von SymPy oder NumPy berechnen, erfahren Sie im nächsten Abschnitt, zunächst zeigen wir, wie die Inverse von Matrix A aussieht:

$$\mathrm{A}^{-1} = \begin{bmatrix} -\frac{1}{2} & 0 & \frac{1}{3} \\ 5.5 & -2 & -\frac{4}{3} \\ -2 & 1 & \frac{1}{3} \end{bmatrix}$$

Wenn man eine Matrixmultiplikation von A^{-1} und A durchführt, erhält man eine Identitätsmatrix. Wie dies mit NumPy und SymPy geschieht, sehen Sie im nächsten Abschnitt über Gleichungssysteme.

$$\begin{bmatrix} -\frac{1}{2} & 0 & \frac{1}{3} \\ 5.5 & -2 & -\frac{4}{3} \\ -2 & 1 & \frac{1}{3} \end{bmatrix} \begin{bmatrix} 4 & 2 & 4 \\ 5 & 3 & 7 \\ 9 & 3 & 6 \end{bmatrix} = \begin{bmatrix} 1 & 0 & 0 \\ 0 & 1 & 0 \\ 0 & 0 & 1 \end{bmatrix}$$

Diagonalmatrix

Die *Diagonalmatrix* ähnelt der Identitätsmatrix, wobei aber die Diagonale mit Werten ungleich 0 besetzt ist. Die restlichen Werte sind wie bei der Identitätsmatrix alle 0. Diagonalmatrizen sind bei bestimmten Berechnungen wünschenswert, da sie einfache Skalare darstellen, die auf einen Vektorraum angewendet werden. Derartige Berechnungen tauchen in einigen Operationen der linearen Algebra auf.

$$\begin{bmatrix} 4 & 0 & 0 \\ 0 & 2 & 0 \\ 0 & 0 & 5 \end{bmatrix}$$

Dreiecksmatrix

Ähnlich wie die Diagonalmatrix hat die *Dreiecksmatrix* eine Diagonale mit Werten ungleich 0 vor einem Dreieck mit beliebigen Werten, während die restlichen Felder der Matrix 0 sind.

$$\begin{bmatrix} 4 & 2 & 9 \\ 0 & 1 & 6 \\ 0 & 0 & 5 \end{bmatrix}$$

Dreiecksmatrizen sind bei vielen Aufgaben der numerischen Analyse erwünscht, da sie in der Regel leichter in Gleichungssystemen zu lösen sind. Außerdem tauchen sie in bestimmten Zerlegungsaufgaben wie der LR-Zerlegung (*https://oreil.ly/vYK8t*) auf.

Dünnbesetzte Matrix

Gelegentlich stößt man auf Matrizen, die überwiegend aus Nullen bestehen und nur sehr wenige Elemente ungleich null enthalten. Das sind die sogenannten *dünnbesetzten Matrizen* (engl. *Sparse Matrices*). Aus rein mathematischer Sicht sind sie nicht sonderlich interessant. Rechentechnisch gesehen, bieten sie allerdings die Möglichkeit, Berechnungen effizienter zu gestalten. Wenn eine Matrix überwiegend aus Nullen besteht, verschwendet die Implementierung einer dünnbesetzten Matrix keinen Platz, um eine Vielzahl von Nullen zu speichern, sondern verfolgt nur die Zellen, die ungleich null sind.

$$\text{sparse:}\begin{bmatrix}0 & 0 & 0\\0 & 0 & 2\\0 & 0 & 0\\0 & 0 & 0\end{bmatrix}$$

Wenn Sie große Matrizen haben, die dünnbesetzt sind, könnten Sie explizit eine Sparse-Funktion verwenden, um Ihre Matrix zu erzeugen.

Gleichungssysteme und inverse Matrizen

Einer der grundlegendsten Anwendungsfälle für lineare Algebra ist das Lösen von Gleichungssystemen. Dies ist auch eine gute Anwendung, um etwas über inverse Matrizen zu lernen. Angenommen, Sie hätten die folgenden Gleichungen und müssten sie für x, y und z lösen:

$$\begin{aligned}4x + 2y + 4z &= 44\\5x + 3y + 7z &= 56\\9x + 3y + 6z &= 72\end{aligned}$$

Zwar können Sie manuell mit verschiedenen algebraischen Operationen experimentieren, um die drei Variablen zu isolieren, doch wenn Sie das Problem per Computer lösen wollen, müssen Sie es in Form von Matrizen ausdrücken, wie im Folgenden gezeigt. Extrahieren Sie die Koeffizienten in Matrix A, die Werte auf der rechten Seite der Gleichung in Matrix B und die unbekannten Variablen in Matrix X:

$$A = \begin{bmatrix}4 & 2 & 4\\5 & 3 & 7\\9 & 3 & 6\end{bmatrix}$$

$$B = \begin{bmatrix}44\\56\\72\end{bmatrix}$$

$$X = \begin{bmatrix}x\\y\\z\end{bmatrix}$$

Die Funktion für ein lineares Gleichungssystem lautet $AX = B$. Wir müssen Matrix A mit einer anderen Matrix X transformieren, was in Matrix B resultiert:

$$AX = B$$

$$\begin{bmatrix}4 & 2 & 4\\5 & 3 & 7\\9 & 3 & 6\end{bmatrix} \cdot \begin{bmatrix}x\\y\\z\end{bmatrix} = \begin{bmatrix}44\\56\\72\end{bmatrix}$$

Wir müssen A »rückgängig machen«, um X zu isolieren und die Werte für x, y und z zu erhalten. Und das geht so: Man nimmt die Inverse von A, als A^{-1} bezeichnet, und wendet sie auf A per Matrixmultiplikation an. Algebraisch lässt sich das wie folgt ausdrücken:

$$AX = B$$
$$A^{-1}AX = A^{-1}B$$
$$X = A^{-1}B$$

Die Inverse von Matrix A berechnen wir höchstwahrscheinlich mit einem Computer, anstatt manuell per gaußschem Eliminationsverfahren nach Lösungen zu suchen, was wir uns in diesem Buch nicht antun werden:

$$A^{-1} = \begin{bmatrix} -\frac{1}{2} & 0 & \frac{1}{3} \\ 5.5 & -2 & -\frac{4}{3} \\ -2 & 1 & \frac{1}{3} \end{bmatrix}$$

Bei der Matrixmultiplikation von A^{-1} mit A entsteht eine Identitätsmatrix, d.h. eine Matrix, die in der Diagonalen Einsen und sonst überall Nullen enthält. Die Identitätsmatrix ist das Äquivalent der linearen Algebra zur Multiplikation mit 1. Das bedeutet, dass sie im Wesentlichen keine Wirkung hat und die Werte für x, y und z effektiv isoliert:

$$A^{-1} = \begin{bmatrix} -\frac{1}{2} & 0 & \frac{1}{3} \\ 5.5 & -2 & \frac{4}{3} \\ -2 & 1 & \frac{1}{3} \end{bmatrix}$$

$$A = \begin{bmatrix} 4 & 2 & 4 \\ 5 & 3 & 7 \\ 9 & 3 & 6 \end{bmatrix}$$

$$A^{-1}A = \begin{bmatrix} 1 & 0 & 0 \\ 0 & 1 & 0 \\ 0 & 0 & 1 \end{bmatrix}$$

Um diese Identitätsmatrix in Python in Aktion zu sehen, sollten Sie SymPy anstelle von NumPy einsetzen. Die Gleitkommazahlen in NumPy lassen die Identitätsmatrix nicht so offensichtlich hervortreten, aber bei einer symbolischen Umsetzung wie in Beispiel 4-17 erscheint eine klare, symbolische Ausgabe. Beachten Sie, dass wir für die Matrixmultiplikation in SymPy das Sternchen * statt `@` verwenden.

Beispiel 4-17: Mit SymPy die Inverse und die Identitätsmatrix untersuchen

```
from sympy import *

# 4x + 2y + 4z = 44
# 5x + 3y + 7z = 56
# 9x + 3y + 6z = 72

A = Matrix([
    [4, 2, 4],
    [5, 3, 7],
    [9, 3, 6]
])

# Punktprodukt zwischen A und ihrer Inversen
# erzeugt Identitätsfunktion
inverse = A.inv()
identity = inverse * A

# gibt Matrix([[-1/2, 0, 1/3], [11/2, -2, -4/3], [-2, 1, 1/3]]) aus
print("INVERSE: {}".format(inverse))

# gibt Matrix([[1, 0, 0], [0, 1, 0], [0, 0, 1]]) aus
print("IDENTITY: {}".format(identity))
```

In der Praxis wird die fehlende Gleitkommagenauigkeit unsere Antworten nicht allzu sehr beeinträchtigen, sodass NumPy akzeptabel sein sollte, um x zu lösen. Beispiel 4-18 zeigt eine Lösung mit NumPy.

Beispiel 4-18: Ein Gleichungssystem mit NumPy lösen

```
from numpy import array
from numpy.linalg import inv

# 4x + 2y + 4z = 44
# 5x + 3y + 7z = 56
# 9x + 3y + 6z = 72

A = array([
    [4, 2, 4],
    [5, 3, 7],
    [9, 3, 6]
])

B = array([
    44,
    56,
    72
])

X = inv(A).dot(B)

print(X) # [ 2. 34. -8.]
```

Also sind $x = 2$, $y = 34$ und $z = -8$. Beispiel 4-19 zeigt die vollständige Lösung in SymPy als Alternative zu NumPy.

Beispiel 4-19: Ein Gleichungssystem mithilfe von SymPy lösen

```
from sympy import *

# 4x + 2y + 4z = 44
# 5x + 3y + 7z = 56
# 9x + 3y + 6z = 72

A = Matrix([
    [4, 2, 4],
    [5, 3, 7],
    [9, 3, 6]
])

B = Matrix([
    44,
    56,
    72
])

X = A.inv() * B

print(X) # Matrix([[2], [34], [-8]])
```

Hier ist die Lösung in mathematischer Notation:

$$A^{-1}B = X$$

$$\begin{bmatrix} -\frac{1}{2} & 0 & \frac{1}{3} \\ 5.5 & -2 & \frac{4}{3} \\ -2 & 1 & \frac{1}{3} \end{bmatrix} \begin{bmatrix} 44 \\ 56 \\ 72 \end{bmatrix} = \begin{bmatrix} x \\ y \\ z \end{bmatrix}$$

$$\begin{bmatrix} 2 \\ 34 \\ -8 \end{bmatrix} = \begin{bmatrix} x \\ y \\ z \end{bmatrix}$$

Bleibt zu hoffen, dass Sie nun ein Gefühl für inverse Matrizen bekommen haben und wissen, wie sie verwendet werden können, um ein lineares Gleichungssystem zu lösen.

Gleichungssysteme in der linearen Programmierung

Diese Methode zur Lösung von Gleichungssystemen ist auch in der linearen Programmierung gebräuchlich, wo Ungleichungen Beschränkungen definieren und ein Ziel minimiert/maximiert wird.

Zahlreiche gute Videos von PatrickJMT zur linearen Programmierung finden Sie unter *https://bit.ly/3aVyrD6*. Außerdem gehen wir in Anhang A kurz darauf ein.

In der Praxis sollte es nur selten erforderlich sein, inverse Matrizen manuell zu berechnen. Vielmehr dürfte das ein Computer für Sie erledigen. Doch wenn Sie es müssen oder neugierig sind, sollten Sie sich mit dem gaußschen Eliminationsverfahren vertraut machen. Auch hier hat PatrickJMT auf YouTube unter *https://oreil.ly/RfXAv* eine Reihe von Videos veröffentlicht, die das gaußsche Eliminationsverfahren demonstrieren

Eigenvektoren und Eigenwerte

Bei der *Matrixzerlegung* wird eine Matrix in ihre Grundbestandteile zerlegt, ähnlich wie bei der Faktorisierung von Zahlen (z. B. lässt sich 10 in 2 × 5 zerlegen).

Matrixzerlegung ist hilfreich für Aufgaben wie die Suche nach inversen Matrizen und das Berechnen von Determinanten sowie für die lineare Regression. Es gibt viele Möglichkeiten, eine Matrix zu zerlegen, abhängig von der jeweiligen Aufgabe. In Kapitel 5 verwenden wir eine Technik der Matrixzerlegung, die QR-Zerlegung, um eine lineare Regression durchzuführen.

In diesem Kapitel wollen wir uns aber auf eine weitverbreitete Methode konzentrieren, die sogenannte Spektralzerlegung, die häufig für maschinelles Lernen und die Hauptkomponentenanalyse verwendet wird. Allerdings können wir hier aus Platzgründen nicht weiter auf die jeweiligen Anwendungen eingehen. Für den Moment genügt es, zu wissen, dass die Spektralzerlegung hilfreich ist, um eine Matrix in Komponenten zu zerlegen, die bei verschiedenen Aufgaben des maschinellen Lernens leichter zu verarbeiten sind. Beachten Sie auch, dass dies nur bei quadratischen Matrizen funktioniert.

Bei der Spektralzerlegung gibt es zwei Komponenten: die mit λ bezeichneten Eigenwerte und den mit v bezeichneten Eigenvektor (siehe Abbildung 4-24).

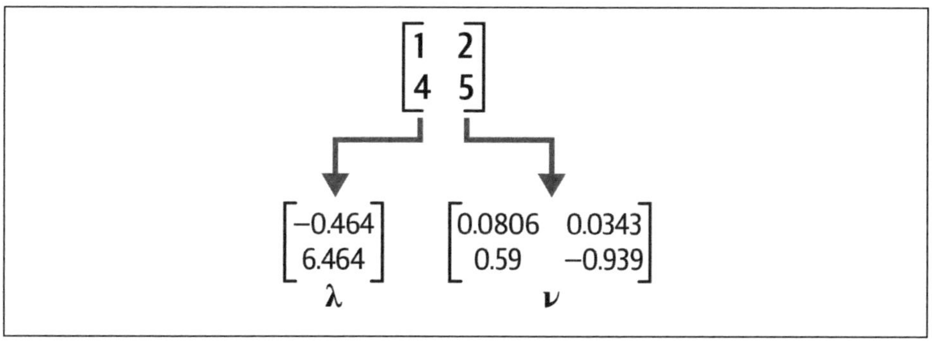

Abbildung 4-24: Der Eigenvektor und die Eigenwerte

Für eine quadratische Matrix A gilt die folgende Eigenwertgleichung:

$$Av = \lambda v$$

Wenn A die ursprüngliche Matrix ist, besteht sie aus dem Eigenvektor v und dem Eigenwert λ. Für jede Dimension der übergeordneten Matrix gibt es einen Eigenvektor und einen Eigenwert. Nicht alle Matrizen lassen sich in einen Eigenvektor und einen Eigenwert zerlegen. Manchmal ergeben sich sogar komplexe (imaginäre) Zahlen.

Beispiel 4-20 zeigt, wie man in NumPy Eigenvektoren und Eigenwerte für eine gegebene Matrix A berechnet.

Beispiel 4-20: Eine Spektralzerlegung in NumPy durchführen

```
from numpy import array, diag
from numpy.linalg import eig, inv

A = array([
    [1, 2],
    [4, 5]
])

eigenvals, eigenvecs = eig(A)

print("EIGENVALUES")
print(eigenvals)
print("\nEIGENVECTORS")
print(eigenvecs)

""" EIGENVALUES
[-0.46410162 6.46410162]

EIGENVECTORS
[[-0.80689822 -0.34372377]
 [ 0.59069049 -0.9390708 ]]
"""
```

Wie lässt sich also Matrix A aus den Eigenvektoren und Eigenwerten rekonstruieren? Denken Sie dabei an diese Formel:

$$Av = \lambda v$$

Um A zu rekonstruieren, müssen wir die Formel ein wenig abändern:

$$A = Q\Lambda Q^{-1}$$

In dieser neuen Formel sind Q die Eigenvektoren, Λ die Eigenwerte in diagonaler Form und Q^{-1} die inverse Matrix von Q. Diagonale Form bedeutet, dass der Vektor in eine Matrix aus Nullen eingetragen wird und die Diagonale in einem ähnlichen Muster wie eine Identitätsmatrix einnimmt.

Beispiel 4-21 bringt den gesamten Ablauf des Beispiels in Python, wobei zuerst die Matrix zerlegt und dann neu zusammengesetzt wird.

Beispiel 4-21: Zerlegung und erneutes Zusammensetzen einer Matrix in NumPy

```
from numpy import array, diag
from numpy.linalg import eig, inv

A = array([
```

```
    [1, 2],
    [4, 5]
])

eigenvals, eigenvecs = eig(A)

print("EIGENVALUES")
print(eigenvals)
print("\nEIGENVECTORS")
print(eigenvecs)

print("\nREBUILD MATRIX")
Q = eigenvecs
R = inv(Q)

L = diag(eigenvals)
B = Q @ L @ R

print(B)

""" EIGENVALUES
[-0.46410162 6.46410162]

EIGENVECTORS
[[-0.80689822 -0.34372377]
 [ 0.59069049 -0.9390708 ]]

REBUILD MATRIX
[[1. 2.]
 [4. 5.]]
"""
```

Wie Sie sich überzeugen können, ist die Matrix, die wir neu zusammengesetzt haben, diejenige, mit der wir begonnen haben.

Zum Schluss

Lineare Algebra kann wahnsinnig abstrakt sein und ist voller Geheimnisse und Ideen, über die man sinnieren kann. Man könnte meinen, das ganze Thema sei ein einziges Labyrinth, und man hätte recht! Es empfiehlt sich jedoch, weiterhin neugierig zu bleiben, wenn Sie eine lange, erfolgreiche Karriere in der Data Science anstreben. Es ist die Grundlage für statistisches Rechnen, maschinelles Lernen und andere Bereiche der angewandten Data Science. Letztlich ist sie die Grundlage für die Informatik im Allgemeinen. Sicherlich können Sie eine Zeit lang ohne dieses Wissen auskommen, aber irgendwann werden Sie an die Grenzen Ihres Verständnisses stoßen.

Vielleicht fragen Sie sich, wie diese Ideen praktisch umgesetzt werden können, da sie sich möglicherweise recht theoretisch anfühlen. Keine Sorge, im Laufe dieses Buchs werden Sie einige praktische Anwendungen kennenlernen. Aber die Theorie und die geometrischen Interpretationen sind wichtig, um bei der Arbeit mit Daten ein Gespür dafür zu bekommen. Und wenn Sie lineare Transformationen visuell verstehen, sind Sie darauf vorbereitet, sich mit fortgeschritteneren Konzepten zu befassen, die Ihnen später in Ihrem Beruf begegnen könnten.

Wenn Sie mehr über lineare Programmierung lernen möchten, gibt es keinen besseren Ort als die YouTube-Playliste »Essence of Linear Algebra« von 3Blue1Brown (*https://oreil.ly/FSCNz*). Ebenfalls hilfreich sind die Videos zur linearen Algebra von PatrickJMT unter *https://oreil.ly/Hx9GP*.

Wenn Sie sich mit NumPy vertraut machen möchten, empfiehlt sich das Buch *Datenanalyse mit Python* von Wes McKinney (O'Reilly). Es konzentriert sich nicht so sehr auf die lineare Algebra, aber es bietet praktische Anleitungen zum Einsatz von NumPy, Pandas und Python auf Datensätzen.

Übungen

1. Vektor $\vec{v}$ hat einen Wert von [1, 2], doch dann findet eine Transformation statt, sodass $\hat{i}$ bei [2, 0] und $\hat{j}$ bei [0, 1.5] landet. Wo landet $\vec{v}$?
2. Vektor $\vec{v}$ hat einen Wert von [1, 2], doch findet dann eine Transformation statt, sodass $\hat{i}$ bei [–2, 1] und $\hat{j}$ bei [1, –2] landet. Wo landet $\vec{v}$?
3. Eine Transformation $\hat{j}$ landet bei [1, 0], und $\hat{j}$ landet bei [2, 2]. Wie lautet die Determinante dieser Transformation?
4. Können zwei oder mehr lineare Transformationen in einer einzigen linearen Transformation durchgeführt werden? Warum bzw. warum nicht?
5. Lösen Sie das Gleichungssystem für x, y und z:

   $3x + 1y + 0z = \; = 54$
   $2x + 4y + 1z = 12$
   $3x + 1y + 8z = 6$

6. Ist die folgende Matrix linear abhängig? Warum oder warum nicht?

   $$\begin{bmatrix} 2 & 1 \\ 6 & 3 \end{bmatrix}$$

Antworten finden Sie in Anhang B.

KAPITEL 5

Lineare Regression

Eine der praktischsten Techniken in der Datenanalyse ist die Anpassung einer Geraden durch beobachtete Datenpunkte, um eine Beziehung zwischen zwei oder mehreren Variablen aufzuzeigen. Durch *Regression* versucht man, eine Funktion an beobachtete Daten anzupassen, um Vorhersagen über neue Daten zu treffen. Bei einer *linearen Regression* wird eine Gerade an die beobachteten Daten angepasst, um eine lineare Beziehung zwischen Variablen aufzuzeigen und Vorhersagen über neue Daten zu treffen, die noch nicht beobachtet wurden.

Es ist sicherlich sinnvoller, ein Bild zu sehen, als eine Beschreibung der linearen Regression zu lesen. Abbildung 5-1 zeigt ein Beispiel für eine lineare Regression.

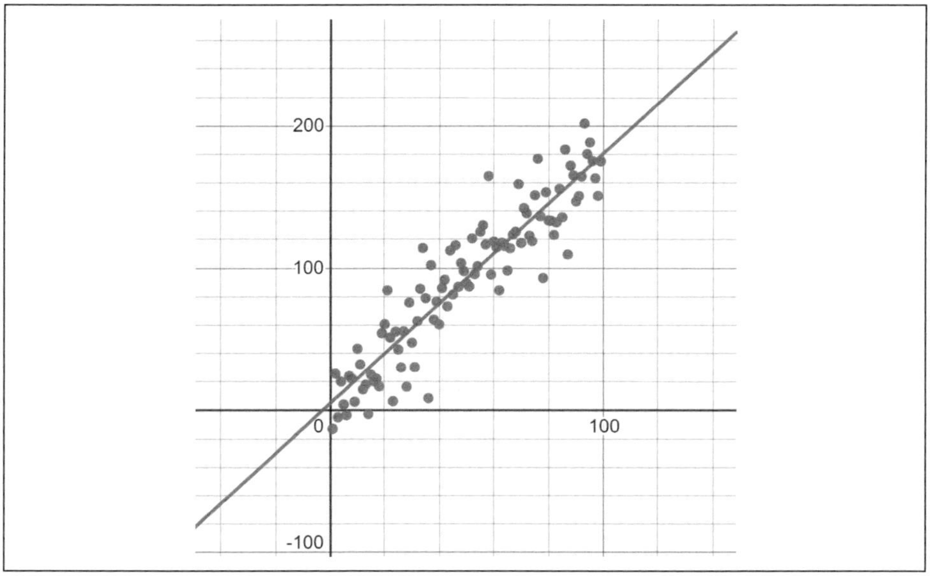

Abbildung 5-1: Beispiel einer linearen Regression, die eine Gerade an beobachtete Daten anpasst

Lineare Regression ist ein Arbeitspferd von Data Science und Statistik und greift nicht nur auf Konzepte zurück, die wir in früheren Kapiteln erläutert haben, sondern schafft auch neue Grundlagen für spätere Themen wie neuronale Netze (Kapitel 7) und logistische Regression (Kapitel 6). Diese relativ einfache Technik gibt es schon seit mehr als 200 Jahren, und sie wird heute als eine Form des maschinellen Lernens bezeichnet.

Praktiker des maschinellen Lernens verfolgen bei der Validierung oft einen anderen Ansatz und beginnen mit der Aufteilung der Daten in Trainings- und Testdaten. Statistikerinnen und Statistiker verwenden eher Metriken wie Vorhersageintervalle und Korrelation für Signifikanz. Wir werden beide Denkweisen behandeln, damit die Leser die immer größer werdende Kluft zwischen den beiden Disziplinen überbrücken können und somit für beide Rollen bestens gerüstet sind.

Moment – Regression ist maschinelles Lernen?

Hinter dem Begriff maschinelles Lernen versammeln sich mehrere Techniken, wobei aber diejenige mit den meisten Anwendungsfällen derzeit das überwachte Lernen ist und Regressionen hier eine große Rolle spielen. Deshalb hat man der linearen Regression den Stempel des maschinellen Lernens aufgedrückt. Verwirrenderweise bezeichnen Statistiker ihre Regressionsmodelle als *statistisches Lernen*, während die Profis für Data Science und maschinelles Lernen ihre Modelle *maschinelles Lernen* nennen.

Während es sich beim überwachten Lernen oft um Regression handelt, geht es beim unüberwachten maschinellen Lernen eher um Clustering und Anomalieerkennung. Verstärkendes Lernen (engl. *Reinforcement Learning*) ist häufig gepaart mit Simulation, um schnell synthetische Daten zu erzeugen.

Zwei weitere Formen des überwachten maschinellen Lernens werden Sie in Kapitel 6 über logistische Regression und in Kapitel 7 über neuronale Netze kennenlernen.

Eine einfache lineare Regression

Ich möchte die Beziehung zwischen dem Alter eines Hundes und der Anzahl seiner für den entsprechenden Zeitraum zu erwartenden Tierarztbesuche analysieren. In einer fiktiven Stichprobe haben wir zehn zufällig ausgewählte Hunde. Ich bin ein Fan davon, komplexe Techniken anhand einfacher Datensätze (real oder nicht) zu ergründen, um die Stärken und Grenzen der Technik zu verstehen, ohne von komplexen Daten abgelenkt zu werden. Abbildung 5-2 zeigt einen Plot dieses Datensatzes.

Es ist deutlich zu erkennen, dass es hier eine lineare Korrelation gibt. Wenn also eine dieser Variablen zunimmt/abnimmt, wird auch die andere in etwa proportional dazu zunehmen/abnehmen. Wir könnten eine Gerade durch diese Punkte ziehen, um eine Korrelation wie in Abbildung 5-3 darzustellen.

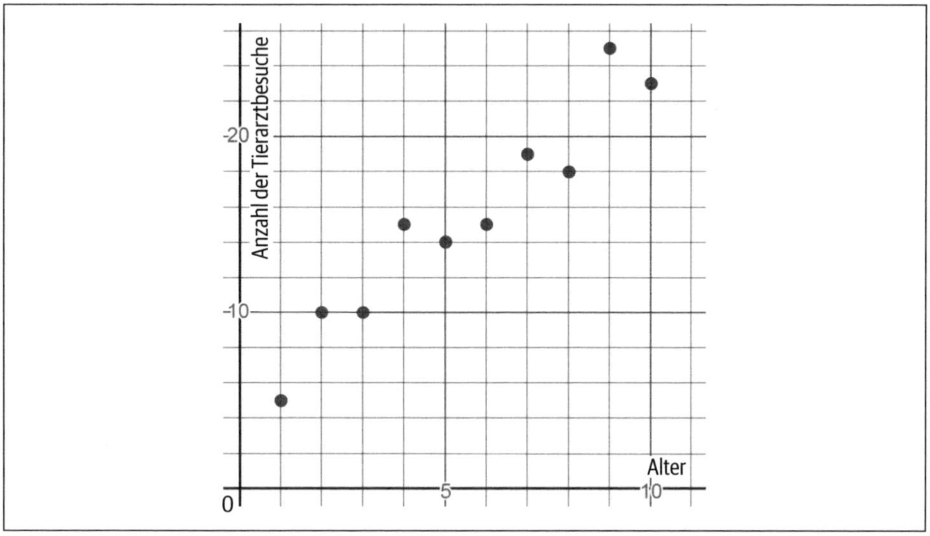

Abbildung 5-2: Plot einer Stichprobe von zehn Hunden mit ihrem Alter und der Anzahl der Tierarztbesuche

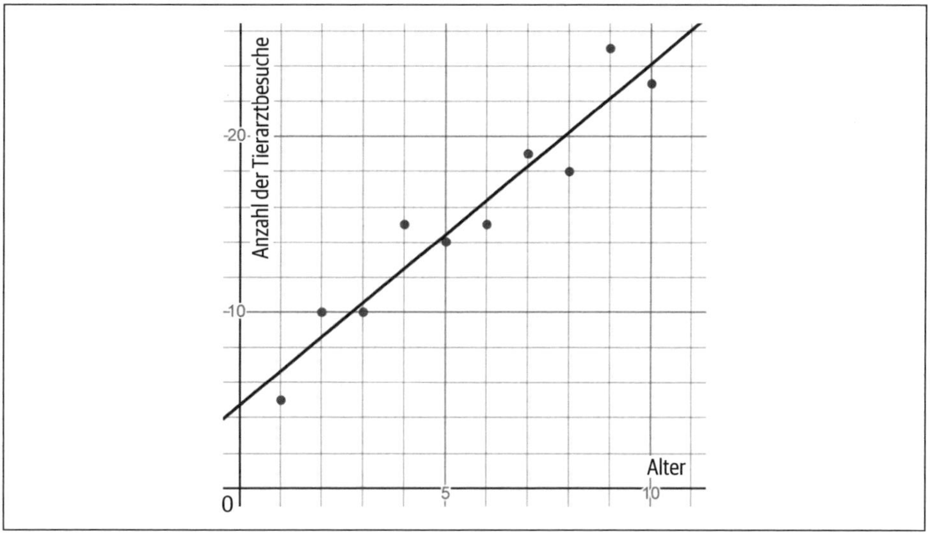

Abbildung 5-3: Eine Gerade durch unsere Daten ziehen

Wie Sie eine solche angepasste Gerade berechnen, zeige ich später in diesem Kapitel. Wir wollen auch untersuchen, wie sich die Qualität dieser angepassten Geraden berechnen lässt. Fürs Erste konzentrieren wir uns auf die Vorteile einer linearen Regression. Sie ermöglicht uns, Vorhersagen über Daten zu treffen, die wir vorher noch nicht gesehen haben. In meiner Stichprobe gibt es keinen Hund, der 8,5 Jahre alt ist, aber ich kann anhand dieser Geraden schätzen, dass der Hund in seinem Leben 21 Tierarztbesuche absolvieren wird. Ich schaue einfach auf die Gerade bei $x = 8{,}5$ und sehe, dass $y = 21{,}218$ ist, wie Abbildung 5-4 zeigt. Ein weiterer

Vorteil ist, dass wir die Variablen auf mögliche Beziehungen analysieren und die Hypothese aufstellen können, dass korrelierte Variablen kausal zueinander sind.

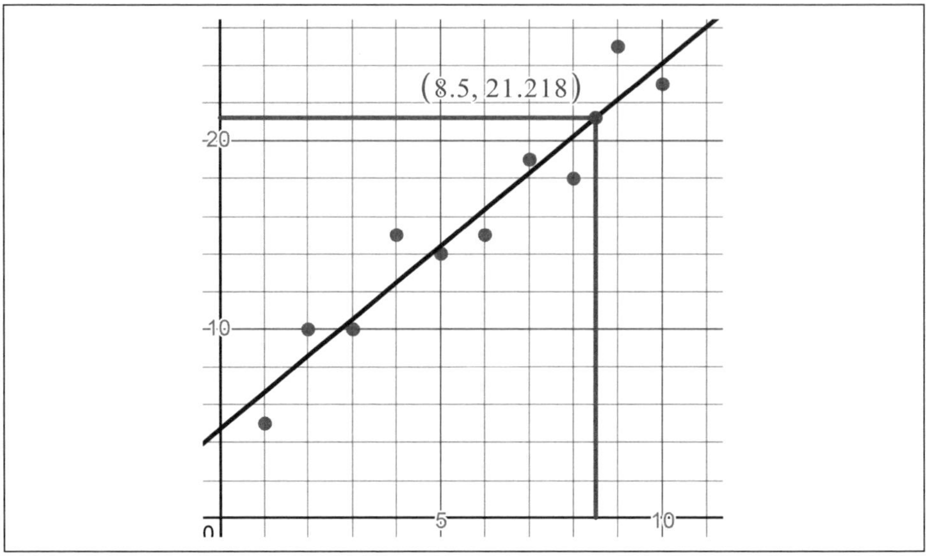

Abbildung 5-4: Anhand der durch lineare Regression erzeugten Geraden vorhersagen, dass ein 8,5 Jahre alter Hund voraussichtlich 21,2 Tierarztbesuche haben wird

Was sind nun die Nachteile einer linearen Regression? Man kann nicht erwarten, dass jedes Ergebnis *genau* auf diese Gerade fällt. Da schließlich reale Daten verrauscht und nie perfekt sind, werden sie auch nicht einer Geraden folgen. Vielleicht folgen sie nicht einmal im Entferntesten einer geraden Linie! Um diese Gerade herum wird es Fehler geben, wobei der Datenpunkt über oder unter die Linie fällt. Mathematisch werden wir das erläutern, wenn wir über p-Werte, statistische Signifikanz und Vorhersageintervalle sprechen, die beschreiben, wie zuverlässig unsere lineare Regression ist. Ein anderer Haken ist, dass man lineare Regression nicht für Vorhersagen außerhalb des zur Verfügung stehenden Datenbereichs verwenden sollte, d.h. keine Vorhersagen für $x < 0$ und $x > 10$, weil wir keine Daten außerhalb dieser Werte haben.

Stichprobenverzerrung nicht vergessen!

Wir sollten diese Daten und die Art ihrer Erhebung hinterfragen, um Verzerrungen zu erkennen. Beziehen sich die Daten auf eine einzige Tierklinik? Mehrere zufällig ausgewählte Kliniken? Liegt eine Verzerrung durch Selbstselektion vor, indem tierärztliche Daten nur von Hunden stammen, die in die Klinik gebracht wurden? Können die Daten verfälscht werden, wenn sie nur von Hunden in der gleichen Gegend erfasst wurden? Vielleicht kommen Hunde in heißen Wüstenregionen häufiger wegen Hitzeerschöpfung und Schlangenbissen zum Tierarzt, was die Anzahl der Tierarztbesuche in unserer Stichprobe aufblähen würde.

Wie Kapitel 3 erläutert hat, ist es in Mode gekommen, Daten zum Orakel für die Wahrheit zu machen. Daten sind jedoch lediglich eine Stichprobe aus einer Grundgesamtheit, und wir müssen ein Gespür dafür entwickeln, wie gut unsere Stichprobe repräsentiert wird. Interessieren Sie sich also bitte ebenso (wenn nicht sogar mehr) dafür, woher die Daten stammen, und nicht nur dafür, was die Daten aussagen!

Einfache lineare Regression mit scikit-learn

In Bezug auf lineare Regression gibt es in diesem Kapitel viel zu lernen, aber beginnen wir mit etwas Code, um das auszuführen, was Sie schon gelernt haben.

Es gibt viele Plattformen, um eine lineare Regression durchzuführen, von Excel über Python bis hin zu R. In diesem Buch bleiben wir jedoch bei Python und beginnen mit der Bibliothek scikit-learn, die uns einen Großteil der Arbeit abnimmt. Später in diesem Kapitel zeige ich Ihnen, wie man eine lineare Regression »von Grund auf« erstellt, damit Sie wichtige Konzepte wie Gradientenabstieg und Methode der kleinsten Quadrate verstehen.

Beispiel 5-1 zeigt, wie sich mit scikit-learn eine einfache, nicht validierte lineare Regression für die Stichprobe von zehn Hunden durchführen lässt. Wir beziehen die Daten von *https://oreil.ly/xCvwR* mithilfe von Pandas, konvertieren sie in NumPy-Arrays, führen eine lineare Regression mittels scikit-learn durch und nutzen dann Plotly, um die Ergebnisse in einem Diagramm darzustellen.

Beispiel 5-1: Eine lineare Regression mithilfe von scikit-learn durchführen

```
import pandas as pd
import matplotlib.pyplot as plt
from sklearn.linear_model import LinearRegression

# Punkte importieren
df = pd.read_csv('https://bit.ly/3goOAnt', delimiter=",")

# Eingabevariablen extrahieren (alle Zeilen, alle Spalten außer letzter Spalte)
X = df.values[:, :-1]

# Ausgabespalte extrahieren (alle Zeilen, letzte Spalte)
Y = df.values[:, -1]

# eine Gerade an die Punkte anpassen
fit = LinearRegression().fit(X, Y)

# m = 1.7867224, b = -16.51923513
m = fit.coef_.flatten()
b = fit.intercept_.flatten()
print("m = {0}".format(m))
print("b = {0}".format(b))

# in Diagramm anzeigen
plt.plot(X, Y, 'o') # scatterplot
plt.plot(X, m*X+b) # line
plt.show()
```

Zuerst importieren wir die Daten aus dieser CSV-Datei auf GitHub (*https://bit.ly/3cIH97A*). Mittels Pandas trennen wir die beiden Spalten in X- und Y-Datensätze. Dann passen wir mit der Funktion `fit()` das Modell `LinearRegression` an die X-

Eingabedaten und die Y-Ausgabedaten an. Anschließend können wir die Koeffizienten m und b abrufen, die unsere angepasste lineare Funktion beschreiben.

Im Plot erhalten Sie tatsächlich eine angepasste Gerade, die durch diese Punkte geht, wie Abbildung 5-5 zeigt.

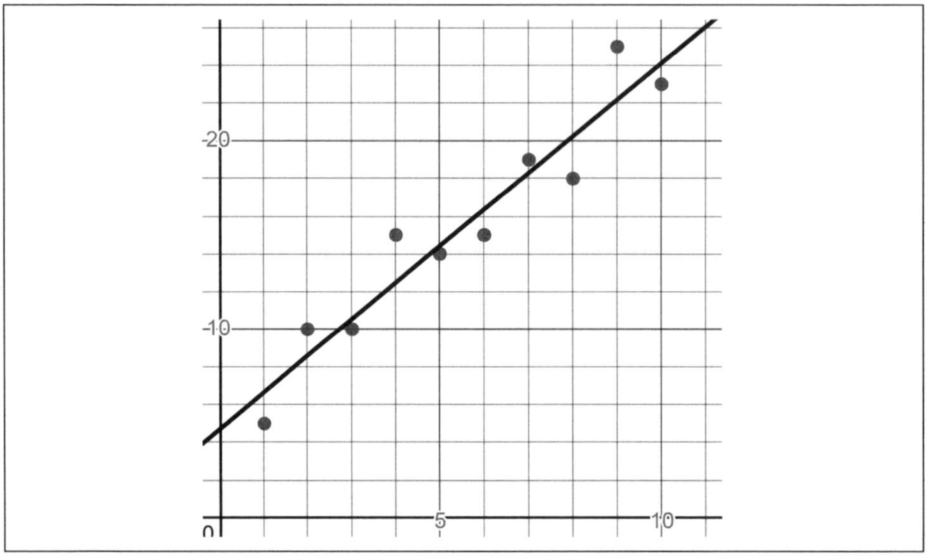

Abbildung 5-5: scikit-learn passt eine Regressionsgerade an Ihre Daten an.

Wie wird die Gerade mit der besten Anpassung an diese Punkte ermittelt? Damit beschäftigen wir uns als Nächstes.

Residuen und Fehlerquadrate

Wie kommen Statistiktools wie scikit-learn zu einer Geraden, die sich bestmöglich an diese Punkte anpasst? Das hängt mit zwei Fragen zusammen, die für das Training beim maschinellen Lernen grundlegend sind:

- Was definiert eine »beste Anpassung«?
- Wie bekommen wir diese »beste Anpassung«?

Für die erste Frage gibt es eine ziemlich eindeutige Antwort: Wir minimieren die Quadrate oder, genauer gesagt, die Summe der quadrierten Residuen. Im Einzelnen sieht das so aus: Ziehen Sie eine Gerade durch diese Punkte. Das *Residuum* ist die numerische Differenz zwischen der Geraden und den Punkten, wie Abbildung 5-6 zeigt.

Punkte oberhalb der Geraden haben ein positives Residuum und Punkte unterhalb der Geraden ein negatives Residuum. Mit anderen Worten, es ist die Differenz zwischen den vorhergesagten y-Werten (abgeleitet von der Geraden) und den tatsächlichen y-Werten (die aus den Daten stammen). Eine andere Bezeichnung für Residuen sind *Fehler*, da sie widerspiegeln, wie falsch unsere Gerade bei der Vorhersage von Daten liegt.

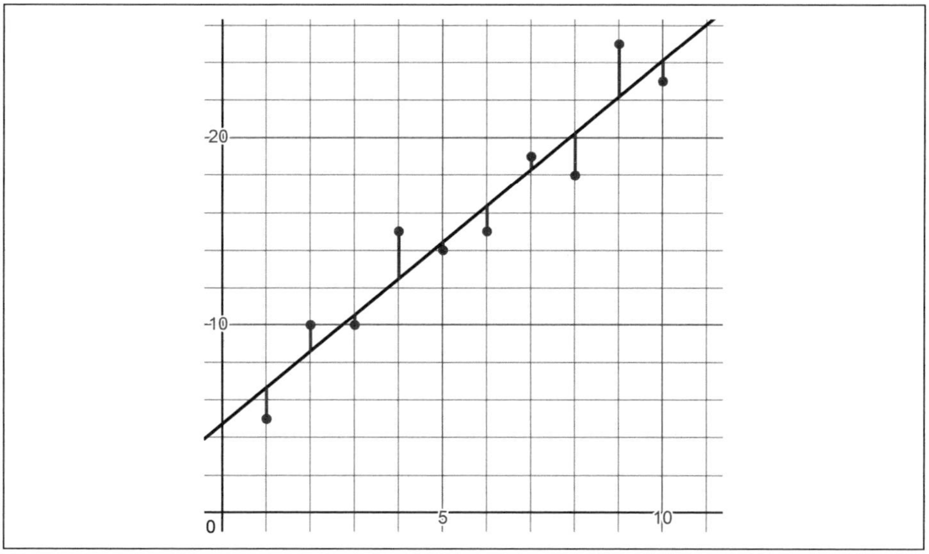

Abbildung 5-6: Die Residuen sind die Differenzen zwischen der Geraden und den Punkten.

Beispiel 5-2 berechnet die Differenzen zwischen diesen zehn Punkten und der Geraden $y = 1{,}93939x + 4{,}73333$, und Beispiel 5-3 gibt die Residuen für jeden Punkt an.

Beispiel 5-2: Die Residuen für eine gegebene Gerade und gegebene Daten berechnen

```
import pandas as pd

# Punkte importieren
points = pd.read_csv('https://bit.ly/3goOAnt', delimiter=",").itertuples()

# Test mit einer gegebenen Geraden
m = 1.93939
b = 4.73333

# die Residuen berechnen
for p in points:
    y_actual = p.y
    y_predict = m*p.x + b
    residual = y_actual - y_predict
    print(residual)
```

Beispiel 5-3: Die Residuen für jeden Punkt

```
-1.67272
1.3878900000000005
-0.5515000000000008
2.5091099999999997
-0.4302799999999998
-1.3696699999999993f
0.6909400000000012
-2.2484499999999983
2.812160000000002
-1.1272299999999973
```

Wenn wir durch unsere zehn Datenpunkte eine angepasste Gerade legen, wollen wir wahrscheinlich die Residuen insgesamt minimieren, sodass der Abstand zwischen der Geraden und den Punkten so gering wie möglich ist. Wie aber messen wir diese »Summe«? Der beste Ansatz ist die Quadratsumme, d.h., man quadriert jedes Residuum oder multipliziert es mit sich selbst und summiert die Ergebnisse. Wir nehmen jeden tatsächlichen y-Wert, subtrahieren davon den vorhergesagten y-Wert, der sich aus der Geraden ergibt, quadrieren diese Differenz und summieren alle diese Differenzen.

Warum keine Absolutwerte?

Vielleicht fragen Sie sich, warum wir die Residuen quadrieren, bevor wir sie summieren. Weshalb addiert man sie nicht einfach, ohne zu quadrieren? Das funktioniert nicht, weil die negativen Werte die positiven aufheben würden. Könnte man nicht einfach die Absolutwerte addieren, d.h. alle negativen Differenzen in positive umwandeln? Das klingt zwar vielversprechend, doch sind Absolutwerte mathematisch ungünstig. Im Speziellen funktionieren Absolutwerte nicht gut mit den Ableitungen in der Differenzialrechnung, die wir später für den Gradientenabstieg einsetzen werden. Deshalb quadrieren wir die Residuen als Methode zur Berechnung des Gesamtverlusts.

Abbildung 5-7 veranschaulicht dies, indem wir ein Quadrat über jedes Residuum legen, bei dem die Länge jeder Seite den Wert des Residuums darstellt. Wir summieren die Flächen all dieser Quadrate und werden später lernen, wie sich die minimale Summe finden lässt, indem wir die besten m und b bestimmen.

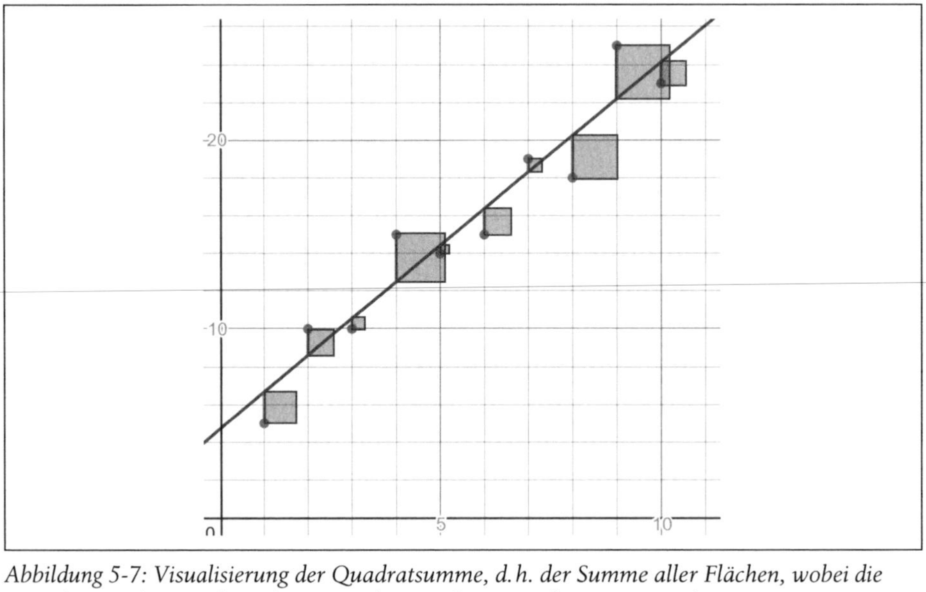

Abbildung 5-7: Visualisierung der Quadratsumme, d.h. der Summe aller Flächen, wobei die Seitenlänge jedes Quadrats dem Wert des jeweiligen Residuums entspricht

Wir modifizieren den Code in Beispiel 5-4, um die Quadratsumme zu berechnen.

Beispiel 5-4: Die Quadratsumme berechnen, wobei eine Gerade und die Daten gegeben sind

```
import pandas as pd

# Punkte importieren
points = pd.read_csv("https://bit.ly/2KF29Bd").itertuples()

# Testen mit einer gegebenen Geraden
m = 1.93939
b = 4.73333

sum_of_squares = 0.0

# Quadratsumme berechnen
for p in points:
    y_actual = p.y
    y_predict = m*p.x + b
    residual_squared = (y_predict - y_actual)**2
    sum_of_squares += residual_squared

print("sum of squares = {}".format(sum_of_squares))
# Quadratsumme = 28.096969704500005
```

Nächste Frage: Wie finden wir die m- und b-Werte, die die kleinste Quadratsumme ergeben, ohne eine Bibliothek wie scikit-learn zu verwenden? Schauen wir uns das als Nächstes an.

Die beste Anpassungsgerade suchen

Wir verfügen nun über eine Möglichkeit, die Qualität einer gegebenen Geraden bezüglich der Datenpunkte zu messen. Je kleiner wir diese Zahl machen können, desto besser ist die Anpassung. Wie finden wir nun die richtigen m- und b-Werte, die die *kleinste* Quadratsumme ergeben?

Es gibt eine Reihe von Suchalgorithmen, mit denen wir versuchen können, den richtigen Satz von Werten zu finden, um ein bestimmtes Problem zu lösen. Das kann mit einer *Brute-Force-Methode* geschehen, bei der m- und b-Werte millionenfach erzeugt und diejenigen ausgewählt werden, die die kleinste Summe der Quadrate liefern. Allerdings wird das nicht zufriedenstellend funktionieren, weil es unendlich lange dauern würde, auch nur eine vernünftige Annäherung zu finden. Wir brauchen etwas, das ein wenig zielführender ist. Ich werde fünf Techniken vorstellen, die sich besser eignen: *geschlossene Form*, *Matrixinversion*, *Matrixzerlegung*, *Gradientenabstieg* und *stochastischer Gradientenabstieg*. Daneben gibt es noch andere Techniken, wie zum Beispiel den *Bergsteigeralgorithmus* (engl. *Hill Climbing*), die Sie verwenden könnten (und die in Anhang A vorgestellt werden), doch wir halten uns an die gängigsten.

> **Training beim maschinellen Lernen ist Anpassen einer Regression**
>
> Dies ist das Herzstück des »Trainings« eines Algorithmus für maschinelles Lernen. Wir stellen einige Daten und eine Zielfunktion (die Quadratsumme) bereit, und der Algorithmus findet die richtigen Koeffizienten m und b, um dieses Ziel zu erreichen. Wenn wir also ein Modell für maschinelles Lernen »trainieren«, minimieren wir eigentlich eine Verlustfunktion.

Gleichung in geschlossener Form

So mancher von Ihnen wird sich fragen, ob es eine Formel (eine sogenannte *Gleichung in geschlossener Form*) gibt, mit der sich eine lineare Regression durch exakte Berechnung anpassen lässt. Die Antwort lautet: Ja, aber nur für eine einfache lineare Regression mit einer Eingabevariablen. Für viele Probleme des maschinellen Lernens mit mehreren Eingabevariablen und einer großen Datenmenge gibt es diesen Luxus nicht. Mit Techniken der linearen Algebra können wir aufskalieren – dazu in Kürze mehr. Bei dieser Gelegenheit werden wir uns auch mit Suchalgorithmen wie dem stochastischen Gradientenabstieg befassen.

Für eine einfache lineare Regression mit nur einer Eingabe- und einer Ausgabevariablen sind unten die Gleichungen in geschlossener Form angegeben, um m und b zu berechnen. Beispiel 5-5 zeigt, wie Sie diese Berechnungen in Python ausführen.

$$m = \frac{n\Sigma xy - \Sigma x \Sigma y}{n\Sigma x^2 - (\Sigma x)^2}$$

Beispiel 5-5: Die Parameter m und b für eine einfache lineare Regression berechnen

```
import pandas as pd

# die Daten laden
points = list(pd.read_csv('https://bit.ly/2KF29Bd', delimiter=",").itertuples())

n = len(points)
m = (n*sum(p.x*p.y for p in points) - sum(p.x for p in points) *
    sum(p.y for p in points)) / (n*sum(p.x**2 for p in points) -
    sum(p.x for p in points)**2)

b = (sum(p.y for p in points) / n) - m * sum(p.x for p in points) / n

print(m, b)
# 1.9393939393939394 4.7333333333333325
```

Diese Gleichungen zur Berechnung von m und b sind aus der Infinitesimalrechnung abgeleitet. Damit werden wir später in diesem Kapitel mit SymPy arbeiten, falls Sie scharf darauf sind, zu erfahren, woher die Formeln stammen. Fürs Erste brauchen Sie nur die Datenpunkte n einzugeben und die x- und y-Werte zu durchlaufen, um die gerade beschriebenen Operationen durchzuführen.

Später werden Sie Ansätze kennenlernen, die sich mehr an modernen Techniken orientieren, um mit größeren Datenmengen zurechtzukommen. Gleichungen in geschlossener Form sind in der Regel nicht gut skalierbar.

Komplexität

Der Grund dafür, dass die Gleichungen in geschlossener Form bei größeren Datenmengen nicht gut skalieren, liegt an einem Konzept der Informatik, das als *Komplexität* bezeichnet wird und angibt, wie viel Zeit ein Algorithmus bei zunehmender Problemgröße benötigt. Es dürfte sich lohnen, damit vertraut zu sein, hier zwei großartige YouTube-Videos zu diesem Thema:

- »P vs. NP und der Zoo der Komplexität« (*https://oreil.ly/TzQBl*)
- »Was ist die Big-O-Notation?« (*https://oreil.ly/EjcSR*)

Techniken mit inversen Matrizen

Zukünftig werde ich die Koeffizienten m und b manchmal mit anderen Namen wie β_1 und β_0 bezeichnen. Diese Konvention finden Sie häufiger in der professionellen Welt, sodass dies ein guter Zeitpunkt ist, um weiterzukommen.

Obwohl wir der linearen Algebra mit Kapitel 4 ein ganzes Kapitel gewidmet haben, kann ihre Anwendung etwas herausfordernd sein, wenn Sie bisher mit Mathematik und Data Science nicht viel am Hut hatten. Deshalb sind die meisten Beispiele in diesem Buch mit einfachem Python oder scikit-learn codiert. Allerdings werde ich lineare Algebra dort einfließen lassen, wo es sinnvoll scheint, nur um zu zeigen, wie nützlich lineare Algebra ist. Wenn Sie diesen Abschnitt zu kompliziert finden, können Sie durchaus zum Rest des Kapitels gehen und später hierher zurückkehren.

Um eine lineare Regression durchzuführen, können wir auf transponierte und inverse Matrizen zurückgreifen, die Kapitel 4 behandelt hat. Als Nächstes berechnen wir einen Vektor von Koeffizienten b für eine gegebene Matrix von Eingabevariablen X und einen Vektor von Ausgabevariablen y. Ohne in die Tiefen der Infinitesimalrechnung und der Beweise in linearer Algebra hinabzusteigen, lautet die Formel wie folgt:

$$b = \left(X^T \cdot X\right)^{-1} \cdot X^T \cdot y$$

Wie Sie sehen, werden die transponierenden und invertierenden Operationen mit der Matrix X durchgeführt und mit Matrixmultiplikation kombiniert. Beispiel 5-6 zeigt, wie dies in NumPy realisiert wird, um unsere Koeffizienten m und b zu erhalten.

Beispiel 5-6: Inverse und transponierte Matrizen für eine lineare Regression verwenden

```
import pandas as pd
from numpy.linalg import inv
import numpy as np

# Punkte importieren
```

```
df = pd.read_csv('https://bit.ly/3goOAnt', delimiter=",")

# Eingabevariablen extrahieren (alle Zeilen, alle Spalten außer der letzten)
X = df.values[:, :-1].flatten()

# Platzhalterspalte "1" hinzufügen, um y-Achsenabschnitt zu erzeugen
X_1 = np.vstack([X, np.ones(len(X))]).T

# Ausgabespalte extrahieren (alle Zeilen, letzte Spalte)
Y = df.values[:, -1]

# Koeffizienten für Anstieg und y-Achsenabschnitt berechnen
b = inv(X_1.transpose() @ X_1) @ (X_1.transpose() @ Y)
print(b) # [1.93939394, 4.73333333]

# bezüglich der y-Werte vorhersagen
y_predict = X_1.dot(b)
```

Es mag nicht gleich einleuchten, warum wir eine »Spalte« von Einsen neben unsere X-Spalte stapeln müssen. Der Grund dafür ist, dass diese Spalte den β_0-Koeffizienten für den y-Achsenabschnitt aufnimmt. Da diese Spalte durchgehend aus Einsen besteht, erzeugt sie den y-Achsenabschnitt und nicht einfach eine Steigung β_1.

Bei sehr vielen Daten mit vielen Dimensionen können Computer ins Stocken geraten und unstabile Ergebnisse erzeugen. Dies ist ein Anwendungsfall für die Matrixzerlegung, die Sie in Kapitel 4 beim Thema *lineare Algebra* kennengelernt haben. In diesem speziellen Fall nehmen wir unsere Matrix X, hängen wie zuvor eine zusätzliche Spalte mit Einsen an, um den y-Achsenabschnitt β_0 zu generieren, und zerlegen sie dann in zwei Komponentenmatrizen Q und R:

$$X = Q \cdot R$$

Ohne weiter in die Tiefen der Infinitesimalrechnung einzusteigen, verwenden Sie Q und R wie folgt, um die Beta-Koeffizientenwerte in der Matrixform b zu ermitteln:

$$b = R^{-1} \cdot Q^T \cdot y$$

Und Beispiel 5-7 zeigt, wie Sie die obige QR-Zerlegungsformel in Python mittels NumPy einsetzen, um eine lineare Regression durchzuführen.

Beispiel 5-7: Per QR-Zerlegung eine lineare Regression durchführen

```
import pandas as pd
from numpy.linalg import qr, inv
import numpy as np

# Punkte importieren
df = pd.read_csv('https://bit.ly/3goOAnt', delimiter=",")

# Eingabevariablen extrahieren (alle Zeilen, alle Spalten außer der letzten)
X = df.values[:, :-1].flatten()

# Platzhalterspalte mit Einsen hinzufügen, um y-Achsenabschnitt zu generieren
X_1 = np.vstack([X, np.ones(len(X))]).transpose()
```

```
# Ausgabespalte extrahieren (alle Zeilen, letzte Spalte)
Y = df.values[:, -1]

# Koeffizienten für Anstieg und Konstante berechnen
# QR-Zerlegung verwenden
Q, R = qr(X_1)
b = inv(R).dot(Q.transpose()).dot(Y)

print(b) # [1.93939394, 4.73333333]
```

In der Regel wird die *QR*-Zerlegung von vielen wissenschaftlichen Bibliotheken für lineare Regression verwendet, weil sie mit großen Datenmengen leichter zurechtkommt und stabiler ist. Was meine ich mit *stabil*? Die *numerische Stabilität* (*https://oreil.ly/A4BWJ*) gibt an, wie gut ein Algorithmus die Fehler gering hält, anstatt Fehler in Näherungen zu verstärken. Denken Sie daran, dass Computer nur bis zu einer bestimmten Anzahl von Dezimalstellen arbeiten und Näherungen vornehmen müssen. Deshalb ist es wichtig, dass sich Algorithmen nicht verschlechtern, wenn sich die Fehler bei diesen Näherungen häufen.

Überwältigt?

Wenn Ihnen diese Beispiele der linearen Algebra für die lineare Regression zu kompliziert erscheinen, keine Sorge! Ich wollte Ihnen nur einen praktischen Anwendungsfall für lineare Algebra näherbringen. Künftig konzentrieren wir uns auf andere Techniken, die Sie verwenden können.

Gradientenabstieg

Gradientenabstieg ist ein Optimierungsverfahren, das mithilfe von Ableitungen und Iterationen eine Reihe von Parametern in Bezug auf ein Ziel minimiert/maximiert. Um mehr über den Gradientenabstieg zu erfahren, wollen wir ein kurzes Gedankenexperiment durchführen und es dann auf ein einfaches Beispiel anwenden.

Ein Gedankenexperiment zum Gradientenabstieg

Stellen Sie sich vor, Sie befänden sich nachts in einem Gebirge und hätten eine Taschenlampe dabei. Sie versuchen, zum tiefsten Punkt des Gebirges zu gelangen. Bevor Sie auch nur einen Schritt tun, können Sie sich am Abhang um sich herum orientieren. In die Richtung, in der der Abhang sichtbar nach unten führt, gehen Sie dann. Bei größerem Gefälle unternehmen Sie größere Schritte, bei kleinerem Gefälle kleinere Schritte. Schließlich landen Sie an einem niedrigen Punkt, an dem das Gelände flach ist, der Anstieg also 0 ist. Klingt doch gut, oder? Dieser Ansatz mit der Taschenlampe ist als *Gradientenabstieg* bekannt, bei dem wir in die Richtungen gehen, in denen der Anstieg abwärts führt.

Oftmals stellen wir uns beim maschinellen Lernen alle möglichen Fehlerquadratsummen, die bei verschiedenen Parametern entstehen, als Gebirgslandschaft vor. Wir wollen unseren Verlust minimieren und navigieren deshalb durch die Verlustlandschaft. Um dieses Problem zu lösen, bringt der Gradientenabstieg ein attraktives Feature mit: Die partielle Ableitung ist die Taschenlampe, die es uns ermöglicht, die Anstiege für jeden Parameter zu sehen (in diesem Fall m und b oder β_0 and β_1). Wir gehen in die Richtungen für m und b, in denen der Anstieg nach unten führt, und zwar mit größeren Schritten für größere Anstiege und kleineren Schritten für kleinere Anstiege. Um die Länge eines Schritts zu berechnen, nehmen wir einfach einen Bruchteil des Anstiegs. Dieser Bruchteil ist die sogenannte *Lernrate*. Je höher die Lernrate, desto schneller läuft die Berechnung, allerdings auf Kosten der Genauigkeit. Je niedriger aber die Lernrate ist, desto länger dauert das Training, und desto mehr Iterationen sind erforderlich.

Eine Lernrate festzulegen, lässt sich vergleichen mit der Entscheidung, ob eine Ameise, ein Mensch oder ein Riese den Hang hinabsteigt. Eine Ameise (kleine Lernrate) macht winzige Schritte und braucht unannehmbar lange, um unten anzukommen, aber sie kommt auf den Punkt genau an. Ein Riese (große Lernrate) schreitet möglicherweise immer wieder über das Minimum hinweg, sodass er es nie erreicht, egal wie viele Schritte er macht. Der Mensch (mäßige Lernrate) hat wahrscheinlich die ausgewogenste Schrittweite, das heißt das richtige Verhältnis zwischen Geschwindigkeit und Genauigkeit beim Erreichen des Minimums.

Erst gehen, dann rennen

Für die Funktion $f(x) = (x - 3)^2 + 4$ suchen wir den x-Wert, bei dem der Wert der Funktion am kleinsten ist. Zwar könnten wir dies algebraisch lösen, doch wir wollen den Gradientenabstieg nutzen.

Abbildung 5-8 veranschaulicht, was wir zu tun versuchen: Wir wollen x schrittweise hin zum Minimum bewegen, wo der Anstieg gleich 0 ist.

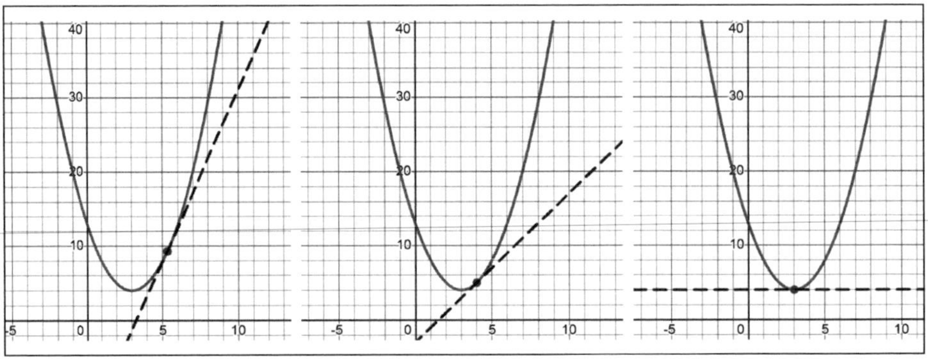

Abbildung 5-8: Schrittweise in Richtung lokales Minimum gehen, wo sich der Anstieg an 0 annähert

Beispiel 5-8 definiert die Funktion `f(x)` und ihre Ableitung nach `x` als `dx_f(x)`. Kapitel 1 hat erläutert, wie Sie Ableitungen mithilfe von SymPy berechnen. Nachdem wir die Ableitung gefunden haben, können wir fortfahren, um den Gradientenabstieg durchzuführen.

Beispiel 5-8: Das Minimum einer Parabel per Gradientenabstieg ermitteln

```
import random

def f(x):
    return (x - 3) ** 2 + 4

def dx_f(x):
    return 2*(x - 3)

# die Lernrate
L = 0.001

# Anzahl der Iterationen, die für den Gradientenabstieg durchzuführen sind
iterations = 100_000

# bei einem zufälligen x beginnen
x = random.randint(-15,15)

for i in range(iterations):

    # Anstieg erhalten
    d_x = dx_f(x)

    # x aktualisieren, indem (Lernrate) * (Anstieg) subtrahiert wird
    x -= L * d_x

print(x, f(x)) # Ausgabe: 2.999999999999889 4.0
```

Wenn man die Funktion (wie in Abbildung 5-8) grafisch darstellt, erkennt man deutlich, dass der tiefste Punkt der Funktionskurve bei $x = 3$ liegt. Der in Beispiel 5-8 angegebene Code sollte diesem Punkt sehr nahe kommen. Die Lernrate wird verwendet, um bei jeder Iteration einen Bruchteil des Anstiegs vom x-Wert zu subtrahieren. Größere Anstiege bewirken größere Schritte, kleinere Anstiege kleinere Schritte. Nach einer genügenden Anzahl von Iterationen wird x am tiefsten Punkt der Funktion (oder nahe genug daran) enden, wo der Anstieg 0 ist.

Gradientenabstieg und lineare Regression

Vielleicht fragen Sie sich jetzt, was dies mit linearer Regression zu tun hat. Nun, es ist praktisch die gleiche Idee, außer dass unsere »Variablen« m und b (oder β_0 und β_1) sind und nicht x. Das liegt daran, dass wir in einer einfachen linearen Regression die x- und y-Werte bereits kennen, weil diese als Trainingsdaten bereitgestellt werden. Die »Variablen«, für die wir eine Lösung suchen, sind eigentlich die Parameter m und b. Diese beschreiben die am besten angepasste Gerade, die es erlaubt, für einen Wert der Variablen x einen neuen y-Wert vorherzusagen.

Wie berechnen wir nun die Anstiege für m und b? Hierzu brauchen wir die partiellen Ableitungen für jeden dieser Anstiege. Von welcher Funktion nehmen wir die Ableitung? Denken Sie daran, dass wir den Verlust zu minimieren versuchen, das heißt die Summe der Fehlerquadrate. Wir müssen also die Ableitungen unserer Quadratsummenfunktion nach m und b finden.

Diese beiden partiellen Ableitungen für m und b implementiere ich wie in Beispiel 5-9 gezeigt. Wie man das in SymPy realisiert, lernen Sie in Kürze. Ich führe dann einen Gradientenabstieg durch, um m und b zu ermitteln: 100.000 Iterationen mit einer Lernrate von 0,001 dürften ausreichend sein. Je kleiner Sie die Lernrate machen, desto langsamer läuft der Gradientenabstieg, und desto mehr Iterationen sind erforderlich. Doch wenn Sie sie zu hoch ansetzen, läuft er zwar schneller, aber mit einer schlechteren Annäherung. Wenn jemand sagt, dass ein Algorithmus für maschinelles Lernen »lernt« oder »trainiert«, dann ist das eigentlich nur die Anpassung einer derartigen Regression.

Beispiel 5-9: Einen Gradientenabstieg für eine lineare Regression durchführen

```
import pandas as pd

# Punkt aus CSV-Datei importieren
points = list(pd.read_csv("https://bit.ly/2KF29Bd").itertuples())

# das Modell erstellen
m = 0.0
b = 0.0

# die Lernrate
L = .001

# Anzahl der Iterationen
iterations = 100_000

n = float(len(points))  # Anzahl der Elemente in X

# Gradientenabstieg durchführen
for i in range(iterations):

    # Anstieg in Bezug auf m
    D_m = sum(2 * p.x * ((m * p.x + b) - p.y) for p in points)

    # Anstieg in Bezug auf b
    D_b = sum(2 * ((m * p.x + b) - p.y) for p in points)

    # m und b aktualisieren
    m -= L * D_m
    b -= L * D_b

print("y = {0}x + {1}".format(m, b))
# y = 1.9393939393939548x + 4.733333333333227
```

Nun, nicht schlecht! Diese Annäherung kommt der Lösung unserer Gleichung in geschlossener Form sehr nahe. Aber wo ist der Haken? Nur weil wir durch Minimierung der Quadratsummen die »am besten angepasste Gerade« gefunden haben, heißt das nicht, dass unsere lineare Regression gut ist. Garantiert das Minimieren der Quadratsumme ein gutes Modell, das sich für Vorhersagen eignet? Nicht ganz. Nachdem ich Ihnen gezeigt habe, wie man eine lineare Regression anpasst, gehen wir einen Schritt zurück, betrachten noch einmal das Gesamtbild und ergründen, ob eine bestimmte lineare Regression überhaupt die richtige Methode ist, um Vorhersagen zu treffen. Vorher aber nehmen wir noch einen Umweg über die SymPy-Lösung.

Gradientenabstieg für lineare Regression mit SymPy

Beispiel 5-10 zeigt den SymPy-Code, der diese beiden Ableitungen für die Funktion der Quadratsummen für m bzw. b geliefert hat.

Beispiel 5-10: Partielle Ableitungen für m und b berechnen

```
from sympy import *

m, b, i, n = symbols('m b i n')
x, y = symbols('x y', cls=Function)

sum_of_squares = Sum((m*x(i) + b - y(i)) ** 2, (i, 0, n))

d_m = diff(sum_of_squares, m)
d_b = diff(sum_of_squares, b)

print(d_m)
print(d_b)

# AUSGABEN
# Sum(2*(b + m*x(i) - y(i))*x(i), (i, 0, n))
# Sum(2*b + 2*m*x(i) - 2*y(i), (i, 0, n))
```

Die Ausgabe zeigt die beiden Ableitungen für `m` bzw. `b`. Die Funktion `Sum()` iteriert über die Elemente (in diesem Fall alle Datenpunkte) und summiert sie. Die Variablen `x` und `y` behandeln wir als Funktionen, die nach einem bestimmten Wert für einen gegebenen Punkt am Index `i` suchen.

In mathematischer Notation, wobei $e(x)$ die Verlustfunktion der Quadratsummen darstellt, lauten die partiellen Ableitungen für m und b:

$$e(x) = \sum_{i=0}^{n} \left((mx_i + b) - y_i\right)^2$$

$$\frac{d}{dm}e(x) = \sum_{i=0}^{n} 2(b + mx_i - y_i)x_i$$

$$\frac{d}{db}e(x) = \sum_{i=0}^{n} (2b + 2mx_i - 2y_i)$$

Wenn Sie unseren Datensatz anwenden und eine lineare Regression mit Gradientenabstieg durchführen möchten, müssen Sie einige zusätzliche Schritte unternehmen, wie Beispiel 5-11 zeigt. So müssen Sie die Werte `n`, `x(i)` und `y(i)` ersetzen und über alle Datenpunkte für die Ableitungsfunktionen `d_m` und `d_b` iterieren. Damit sollten nur noch die Variablen `m` und `b` übrig bleiben, für die wir mithilfe des Gradientenabstiegs optimale Werte suchen werden.

Beispiel 5-11: Lineare Regression mittels SymPy lösen

```
import pandas as pd
from sympy import *

# Punkte aus CSV-Datei importieren
points = list(pd.read_csv("https://bit.ly/2KF29Bd").itertuples())

m, b, i, n = symbols('m b i n')
x, y = symbols('x y', cls=Function)

sum_of_squares = Sum((m*x(i) + b - y(i)) ** 2, (i, 0, n))

d_m = diff(sum_of_squares, m) \
    .subs(n, len(points) - 1).doit() \
    .replace(x, lambda i: points[i].x) \
    .replace(y, lambda i: points[i].y)

d_b = diff(sum_of_squares, b) \
    .subs(n, len(points) - 1).doit() \
    .replace(x, lambda i: points[i].x) \
    .replace(y, lambda i: points[i].y)

# mithilfe von lambdify() kompilieren, um die Berechnung zu beschleunigen
d_m = lambdify([m, b], d_m)
d_b = lambdify([m, b], d_b)

# das Modell erstellen
m = 0.0
b = 0.0

# die Lernrate
L = .001


     # Anzahl der Iterationen
     iterations = 100_000

     # Gradientenabstieg durchführen
     for i in range(iterations):

         # m und b aktualisieren
         m -= d_m(m,b) * L
         b -= d_b(m,b) * L

     print("y = {0}x + {1}".format(m, b))
     # y = 1.939393939393954x + 4.733333333333231
```

Wie Beispiel 5-11 zeigt, ist es eine gute Idee, `lambdify()` für unsere beiden partiellen Ableitungen aufzurufen, um sie von SymPy in optimierte Python-Funktionen zu konvertieren. Dadurch laufen die Berechnungen beim Gradientenabstieg wesentlich schneller ab. Die resultierenden Python-Funktionen werden von NumPy, SciPy oder anderen numerischen Bibliotheken unterstützt, die SymPy als verfügbar erkennt. Nun können wir den Gradientenabstieg durchführen.

Wenn Sie schließlich wissen möchten, wie die Verlustfunktion für diese einfache lineare Regression aussieht, können Sie sich den SymPy-Code in Beispiel 5-12 ansehen, der die Werte x, y und n in unsere Verlustfunktion einsetzt und dann m und b als Eingabevariablen grafisch darstellt. Der Algorithmus für den Gradientenabstieg führt uns zum niedrigsten Punkt in dieser Verlustlandschaft, wie sie Abbildung 5-9 zeigt.

Beispiel 5-12: Plotten der Verlustfunktion für lineare Regression

```
from sympy import *
from sympy.plotting import plot3d
import pandas as pd

points = list(pd.read_csv("https://bit.ly/2KF29Bd").itertuples())
m, b, i, n = symbols('m b i n')
x, y = symbols('x y', cls=Function)

sum_of_squares = Sum((m*x(i) + b - y(i)) ** 2, (i, 0, n)) \
    .subs(n, len(points) - 1).doit() \
    .replace(x, lambda i: points[i].x) \
    .replace(y, lambda i: points[i].y)

plot3d(sum_of_squares)
```

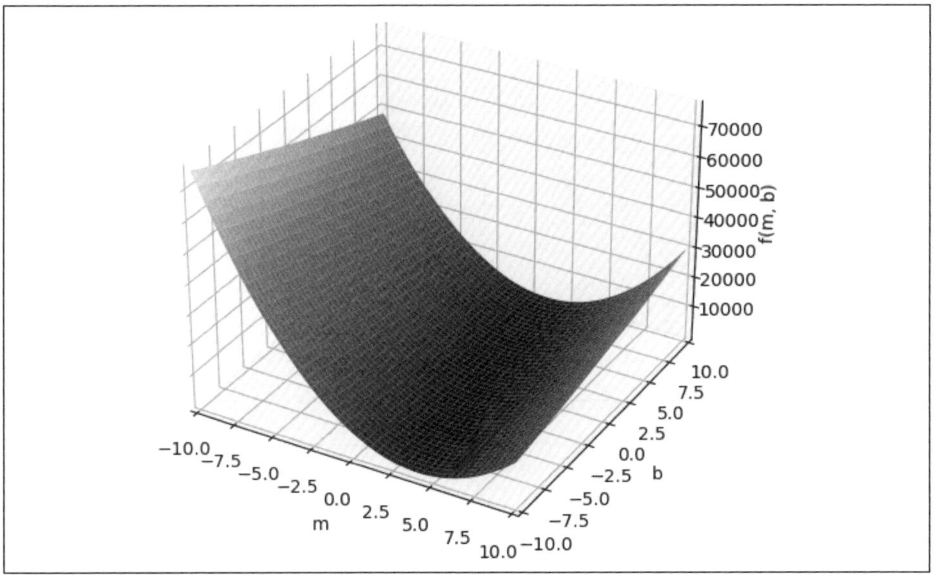

Abbildung 5-9: Die Verlustlandschaft für eine einfache lineare Regression

Überanpassung und Varianz

Überlegen Sie mal: Was würden Sie tun, wenn Sie den Verlust wirklich minimieren wollten, wie zum Beispiel die Quadratsumme auf 0 bringen? Gibt es außer linearer Regression noch andere Möglichkeiten? Vielleicht kommen Sie zu dem Schluss, einfach eine Kurve so anzupassen, dass sie alle Punkte berührt. Oder warum nicht die Punkte abschnittsweise verbinden und daraus die Vorhersagen ableiten, wie in Abbildung 5-10 gezeigt? Wir bekommen damit einen Verlust von 0!

Aber wieso haben wir uns dann die ganze Mühe mit der linearen Regression gemacht und nicht stattdessen zu diesen einfachen Lösungen gegriffen? Denken Sie daran, dass unser großes Ziel nicht darin besteht, die Quadratsumme zu minimieren, sondern genaue Vorhersagen für neue Daten zu treffen. Das Modell, das die einzelnen Punkte verbindet, ist stark *überangepasst* (engl. *overfit*), d.h., es hat die Regression zu genau an die Trainingsdaten angepasst, sodass Vorhersagen für neue Daten schlecht ausfallen. Zudem reagiert dieses Punkte-verbinden-Modell empfindlich auf Ausreißer, die von den übrigen Punkten weit entfernt sind. Die *Varianz* in den Vorhersagen ist dementsprechend hoch. Während die Punkte in diesem Beispiel relativ nah an einer Linie liegen, ist das Problem bei anderen Datensätzen mit Ausreißern und einer größeren Streuung viel größer. Da Überanpassung auch eine höhere Varianz bedeutet, fallen Vorhersagen sehr unterschiedlich aus!

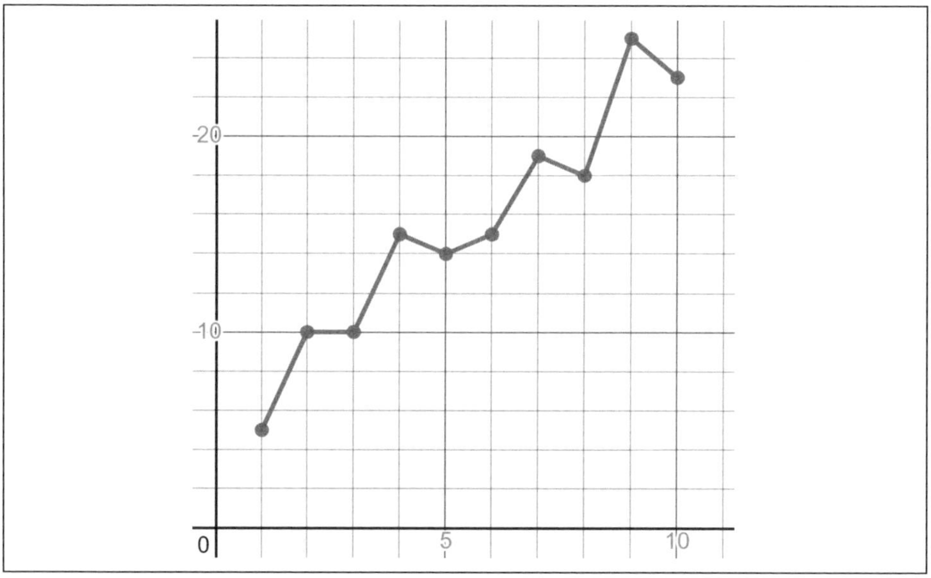

Abbildung 5-10: Eine Regression durchführen, indem man einfach die Punkte verbindet, was einen Verlust von null ergibt

Überanpassung ist Auswendiglernen

Wenn man sagt, dass eine Regression die Daten »memoriert« hat, anstatt sie zu verallgemeinern, spricht man von *Überanpassung* (engl. *Overfitting*).

Wie Sie sich denken können, wollen wir mit unserem Modell effektive Verallgemeinerungen suchen, anstatt Daten auswendig zu lernen. Andernfalls verwandelt sich unsere Regression in eine Datenbank, in der wir Werte nachschlagen.

Aus diesem Grund wird dem Modell beim maschinellen Lernen ein Bias hinzugefügt und die lineare Regression als stark verzerrtes Modell betrachtet. Das ist nicht dasselbe wie ein Bias (eine Verzerrung) in den Daten, worüber wir in Kapitel 3 ausführlich gesprochen haben. Ein Bias in einem Modell bedeutet, dass wir eine Methode priorisieren (z.B. die Beibehaltung einer Geraden), anstatt etwas auf Biegen und Brechen genau an die Daten anzupassen. Ein *Modell mit Bias* lässt einen gewissen Spielraum in der Hoffnung, den Verlust bei neuen Daten zu minimieren und damit bessere Vorhersagen zu erhalten, im Gegensatz zur Minimierung des Verlusts bei Daten, auf denen das Modell trainiert wurde. Man könnte sagen, dass ein Bias im Modell einer Überanpassung durch *Unteranpassung* entgegenwirkt oder sich das Modell weniger an die trainierten Daten anpasst.

Es liegt auf der Hand, dass dies ein Balanceakt ist, da es sich um zwei widersprüchliche Ziele handelt. Beim maschinellen Lernen sagen wir im Grunde: »Ich möchte eine Regression an meine Daten anpassen, aber ich möchte sie nicht *zu sehr* anpassen. Ich brauche etwas Spielraum, um Vorhersagen für neue Daten zu treffen, die anders sein werden.«

Lasso- und Ridge-Regression

Zwei recht bekannte Varianten der linearen Regression sind die Lasso-Regression und die Ridge-Regression. Die Ridge-Regression (von engl. *ridge* = Grat, Riff, Rücken) fügt einer linearen Regression in Form eines Strafterms eine weitere Verzerrung hinzu, wodurch sie sich weniger an die Daten anpasst. Bei der Lasso-Regression versucht man, verrauschte Variablen zu marginalisieren, was nützlich ist, wenn Sie irrelevante Variablen automatisch entfernen möchten.

Dennoch können wir nicht einfach eine lineare Regression auf einige Daten anwenden, ein paar Vorhersagen damit treffen und annehmen, dass alles in Ordnung geht. Eine lineare Regression kann selbst mit dem Bias einer Geraden überangepasst sein. Daher müssen wir sowohl auf Überanpassung als auch auf Unteranpassung testen und diese Phänomene abmildern, um den goldenen Mittelweg zwischen beiden zu finden. Sollte es aber überhaupt keinen goldenen Mittelweg geben, ist es in diesem Fall besser, das Modell ganz zu verwerfen.

Stochastischer Gradientenabstieg

Im Rahmen des maschinellen Lernens werden Sie den Gradientenabstieg höchstwahrscheinlich nicht so durchführen, wie wir es weiter oben beschrieben haben, als wir auf allen Trainingsdaten trainierten (als *Batch-Gradientenabstieg* bezeichnet). In der Praxis dürfte es eher ein *stochastischer Gradientenabstieg* sein, bei dem in jeder Iteration nur eine Stichprobe des Datensatzes trainiert wird. Beim *Mini-Batch-Gradientenabstieg* werden bei jeder Iteration mehrere Stichproben des Datensatzes verwendet (z.B. 10 oder 100 Datenpunkte).

Warum verwendet man bei jeder Iteration nur einen Teil der Daten? Praktiker des maschinellen Lernens führen einige Vorteile an. Erstens verringert sich der Rechenaufwand erheblich, da bei jeder Iteration nicht der gesamte Trainingsdatensatz, sondern nur ein Teil davon durchlaufen werden muss. Zweitens wird die Überanpassung verringert. Da der Trainingsalgorithmus bei jeder Iteration nur auf einen Teil der Daten wirkt, verändert sich die Verlustlandschaft ständig und pendelt sich nicht auf dem Verlustminimum ein. Da es schließlich zu einer Überanpassung kommt, weil der Verlust minimiert wird, führen wir eine gewisse Zufälligkeit ein, um etwas (und hoffentlich nicht zu viel) Unteranpassung zu erzeugen.

Natürlich wird unsere Annäherung dadurch ungenau, und wir müssen vorsichtig sein. Aus diesem Grund kommen wir gleich zur Aufteilung zwischen Trainings- und Testdatensätzen sowie zu anderen Metriken, um die Zuverlässigkeit unserer linearen Regression zu bewerten.

Beispiel 5-13 zeigt, wie sich stochastischer Gradientenabstieg in Python realisieren lässt. Wenn Sie die Stichprobengröße auf mehr als 1 ändern, führt das Programm einen Mini-Batch-Gradientenabstieg durch.

Beispiel 5-13: Einen stochastischen Gradientenabstieg für eine lineare Regression durchführen

```
import pandas as pd
import numpy as np

# Eingabedaten
data = pd.read_csv('https://bit.ly/2KF29Bd', header=0)

X = data.iloc[:, 0].values
Y = data.iloc[:, 1].values

n = data.shape[0]  # Zeilen

# das Modell erstellen
m = 0.0
b = 0.0

sample_size = 1  # Stichprobengröße
L = .0001  # die Lernrate
epochs = 1_000_000  # die Anzahl der Iterationen für den Gradientenabstieg

# stochastischen Gradientenabstieg durchführen
for i in range(epochs):
    idx = np.random.choice(n, sample_size, replace=False)
    x_sample = X[idx]
    y_sample = Y[idx]

    # Der aktuell vorhergesagte Wert von Y
    Y_pred = m * x_sample + b

    # Ableitung der Verlustfunktion d/dm
    D_m = (-2 / sample_size) * sum(x_sample * (y_sample - Y_pred))

    # Ableitung der Verlustfunktion d/db
    D_b = (-2 / sample_size) * sum(y_sample - Y_pred)
    m = m - L * D_m  # m aktualisieren
    b = b - L * D_b  # b aktualisieren
```

```
    # Fortschritt ausgeben
    if i% 10000 == 0:
        print(i, m, b)

print("y = {0}x + {1}".format(m, b))
```

Bei mir hat dieser Code eine lineare Regression von $y = 1{,}9382830354181135x + 4{,}753408787648379$ ergeben. Sicherlich fallen Ihre Ergebnisse anders aus, und aufgrund des stochastischen Gradientenabstiegs konvertiert das Programm nicht wirklich bei einem bestimmten Minimum, sondern wird in einer breiteren Umgebung landen.

Ist Zufälligkeit schlecht?

Sollte Ihnen diese Zufälligkeit unbequem vorkommen, weil Sie jedes Mal eine andere Antwort erhalten, wenn Sie ein Stück Code ausführen, dann willkommen in der Welt des maschinellen Lernens, der Optimierung und der stochastischen Algorithmen! Viele Algorithmen, die Annäherungen zum Ziel haben, sind zufallsbasiert. Und während einige äußerst nützlich sind, gibt es andere, die unsauber programmiert sind und schlechte Ergebnisse liefern, wie Sie sich wahrscheinlich denken können.

Viele Menschen betrachten maschinelles Lernen und künstliche Intelligenz als Werkzeuge, die objektive und genaue Antworten liefern, aber das ist von der Wahrheit weit entfernt. Maschinelles Lernen erzeugt Annäherungen mit einem gewissen Grad an Unbestimmtheit und oftmals ohne Grundwahrheit, sobald es in der Produktion eingesetzt wird. Wenn man sich nicht bewusst ist, wie es funktioniert, kann maschinelles Lernen auch missbraucht werden. Und es wäre leichtsinnig, sein nicht deterministisches und ungefähres Wesen nicht anzuerkennen.

Zufälligkeit kann zwar einige leistungsstarke Werkzeuge hervorbringen, aber auch missbraucht werden. Vermeiden Sie es, auf Seed-Werte und Zufälligkeit zu setzen, um per p-Hacking ein »gutes« Ergebnis zu erzielen, und setzen Sie alles daran, Ihre Daten und Ihr Modell zu analysieren.

Der Korrelationskoeffizient

Sehen Sie sich das Streudiagramm in Abbildung 5-11 mit der eingezeichneten Regressionsgeraden an. Weshalb könnte eine lineare Regression hier nicht besonders gut funktionieren?

Problematisch ist hier die hohe Varianz der Daten. Wenn die Daten extrem gestreut sind, treiben sie die Varianz bis zu dem Punkt, an dem Vorhersagen ungenauer und weniger nützlich sind, was in großen Residuen resultiert. Natürlich können wir ein Modell mit mehr Bias einführen, beispielsweise eine lineare Regression, um nicht so leicht auf die Varianz zu reagieren. Allerdings untergräbt die Unteranpassung ebenfalls unsere Vorhersagen, da die Daten so breit gestreut sind. Wir brauchen ein numerisches Maß, wie »daneben« unsere Vorhersagen liegen.

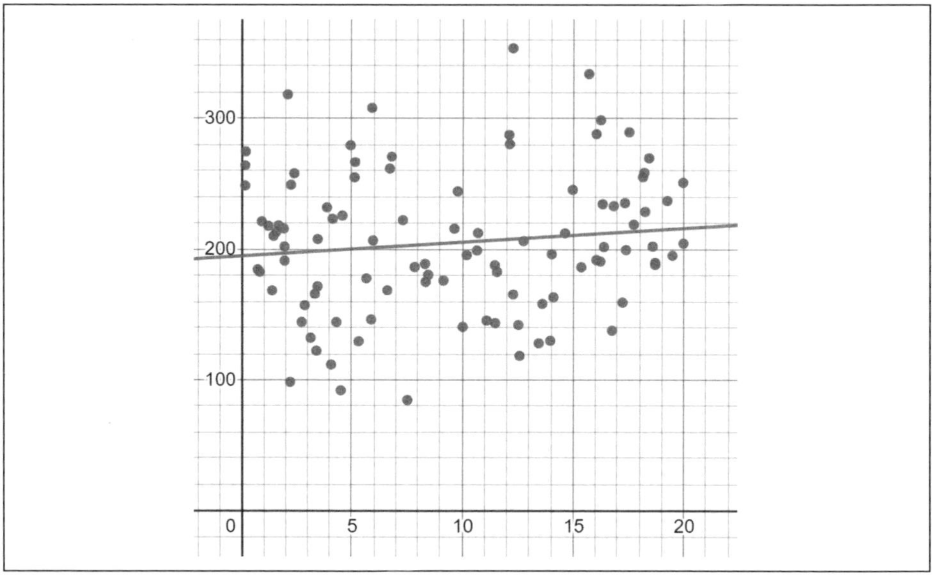

Abbildung 5-11: Ein Streudiagramm von Daten mit hoher Varianz

Wie misst man also diese Residuen in ihrer Gesamtheit? Wie bekommt man zudem ein Gefühl dafür, wie groß die Varianz der Daten ist? Ich möchte Ihnen den *Korrelationskoeffizienten* vorstellen, auch *Pearson-Korrelation* genannt, der die Stärke der Beziehung zwischen zwei Variablen als Wert zwischen –1 und 1 misst. Ein Korrelationskoeffizient näher an 0 bedeutet, dass keine Korrelation besteht. Liegt der Korrelationskoeffizient näher an 1, weist das auf eine starke *positive Korrelation* hin. Wenn also eine Variable zunimmt, wird die andere proportional dazu größer. Wenn der Korrelationskoeffizient nahe bei –1 liegt, haben wir es mit einer starken *negativen Korrelation* zu tun. Wird also eine Variable größer, nimmt die andere proportional dazu ab.

Der Korrelationskoeffizient wird oft mit *r* bezeichnet. Die stark gestreuten Daten in Abbildung 5-11 haben einen Korrelationskoeffizienten von 0,1201. Da er viel näher an 0 als an 1 liegt, kann man schließen, dass die Daten wenig korreliert sind.

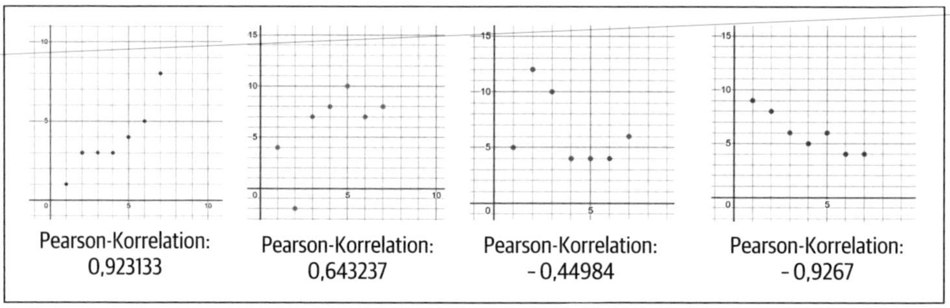

Abbildung 5-12: Korrelationskoeffizienten für vier Streudiagramme

Abbildung 5-12 zeigt vier Streudiagramme mit den jeweiligen Korrelationskoeffizienten. Die Korrelation ist umso stärker, je mehr Punkte einer Geraden folgen. Sind die Punkte mehr zerstreut, ist die Korrelation schwächer.

Es liegt auf der Hand, dass der Korrelationskoeffizient nützlich ist, um auf eine mögliche Beziehung zwischen zwei Variablen zu testen. Gibt es eine stark positiv-negative Beziehung, ist sie für unsere lineare Regression von Vorteil. Besteht keine Beziehung, tragen die Variablen vielleicht nur zum Rauschen bei und beeinträchtigen die Modellgenauigkeit.

Wie lässt sich nun der Korrelationskoeffizient mit Python berechnen? Hierfür verwenden wir wieder den schon bekannten einfachen Datensatz mit zehn Punkten (*https://bit.ly/2KF29Bd*). Korrelationen für alle Variablenpaare kann man schnell und einfach mit der Pandas-Funktion `corr()` berechnen. Damit lassen sich die Korrelationskoeffizienten zwischen jedem Paar von Variablen in einem Datensatz übersichtlich darstellen, wobei es in diesem Fall nur x und y sind. Man spricht von einer *Korrelationsmatrix*. Sehen Sie sich dazu Beispiel 5-14 an.

Beispiel 5-14: Die Korrelationskoeffizienten für alle Variablenpaare mit Pandas anzeigen

```
import pandas as pd

# Daten in einen Pandas-Dataframe einlesen
df = pd.read_csv('https://bit.ly/2KF29Bd', delimiter=",")

# Korrelationen zwischen Variablen ausgeben
correlations = df.corr(method='pearson')
print(correlations)

# AUSGABE:
#          x         y
# x  1.000000 0.957586
# y  0.957586 1.000000
```

Wie aus den Ergebnissen hervorgeht, weist der Korrelationskoeffizient `0.957586` zwischen x und y auf eine starke positive Korrelation zwischen den beiden Variablen hin. Die Teile der Matrix, in denen x oder y auf sich selbst gesetzt ist und einen Wert von `1.0` hat, können Sie ignorieren. Denn da die Werte der auf sich selbst gesetzten Variablen genau übereinstimmen, ist die Korrelation natürlich perfekt 1,0. Bei mehr als zwei Variablen zeigt sich die Korrelationsmatrix als größeres Raster, da sich mehr Variablen paaren und vergleichen lassen.

Wenn Sie den Code ändern, um einen anderen Datensatz mit einer großen Varianz zu verwenden, bei dem die Daten gestreut sind, werden Sie kleinere Korrelationskoeffizienten beobachten. Dies weist wiederum auf eine schwächere Korrelation hin.

Den Korrelationskoeffizienten berechnen

Für die mathematisch Neugierigen, die wissen wollen, wie der Korrelationskoeffizient berechnet wird, hier die Formel:

$$r = \frac{n\Sigma xy - (\Sigma x)(\Sigma y)}{\sqrt{n\Sigma x^2 - (\Sigma x^2)}\sqrt{n\Sigma y^2 - (\Sigma y^2)}}$$

Für eine Umsetzung in Python verwende ich gern einzeilige `for`-Schleifen, um diese Summationen auszuführen. Beispiel 5-15 zeigt die Berechnung eines Korrelationskoeffizienten, und zwar von Grund auf in Python implementiert.

Beispiel 5-15: Berechnung des Korrelationskoeffizienten von Grund auf in Python

```
import pandas as pd
from math import sqrt

# Punkte aus CSV importieren
points = list(pd.read_csv("https://bit.ly/2KF29Bd").itertuples())
n = len(points)

numerator = n * sum(p.x * p.y for p in points) - \
            sum(p.x for p in points) * sum(p.y for p in points)

denominator = sqrt(n*sum(p.x**2 for p in points) -
 sum(p.x for p in points)**2) \
             * sqrt(n*sum(p.y**2 for p in points) -
 sum(p.y for p in points)**2)

corr = numerator / denominator

print(corr)

# AUSGABE:
# 0.9575860952087218
```

Statistische Signifikanz

Bei einer linearen Regression müssen Sie noch einen anderen Aspekt betrachten: Sind meine Daten nur zufällig korreliert? Kapitel 3 hat sich mit Hypothesentests und p-Werten beschäftigt, und wir werden diese Ideen hier um eine lineare Regression erweitern.

Die Bibliothek statsmodel

Auch wenn wir in diesem Buch nicht noch eine Bibliothek einführen wollen, ist es zumindest erwähnenswert, dass die Bibliothek *statsmodel* (*https://oreil.ly/8oEHo*) für die statistische Analyse von großer Bedeutung ist.

Bibliotheken für maschinelles Lernen wie scikit-learn und andere bieten keine Tools für statistische Signifikanz und Vertrauensintervalle. Die Gründe dafür diskutieren wir in einem anderen Kasten. Wir werden diese Techniken selbst programmieren. Allerdings sollten Sie wissen, dass es diese Bibliothek gibt und dass es sich lohnt, sie auszuprobieren!

Beginnen wir mit einer grundsätzlichen Frage: Ist es möglich, dass ich in meinen Daten eine lineare Beziehung erkenne, die auf Zufall beruht? Wie können wir zu 95 % sicher sein, dass die Korrelation zwischen diesen beiden Variablen signifikant und nicht zufällig ist? Wenn Ihnen dies wie ein Hypothesentest aus Kapitel 3 vorkommt, dann liegen Sie vollkommen richtig! Wir müssen nicht nur den Korrelationskoeffizienten ausdrücken, sondern auch quantifizieren, wie sicher wir sind, dass der Korrelationskoeffizient nicht zufällig entstanden ist.

Anstatt einen Mittelwert zu schätzen, wie wir es in Kapitel 3 im Beispiel des Medikamententests getan haben, schätzen wir den Korrelationskoeffizienten der Grundgesamtheit basierend auf einer Stichprobe. Den Korrelationskoeffizienten der Grundgesamtheit bezeichnen wir mit dem griechischen Buchstaben ρ (Rho), während der Korrelationskoeffizient unserer Stichprobe r ist. Genau wie in Kapitel 3 haben wir eine Nullhypothese H_0 und eine Alternativhypothese H_1:

$H_0: \rho = 0$ **(impliziert keine Beziehung)**
$H_1: \rho \neq 0$ **(Beziehung ist vorhanden)**

Unsere Nullhypothese H_0 besagt, dass keine Beziehung zwischen zwei Variablen besteht oder, technischer ausgedrückt, dass der Korrelationseffizient 0 ist. Gemäß Alternativhypothese H_1 gibt es eine Beziehung, und zwar mit einem positiven oder einem negativen Korrelationskoeffizienten. Deshalb wird die Alternativhypothese $\rho \neq 0$ definiert, um sowohl eine positive als auch eine negative Korrelation zu unterstützen.

Kehren wir zu unserem Datensatz mit zehn Punkten zurück, wie Abbildung 5-13 zeigt. Wie wahrscheinlich ist es, dass wir diese Datenpunkte zufällig sehen? Und ergeben sie zufällig etwas, das wie eine lineare Beziehung aussieht?

Den Korrelationskoeffizienten für diesen Datensatz haben wir bereits in Beispiel 5-14 mit 0,957586 berechnet. Das ist eine starke und überzeugende positive Korrelation. Aber auch hier müssen wir prüfen, ob es sich um eine zufällige Erscheinung handelt. Wir führen unseren Hypothesentest mit 95 %iger Konfidenz durch, wobei wir mit einem zweiseitigen Test herausfinden wollen, ob es eine Beziehung zwischen diesen beiden Variablen gibt.

In Kapitel 3 haben wir auch über die t-Verteilung gesprochen, die breitere Ausläufer hat, um mehr Varianz und Unsicherheit zu erfassen. Um Hypothesentests mit linearer Regression durchzuführen, verwenden wir eine t-Verteilung anstatt einer Normalverteilung. Zunächst zeichnen wir eine t-Verteilung mit einem 95 %igen kritischen Wertebereich, wie Abbildung 5-14 zeigt. Dabei berücksichtigen wir auch die Tatsache, dass es in unserer Stichprobe zehn Datensätze gibt und wir demzufolge neun Freiheitsgrade haben (10 – 1 = 9).

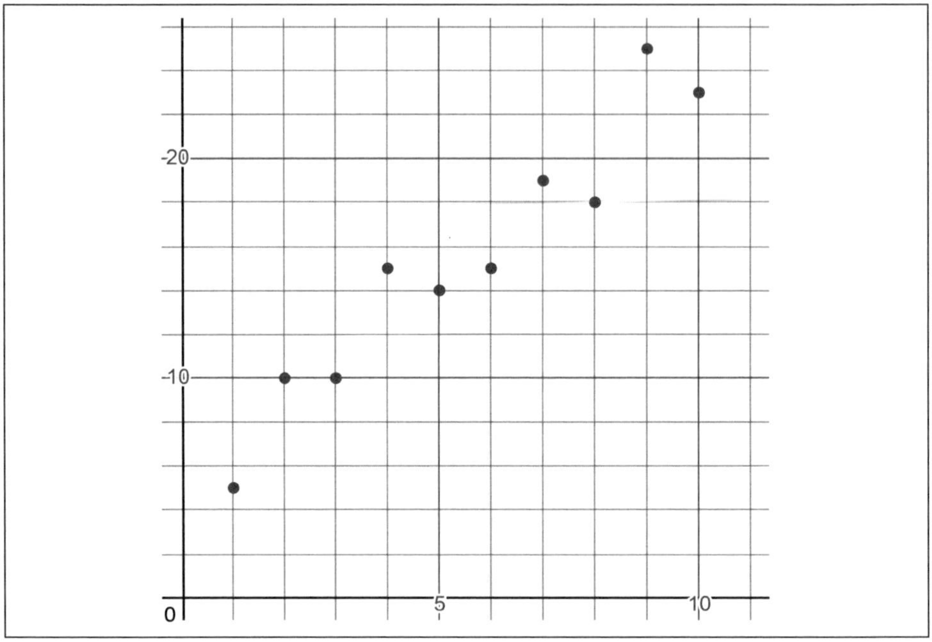

Abbildung 5-13: Wie wahrscheinlich ist es, dass wir diese Daten, die scheinbar linear korreliert sind, zufällig sehen?

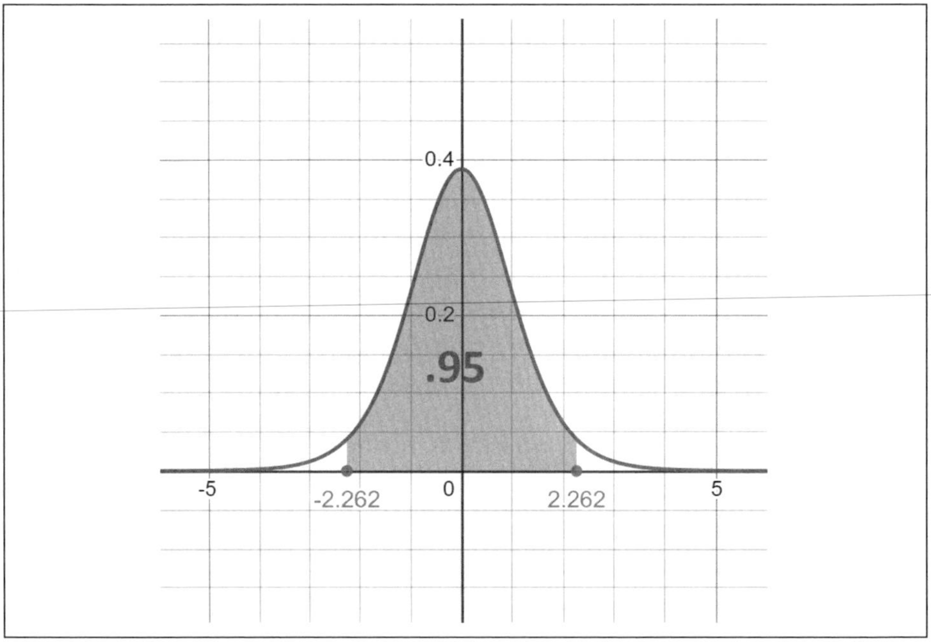

Abbildung 5-14: Eine t-Verteilung mit 9 Freiheitsgraden, da es 10 Datensätze gibt und wir 1 subtrahieren

Der kritische Wert beträgt ungefähr ±2,262, den wir auch in Python berechnen können, wie Beispiel 5-16 zeigt. Damit werden 95 % des mittleren Bereichs unserer t-Verteilung erfasst.

Beispiel 5-16: Den kritischen Wert aus einer t-Verteilung berechnen

```
from scipy.stats import t

n = 10
lower_cv = t(n-1).ppf(.025)
upper_cv = t(n-1).ppf(.975)

print(lower_cv, upper_cv)
# -2.262157162740992 2.2621571627409915
```

Wenn unser Testwert außerhalb des Bereichs (–2,262; 2,262) liegt, können wir unsere Nullhypothese verwerfen. Um den Testwert t zu berechnen, müssen wir die folgende Formel verwenden, wobei auch hier r den Korrelationskoeffizienten und n den Stichprobenumfang bezeichnet:

$$t = \frac{r}{\sqrt{\frac{1-r^2}{n-2}}}$$

$$t = \frac{.957586}{\sqrt{\frac{1-.957586^2}{10-2}}} = 9.339956$$

Stellen wir nun den gesamten Test in Python zusammen, wie Beispiel 5-17 zeigt. Wenn unser Testwert aus dem kritischen Bereich von 95 % Konfidenz herausfällt, akzeptieren wir, dass unsere Korrelation nicht zufällig ist.

Beispiel 5-17: Die Signifikanz für linear erscheinende Daten testen

```
from scipy.stats import t
from math import sqrt

# Stichprobengröße
n = 10

lower_cv = t(n-1).ppf(.025)
upper_cv = t(n-1).ppf(.975)

# Korrelationskoeffizient
# abgeleitet von Daten https://bit.ly/2KF29Bd
r = 0.957586

# den Test durchführen
test_value = r / sqrt((1-r**2) / (n-2))

print("TEST VALUE: {}".format(test_value))
print("CRITICAL RANGE: {}, {}".format(lower_cv, upper_cv))

if test_value < lower_cv or test_value > upper_cv:
```

```
    print("CORRELATION PROVEN, REJECT HO")
else:
    print("CORRELATION NOT PROVEN, FAILED TO REJECT HO ")

# p-Wert berechnen
if test_value > 0:
    p_value = 1.0 - t(n-1).cdf(test_value)
else:
    p_value = t(n-1).cdf(test_value)

# zweiseitig, also mit 2 multiplizieren
p_value = p_value * 2
print("P-VALUE: {}".format(p_value))
```

Der Testwert beträgt hier ungefähr 9,39956, was definitiv außerhalb des Bereichs (–2,262; 2.262) liegt, sodass wir die Nullhypothese verwerfen und sagen können, dass unsere Korrelation real ist. Das liegt daran, dass der p-Wert bemerkenswert signifikant ist: 0,000005976. Dieser Wert liegt weit unter unserem Schwellenwert von 0,05, sodass es sich praktisch nicht um einen Zufall handelt – es besteht eine Korrelation. Der kleine p-Wert ist verständlich, da die Punkte fast auf einer Geraden liegen. Es ist höchst unwahrscheinlich, dass sich diese Punkte zufällig so eng an einer Geraden angeordnet haben.

Abbildung 5-15 zeigt einige weitere Datensätze mit ihren Korrelationskoeffizienten und p-Werten. Analysieren Sie sie. Welcher ist wahrscheinlich für Vorhersagen am geeignetsten? Welche Probleme gibt es bei den anderen Datensätzen?

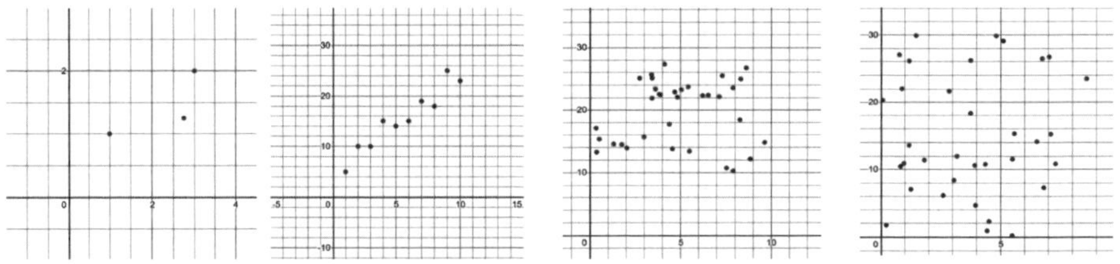

r	0,771454	r	0,957586095	r	0,100984708	r	0,037875905
p-Wert	0,34913	p-Wert	0,000005976	p-Wert	0,569732057	p-Wert	0,831544971

Abbildung 5-15: Verschiedene Datensätze mit ihren Korrelationskoeffizienten und p-Werten

Nachdem Sie nun Gelegenheit hatten, die Datensätze in Abbildung 5-15 zu analysieren, gehen wir die Ergebnisse durch. Der linke Datensatz hat eine hohe positive Korrelation, umfasst aber nur drei Punkte. Der Mangel an Daten treibt den p-Wert deutlich auf 0,34913 und erhöht die Likelihood, dass die Daten zufällig entstanden sind. Das ist verständlich, denn mit lediglich drei Datenpunkten ist es zwar wahrscheinlicher, ein lineares Muster zu erkennen, aber es ist nicht viel besser, als nur zwei Punkte zu haben, zwischen denen man eine Gerade zeichnen kann. Daraus ergibt sich eine wichtige Regel: Je mehr Daten vorhanden sind, desto geringer ist der p-Wert, vor allem wenn diese Daten in der Nähe einer Geraden liegen.

Das zweite Diagramm ist das, was wir eben behandelt haben. Die Stichprobe umfasst nur zehn Datenpunkte, aber es bildet sich ein so schönes lineares Muster, dass wir nicht nur eine starke positive Korrelation, sondern auch einen äußerst niedrigen p-Wert haben. Bei einem so niedrigen p-Wert können Sie sicher sein, dass Sie einen technisierten und streng kontrollierten Prozess erfassen und nicht etwas Soziologisches oder Natürliches.

Die beiden rechten Diagramme in Abbildung 5-15 lassen keine lineare Beziehung erkennen. Die Korrelationskoeffizienten liegen nahe bei 0, was auf keinen Zusammenhang hinweist, und die p-Werte deuten wenig überraschend darauf hin, dass der Zufall eine Rolle gespielt hat.

Es gilt die Regel: Je mehr Daten an einer Geraden liegen, desto signifikanter ist der p-Wert für die Korrelation. Je verstreuter oder spärlicher die Daten sind, desto mehr steigt der p-Wert an und weist darauf hin, dass die Korrelation zufällig zustande gekommen ist.

Bestimmtheitsmaß

In der Statistik und bei Regressionen für maschinelles Lernen werden Sie häufig eine wichtige Metrik finden: Das *Bestimmtheitsmaß* (auch Determinationskoeffizient genannt) R^2 misst, wie viel Variation in einer Variablen durch die Variation der anderen Variablen erklärbar ist. Es ist auch das Quadrat des Korrelationskoeffizienten r. Wenn r sich einer perfekten Korrelation (–1 oder 1) annähert, geht R^2 gegen 1. Im Wesentlichen zeigt R^2 an, wie stark zwei Variablen miteinander interagieren.

Wenden wir uns wieder unseren Daten aus Abbildung 5-13 zu. In Beispiel 5-18 übernehmen wir den Dataframe-Code von vorhin, der den Korrelationskoeffizienten berechnet, und quadrieren ihn dann einfach. Damit wird jeder Korrelationskoeffizient mit sich selbst multipliziert.

Beispiel 5-18: Eine Korrelationsmatrix in Pandas erstellen

```
import pandas as pd

# Daten in Pandas-Dataframe einlesen
df = pd.read_csv('https://bit.ly/2KF29Bd', delimiter=",")

# Korrelationen zwischen Variablen ausgeben
coeff_determination = df.corr(method='pearson') ** 2
print(coeff_determination)

# AUSGABE:
#          x         y
# x  1.000000 0.916971
# y  0.916971 1.000000
```

Ein Bestimmtheitsmaß von 0,916971 wird so interpretiert, dass 91,6971 % der Variation in x durch y erklärt werden (und umgekehrt). Die verbleibenden 8,3029 % gelten als Rauschen, das auf nicht erfasste Variablen zurückzuführen ist. Der Wert von 0,916971 ist ein ziemlich gutes Bestimmtheitsmaß, das zeigt, dass x und y die Varianz der jeweils anderen erklären. Es könnten auch andere Variablen im Spiel sein, die die restlichen 0,083029 ausmachen. Und da Korrelation nicht gleichbedeutend mit Kausalität ist, könnten auch weitere Variablen zu der beobachteten Beziehung beitragen.

Korrelation ist keine Kausalität!

Es ist wichtig, anzumerken, dass wir zwar viel Wert darauf legen, die Korrelation zu messen und darauf bezogene Metriken zu erstellen, dabei aber daran denken müssen, dass *Korrelation keine Kausalität ist*! Dieses Mantra haben Sie vielleicht schon einmal gehört, doch ich möchte erläutern, warum es Statistiker sagen.

Nur weil wir eine Korrelation zwischen x und y sehen, heißt das nicht, dass y von x verursacht wird. Es könnte in der Tat sein, dass x von y verursacht wird! Vielleicht gibt es auch eine dritte, nicht erfasste Variable z, die sich auf x und y auswirkt. Es ist ebenfalls denkbar, dass x und y gar nicht aufeinander wirken und die Korrelation nur zufällig ist, weshalb es wichtig ist, die statistische Signifikanz zu messen.

Nun habe ich eine viel drängendere Frage an Sie: Können Computer zwischen Korrelation und Kausalität unterscheiden? Die Antwort ist ein klares: »NEIN!« Computer kennen zwar ein Konzept für Korrelation, aber keines für Kausalität. Angenommen, ich lade einen Datensatz in scikit-learn, der meinen Wasserverbrauch und meine Wasserrechnung zeigt. Mein Computer oder praktisch jedes Programm einschließlich scikit-learn hat keine Ahnung, ob ein höherer Wasserverbrauch eine höhere Rechnung oder eine höhere Rechnung einen höheren Wasserverbrauch verursacht. Ein KI-System könnte leicht auf Letzteres schließen, so unsinnig das auch ist. Aus diesem Grund muss bei vielen Projekten des maschinellen Lernens ein Mensch eingreifen, um den gesunden Menschenverstand einfließen zu lassen.

Auch bei der Computervision passiert dies. Oftmals wendet Computervision eine Regression auf die numerischen Pixel an, um eine Kategorie vorherzusagen. Wenn ich ein Computervisionssystem trainiere, um Kühe anhand von Bildern mit Kühen zu erkennen, kann es leicht Korrelationen mit dem Feld statt mit den Kühen herstellen. Wenn ich also ein Bild mit einem leeren Feld zeige, wird das System das Gras als Kühe identifizieren! Das liegt wiederum daran, dass Computer kein Konzept der Kausalität haben (die Kuhform sollte die Bezeichnung »Kuh« hervorrufen) und sich stattdessen in Korrelationen verlieren, die uns nicht interessieren.

Standardfehler der Schätzung

Eine Möglichkeit, den Gesamtfehler einer linearen Regression zu messen, ist die *SSE (Sum of Squared Error)*, also die Summe der Fehlerquadrate. Dies haben Sie bereits weiter oben kennengelernt, als wir die Residuen quadriert und summiert haben. Wenn $\hat{y}$ (»y Dach«) jeden von der Geraden vorhergesagten Wert und y jeden tatsächlichen y-Wert aus den Daten darstellt, gilt folgende Formel:

$$SSE = \sum (y - \hat{y})^2$$

Allerdings sind alle diese quadrierten Werte schwer zu interpretieren, sodass wir eine Logik der Quadratwurzel anwenden können, um die Werte auf ihre ursprünglichen Einheiten zu skalieren. Zudem bilden wir den Mittelwert aller Werte. Und genau das passiert beim *Standardfehler der Schätzung* (S_e – *Standard Error of the Estimate*). Wenn n die Anzahl der Datenpunkte ist, zeigt Beispiel 5-19, wie wir den Standardfehler S_e in Python berechnen.

$$S_e = \sqrt{\frac{\Sigma(y - \hat{y})^2}{n - 2}}$$

Beispiel 5-19: Den Standardfehler der Schätzung berechnen

```
import pandas as pd
from math import sqrt

# die Daten laden
points = list(pd.read_csv('https://bit.ly/2KF29Bd', delimiter=",").itertuples())

n = len(points)

# Regressionsgerade
m = 1.939
b = 4.733

# den Standardfehler der Schätzung berechnen
S_e = sqrt((sum((p.y - (m*p.x +b))**2 for p in points))/(n-2))

print(S_e)
# 1.87406793500129
```

Weshalb steht hier $n - 2$ anstelle von $n - 1$, wie Sie es bei anderen Varianzberechnungen in Kapitel 3 gesehen haben? Ohne zu sehr in mathematische Beweise einzusteigen, liegt das daran, dass eine lineare Regression zwei Variablen hat und nicht nur eine, sodass wir die Unsicherheit um einen Freiheitsgrad mehr erhöhen müssen.

Wie Sie feststellen werden, sieht der Standardfehler der Schätzung der in Kapitel 3 untersuchten Standardabweichung bemerkenswert ähnlich. Das kommt nicht von ungefähr. Es handelt sich nämlich um die Standardabweichung für eine lineare Regression.

Vorhersageintervalle

Wie bereits erwähnt, handelt es sich bei unseren Daten in einer linearen Regression um eine Stichprobe aus einer Grundgesamtheit. Daher ist unsere lineare Regression nur so gut wie unsere Stichprobe. Unsere lineare Regressionsgerade weist auch eine Normalverteilung auf, die entlang der Geraden verläuft. Praktisch macht das jeden vorhergesagten y-Wert zu einer Stichprobenstatistik – genau wie den Mittelwert. In der Tat verschiebt sich der »Mittelwert« entlang der Geraden.

In Kapitel 2 haben wir beim Thema Statistik über Varianz und Standardabweichung gesprochen. Die Konzepte gelten auch hier. Bei einer linearen Regression hoffen wir, dass die Daten einer Normalverteilung in linearer Art und Weise folgen. Eine Regressionsgerade dient als verschiebender »Mittelwert« unserer Glockenkurve, und die Streuung der Daten um die Gerade spiegelt die Varianz/Standardabweichung wider, wie Abbildung 5-16 zeigt.

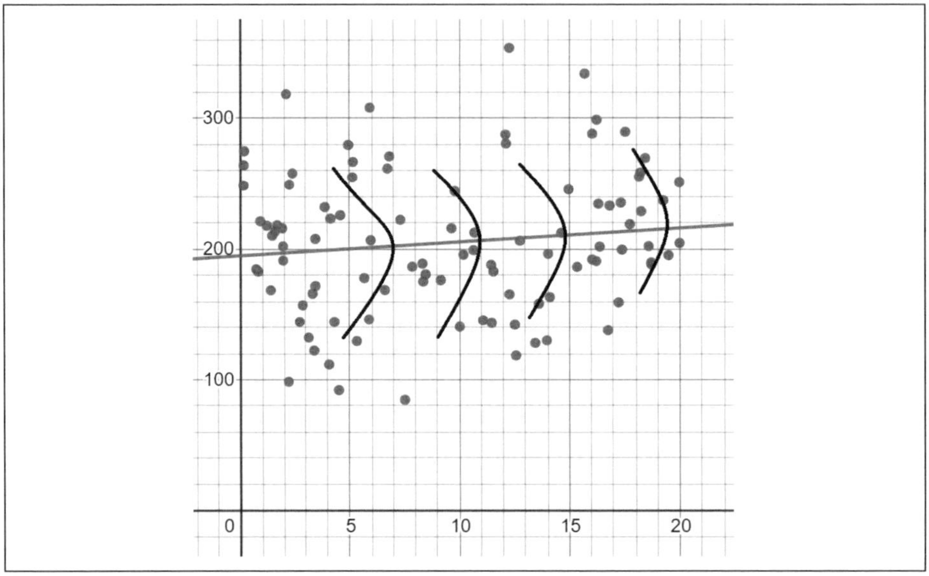

Abbildung 5-16: Eine lineare Regression geht davon aus, dass eine Normalverteilung der Geraden folgt.

Bei einer Normalverteilung, die einer linearen Regressionsgeraden folgt, gibt es nicht nur eine Variable, sondern auch eine zweite, die eine Verteilung steuert. Um jeden y-Vorhersagewert gibt es ein Konfidenzintervall, das als *Vorhersageintervall* bezeichnet wird.

Kommen wir noch einmal auf das Beispiel der Tierarztbesuche zurück, bei dem das Alter eines Hundes und die Anzahl der Tierarztbesuche geschätzt wurden. Ich möchte das Vorhersageintervall für die Anzahl der Tierarztbesuche mit einer Konfidenz von 95 % für einen 8,5 Jahre alten Hund wissen. Abbildung 5-17 zeigt, wie dieses Vorhersageintervall aussieht. Mit 95 %iger Sicherheit wird ein 8,5 Jahre alter Hund zwischen 16,462 und 25,966 Tierarztbesuche absolviert haben.

Wie berechnen wir dies? Zunächst müssen wir die Fehlerspanne ermitteln und sie zum vorhergesagten y-Wert addieren bzw. davon subtrahieren. Es handelt sich um eine komplizierte Gleichung, die einen kritischen Wert aus der t-Verteilung sowie den Standardfehler der Schätzung enthält:

$$E = t_{.025} * S_e * \sqrt{1 + \frac{1}{n} + \frac{n(x_0 - \bar{x})^2}{n(\Sigma x^2) - (\Sigma x)^2}}$$

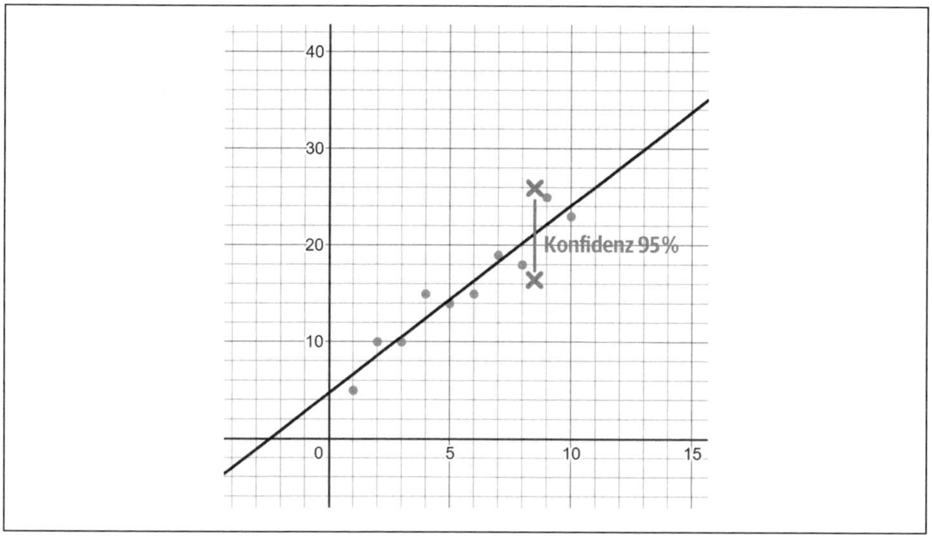

Abbildung 5-17: Ein Vorhersageintervall mit einer Konfidenz von 95 % für einen Hund, der 8,5 Jahre alt ist

Der x-Wert, an dem wir interessiert sind, ist als x_0 angegeben, was in diesem Fall 8,5 ist. Beispiel 5-20 zeigt, wie sich das in Python lösen lässt.

Beispiel 5-20: Ein Vorhersageintervall für die Tierarztbesuche eines 8,5 Jahre alten Hundes berechnen

```
import pandas as pd
from scipy.stats import t
from math import sqrt

# die Daten laden
points = list(pd.read_csv('https://bit.ly/2KF29Bd', delimiter=",").itertuples())

n = len(points)

# lineare Regressionsgerade
m = 1.939
b = 4.733

# Vorhersageintervall für x = 8.5 berechnen
x_0 = 8.5
x_mean = sum(p.x for p in points) / len(points)

t_value = t(n - 2).ppf(.975)

standard_error = sqrt(sum((p.y - (m * p.x + b)) ** 2 for p in points) / (n - 2))

margin_of_error = t_value * standard_error * \
                  sqrt(1 + (1 / n) + (n * (x_0 - x_mean) ** 2) / \
                       (n * sum(p.x ** 2 for p in points) - \
                            sum(p.x for p in points) ** 2))

predicted_y = m*x_0 + b
```

```
# Vorhersageintervall berechnen
print(predicted_y - margin_of_error, predicted_y + margin_of_error)
# 16.462516875955465 25.966483124044537
```

Oje! Das ist ein ganzer Haufen an Berechnungen, und leider können SciPy und andere gängige Data-Science-Bibliotheken das nicht. Aber wenn Sie einen Hang zur statistischen Analyse haben, sind diese Informationen sehr nützlich. Wir schaffen nicht nur eine Vorhersage basierend auf einer linearen Regression (beispielsweise wird ein Hund, der 8,5 Jahre alt ist, 21,2145 Tierarztbesuche erleben), sondern wir sind tatsächlich auch in der Lage, etwas weniger Absolutes zu sagen: Es besteht eine 95 %ige Wahrscheinlichkeit, dass ein 8,5 Jahre alter Hund den Tierarzt zwischen 16,46 und 25,96 Mal besuchen wird. Genial, oder? Und diese Aussage ist viel sicherer, weil sie einen Bereich und nicht nur einen einzigen Wert erfasst und somit die Unsicherheit berücksichtigt.

Konfidenzintervalle für die Parameter

Wenn man darüber nachdenkt, ist die lineare Regression an sich eine einfache Statistik, und es gibt eine lineare Regressionsgerade für die gesamte Grundgesamtheit, auf die wir schließen wollen. Das bedeutet, dass Parameter wie m und b ihre eigenen Verteilungen haben, und wir können Konfidenzintervalle für m und b individuell modellieren, um den Anstieg und den y-Achsenabschnitt der Grundgesamtheit widerzuspiegeln. Dies würde aber den Rahmen dieses Buchs sprengen, auch wenn es erwähnenswert ist, derartige Analysen durchführen zu können.

Es gibt Quellen, die diese Berechnungen von Grund auf durchführen, doch es könnte einfacher sein, mit den Regressionstools von Excel oder den Bibliotheken für Python zu arbeiten.

Aufteilung in Trainings- und Testdaten

Die Analyse, die ich eben mit dem Korrelationskoeffizienten, der statistischen Signifikanz und dem Bestimmtheitsmaß durchgeführt habe, gehört bei Praktikerinnen und Praktikern leider nicht immer zum gepflegten Arbeitsstil. Manchmal haben sie es mit so vielen Daten zu tun, dass sie weder die Zeit noch die technischen Möglichkeiten dazu haben. Zum Beispiel ergibt ein Bild mit 128 × 128 Pixeln mindestens 16.384 Variablen. Haben Sie die Zeit, für jede dieser Pixelvariablen eine statistische Analyse durchzuführen? Wahrscheinlich nicht! Leider führt dies dazu, dass viele Data Scientists diese statistischen Metriken überhaupt nicht mehr kennen.

In einem obskuren Onlineforum (*http://disq.us/p/1jas3zg*) habe ich einmal einen Beitrag gelesen, in dem es hieß, die statistische Regression sei ein Skalpell, während maschinelles Lernen eine Kettensäge sei. Wenn man mit riesigen Mengen von Daten und Variablen arbeitet, kann man diese nicht mit einem Skalpell durchforsten. Es bleibt nur der Griff zur Kettensäge, und obwohl man dabei an Erklärbarkeit und

Präzision einbüßt, kann man zumindest skalieren, um umfassendere Vorhersagen für mehr Daten zu treffen. Dennoch sind statistische Probleme wie Stichprobenverzerrung und Überanpassung nicht vom Tisch. Aber es gibt einige Praktiken, die sich für eine schnelle Validierung anbieten.

Weshalb gibt es in scikit-learn keine Konfidenzintervalle und p-Werte?

Die Bibliothek scikit-learn unterstützt weder Konfidenzintervalle noch p-Werte, da diese beiden Techniken offene Probleme für höherdimensionale Daten darstellen. Dies unterstreicht nur die Kluft zwischen Statistikern und Praktikern des maschinellen Lernens. Wie sagte doch einer der Betreuer von scikit-learn, Gael Varoquaux: »Im Allgemeinen erfordert die korrekte Berechnung von p-Werten Annahmen über die Daten, die die beim maschinellen Lernen verwendeten Daten nicht erfüllen (keine Multikollinearität, genügend Daten im Vergleich zur Dimensionalität) ... Bei p-Werten erwartet man, dass sie gut überprüft werden (sie sind ein Schutz in der medizinischen Forschung). Wenn man sie implementiert, ist Ärger vorprogrammiert ... Wir können p-Werte nur in einem sehr engen Rahmen [mit wenigen Variablen] angeben.«

Wenn Sie dieses Thema weiter vertiefen möchten, finden Sie auf GitHub einige interessante Diskussionen:

- *https://github.com/scikit-learn/scikit-learn/issues/6773*
- *https://github.com/scikit-learn/scikit-learn/issues/16802*

Wie schon erwähnt wurde, ist *statsmodel* (*https://oreil.ly/8oEHo*) eine Bibliothek, die hilfreiche Tools für statistische Analysen bietet. Allerdings sollten Sie wissen, dass sie sich aus den oben genannten Gründen wahrscheinlich nicht auf Modelle mit mehr Dimensionen skalieren lässt.

Eine grundlegende Technik, mit der Praktiker beim maschinellen Lernen eine Überanpassung abmildern, ist eine *Aufteilung in Trainings- und Testdaten*, wobei man in der Regel ein Drittel der Daten für Testzwecke reserviert und mit den anderen zwei Dritteln trainiert (andere Verhältnisse sind ebenfalls möglich). Der *Trainingsdatensatz* dient dazu, die lineare Regression anzupassen, während man anhand des *Testdatensatzes* die Performance der linearen Regression für Daten misst, die sie bisher noch nicht gesehen hat. Diese Technik wird im Allgemeinen für alle überwachten maschinellen Lernverfahren verwendet, einschließlich logistischer Regression und neuronaler Netze. Abbildung 5-18 veranschaulicht, wie wir unsere Daten in zwei Drittel für das Training und ein Drittel für das Testen aufteilen.

Dies ist ein kleiner Datensatz

Wie Sie später noch lernen werden, gibt es andere Möglichkeiten, als einen Datensatz in zwei Drittel Trainings- und ein Drittel Testdaten aufzuteilen. Bei einem so kleinen Datensatz ist es wahrscheinlich besser, die Daten im Verhältnis 9/10 zu 1/10 aufzuteilen und eine Kreuzvalidierung oder sogar eine Leave-One-Out-Kreuzvalidierung vorzunehmen. Mehr zu diesem Thema finden Sie im Abschnitt »Muss die Aufteilung in Trainings- und Testdatensätze in Dritteln erfolgen?« auf Seite Seite 194.

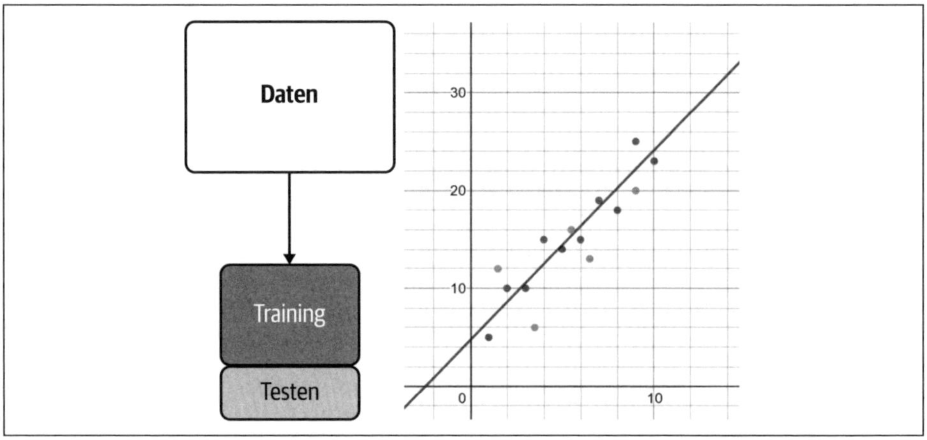

Abbildung 5-18: Aufteilung in Trainings- und Testdaten – die Gerade wurde nach der Methode der kleinsten Quadrate an die Trainingsdaten (dunkel) angepasst, während anschließend anhand der Testdaten (hell) analysiert wurde, wie sehr die Vorhersagen bei noch unbekannten Daten abweichen.

Beispiel 5-21 zeigt, wie sich eine Aufteilung zwischen Trainings- und Testdaten mit scikit-learn durchführen lässt, wobei ein Drittel der Daten für Testzwecke reserviert und die anderen zwei Drittel für das Training verwendet werden.

Trainieren ist Anpassen einer Regression

Denken Sie daran, dass »Anpassen« einer Regression gleichbedeutend mit »Trainieren« ist, wobei Praktiker des maschinellen Lernens den zweiten Begriff verwenden.

Beispiel 5-21: Eine Aufteilung von Trainings- und Testdaten für lineare Regression

```
import pandas as pd
from sklearn.linear_model import LinearRegression
from sklearn.model_selection import train_test_split

# die Daten laden
df = pd.read_csv('https://bit.ly/3cIH97A', delimiter=",")

# Eingabevariable extrahieren (alle Zeilen, alle Spalten außer der letzten Spalte)
X = df.values[:, :-1]

# Ausgabespalte extrahieren (alle Zeilen, letzte Spalte)
Y = df.values[:, -1]

# Trainings- und Testdaten trennen
# Ein Drittel der Daten wird für Tests reserviert.
X_train, X_test, Y_train, Y_test = train_test_split(X, Y, test_size=1/3)

model = LinearRegression()
model.fit(X_train, Y_train)
result = model.score(X_test, Y_test)
print("r^2:%.3f"% result)
```

Die Funktion `train_test_split()` übernimmt unseren Datensatz (X- und Y-Spalten), mischt ihn und gibt dann die Trainings- und Testdatensätze basierend auf der Größe unseres Testdatensatzes zurück. Mit der Funktion `fit()` von `LinearRegression` führen wir die Anpassung der Trainingsdatensätze `X_train` und `Y_train` aus. Dann rufen wir die Funktion `score()` auf den Testdatensätzen `X_test` und `Y_test` auf, um das Bestimmtheitsmaß R^2 zu ermitteln, das uns einen Eindruck davon vermittelt, wie die Regression bei noch unbekannten Daten abschneidet. Je höher R^2 für unseren Testdatensatz ist, desto besser. Ein höherer Wert bedeutet, dass die Regression bei noch unbekannten Daten gut funktioniert.

Das Bestimmtheitsmaß zum Testen verwenden

Das Bestimmtheitsmaß R^2 wird hier ein wenig anders berechnet, da wir eine vordefinierte lineare Regression aus dem Training haben. Wir vergleichen die Testdaten mit einer Regressionsgeraden, die aus den Trainingsdaten erstellt wurde. Das Ziel ist immer noch das gleiche: Ein Wert näher an 1,0 ist wünschenswert, um zu zeigen, dass die Regressionskorrelation auch mit den Trainingsdaten stark ist, während ein Wert näher an 0,0 bedeutet, dass der Testdatensatz schlecht abschneidet. Berechnet wird er wie folgt, wobei y_i jeder tatsächliche y-Wert ist, $\hat{y}_i$ jeden vorhergesagten y-Wert bezeichnet und $\bar{y}$ den durchschnittlichen y-Wert für alle Datenpunkte angibt:

$$R^2 = 1 - \frac{\Sigma(y_i - \widehat{y_i})^2}{\Sigma(y_i - \bar{y})^2}$$

Abbildung 5-19 zeigt verschiedene R^2-Werte von verschiedenen linearen Regressionen.

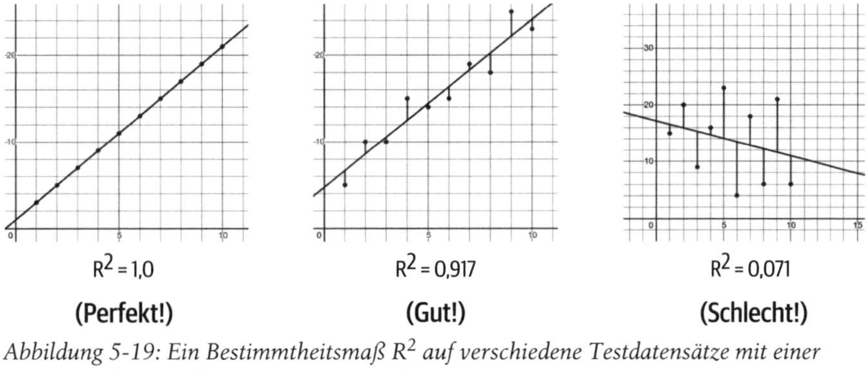

Abbildung 5-19: Ein Bestimmtheitsmaß R^2 auf verschiedene Testdatensätze mit einer trainierten linearen Regression angewendet

Wir können auch den Testdatensatz bei jeder Ein-Drittel-Teilmenge wechseln. Dies wird als *Kreuzvalidierung* bezeichnet und oft als Goldstandard der Validierungstechniken angesehen. Abbildung 5-20 zeigt, wie jedes Drittel der Daten wechselweise als Testdatensatz verwendet wird.

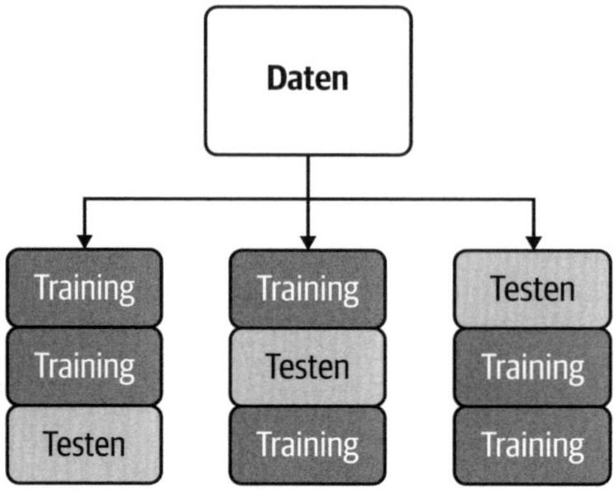

Abbildung 5-20: Visualisierung der Kreuzvalidierung mit drei Teilmengen

Der Code in Beispiel 5-22 zeigt eine Kreuzvalidierung, die über drei Teilmengen durchgeführt wird. Anschließend wird die Bewertungsmetrik (in diesem Fall die mittlere Summe der Quadrate [MSE]) zusammen mit ihrer Standardabweichung gemittelt, um zu zeigen, wie konsistent die einzelnen Tests waren.

Beispiel 5-22: Eine dreifache Kreuzvalidierung für eine lineare Regression verwenden

```
import pandas as pd
from sklearn.linear_model import LinearRegression
from sklearn.model_selection import KFold, cross_val_score

df = pd.read_csv('https://bit.ly/3cIH97A', delimiter=",")

# Eingabevariablen extrahieren (alle Zeilen, alle Spalten außer der letzten Spalte)
X = df.values[:, :-1]

# Ausgabespalte extrahieren (alle Zeilen, letzte Spalte)
Y = df.values[:, -1]

# eine einfache lineare Regression durchführen
kfold = KFold(n_splits=3, random_state=7, shuffle=True)
model = LinearRegression()
results = cross_val_score(model, X, Y, cv=kfold)
print(results)
print("MSE: mean=%.3f (stdev-%.3f)"% (results.mean(), results.std()))
```

Muss die Aufteilung in Trainings- und Testdatensätze in Dritteln erfolgen?

Unsere Daten müssen wir nicht in Drittel aufteilen. Genauso gut können Sie eine *k-fache Validierung* für eine Aufteilung in einem beliebigen Verhältnis verwenden. In der Regel verwendet man 1/3, 1/5 oder 1/10 als Teilmenge mit den Testdaten, wobei 1/3 am gebräuchlichsten ist.

Im Allgemeinen muss das von Ihnen gewählte k einen Testdatensatz ergeben, der eine ausreichend große Stichprobe für das Problem aufweist. Außerdem brauchen Sie genügend alternierende/gemischte Testdatensätze, um eine faire Schätzung der Performance bei noch unbekannten Daten zu erhalten. Datensätze mittlerer Größe können k-Werte von 3, 5 oder 10 verwenden. Bei der Leave-One-Out-Kreuzvalidierung (LOOCV) wird jeder einzelne Datensatz abwechselnd als einzige Stichprobe verwendet, und dies kann hilfreich sein, wenn der gesamte Datensatz klein ist.

Wenn Sie um die Varianz Ihres Modells besorgt sind, können Sie anstelle einer einfachen Aufteilung in Trainings- und Testdatensätze oder einer Kreuzvalidierung die *Random-Fold-Validierung* einsetzen, um die Daten wiederholt zu mischen und unbegrenzt oft in Trainings- und Testdatensätze zu teilen und die Testergebnisse zu aggregieren. Der Code in Beispiel 5-23 wählt in zehn Iterationen zufällig Stichproben mit einem Drittel der Daten zum Testen und den anderen zwei Dritteln für das Training aus. Diese zehn Testergebnisse werden dann zusammen mit deren Standardabweichungen gemittelt, um zu sehen, wie konsistent die Testdatensätze abschneiden.

Wo ist der Haken? Die Methode ist sehr rechenintensiv, da wir die Regression viele Male trainieren.

Beispiel 5-23: Eine Random-Fold-Validierung für eine lineare Regression verwenden

```
import pandas as pd
from sklearn.linear_model import LinearRegression
from sklearn.model_selection import cross_val_score, ShuffleSplit

df = pd.read_csv('https://bit.ly/38XwbeB', delimiter=",")

# Eingabevariablen extrahieren (alle Zeilen, alle Spalten außer der letzten)
X = df.values[:, :-1]

# Ausgabespalte extrahieren (alle Zeilen, letzte Spalte)
Y = df.values[:, -1]

# eine einfache lineare Regression durchführen
kfold = ShuffleSplit(n_splits=10, test_size=.33, random_state=7)
model = LinearRegression()
results = cross_val_score(model, X, Y, cv=kfold)

print(results)
print("mean=%.3f (stdev-%.3f)"% (results.mean(), results.std()))
```

Wenn Sie also unter Zeitdruck stehen oder Ihre Daten zu umfangreich sind, um sie statistisch zu analysieren, ermöglicht eine Aufteilung in Trainings- und Testdaten, die Performance einer linearen Regression für noch unbekannte Daten zu messen.

Aufteilungen in Trainings- und Testdaten sind keine Garantien

Allein weil Sie bewährte Verfahren des maschinellen Lernens anwenden und Ihre Daten in Trainings- und Testdaten aufteilen, heißt das noch nicht, dass Ihr Modell gut funktioniert. Es passiert leicht, dass Sie Ihr Modell zu stark optimieren und durch *p-Hacking* gute Testergebnisse erzielen, nur um dann festzustellen, dass es in der Praxis versagt. Deshalb ist es manchmal notwendig, einen weiteren Datensatz bereitzuhalten, den sogenannten *Validierungssatz*, insbesondere wenn Sie verschiedene Modelle oder Konfigurationen vergleichen. Auf diese Weise wirken sich Ihre Optimierungen an den Trainingsdaten, um eine bessere Performance bei den Testdaten zu erzielen, nicht auf das Training aus. Den Validierungsdatensatz können Sie als letzte Notbremse verwenden, um festzustellen, ob p-Hacking eine Überanpassung Ihres Testdatensatzes verursacht hat.

Aber selbst dann könnte Ihr gesamter Datensatz (einschließlich Trainings-, Test- und Validierungsdaten) von vornherein verzerrt sein, was sich durch keine Aufteilung abmildern lässt. Andrew Ng hat dies als großes Problem beim maschinellen Lernen erörtert, und zwar im Rahmen seiner von *DeepLearning.AI und Stanford HAI* (*https://oreil.ly/x23SJ*) gehosteten Fragen und Antworten. Anhand eines Beispiels hat er gezeigt, warum maschinelles Lernen den Radiologen nicht ersetzt hat.

Multiple lineare Regression

Dieses Kapitel hat sich fast ausschließlich auf lineare Regression mit einer Eingabevariablen und einer Ausgabevariablen konzentriert. Allerdings sollten sich die hier vermittelten Konzepte größtenteils auch auf multiple lineare Regression anwenden lassen. Man kann zwar Metriken wie R^2, Standardfehler und Konfidenzintervalle verwenden, doch wird das mit mehr Variablen zunehmend schwieriger. Der Code in Beispiel 5-24 stützt sich auf die Bibliothek scikit-learn und zeigt eine lineare Regression mit zwei Eingabevariablen und einer Ausgabevariablen

Beispiel 5-24: Eine lineare Regression mit zwei Eingabevariablen

```
import pandas as pd
from sklearn.linear_model import LinearRegression

# die Daten laden
df = pd.read_csv('https://bit.ly/2X1HWH7', delimiter=",")

# Eingabevariablen extrahieren (alle Zeilen, alle Spalten außer der letzten Spalte)
X = df.values[:, :-1]

# Ausgabespalte extrahieren (alle Zeilen, letzte Spalte)
Y = df.values[:, -1]

# Training
fit = LinearRegression().fit(X, Y)

# Koeffizienten ausgeben
print("Coefficients = {0}".format(fit.coef_))
```

```
print("Intercept = {0}".format(fit.intercept_))
print("z = {0} + {1}x + {2}y".format(fit.intercept_, fit.coef_[0], fit.coef_[1]))
```

Es gibt einen gewissen Grad an Unsicherheit, wenn ein Modell so sehr mit Variablen überfrachtet wird, dass es seine Erklärbarkeit verliert. Das ist der Punkt, an dem die Praktiken des maschinellen Lernens einsetzen und das Modell als Blackbox behandeln. Ich hoffe, Sie sind davon überzeugt, dass statistische Belange nicht über Bord geworfen und Daten immer spärlicher werden, je mehr Variablen Sie hinzufügen. Doch wenn Sie einen Schritt zurückgehen und die Beziehungen zwischen den einzelnen Variablenpaaren mithilfe einer Korrelationsmatrix analysieren und wenn Sie versuchen zu verstehen, wie die einzelnen Variablenpaare interagieren, wird dies Ihre Bemühungen um ein produktives Modell für maschinelles Lernen unterstützen.

Zum Schluss

Dieses Kapitel hat eine Menge Stoff geboten. Wir haben versucht, die lineare Regression tiefgründiger zu beleuchten und die Aufteilungen in Trainings- und Testdaten zu unserer einzigen Validierung zu machen. Ich wollte Ihnen sowohl das Skalpell (die Statistik) als auch die Kettensäge (maschinelles Lernen) zeigen, damit Sie beurteilen können, welche Methode am besten geeignet ist, wenn Sie auf ein bestimmtes Problem stoßen. Allein für die lineare Regression gibt es jede Menge Metriken und Analysemethoden. Mit einigen davon haben wir uns beschäftigt, um zu verstehen, ob eine lineare Regression für Vorhersagen zuverlässig ist. Vielleicht werden Sie Regressionen als grobe Annäherung durchführen oder Ihre Daten mit statistischen Tools akribisch analysieren und durchkämmen. Es ist von der Situation abhängig, welchen Ansatz Sie wählen. Und wenn Sie mehr über die für Python verfügbaren statistischen Tools lernen möchten, sollten Sie sich die Bibliothek *statsmodel* (*https://oreil.ly/8oEHo*) ansehen.

In Kapitel 6, das sich mit der logistischen Regression befasst, gehen wir noch einmal auf das Bestimmtheitsmaß R^2 und die statistische Signifikanz ein. Ich hoffe, dass dieses Kapitel Sie davon überzeugt hat, dass es Möglichkeiten gibt, Daten sinnvoll zu analysieren, und dass die Investition den Unterschied in einem erfolgreichen Projekt ausmachen kann.

Übungen

Ein Datensatz mit zwei Variablen x und y wird unter *https://bit.ly/3C8JzrM* bereitgestellt.

1. Führen Sie eine einfache lineare Regression aus, um die Werte m und b zu bestimmen, die den Verlust minimieren (Summe der Quadrate).
2. Berechnen Sie den Korrelationskoeffizienten und die statistische Signifikanz dieser Daten (bei 95 % Vertrauen). Ist die Korrelation sinnvoll?

3. Wenn ich eine Vorhersage für $x = 50$ treffe, wie groß ist dann das 95 %ige Vorhersageintervall für den vorhergesagten Wert von y?
4. Beginnen Sie Ihre Regression von vorn und führen Sie eine Aufteilung in Trainings- und Testdaten durch. Experimentieren Sie mit Kreuzvalidierung und Random-Fold-Validation. Liefert die lineare Regression gute und konsistente Ergebnisse für die Testdaten? Warum bzw. warum nicht?

Die Antworten finden Sie in Anhang B.

KAPITEL 6

Logistische Regression und Klassifikation

In diesem Kapitel geht es um die *logistische Regression*, eine Art Regression, die die Wahrscheinlichkeit eines Ergebnisses vorhersagt, wobei eine oder mehrere unabhängige Variablen gegeben sind. Dies wiederum kann für die Klassifizierung verwendet werden, d. h. für die Vorhersage von Kategorien statt realer Zahlen wie bei der linearen Regression.

Wir sind nicht immer daran interessiert, Variablen als *kontinuierlich* darzustellen, wo sie eine unendliche Anzahl von reellen Dezimalwerten repräsentieren können. Es gibt Situationen, in denen wir *diskrete* Variablen vorziehen, wie etwa ganze Zahlen oder boolesche Werte (1/0, true/false bzw. wahr/falsch). Logistische Regression wird auf einer Ausgabevariablen trainiert, die diskret (eine binäre 0 oder 1) ist oder eine kategoriale Zahl (eine ganze Zahl). Sie gibt eine kontinuierliche Variable in Form einer Wahrscheinlichkeit aus, die sich jedoch mithilfe eines Schwellenwerts in einen diskreten Wert umwandeln lässt.

Logistische Regression ist einfach zu implementieren und relativ unempfindlich gegenüber Ausreißern und anderen schwierigen Datenbeständen. Viele Probleme des maschinellen Lernens lassen sich am besten mit logistischer Regression lösen, da sie praktischer und leistungsfähiger ist als andere Arten des überwachten maschinellen Lernens.

Genau wie bei der in Kapitel 5 behandelten linearen Regression werden wir versuchen, einen Mittelweg zu finden zwischen Statistik und maschinellem Lernen, indem wir Tools und Analysen aus beiden Disziplinen verwenden. Logistische Regression integriert viele Konzepte, die wir in diesem Buch vorgestellt haben, von der Wahrscheinlichkeit bis zur linearen Regression.

Logistische Regression verstehen

Angenommen, es hätte einen kleinen Industrieunfall gegeben und Sie versuchten nun, die Auswirkungen freigesetzter Chemikalien zu verstehen. Hierfür haben Sie elf Patientinnen und Patienten, die diesen Chemikalien unterschiedlich lange ausgesetzt waren (bitte beachten Sie, dass es sich um erfundene Daten handelt). Einige haben Symptome gezeigt (Wert 1), bei anderen waren keine Symptome zu beobachten (Wert 0).

Abbildung 6-1 zeigt die Ergebnisse in einem Diagramm, bei dem die x-Achse die Anzahl der Stunden angibt, die jemand den Chemikalien ausgesetzt war, und die y-Achse verzeichnet, ob die jeweiligen Personen Symptome gezeigt (1) oder nicht gezeigt (0) haben.

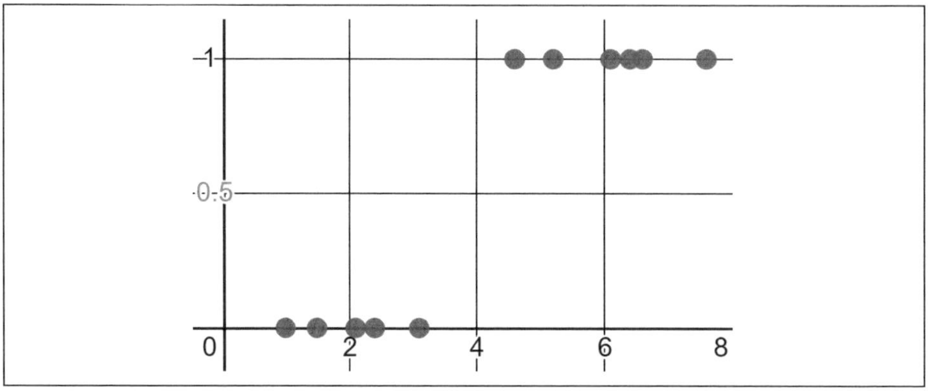

Abbildung 6-1: Diagramm, das darstellt, ob Patienten Symptome gezeigt (1) oder nicht gezeigt (0) haben und wie viele Stunden die Patienten den Chemikalien ausgesetzt waren

Nach welcher Zeitspanne beginnen die Patienten, Symptome zu zeigen? Es ist leicht zu erkennen, dass nach fast vier Stunden ein sofortiger Übergang von Patienten ohne Symptome (0) zu Patienten mit Symptomen (1) stattfindet. Abbildung 6-2 zeigt die gleichen Daten mit einer Vorhersagekurve.

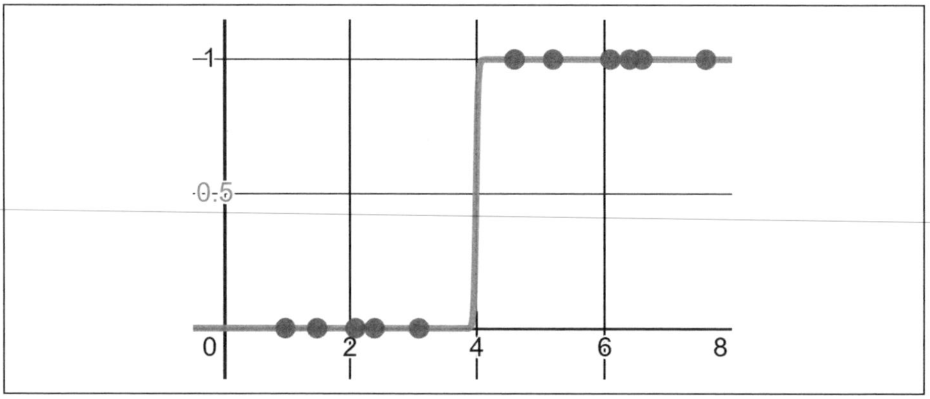

Abbildung 6-2: Nach vier Stunden erkennt man einen deutlichen Sprung in den Zustand, in dem Patienten Symptome zeigen.

Bei einer flüchtigen Analyse dieser Stichprobe können wir feststellen, dass ein Patient, der weniger als vier Stunden den Chemikalien ausgesetzt war, mit einer Wahrscheinlichkeit von nahezu 0 % Symptome zeigt, die Wahrscheinlichkeit aber 100 % beträgt, wenn die Einwirkung mehr als vier Stunden dauerte. Zwischen diesen beiden Gruppen gibt es einen unmittelbaren Sprung zum Auftreten von Symptomen nach etwa vier Stunden.

In der realen Welt ist natürlich nichts jemals so eindeutig. Nehmen wir an, Sie hätten mehr Daten gesammelt und in der Mitte des Bereichs gäbe es eine Mischung aus Patienten mit Symptomen und ohne Symptome, wie Abbildung 6-3 zeigt.

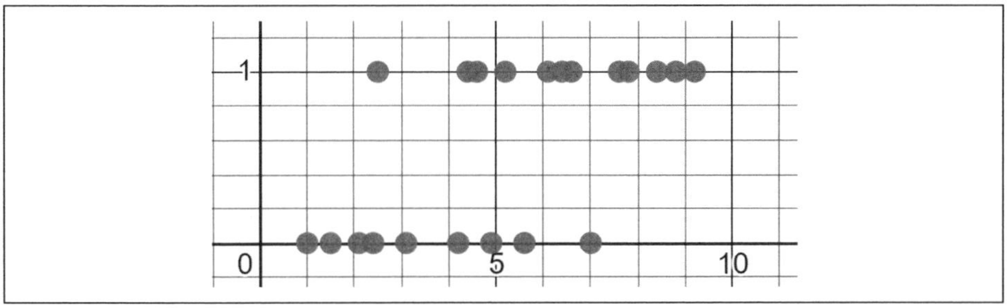

Abbildung 6-3: In der Mitte gibt es eine Mischung aus Patienten, die Symptome zeigen (1) und die keine Symptome zeigen (0).

Man kann dies so interpretieren, dass die Wahrscheinlichkeit, dass Patienten Symptome zeigen, mit jeder Stunde der Exposition zunimmt. Wir wollen dies mit einer *logistischen Funktion* veranschaulichen, und zwar mit einer s-förmigen Kurve, bei der die Ausgabevariable zwischen 0 und 1 gequetscht wird, wie Abbildung 6-4 zeigt.

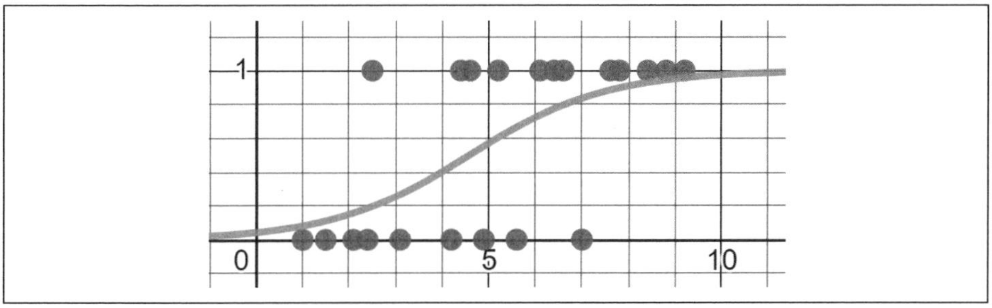

Abbildung 6-4: Eine logistische Funktion an die Daten anpassen

Da sich in der Mitte Punkte überlappen, gibt es keinen eindeutigen Grenzwert, ab dem die Patienten Symptome zeigen, sondern eher einen allmählichen Übergang von 0% Wahrscheinlichkeit zu 100% Wahrscheinlichkeit (0 und 1). Dieses Beispiel zeigt, wie eine *logistische Regression* zu einer Kurve führt, die eine Wahrscheinlichkeit, zur wahren Kategorie zu gehören (ein Patient zeigt Symptome), über eine unabhängige Variable (Stunden der Exposition) angibt.

Eine logistische Regression lässt sich so umfunktionieren, dass sie nicht nur eine Wahrscheinlichkeit für gegebene Eingabevariablen vorhersagt, sondern mit einem hinzugefügten Schwellenwert auch Vorhersagen dazu erlaubt, ob die jeweilige Variable zu dieser Kategorie gehört. Wenn ich zum Beispiel eine neue Patientin bekomme und feststelle, dass sie sechs Stunden lang den Chemikalien ausgesetzt war, sage ich mit einer Wahrscheinlichkeit von 71,1 % voraus, dass sie Symptome aufweisen wird, wie aus Abbildung 6-5 hervorgeht. Liegt mein Schwellenwert bei einer Wahrscheinlichkeit von mindestens 50 %, dass Symptome auftreten, gehe ich einfach davon aus, dass meine Patientin Symptome zeigen wird.

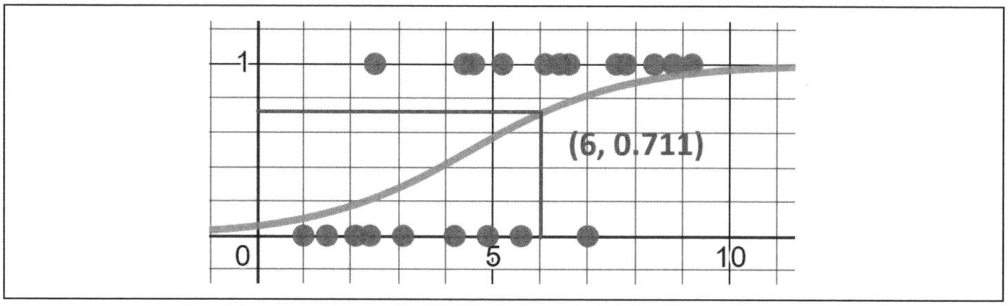

Abbildung 6-5: Wir können davon ausgehen, dass bei einer Patientin, die den Chemikalien sechs Stunden lang ausgesetzt war, mit einer Wahrscheinlichkeit von 71,1 % mit Symptomen zu rechnen ist. Und da dieser Wert größer als der Schwellenwert von 50 % ist, sagen wir voraus, dass sie Symptome zeigen wird.

Eine logistische Regression durchführen

Wie führt man nun eine logistische Regression aus? Werfen wir zunächst einen Blick auf die logistische Funktion und ihren mathematischen Hintergrund.

Logistische Funktion

Die *logistische Funktion* ist eine s-förmige Kurve (auch *Sigmoid* genannt), die für einen gegebenen Satz von Eingabevariablen eine Ausgabevariable zwischen 0 und 1 erzeugt. Da die Ausgabevariable zwischen 0 und 1 liegt, bietet sie sich an, um eine Wahrscheinlichkeit darzustellen.

Die logistische Funktion, die eine Wahrscheinlichkeit y für eine Eingabevariable x ausgibt, sieht folgendermaßen aus:

$$y = \frac{1.0}{1.0 + e^{-(\beta_0 + \beta_1 x)}}$$

Diese Formel verwendet die eulersche Zahl e, die Sie in Kapitel 1 kennengelernt haben. Die Variable x ist die unabhängige (Eingabe-)Variable. Bei β_0 und β_1 handelt es sich um die Koeffizienten, nach denen wir auflösen müssen.

Die Koeffizienten β_0 und β_1 sind in einem Exponenten enthalten. Der Ausdruck entspricht einer linearen Funktion, die – wie Sie bereits wissen – genauso aussieht wie $y = mx + b$ oder $y = \beta_0 + \beta_1 x$. Dies ist kein Zufall, da die logistische Regression durchaus eine enge Beziehung zur linearen Regression aufweist, auf die wir später in diesem Kapitel eingehen werden. Der Koeffizient β_0 ist tatsächlich der y-Achsenabschnitt (den wir in einer einfachen linearen Regression b nennen), und β_1 ist der Anstieg für x (den wir in einer einfachen linearen Regression m nennen). Diese lineare Funktion im Exponenten ist als Log-Odds-Funktion bekannt. Fürs Erste genügt es aber, zu wissen, dass diese ganze logistische Funktion die s-förmige Kurve erzeugt, die wir benötigen, um eine verschobene Wahrscheinlichkeitsverteilung über einem x-Wert auszugeben.

Um die logistische Funktion in Python zu deklarieren, rufen Sie die Funktion `exp()` im Paket `math` auf und deklarieren den Exponenten *e* wie in Beispiel 6-1 gezeigt.

Beispiel 6-1: Die logistische Funktion in Python für eine unabhängige Variable

```
import math

def predict_probability(x, b0, b1):
    p = 1.0 / (1.0 + math.exp(-(b0 + b1 * x)))
    return p
```

Den Funktionsverlauf wollen wir nun grafisch darstellen. Dabei nehmen wir $\beta_0 = -2{,}823$ und $\beta_1 = 0{,}620$ an. Abbildung 6-6 zeigt den ausgegebenen Graphen.

Beispiel 6-2: Eine logistische Funktion mithilfe von SymPy zeichnen

```
from sympy import *
b0, b1, x = symbols('b0 b1 x')

p = 1.0 / (1.0 + exp(-(b0 + b1 * x)))

p = p.subs(b0,-2.823)
p = p.subs(b1, 0.620)
print(p)

plot(p)
```

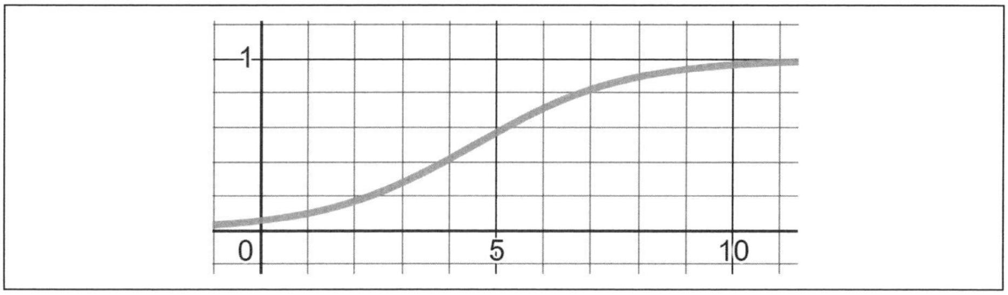

Abbildung 6-6: Eine logistische Funktion

Manche Lehrbücher deklarieren die logistische Funktion alternativ wie folgt:

$$p = \frac{e^{\beta_0 + \beta_1 x}}{1 + e^{\beta_0 + \beta_1 x}}$$

Zerbrechen Sie sich nicht den Kopf darüber, denn es ist dieselbe Funktion, nur algebraisch anders ausgedrückt. Wie die lineare Regression können wir auch die logistische Regression auf mehr als eine Eingabevariable (x_1, x_2, . . . x_n) erweitern, wie es in der folgenden Formel zu sehen ist. Wir fügen einfach mehr β_x-Koeffizienten hinzu:

$$p = \frac{1}{1 + e^{-(\beta_0 + \beta_1 x_1 + \beta_2 x_2 + \ldots \beta_n x_n)}}$$

Die logistische Kurve anpassen

Wie passt man die logistische Kurve an eine gegebene Trainingsdatenmenge an? Zunächst einmal können die Daten aus einer beliebigen Mischung von dezimalen, ganzzahligen und binären Variablen bestehen, aber die Ausgabevariable muss binär (0 oder 1) sein. Die eigentliche Vorhersage ist ein Wert zwischen 0 und 1, der als Wahrscheinlichkeit interpretiert wird.

Die Daten liefern die Werte unserer Eingabe- und Ausgabevariablen, doch wir müssen die Koeffizienten β_0 und β_1 bestimmen, um unsere logistische Funktion anzupassen. In Kapitel 5 haben wir die Methode der kleinsten Quadrate verwendet, die sich hier aber nicht anwenden lässt. Stattdessen verwenden wir die *Maximum-Likelihood-Schätzung*, die – wie der Name vermuten lässt – die Likelihood maximiert, mit der eine gegebene logistische Kurve die beobachteten Daten ausgeben würde.

Für die Berechnung der Maximum-Likelihood-Schätzung gibt es keine geschlossene Gleichung wie bei der linearen Regression. Wir können aber den Gradientenabstieg verwenden oder auf eine Bibliothek zurückgreifen, die uns diese Arbeit abnimmt. Wir stellen hier beide Ansätze vor und beginnen mit der Bibliothek scikit-learn.

scikit-learn verwenden

Das Schöne an scikit-learn ist, dass die Modelle oft einen standardisierten Satz von Funktionen und APIs haben. In vielen Fällen können Sie also Ihren Code per Copy-and-paste zusammenstellen und auch für verschiedene Modelle wiederverwenden. Beispiel 6-3 zeigt eine logistische Regression, die für unsere Patientendaten durchgeführt wird. Wenn Sie diesen Code mit dem für die lineare Regression in Kapitel 5 vergleichen, werden Sie feststellen, dass der Code für das Importieren, Aufteilen und Anpassen der Daten nahezu identisch ist. Der Hauptunterschied besteht darin, dass ich für mein Modell `LogisticRegression()` anstelle von `LinearRegression()` verwende.

Beispiel 6-3: Eine einfache logistische Regression in scikit-learn verwenden

```
import pandas as pd
from sklearn.linear_model import LogisticRegression

# die Daten laden
df = pd.read_csv('https://bit.ly/33ebs2R', delimiter=",")

# Eingabevariablen extrahieren (alle Zeilen, alle Spalten außer der letzten)
X = df.values[:, :-1]
```

```
# Ausgabespalte extrahieren (alle Zeilen, letzte Spalte)
Y = df.values[:, -1]

# logistische Regression durchführen
# Bestrafung abschalten
model = LogisticRegression(penalty='none')
model.fit(X, Y)

# beta1 ausgeben
print(model.coef_.flatten()) # 0.69267212

# beta0 ausgeben
print(model.intercept_.flatten()) # -3.17576395
```

Vorhersagen treffen

Für spezifische Vorhersagen rufen Sie die Funktionen `predict()` und `predict_prob()` auf dem Modellobjekt in scikit-learn auf, unabhängig davon, ob es sich um ein `LogisticRegression`- oder ein anderes Klassifizierungsmodell handelt. Die Funktion `predict()` sagt eine bestimmte Klasse voraus (z.B. True 1.0 oder False 1.0), während die Funktion `predict_prob()` Wahrscheinlichkeiten für jede Klasse liefert.

Wenn ich das Modell in scikit-learn ausführe, erhalte ich eine logistische Regression mit $\beta_0 = -3{,}18$ und $\beta_1 = 0{,}69$. Abbildung 6-7 zeigt, wie die entsprechende Kurve aussehen sollte.

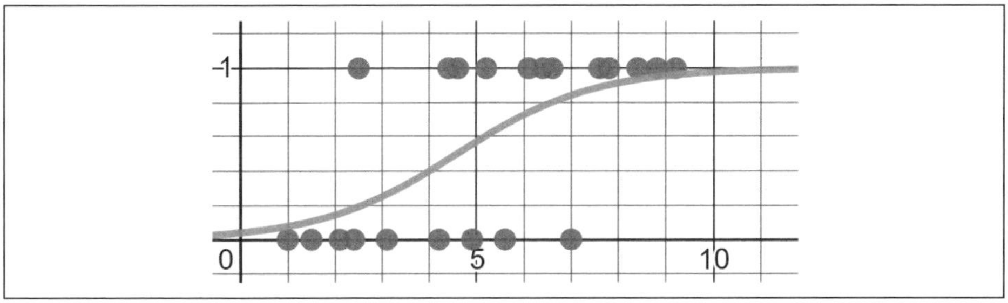

Abbildung 6-7: Grafische Darstellung der logistischen Regression

Es gibt hier einige Dinge zu beachten. Wenn ich das `LogisticRegression()`-Modell erstelle, gebe ich kein `penalty`-Argument an, das eine Regularisierungstechnik wie `l1` oder `l2` auswählt. Obwohl dies über den Rahmen des Buchs hinausgehen würde, gebe ich im folgenden Hinweis »scikit-learn-Parameter im Detail« kurze Einblicke, damit Sie hilfreiche Referenzen zur Hand haben.

Schließlich rufe ich `flatten()` auf, um den Koeffizienten und den Anstieg, die als multidimensionale Matrizen vorliegen, aber nur ein Element enthalten, auf weniger Dimensionen zu reduzieren. *Reduzieren* (engl. *flatten*) bedeutet, eine Zahlenmatrix auf weniger Dimensionen zu reduzieren, insbesondere wenn es weniger Elemente als Dimensionen gibt. Zum Beispiel verwende ich `flatten()` hier, um eine einzelne Zahl, die in einer zweidimensionalen Matrix verschachtelt ist, als einzelnen Wert herauszuziehen. Dann habe ich meine Koeffizienten β_0 und β_1.

> **scikit-learn-Parameter im Detail**
>
> scikit-learn bietet für seine Regressions- und Klassifizierungsmodelle eine Menge Optionen. Leider haben wir hier nicht den Platz, um sie alle zu behandeln, denn dies ist kein Buch, das sich ausschließlich auf maschinelles Lernen konzentriert.
>
> Allerdings steht Ihnen eine gute scikit-learn-Dokumentation zur Verfügung, und die Seite zur logistischen Regression finden Sie unter *https://oreil.ly/eL8hZ*.
>
> Für Begriffe, mit denen Sie nicht vertraut sind – zum Beispiel Regularisierung und `l1`- und `l2`-Bestrafungen –, sei auf andere Bücher des Verlags zu diesen Themen verwiesen. Eines der hilfreichsten Lehrbücher, die ich gefunden habe, ist *Praxiseinstieg Machine Learning mit Scikit-Learn, Keras und TensorFlow: Konzepte, Tools und Techniken für intelligente Systeme* von Aurélien Géron (O'Reilly).

Maximum-Likelihood und Gradientenabstieg verwenden

Wie bisher möchte ich in diesem Buch Einblicke darin bieten, wie sich Techniken von Grund auf entwickelt haben, selbst wenn uns Bibliotheken schon bei vielem unterstützen. Es gibt mehrere Methoden, um eine logistische Regression in eigener Regie anzupassen, aber alle Methoden verwenden in der Regel die *Maximum-Likelihood-Schätzung* (engl. *Maximum Likelihood Estimation*, MLE). MLE maximiert die Likelihood, mit der eine gegebene logistische Kurve die beobachteten Daten ausgeben würde. Auch wenn sich diese Methode von der Summe der Quadrate unterscheidet, können wir sie mithilfe von Gradientenabstieg oder stochastischem Gradientenabstieg lösen.

Ich werde hier versuchen, die mathematische Darstellung möglichst einfach zu halten und die lineare Algebra zu minimieren. Im Wesentlichen geht es darum, die Koeffizienten β_0 und β_1 zu finden, die unsere logistische Kurve möglichst nahe an diese Punkte heranführen. Wie Kapitel 2 zum Thema Wahrscheinlichkeit erläutert hat, kombinieren wir Wahrscheinlichkeiten (oder Likelihoods) mehrerer Ereignisse, indem wir sie miteinander multiplizieren. In dieser Anwendung berechnen wir die Likelihood, dass wir alle diese Punkte für eine bestimmte logistische Regressionskurve sehen würden.

Wendet man das Konzept der verbundenen Wahrscheinlichkeiten an, hat jeder Patient eine Likelihood, Symptome zu zeigen, die auf der angepassten logistischen Funktion wie in Abbildung 6-8 basiert.

Wir rufen jede Likelihood von der logistischen Regressionskurve oberhalb oder unterhalb des jeweiligen Punkts ab. Liegt der Punkt unterhalb der logistischen Regressionskurve, müssen wir die resultierende Wahrscheinlichkeit von 1,0 subtrahieren, da wir auch die falschen Fälle maximieren wollen.

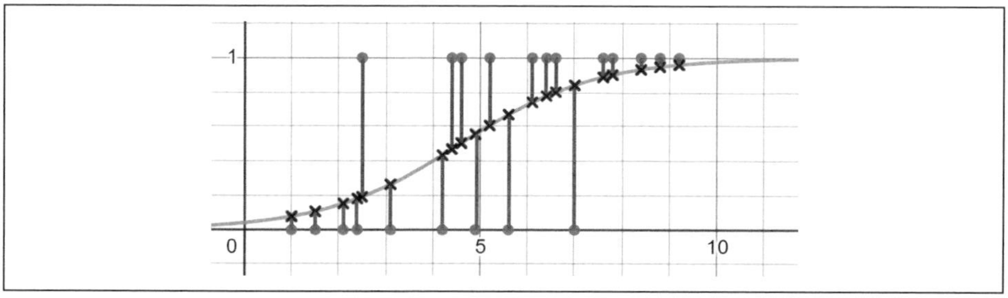

Abbildung 6-8: Jeder Eingabewert hat eine entsprechende Likelihood auf der logistischen Kurve.

Für die Koeffizienten $\beta_0 = -3{,}18$ und $\beta_1 = 0{,}69$ zeigt Beispiel 6-4, wie sich die gemeinsame Likelihood für diese Daten in Python berechnen lässt.

Beispiel 6-4: Die gemeinsame Likelihood der Beobachtung aller Punkte für eine gegebene logistische Regression berechnen

```
import math
import pandas as pd

patient_data = pd.read_csv('https://bit.ly/33ebs2R', delimiter=",").itertuples()

b0 = -3.17576395
b1 = 0.69267212

def logistic_function(x):
    p = 1.0 / (1.0 + math.exp(-(b0 + b1 * x)))
    return p

# sie gemeinsame Likelihood berechnen
joint_likelihood = 1.0

for p in patient_data:
    if p.y == 1.0:
        joint_likelihood *= logistic_function(p.x)
    elif p.y == 0.0:
        joint_likelihood *= (1.0 - logistic_function(p.x))

print(joint_likelihood) # 4.7911180221699105e-05
```

Der `if`-Ausdruck lässt sich mit einem mathematischen Kniff komprimieren. Wie Kapitel 1 gezeigt hat, ist jede Zahl (außer 0) hoch 0 immer 1. Sehen Sie sich die folgende Formel an und beachten Sie die Behandlung der wahren (1) und falschen (0) Fälle in den Exponenten:

$$\text{joint likelihood} = \prod_{i=1}^{n} \left(\frac{1.0}{1.0 + e^{-(\beta_0 + \beta_1 x_i)}} \right)^{y_i} \times \left(\frac{1.0}{1.0 + e^{-(\beta_0 + \beta_1 x_i)}} \right)^{1.0 - y_i}$$

Um das in Python zu berechnen, komprimieren Sie alles innerhalb der `for`-Schleife, die Beispiel 6-5 zeigt.

Beispiel 6-5: Die gemeinsame Likelihood ohne einen if-Ausdruck berechnen

```
for p in patient_data:
    joint_likelihood *= logistic_function(p.x) ** p.y * \
                        (1.0 - logistic_function(p.x)) ** (1.0 - p.y)
```

Was passiert hier genau? Dieser Ausdruck besteht aus zwei Teilen: einen für den Fall, dass $y = 1$ ist, und den anderen, dass $y = 0$ ist. Wird eine beliebige Zahl zur Potenz 0 erhoben, ist das Ergebnis 1. Je nachdem, ob y gleich 1 oder 0 ist, wird die entgegengesetzte Bedingung auf der anderen Seite zu 1 ausgewertet und wirkt sich nicht auf die Multiplikation aus. Wir können also einen `if`-Ausdruck codieren, allerdings vollständig in einem geschlossenen Ausdruck. Da sich von Ausdrücken, die `if`-Anweisungen enthalten, keine Ableitungen bilden lassen, ist diese geschlossene Darstellung hilfreich.

Computer sind möglicherweise damit überfordert, mehrere kleine Dezimalzahlen miteinander zu multiplizieren. Man spricht dann von einem *Gleitkommaunterlauf*. Das heißt, der Computer stößt bei immer kleiner werdenden Dezimalzahlen, was bei der Multiplikation vorkommen kann, an seine Grenzen, da er nicht unbegrenzt viele Dezimalstellen speichern kann. Dieses Phänomen lässt sich mit einem cleveren mathematischen Trick umgehen: Sie bilden den Logarithmus (mit der Funktion `log()`) jeder Dezimalzahl, die Sie multiplizieren wollen, und summieren dann die Ergebnisse. Dies ist den additiven Eigenschaften von Logarithmen zu verdanken, die Sie in Kapitel 1 kennengelernt haben. Solche Berechnungen sind numerisch stabiler, und mit der Funktion `exp()` können Sie die Gesamtsumme zurückkonvertieren, um das Produkt zu erhalten.

Überarbeiten wir unseren Code, um die Multiplikation durch die logarithmische Addition zu ersetzen (siehe Beispiel 6-6). Beachten Sie, dass die Funktion `log()` standardmäßig die Basis e verwendet. Da sich hier aus technischer Sicht praktisch jede Basis eignet, bietet dies sogar einen Vorteil, weil e^x zu sich selbst abgeleitet wird und rechentechnisch effizienter ist.

Beispiel 6-6: Logarithmische Addition verwenden

```
# die gemeinsame Likelihood berechnen
joint_likelihood = 0.0

for p in patient_data:
    joint_likelihood += math.log(logistic_function(p.x) ** p.y * \
                                 (1.0 - logistic_function(p.x)) ** (1.0 - p.y))

joint_likelihood = math.exp(joint_likelihood)
```

Der Python-Code von Beispiel 6-6 sieht in mathematischer Notation so aus:

$$\text{joint likelihood} = \sum_{i=1}^{n} log\left(\left(\frac{1.0}{1.0 + e^{-(\beta_0 + \beta_1 x_i)}}\right)^{y_i} \times \left(1.0 - \frac{1.0}{1.0 + e^{-(\beta_0 + \beta_1 x_i)}}\right)^{1.0 - y_i}\right)$$

Möchten Sie die partiellen Ableitungen für β_0 und β_1 im obigen Ausdruck berechnen? Ich glaube nicht. Es ist ziemlich schwierig. Meine Güte, diese Funktion allein in

SymPy auszudrücken, ist schon ziemlich umständlich! Sehen Sie sich dazu Beispiel 6-7 an.

Beispiel 6-7: Eine gemeinsame Likelihood für logistische Regression in SymPy ausdrücken

```
joint_likelihood = Sum(log((1.0 / (1.0 + exp(-(b + m * x(i)))))**y(i) * \
        (1.0 - (1.0 / (1.0 + exp(-(b + m * x(i))))))**(1-y(i))), (i, 0, n))
```

Überlassen wir es also SymPy, die partiellen Ableitungen für β_0 und β_1 zu berechnen, wie Beispiel 6-8 zeigt.

Beispiel 6-8: Gradientenabstieg für eine logistische Regression verwenden

```
from sympy import *
import pandas as pd

points = list(pd.read_csv("https://tinyurl.com/y2cocoo7").itertuples())

b1, b0, i, n = symbols('b1 b0 i n')
x, y = symbols('x y', cls=Function)
joint_likelihood = Sum(log((1.0 / (1.0 + exp(-(b0 + b1 * x(i))))) ** y(i) \
        * (1.0 - (1.0 / (1.0 + exp(-(b0 + b1 * x(i)))))) ** (1 - y(i))), (i, 0, n))

# partielle Ableitung für b1, wobei Punkte ersetzt werden
d_b1 = diff(joint_likelihood, b1) \
                   .subs(n, len(points) - 1).doit() \
                   .replace(x, lambda i: points[i].x) \
                   .replace(y, lambda i: points[i].y)

# partielle Ableitung für b0, wobei Punkte ersetzt werden
d_b0 = diff(joint_likelihood, b0) \
                   .subs(n, len(points) - 1).doit() \
                   .replace(x, lambda i: points[i].x) \
                   .replace(y, lambda i: points[i].y)

# mithilfe von lambdify zwecks schnellerer Berechnung kompilieren
d_b1 = lambdify([b1, b0], d_b1)
d_b0 = lambdify([b1, b0], d_b0)

# Gradientenabstieg durchführen
b1 = 0.01
b0 = 0.01
L = .01

for j in range(10_000):
    b1 += d_b1(b1, b0) * L
    b0 += d_b0(b1, b0) * L

print(b1, b0)
# 0.6926693075370812 -3.175751550409821
```

Nachdem wir die partiellen Ableitungen für β_0 und β_1 berechnet haben, ersetzen wir die x- und y-Werte sowie die Anzahl der Datenpunkte n. Um die Ableitungsfunktionen effizienter ausführen zu können, kompilieren wir sie mit `lambdify()` (die hinter den Kulissen auf NumPy zurückgreift). Danach führen wir den Gradientenabstieg wie in Kapitel 5 durch, aber da wir versuchen, zu maximieren und nicht zu minimieren, addieren wir jede Anpassung an β_0 und β_1, anstatt sie wie bei der Methode der kleinsten Quadrate zu subtrahieren.

Wie Beispiel 6-8 zeigt, erhalten wir $\beta_0 = -3{,}18$ und $\beta_1 = 0{,}69$. Dies ist durchaus vergleichbar mit den Koeffizientenwerten, die wir weiter oben in scikit-learn erhalten haben.

Wie Kapitel 5 erläutert hat, können wir auch mit dem stochastischen Gradientenabstieg arbeiten und als Stichprobe nur einen Datensatz oder eine Handvoll Datensätze bei jeder Iteration verwenden. Zum einen profitieren Sie dadurch noch mehr von erhöhter Rechengeschwindigkeit und Performance, zum anderen verhindern Sie Überanpassung. Es wäre überflüssig, hier noch einmal darauf einzugehen, also fahren wir fort.

Multivariable logistische Regression

Probieren wir ein Beispiel aus, das logistische Regression auf mehreren Eingabevariablen anwendet. Tabelle 6-1 zeigt eine Auswahl von Datensätzen aus einem fiktiven Datensatz, der einige Daten zum Verbleib im Erwerbsleben enthält (den vollständigen Datensatz finden Sie unter *https://bit.ly/3aqsOMO*).

Tabelle 6-1: Auszug aus den Daten zum Verbleib im Erwerbsleben

SEX (Geschlecht)	AGE (Alter)	PROMOTIONS (Beförderungen)	YEARS_EMPLOYED (Dauer der Beschäftigung)	DID_QUIT (hat gekündigt)
1	32	3	7	0
1	34	2	5	0
1	29	2	5	1
0	42	4	10	0
1	43	4	10	0

Dieser Datensatz umfasst 54 Datensätze. Angenommen, wir wollten damit vorhersagen, ob andere Arbeitnehmerinnen und Arbeitnehmer kündigen werden. Hier kann logistische Regression eingesetzt werden. (Allerdings ist das alles nicht zu empfehlen, worauf wir später noch ausführlich eingehen.) Erinnern Sie sich, dass wir mehr als eine Eingabevariable unterstützen können, wie diese Formel zeigt:

$$y = \frac{1}{1 + e^{-(\beta_0 + \beta_1 x_1 + \beta_2 x_2 + \ldots \beta_n x_n)}}$$

Ich erzeuge β-Koeffizienten für jede der Variablen `sex`, `age`, `promotions` und `years_employed`. Die Ausgabevariable `did_quit` ist binär und bestimmt das Ergebnis der logistischen Regression, das wir vorhersagen. Da wir es mit mehreren Dimensionen zu tun haben, wird es schwierig, die gekrümmte Hyperebene – d. h. unsere logistische Kurve – zu visualisieren. Wir werden also auf eine Visualisierung verzichten.

Um es interessanter zu gestalten, verwenden wir zwar scikit-learn, bauen aber eine interaktive Shell, mit der wir Mitarbeitende testen können. Beispiel 6-9 zeigt den Code, der eine logistische Regression ausführt. Dann können wir neue Mitarbeiterinnen und Mitarbeiter eingeben, um vorherzusagen, ob sie kündigen oder nicht. Was kann da schon schiefgehen? Nichts, da bin ich mir sicher. Wir sagen lediglich persönliche Eigenschaften von Menschen voraus und treffen dementsprechend Entscheidungen. Ich bin sicher, dass das in Ordnung ist.

(Falls nicht – es könnte auch ironisch gemeint sein.)

Beispiel 6-9: Eine multivariable logistische Regression mit Daten von Mitarbeitern

```
import pandas as pd
from sklearn.linear_model import LogisticRegression

employee_data = pd.read_csv("https://tinyurl.com/y6r7qjrp")

# Spalten mit unabhängigen Variablen herausgreifen
inputs = employee_data.iloc[:, :-1]

# Spalte mit abhängiger Variable "did_quit" herausgreifen
output = employee_data.iloc[:, -1]

# logistische Regression erstellen
fit = LogisticRegression(penalty='none').fit(inputs, output)

# Koeffizienten ausgeben:
print("COEFFICIENTS: {0}".format(fit.coef_.flatten()))
print("INTERCEPT: {0}".format(fit.intercept_.flatten()))

# Interagieren und Testen mit neuen Mitarbeiterdaten
def predict_employee_will_stay(sex, age, promotions, years_employed):
    prediction = fit.predict([[sex, age, promotions, years_employed]])
    probabilities = fit.predict_proba([[sex, age, promotions, years_employed]])
    if prediction == [[1]]:
        return "WILL LEAVE: {0}".format(probabilities)
    else:
        return "WILL STAY: {0}".format(probabilities)

# eine Vorhersage testen
while True:
    n = input("Predict employee will stay or leave {sex},
        {age},{promotions},{years employed}: ")
    (sex, age, promotions, years_employed) = n.split(",")
    print(predict_employee_will_stay(int(sex), int(age), int(promotions),
          int(years_employed)))
```

Abbildung 6-9 zeigt das Ergebnis, wenn die Kündigung eines Mitarbeiters vorhergesagt wird. Der Mitarbeiter hat das Geschlecht »1«, ist 34 Jahre alt, wurde einmal befördert und ist seit 5 Jahren im Unternehmen. Die Vorhersage lautet eindeutig »wird kündigen« (WILL LEAVE).

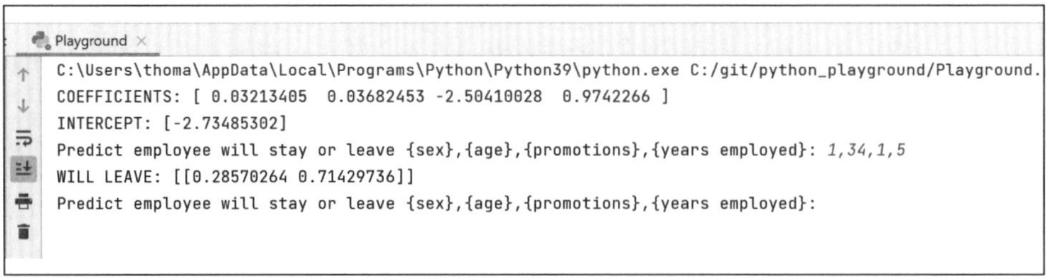

Abbildung 6-9: Vorhersage, ob ein 34-jähriger Mitarbeiter mit einer Beförderung und fünf Jahren Betriebszugehörigkeit kündigen wird

Die Funktion `predict_proba()` gibt zwei Werte aus, zunächst die Wahrscheinlichkeit von 0 (false) und anschließend von 1 (true).

Die Koeffizienten für `sex`, `age`, `promotions` und `years_employed` werden in dieser Reihenfolge angezeigt. Am Gewicht der Koeffizienten ist zu erkennen, dass `sex` und `age` eine sehr geringe Rolle bei der Vorhersage spielen (beide haben ein Gewicht nahe 0). Demgegenüber haben `promotions` und `years_employed` signifikante Gewichte von –2,50 und 0,97. Das ist das Geheimnis dieses Spielzeugdatensatzes: Ich habe ihn so konstruiert, dass ein Arbeitnehmer kündigt, wenn er nicht etwa alle zwei Jahre befördert wird. Natürlich hat meine logistische Regression dieses Muster erkannt, und Sie können es auch mit anderen Mitarbeitenden ausprobieren. Wenn Sie sich jedoch außerhalb der Bereiche bewegen, mit denen das Modell trainiert wurde, werden die Vorhersagen wahrscheinlich ungenau (zum Beispiel ist es für einen 70 Jahre alten Arbeitnehmer, der in drei Jahren nicht befördert wurde, schwer zu sagen, was das Modell liefert, da es zu diesem Alter keine Daten gibt).

Natürlich ist das wirkliche Leben nicht immer so klar. Ein Arbeitnehmer, der seit acht Jahren in einem Unternehmen arbeitet und noch nie befördert wurde, ist wahrscheinlich mit seiner Stelle zufrieden und wird sie nicht so bald aufgeben. In solchen Fällen könnten Variablen wie das Alter eine entscheidende Rolle spiele und müssten entsprechend gewichtet werden. Dann können wir uns natürlich Gedanken über andere relevante Variablen machen, die bisher nicht erfasst werden. Mehr dazu erfahren Sie in der folgenden Warnung.

Vorsicht bei der Klassifizierung von Menschen!

Am schnellsten und sichersten können Sie sich selbst ins Knie schießen, wenn Sie Daten über Personen sammeln und diese Daten aufs Geratewohl für Vorhersagen heranziehen. Damit verletzen Sie nicht nur die Datenschutzbestimmungen, sondern riskieren auch rechtliche und PR-Probleme, sollte sich das Modell als diskriminierend erweisen. Das Training beim maschinellen Lernen gewichtet ohne Weiteres Eingabevariablen wie Ethnie und Geschlecht. Diese demografischen Merkmale können dann zu unerwünschten Verknüpfungen mit Ergebnissen wie Nichteinstellung oder Kreditverweigerung führen. Noch schlimmer wird es, wenn Überwachungssysteme Personen falsch kennzeichnen oder eine Strafe nicht zur Bewährung ausgesetzt wird. Es ist auch möglich, dass scheinbar harmlose Variablen wie die Pendelzeit mit diskriminierenden Variablen korreliert sind.

In einer Reihe von Artikeln wird auf Probleme der Diskriminierung durch maschinelles Lernen hingewiesen, unter anderem hier:

- Katyanna Quach: *Teen turned away from roller rink after AI wrongly identifies her as banned troublemaker* (Teenager wird von Rollschuhbahn abgewiesen, nachdem KI sie fälschlicherweise als verbotene Unruhestifterin identifiziert hat), The Register, 16. Juli 2021 (*https://oreil.ly/boUcW*).
- Kashmir Hill: *Wrongfully Accused by an Algorithm* (Von einem Algorithmus zu Unrecht beschuldigt), New York Times, 24. Juni 2020 (*https://oreil.ly/dOJyI*).

Da Datenschutzgesetze ständigen Aktualisierungen unterliegen, sollten Sie auf Nummer sicher gehen und persönliche Daten sorgfältig verarbeiten. Überlegen Sie genau, welche automatisierten Entscheidungen weitergegeben werden und wie diese Schaden anrichten können. Manchmal ist es besser, ein »Problem« einfach in Ruhe zu lassen und es weiterhin manuell zu lösen.

Denken Sie deshalb auch bei diesem Beispiel zur Mitarbeiterbindung daran, woher die Daten kommen. Ja, ich habe diesen Datensatz erfunden, aber in der realen Welt sollte man sich immer fragen, auf welche Weise die Daten entstanden sind. Aus welchem Zeitraum stammt die Stichprobe? Wie weit zurück gehen wir bei der Suche nach Mitarbeitern, die gekündigt haben? Was macht einen Mitarbeiter aus, der geblieben ist? Handelt es sich zu diesem Zeitpunkt um aktuelle Mitarbeiter? Woher wissen wir, dass sie nicht in nächster Zeit vorhaben zu kündigen, was sie zu falsch negativen Fällen machen würde? Data Scientists tappen leicht in die Falle, nur zu analysieren, was die Daten aussagen, aber nicht zu hinterfragen, woher sie stammen und welche Annahmen ihnen zugrunde liegen.

Um Antworten auf diese Fragen zu erhalten, ist es am besten, wenn man versteht, wofür die Vorhersagen verwendet werden. Geht es darum, zu entscheiden, wann Mitarbeitende befördert werden sollen, um sie an das Unternehmen zu binden? Kann dies zu einer zirkulären Verzerrung bei der Beförderung von Personen mit bestimmten Eigenschaften führen? Wird diese Voreingenommenheit bestärkt, wenn solche Beförderungen in neue Trainingsdaten einfließen?

Dies sind alles wichtige Fragen, vielleicht sogar unbequeme Fragen, die dazu führen, dass sich unerwünschte Betrachtungsweisen in das Projekt einschleichen. Wenn dieses Hinterfragen von Ihrem Team oder der Projektleitung nicht erwünscht ist, sollten Sie sich überlegen, ob Sie eine andere Rolle übernehmen wollen, in der Neugier eine Stärke ist.

Das Wesen der Log-Odds

Es ist nun an der Zeit, die logistische Regression und ihren mathematischen Hintergrund näher zu beleuchten. Da dieses Thema keineswegs trivial ist, sollten Sie sich Zeit dafür nehmen. Falls Sie nicht alles auf Anhieb verstehen, können Sie später noch einmal zu diesem Abschnitt zurückkehren.

Seit Beginn des 20. Jahrhunderts ist es für Mathematiker von Interesse, eine lineare Funktion so zu skalieren, dass ihre Ausgabe zwischen 0 und 1 liegt und sich somit für die Vorhersage von Wahrscheinlichkeiten eignet. Die Log-Odds- oder Logit-Funktion bietet sich direkt zu diesem Zweck für die logistische Regression an.

Weiter oben habe ich darauf hingewiesen, dass der Wert im Exponenten $\beta_0 + \beta_1 x$ eine lineare Funktion ist. Sehen Sie sich noch einmal unsere logistische Funktion an:

$$p = \frac{1.0}{1.0 + e^{-(\beta_0 + \beta_1 x)}}$$

Diese lineare Funktion im Exponenten der Potenz zur Basis e wird als *Log-Odds*-Funktion bezeichnet. Sie liefert den Logarithmus der Chancen (engl. *Odds*) für das interessierende Ereignis. Möglicherweise denken Sie jetzt: »Moment mal! Ich sehe weder `log()` noch Chancen, sondern lediglich eine lineare Funktion!« Nur Geduld! Ich zeige Ihnen gleich die Mathematik, die dahintersteckt.

Nehmen wir als Beispiel unsere logistische Regression von vorhin, bei der $\beta_0 = -3{,}18$ und $\beta_1 = 0{,}69$ war. Wie lautet die Wahrscheinlichkeit, dass sich nach sechs Stunden Symptome zeigen, d.h. bei $x = 6$? Wie Sie das berechnen, wissen Sie bereits: Setzen Sie diese Werte in unsere logistische Funktion ein:

$$p = \frac{1.0}{1.0 + e^{-(-3.17576395 + 0.69267212(6))}} = 0.727161542928554$$

Wir erhalten eine Wahrscheinlichkeit von 0,73. Doch sehen Sie sich dies unter dem Blickwinkel von Chancen an. Kapitel 2 hat erläutert, wie man Chancen aus einer Wahrscheinlichkeit berechnet:

$$\text{odds} = \frac{p}{1 - p}$$

$$\text{odds} = \frac{.72716}{1 - .72716} = 2.66517246407876$$

Nach sechs Stunden ist es also 2,7-mal wahrscheinlicher, dass ein Patient Symptome zeigt, als dass er keine Symptome zeigt.

Wenn wir die Odds-Funktion in einen natürlichen Logarithmus (einen Logarithmus zur Basis e) einhüllen, nennen wir dies die *Logit-Funktion*. Die Ausgabe dieser Formel sind die sogenannten *Log-Odds*, da wir den Logarithmus der Chancen (engl. *Odds*) nehmen:

$$\text{logit} = \log\left(\frac{p}{1 - p}\right)$$

$$\text{logit} = \log\left(\frac{.72716}{1 - .72716}\right) = 0.98026877$$

Unser Log-Odds-Wert bei sechs Stunden beträgt 0,98. Was bedeutet das, und weshalb ist das wichtig? Wenn wir uns im Umfeld von »Log-Odds« befinden, ist es einfacher, eine Reihe von Odds mit einer anderen zu vergleichen. Alles größer als 0 betrachten wir als günstige Chancen, dass ein Ereignis eintritt, während alles kleiner als 0 gegen das Eintreten eines Ereignisses spricht. Ein Log-Odds-Wert von –1,05 hat linear den gleichen Abstand von 0 wie 1,05. In einfachen Odds lauten die äquivalenten Werte 0,35 und 2,86, was sich nicht so einfach interpretieren lässt. Hier liegt der Vorteil von Log-Odds.

Chancen und Logarithmen

Logarithmen und Chancen stehen in einer interessanten Beziehung zueinander. Wenn Chancen zwischen 0,0 und 1,0 liegen, wird ein Ereignis eher nicht eintreten, dagegen sprechen für das Ereignis alle Werte größer als 1,0, die bis ins positive Unendliche reichen. Allerdings ist die fehlende Symmetrie ungünstig. Mit Logarithmen lassen sich aber Chancen so skalieren, dass sie vollständig linear sind, wobei eine Log-Odds von 0,0 eine faire Chance bedeutet. Eine Log-Odds von –1,05 hat linear den gleichen Abstand von 0 wie 1,05, wodurch sich Chancen viel einfacher vergleichen lassen.

Josh Starmer hat ein großartiges Video veröffentlicht (*https://oreil.ly/V0H8w*), in dem es um diese Beziehung zwischen Chancen und Logarithmen geht.

Wie ich bereits weiter oben erwähnt habe, ist die lineare Funktion in unserer logistischen Formel $\beta_0 + \beta_1 x$ unsere Log-Odds-Funktion. Sehen Sie sich Folgendes an:

$$\text{log-odds} = \beta_0 + \beta_1 x$$
$$\text{log-odds} = -3.17576395 + 0.69267212(6)$$
$$\text{log-odds} = 0.98026877$$

Das ist der gleiche Wert 0,98 wie in unserer vorherigen Berechnung, nämlich die Chance unserer logistischen Regression bei $x = 6$, die mit `log()` logarithmiert wurde! Wie hängt das alles zusammen? Wenn eine Wahrscheinlichkeit von einer logistischen Regression p und eine Eingabevariable x gegeben sind, sieht das so aus:

$$log\left(\frac{p}{1-p}\right) = \beta_0 + \beta_1 x$$

Stellt man die Log-Odds-Kurve zusammen mit der logistischen Regression dar, ergibt sich ein Verlauf, wie ihn Abbildung 6-10 zeigt.

Jede logistische Regression wird durch eine lineare Funktion gedeckt, und diese lineare Funktion ist eine Log-Odds-Funktion. Wie aus Abbildung 6-10 hervorgeht, liegt die Wahrscheinlichkeit der logistischen Kurve bei 0,5, wenn die Log-Odds-Gerade die x-Achse bei y gleich 0,0 schneidet. Das ist verständlich, denn wenn unsere Chancen bei 1,0 fair sind, beträgt die Wahrscheinlichkeit 0,50, wie es die logistische Regression zeigt, und die Log-Odds wird zu 0, wie es an der Geraden zu sehen ist.

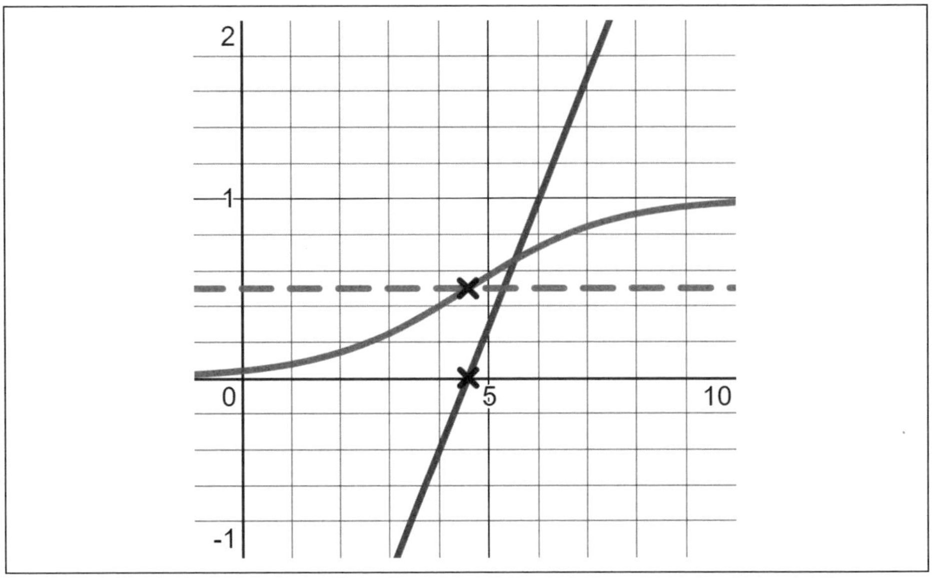

Abbildung 6-10: Die Log-Odds-Gerade wird in eine logistische Funktion konvertiert, die eine Wahrscheinlichkeit ausgibt.

Ein weiterer Vorteil der logistischen Regression aus der Perspektive der Chancen ist, dass wir die Wirkungen bei verschiedenen x-Werten vergleichen können. Angenommen, ich möchte verstehen, wie sehr sich meine Chancen ändern, wenn ich den Chemikalien zwischen sechs und acht Stunden ausgesetzt bin. Ich kann die Chancen bei sechs und acht Stunden ermitteln und die beiden Chancen in einem *Chancenverhältnis* (*Odds-Ratio*, OR) zueinander in Beziehung setzen. Verwechseln Sie das nicht mit einer einfachen Chance, die zwar auch ein Verhältnis ist, jedoch kein Chancenverhältnis.

Ermitteln wir zuerst die Wahrscheinlichkeiten der Symptome für sechs bzw. acht Stunden:

$$p = \frac{1.0}{1.0 + e^{-(\beta_0 + \beta_1 x)}}$$

$$p_6 = \frac{1.0}{1.0 + e^{-(-3.17576395 + 0.69267212(6))}} = 0.727161542928554$$

$$p_8 = \frac{1.0}{1.0 + e^{-(-3.17576395 + 0.69267212(8))}} = 0.914167258137741$$

Nun wandeln wir diese Wahrscheinlichkeiten in Chancen um, die wir als o_x deklarieren:

$$o = \frac{p}{1 - p}$$

$$o_6 = \frac{0.727161542928554}{1 - 0.727161542928554} = 2.66517246407876$$

$$o_8 = \frac{0.914167258137741}{1 - 0.914167258137741} = 10.6505657200694$$

Schließlich setzen wir die beiden Chancen als Chancenverhältnis gegeneinander, wobei die Chancen für acht Stunden im Zähler und die Chancen für sechs Stunden im Nenner stehen. Wir erhalten einen Wert von etwa 3,996. Also vergrößert sich die Wahrscheinlichkeit, Symptome zu zeigen, fast um den Faktor 4, wenn man den Chemikalien zwei Stunden länger ausgesetzt ist:

$$\text{odds ratio} = \frac{10.6505657200694}{2.66517246407876} = 3.99620132040906$$

Dieses Chancenverhältnis von 3,996 gilt für beliebige zweistündige Bereiche, z.B. von 2 Stunden bis 4 Stunden, von 4 Stunden bis 6 Stunden, von 8 Stunden bis 10 Stunden usw. Solange es sich um einen zweistündigen Abstand handelt, bleibt das Chancenverhältnis konstant. Bei anderen Zeitbereichen ist es anders.

R-Quadrat

Kapitel 5 hat einige statistische Metriken für die lineare Regression behandelt, und wir werden versuchen, das Gleiche für die logistische Regression zu tun. Uns beschäftigen immer noch viele der gleichen Probleme wie bei der linearen Regression, einschließlich Überanpassung und Varianz. Tatsächlich können wir mehrere Metriken aus der linearen Regression übernehmen, anpassen und auf die logistische Regression anwenden. Beginnen wir mit R^2.

Genau wie bei der linearen Regression gibt es ein R^2 für eine bestimmte logistische Regression. Wie Kapitel 5 erläutert hat, gibt R^2 an, wie gut eine bestimmte unabhängige Variable eine abhängige Variable erklärt. Wendet man dies auf unser Problem der Chemikalienexposition an, ist es sinnvoll, zu messen, inwieweit die Stunden der Chemikalienexposition das Auftreten von Symptomen erklären.

Man ist sich nicht wirklich einig über die beste Methode, das R^2 einer logistischen Regression zu berechnen. Eine weitverbreitete Technik, die als *McFaddens Pseudo-R^2* bezeichnet wird, ahmt das R^2 der linearen Regression sehr gut nach. In den folgenden Beispielen verwenden wir diese Technik, deren Formel folgendermaßen lautet:

$$R^2 = \frac{(\text{log likelihood}) - (\text{log likelihood fit})}{(\text{log likelihood})}$$

Sie werden lernen, wie Sie »Log-Likelihood-Fit« und »Log-Likelihood« berechnen, sodass Sie R^2 berechnen können.

Wir können hier keine Residuen wie bei der linearen Regression verwenden, doch es ist möglich, die Ergebnisse zurück auf die logistische Kurve zu projizieren, wie Abbildung 6-11 zeigt, und ihre entsprechenden Likelihoods zwischen 0,0 und 1,0 aufzusuchen.

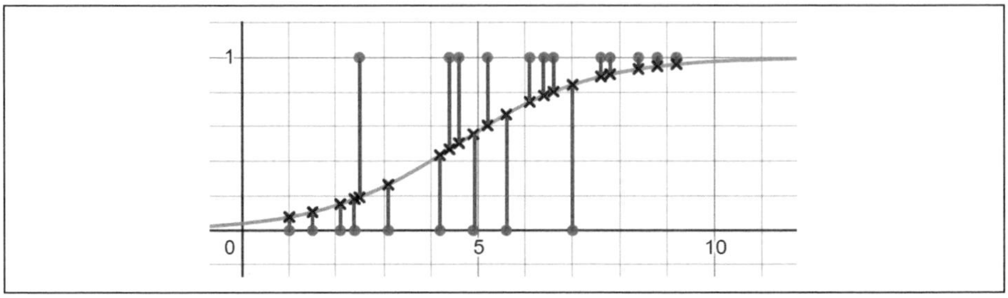

Abbildung 6-11: Die Ausgabewerte zurück auf die logistische Kurve projizieren

Wir können dann die einzelnen Likelihoods logarithmieren und sie alle summieren. Damit ergibt sich die angepasste Log-Likelihood (*log likelihood fit*), siehe Beispiel 6-10. So wie wir die maximale Likelihood berechnet haben, konvertieren wir die »falschen« Likelihoods, indem wir sie von 1,0 subtrahieren.

Beispiel 6-10: Die angepasste Log-Likelihood berechnen

```
from math import log, exp
import pandas as pd

patient_data = pd.read_csv('https://bit.ly/33ebs2R', delimiter=",").itertuples()

b0 = -3.17576395
b1 = 0.69267212

def logistic_function(x):
    p = 1.0 / (1.0 + exp(-(b0 + b1 * x)))
    return p

# die Log-Likelihoods summieren
log_likelihood_fit = 0.0

for p in patient_data:
    if p.y == 1.0:
        log_likelihood_fit += log(logistic_function(p.x))
    elif p.y == 0.0:
        log_likelihood_fit += log(1.0 - logistic_function(p.x))

print(log_likelihood_fit) # -9.946161673231583
```

Durch geschickte binäre Multiplikation und Python-Verständnis können wir diese `for`-Schleife und den `if`-Ausdruck in einer Zeile zusammenfassen und das Ergebnis `log_likelihood_fit` zurückgeben. Ähnlich wie in der Maximum-Likelihood-Formel können wir eine binäre Subtraktion zwischen dem wahren und dem falschen

Fall nutzen, um den einen oder anderen Fall mathematisch zu eliminieren. Hier multiplizieren wir mit 0 und wenden dementsprechend entweder den wahren oder den falschen Fall, aber nicht beide, auf die Summe an (Beispiel 6-11).

Beispiel 6-11: Unsere Log-Likelihood-Logik zu einer Zeile zusammenfassen

```
log_likelihood_fit = sum(log(logistic_function(p.x)) * p.y +
    log(1.0 - logistic_function(p.x)) * (1.0 - p.y)
    for p in patient_data)
```

Wenn man die angepasste Likelihood in mathematischer Notation ausdrückt, sieht das wie folgt aus, wobei zu beachten ist, dass $f(x_i)$ die logistische Funktion für eine bestimmte Eingabevariable x_i ist:

$$\text{log likelihood fit} = \sum_{i=1}^{n} (log(f(x_i)) \times y_i) + (log(1.0 - f(x_i)) \times (1 - y_i))$$

Wie in Beispiel 6-10 und Beispiel 6-11 berechnet, erhalten wir –9,95 als angepasste Log-Likelihood. Um das R^2 zu berechnen, benötigen wir einen weiteren Datenpunkt: die Log-Likelihood, die ohne irgendwelche Eingabevariablen schätzt und einfach die Anzahl der wahren Fälle dividiert durch alle Fälle verwendet (wobei effektiv nur der y-Achsenabschnitt übrig bleibt). Die Anzahl der Fälle mit Symptomen können wir zählen, indem wir alle y-Werte summieren (Σy_i), da nur die Einsen und nicht die Nullen in die Summe einfließen. Die Formel sieht so aus:

$$\text{log likelihood} = \frac{\Sigma y_i}{n} \times y_i + \left(1 - \frac{\Sigma y_i}{n}\right) \times (1 - y_i)$$

Die erweiterte Python-Entsprechung dieser Formel wird in Beispiel 6-12 angewendet.

Beispiel 6-12: Log-Likelihood der Patienten

```
import pandas as pd
from math import log, exp

patient_data = list(pd.read_csv('https://bit.ly/33ebs2R', delimiter=",") \
    .itertuples())

likelihood = sum(p.y for p in patient_data) / len(patient_data)

log_likelihood = 0.0

for p in patient_data:
    if p.y == 1.0:
        log_likelihood += log(likelihood)
    elif p.y == 0.0:
        log_likelihood += log(1.0 - likelihood)

print(log_likelihood) # -14.341070198709906
```

Um diese Logik zu konsolidieren und die Formel wiederzugeben, können wir diese `for`-Schleife und den `if`-Ausdruck in eine einzige Zeile komprimieren und mittels binärer Multiplikationslogik sowohl die wahren als auch die falschen Fälle verarbeiten (Beispiel 6-13).

Beispiel 6-13: Die Log-Likelihood in eine einzige Zeile konsolidieren

```
log_likelihood = sum(log(likelihood)*p.y + log(1.0 - likelihood)*(1.0 - p.y) \
        for p in patient_data)
```

Schließlich setzen wir einfach diese Werte ein und bekommen das gesuchte R^2:

$$R^2 = \frac{(\text{log likelihood})-(\text{log likelihood fit})}{(\text{log likelihood})}$$

$$R^2 = \frac{-0.5596 - (-9.9461)}{-0.5596} R^2 = 0.306456$$

Beispiel 6-14 zeigt den Python-Code, der das R^2 in seiner Gesamtheit berechnet.

Beispiel 6-14: Das R^2 für eine logistische Regression berechnen

```
import pandas as pd
from math import log, exp

patient_data = list(pd.read_csv('https://bit.ly/33ebs2R', delimiter=",") \
                                .itertuples())

# angepasste logistische Regression deklarieren
b0 = -3.17576395
b1 = 0.69267212

def logistic_function(x):
    p = 1.0 / (1.0 + exp(-(b0 + b1 * x)))
    return p

# die Log-Likelihood der Anpassung berechnen
log_likelihood_fit = sum(log(logistic_function(p.x)) * p.y +
                         log(1.0 - logistic_function(p.x)) * (1.0 - p.y)
                         for p in patient_data)

# die Log-Likelihood ohne Anpassung berechnen
likelihood = sum(p.y for p in patient_data) / len(patient_data)

log_likelihood = sum(log(likelihood) * p.y + log(1.0 - likelihood) * (1.0 - p.y) \
        for p in patient_data)

# R-Quadrat berechnen
r2 = (log_likelihood - log_likelihood_fit) / log_likelihood

print(r2)  # 0.306456105756576
```

Okay, wir haben ein R^2 von 0,31. Erklärt also die Anzahl der Stunden, die jemand einer Chemikalie ausgesetzt war, ob er Symptome zeigt? Wie Kapitel 5 zur linearen Regression erläutert hat, liegt eine schlechte Anpassung näher an einem R^2 von 0,0 und eine bessere Anpassung näher an 1,0. Daraus können wir schließen, dass die

Expositionsdauer für die Vorhersage von Symptomen wegen $R^2 = 0{,}31$ nur mittelmäßig geeignet ist. Es muss andere Variablen geben als die der Expositionsdauer, mit denen sich besser vorhersagen lässt, ob jemand Symptome zeigt. Dies ist verständlich, da wir für die meisten unserer beobachteten Daten eine große Mischung von Patienten mit Symptomen und ohne Symptome haben, wie Abbildung 6-12 zeigt.

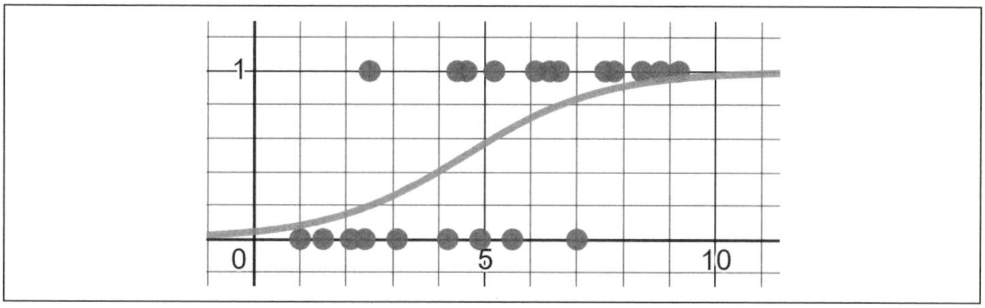

Abbildung 6-12: Unsere Daten haben ein mittleres R^2 von 0,31, da die Varianz in der Mitte unserer Kurve recht groß ist.

Gäbe es aber eine klare Grenze in unseren Daten, an der die 1- und 0-Ergebnisse sauber getrennt sind, wie Abbildung 6-13 zeigt, hätten wir ein perfektes R^2 von 1,0.

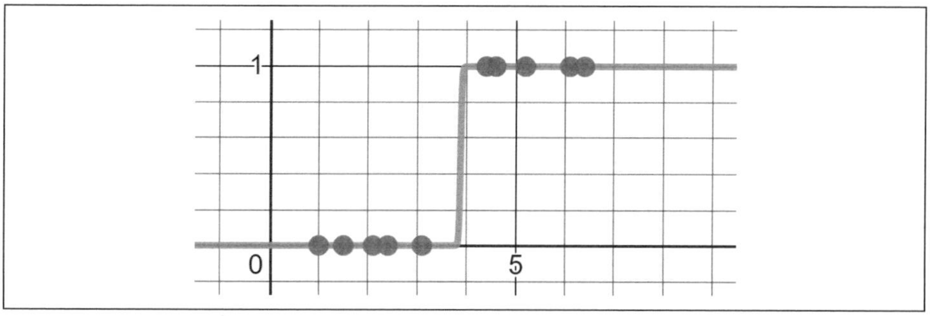

Abbildung 6-13: Diese logistische Regression hat ein perfektes R^2 von 1,0, da es eine klare Grenze in den nach Anzahl der Expositionsstunden vorhergesagten Ergebnissen gibt.

p-Werte

Genau wie bei der linearen Regression sind wir nicht fertig, nur weil wir ein R^2 haben. Wir müssen untersuchen, wie wahrscheinlich es ist, dass wir diese Daten zufällig und nicht aufgrund einer tatsächlichen Beziehung erhalten haben. Wir benötigen also einen p-Wert.

Hierfür müssen wir eine neue Wahrscheinlichkeitsverteilung einführen, die sogenannte *Chi-Quadrat-Verteilung*, auch als χ^2-Verteilung bezeichnet. Diese stetige Verteilung ist in vielen Bereichen der Statistik gebräuchlich – diesen eingeschlossen!

Nimmt man jeden Wert in einer standardmäßigen Normalverteilung (Mittelwert 0 und Standardabweichung 1) und quadriert ihn, erhält man die χ^2-Verteilung mit einem Freiheitsgrad. Für unsere Zwecke hängen die Freiheitsgrade von der Anzahl n der Parameter in unserer logistischen Regression ab, also $n - 1$. Abbildung 6-14 zeigt Beispiele mit verschiedenen Freiheitsgraden (*degrees of freedom*, dof).

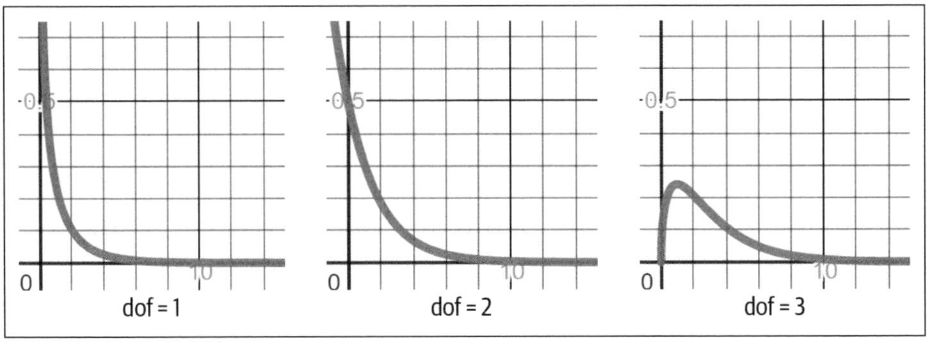

Abbildung 6-14: Eine χ^2-Verteilung mit unterschiedlichen Freiheitsgraden

Da wir zwei Parameter haben (Stunden der Exposition und ob Symptome aufgetreten sind), ist unser Freiheitsgrad 1, weil 2 – 1 = 1 ist. Wir brauchen die Log-Likelihood der Anpassung und die Log-Likelihood, wie sie im vorherigen Teilabschnitt über R^2 berechnet wurde. Hier ist die Formel, die den χ^2-Wert erzeugt, nach dem wir suchen müssen:

$$\chi^2 = 2((\text{log likelihood fit}) - (\text{log likelihood}))$$

Dann nehmen wir diesen Wert und bestimmen die Wahrscheinlichkeit anhand der χ^2-Verteilung. So bekommen wir unseren p-Wert:

$$\text{p-value} = \text{chi}(2((\text{log likelihood fit}) - (\text{log likelihood})))$$

Beispiel 6-15 zeigt den p-Wert für eine gegebene angepasste logistische Regression. Aus dem `chi2`-Modul von SciPy verwenden wir die Chi-Quadrat-Verteilung.

Beispiel 6-15: Einen p-Wert für eine gegebene logistische Regression berechnen

```
import pandas as pd
from math import log, exp
from scipy.stats import chi2

patient_data = list(pd.read_csv('https://bit.ly/33ebs2R', delimiter=",").itertuples())

# angepasste logistische Regression deklarieren
b0 = -3.17576395
b1 = 0.69267212

def logistic_function(x):
    p = 1.0 / (1.0 + exp(-(b0 + b1 * x)))
    return p
```

```
# die Log-Likelihood der Anpassung berechnen
log_likelihood_fit = sum(log(logistic_function(p.x)) * p.y +
                         log(1.0 - logistic_function(p.x)) * (1.0 - p.y)
                         for p in patient_data)

# die Log-Likelihood ohne Anpassung berechnen
likelihood = sum(p.y for p in patient_data) / len(patient_data)

log_likelihood = sum(log(likelihood) * p.y + log(1.0 - likelihood) * (1.0 - p.y) \
                     for p in patient_data)

# den p-Wert berechnen
chi2_input = 2 * (log_likelihood_fit - log_likelihood)
p_value = chi2.pdf(chi2_input, 1) # 1 Freiheitsgrad (n - 1)

print(p_value)  # 0.0016604875618753787
```

Wir haben also einen p-Wert von 0,00166, und wenn unsere Signifikanzschwelle 0,05 beträgt, sagen wir, dass diese Daten statistisch signifikant sind und es sich nicht um Zufallsergebnisse handelt.

Aufteilung in Trainings- und Testdaten

Wie Kapitel 5 zur linearen Regression erläutert hat, können wir Algorithmen des maschinellen Lernens validieren, indem wir den Datensatz in Trainings- und Testdaten aufteilen. Das ist der Ansatz, der eher beim maschinellen Lernen üblich ist, um die Performance einer logistischen Regression zu bewerten. Auch wenn es sinnvoll ist, sich auf traditionelle statistische Metriken wie R^2 und p-Werte zu stützen, wird dies weniger praktisch, wenn man es mit mehr Variablen zu tun hat. Hier lohnt es sich wieder, die Daten in Trainings- und Testdaten aufzuteilen. Zur Wiederholung veranschaulicht Abbildung 6-15 eine dreifache Kreuzvalidierung mit einem wechselnden Testdatensatz.

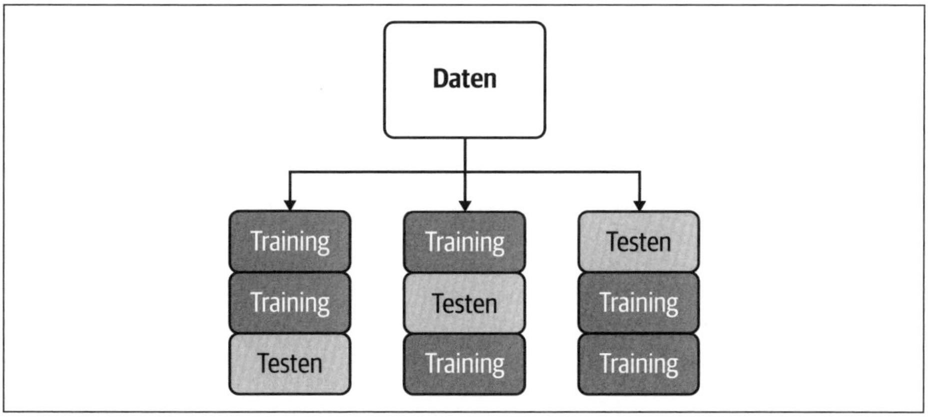

Abbildung 6-15: Eine dreifache Kreuzvalidierung, wobei jedes Drittel der Daten wechselweise als Testdatensatz verwendet wird

In Beispiel 6-16 führen wir eine logistische Regression auf dem Datensatz zur Mitarbeiterbindung durch, teilen aber die Daten in Drittel auf. Anschließend wird jede Teilmenge abwechselnd als Testdaten verwendet. Schließlich summieren wir die drei Genauigkeiten und berechnen Mittelwert und Standardabweichung.

Beispiel 6-16: Eine logistische Regression mit dreifacher Kreuzvalidierung durchführen

```
import pandas as pd
from sklearn.linear_model import LogisticRegression
from sklearn.model_selection import KFold, cross_val_score

# die Daten laden
df = pd.read_csv("https://tinyurl.com/y6r7qjrp", delimiter=",")

X = df.values[:, :-1]
Y = df.values[:, -1]

# "random_state" ist der zufällige Startwert, den wir fest auf 7 setzen
kfold = KFold(n_splits=3, random_state=7, shuffle=True)
model = LogisticRegression(penalty='none')
results = cross_val_score(model, X, Y, cv=kfold)

print("Accuracy Mean:%.3f (stdev=%.3f)"% (results.mean(), results.std()))
```

Natürlich können Sie auch Random-Fold-Validation, Leave-One-Out-Kreuzvalidierung und all die anderen Folding-Varianten einsetzen, die Sie in Kapitel 5 kennengelernt haben. Nachdem das nun geklärt ist, wollen wir untersuchen, warum Genauigkeit ein schlechtes Maß für eine Klassifizierung ist.

Wahrheitsmatrizen

Angenommen, ein Modell hätte beobachtet, dass Personen mit dem Namen »Michael« ihren Job kündigen. Eigentlich ist es doch recht fragwürdig, warum Vor- oder Nachnamen als Eingabevariablen erfasst werden, denn es ist zu bezweifeln, ob der Name einer Person irgendeinen Einfluss auf ihr Kündigungsverhalten hat. Um aber das Beispiel zu vereinfachen, lassen wir es so stehen. Das Modell sagt dann voraus, dass jede Person mit dem Namen »Michael« ihren Job kündigen wird.

An dieser Stelle ist es mit der Genauigkeit vorbei. Ich habe 100 Mitarbeiter, darunter einen mit dem Namen »Michael« und einen anderen namens »Sam«. Für Michael wird fälschlicherweise vorhergesagt, dass er kündigt, und am Ende ist es Sam, der das Unternehmen verlassen will. Wie hoch ist die Genauigkeit meines Modells? Sie beträgt 98 %, weil es nur zwei falsche Vorhersagen von 100 Mitarbeitern gab, wie es Abbildung 6-16 veranschaulicht.

Insbesondere bei unausgewogenen Daten, bei denen das interessierende Ereignis selten ist (z. B. ein Mitarbeiter, der kündigt), führt die Genauigkeitsmetrik bei Klassifizierungsproblemen fürchterlich in die Irre. Wenn ein Anbieter, Berater oder Data Scientist jemals versucht, Ihnen ein Klassifizierungssystem mit einem Anspruch auf Genauigkeit zu verkaufen, dann verlangen Sie von ihm eine Wahrheitsmatrix.

Abbildung 6-16: Für den Mitarbeiter namens »Michael« wird vorhergesagt, dass er kündigt. Doch in Wirklichkeit kündigt ein anderer Mitarbeiter, was uns eine Genauigkeit von 98% beschert.

Eine *Wahrheitsmatrix* (oder auch *Konfusionsmatrix*) ist eine Tabelle, die die Vorhersagen mit den tatsächlichen Ergebnissen vergleicht und die Fälle richtig positiv (*True Positives*), richtig negativ (*True Negatives*), falsch positiv (*False Positives*, Fehler vom Typ I) und falsch negativ (*False Negatives*, Fehler vom Typ II) darstellt. Abbildung 6-17 zeigt ein Beispiel für eine einfache Wahrheitsmatrix.

	Tatsächlich: kündigt (wahr)	Tatsächlich: bleibt (falsch)
Vorhergesagt: kündigt (wahr)	0	1
Vorhergesagt: bleibt (falsch)	1	98

Abbildung 6-17: Eine einfache Wahrheitsmatrix

Im Allgemeinen möchten wir, dass die Werte in der Diagonalen (von links oben nach rechts unten) höher sind, da sie korrekte Klassifizierungen widerspiegeln. Wir wollen auswerten, wie viele Mitarbeiter, für die eine Kündigung vorhergesagt wurde, tatsächlich gekündigt haben (richtig positive Fälle). Umgekehrt sind wir auch daran interessiert, wie viele Mitarbeiter, für die ein Verbleib im Unternehmen vorhergesagt wurde, tatsächlich geblieben sind (richtig negative Fälle).

Die anderen Zellen spiegeln falsche Vorhersagen wider, d.h. Mitarbeiter, für die eine Kündigung vorhergesagt wurde, sind letztlich geblieben (falsch positive Fälle), und Mitarbeiter, für die ein Verbleib vorhergesagt wurde, haben letztlich gekündigt (falsch negative Fälle).

Wir müssen nun diese Genauigkeitsmetrik in spezifischere Genauigkeitsmetriken unterteilen, die auf verschiedene Teile der Wahrheitsmatrix abzielen. Sehen Sie sich dazu Abbildung 6-18 an, in der einige nützliche Maße hinzugefügt sind.

Aus der Wahrheitsmatrix lassen sich alle Arten nützlicher Metriken ableiten, die über die reine (Treffer-)Genauigkeit hinausgehen. So sind die Präzision (wie genau die positiven Vorhersagen waren) und die Trefferquote (Rate der identifizierten positiven Fälle) gleich 0, was bedeutet, dass dieses Modell des maschinellen Lernens bei positiven Vorhersagen völlig versagt.

	Tatsächlich: kündigt	Tatsächlich: bleibt	
Vorhergesagt: kündigt	0 (TP)	1 (FN)	Trefferquote $\frac{TP}{TP+FN} = \frac{0}{0+1} = 0$
Vorhergesagt: bleibt	1 (FP)	98 (TN)	Spezifität $\frac{TN}{TN+FP} = \frac{98}{98+1} = 0{,}989$
	Präzision $\frac{TP}{TP+FP} = \frac{0}{0+1} = 0$	Negativer Vorhersagewert $\frac{TN}{TN+FN} = \frac{98}{98+1} = 0{,}989$	Treffergenauigkeit $\frac{TP+TN}{TP+TN+FP+FN} = \frac{98}{0+98+1+1} = 0{,}98$

F-Maß

$$\frac{2*Präzision*Trefferquote}{Präzision+Trefferquote} = \text{Undefiniert}$$

Abbildung 6-18: Wahrheitsmatrix mit hinzugefügten nützlichen Metriken

Beispiel 6-17 zeigt, wie Sie die API der Wahrheitsmatrix in scikit-learn für eine logistische Regression mit einer Aufteilung in Trainings- und Testdaten verwenden. Beachten Sie, dass die Wahrheitsmatrix nur auf den Testdatensatz angewendet wird.

Beispiel 6-17: Eine Wahrheitsmatrix für einen Testdatensatz in scikit-learn erstellen

```
import pandas as pd
from sklearn.linear_model import LogisticRegression
from sklearn.metrics import confusion_matrix
from sklearn.model_selection import train_test_split

# die Daten laden
df = pd.read_csv('https://bit.ly/3cManTi', delimiter=",")

# Eingabevariablen extrahieren (alle Zeilen, alle Spalten außer der letzten Spalte)
X = df.values[:, :-1]

# Ausgabespalte extrahieren (alle Zeilen, letzte Spalte)
Y = df.values[:, -1]

model = LogisticRegression(solver='liblinear')

X_train, X_test, Y_train, Y_test = train_test_split(X, Y, test_size=.33,
    random_state=10)
model.fit(X_train, Y_train)
```

```
prediction = model.predict(X_test)

"""
Die Wahrheitsmatrix bewertet die Treffergenauigkeit innerhalb jeder Kategorie.
[[truepositives falsenegatives]
 [falsepositives truenegatives]]

Die Diagonale repräsentiert korrekte Vorhersagen, sodass wir hier an
höheren Werten interessiert sind.
"""
matrix = confusion_matrix(y_true=Y_test, y_pred=prediction)
print(matrix)
```

Der Satz von Bayes und Klassifizierung

Erinnern Sie sich an den Satz von Bayes, den Kapitel 2 beschrieben hat? Mit diesem Theorem lassen sich externe Informationen heranziehen, um die Ergebnisse einer Wahrheitsmatrix weiter zu validieren. Abbildung 6-19 zeigt eine Wahrheitstabelle von 1.000 Patienten, die auf eine Krankheit getestet wurden.

	Positive Tests	Negative Tests
Gefährdet	198	2
Nicht gefährdet	50	750

Abbildung 6-19: Eine Wahrheitsmatrix für einen medizinischen Test zur Identifizierung einer Krankheit

Wie wir erfahren, werden Patienten mit einem Gesundheitsrisiko zu 99% erfolgreich identifiziert (Trefferquote). Anhand der Wahrheitsmatrix lässt sich dies rechnerisch überprüfen:

$$\text{Trefferquote} = \frac{198}{198 + 2} = .99$$

Was aber, wenn wir die Bedingung umkehren? Wie viel Prozent der positiv getesteten Personen haben ein Gesundheitsrisiko (Präzision)? Obwohl wir eine bedingte Wahrscheinlichkeit umkehren, müssen wir hier nicht den Satz von Bayes anwenden, da die Wahrheitsmatrix uns alle benötigten Angaben liefert:

$$\text{Präzision} = \frac{198}{198 + 50} = .798$$

Okay, 79,8% sind gar nicht so schlecht. Und das ist der Prozentsatz der positiv getesteten Personen, die tatsächlich erkrankt sind. Aber fragen Sie sich Folgendes: Was nehmen wir von unseren Daten an? Sind sie repräsentativ für die Bevölkerung?

Schnelle Recherchen ergaben, dass 1 % der Bevölkerung tatsächlich erkrankt ist. Hier bietet sich die Gelegenheit, den Satz von Bayes anzuwenden. Wir können den Anteil der Bevölkerung berücksichtigen, der tatsächlich an der Krankheit leidet, und ihn in unsere Ergebnisse der Wahrheitsmatrix einbeziehen. Dann entdecken wir etwas Besonderes.

$$P(\text{Gefährdet, wenn positiv}) = \frac{P(\text{Positiv, wenn gefährdet}) \times P(\text{Gefährdet})}{P(\text{Positiv})}$$

$$P(\text{Gefährdet, wenn positiv}) = \frac{0.99 \times 0.01}{0.248}$$

$$P(\text{Gefährdet, wenn positiv}) = 0.0339$$

Wenn wir die Tatsache berücksichtigen, dass nur 1 % der Bevölkerung gefährdet ist und 20 % unserer Testpatienten gefährdet sind, ist man bei einem positiven Test mit einer Wahrscheinlichkeit von 3,39 % gefährdet! Wie konnte die Wahrscheinlichkeit von 99 % auf diesen geringen Wert sinken? Dies zeigt nur, wie leicht wir durch Wahrscheinlichkeiten getäuscht werden können, die nur in einer bestimmten Stichprobe wie den 1.000 Testpatienten des Anbieters hoch sind. Wenn dieser Test also nur eine Wahrscheinlichkeit von 3,39 % hat, einen richtig positiven Fall zu identifizieren, sollten wir ihn besser nicht einsetzen.

ROC-Kurve/Fläche unter der Kurve

Wenn man verschiedene Konfigurationen für maschinelles Lernen auswertet, entstehen am Ende Dutzende, Hunderte oder Tausende von Wahrheitsmatrizen. Da es zweifellos mühsam ist, diese durchzusehen, fasst man sie besser mit einer *ROC-Kurve* (*Receiver Operating Characteristics*, dt. auch *Grenzwertoptimierungskurve*) zusammen, wie Abbildung 6-20 zeigt.

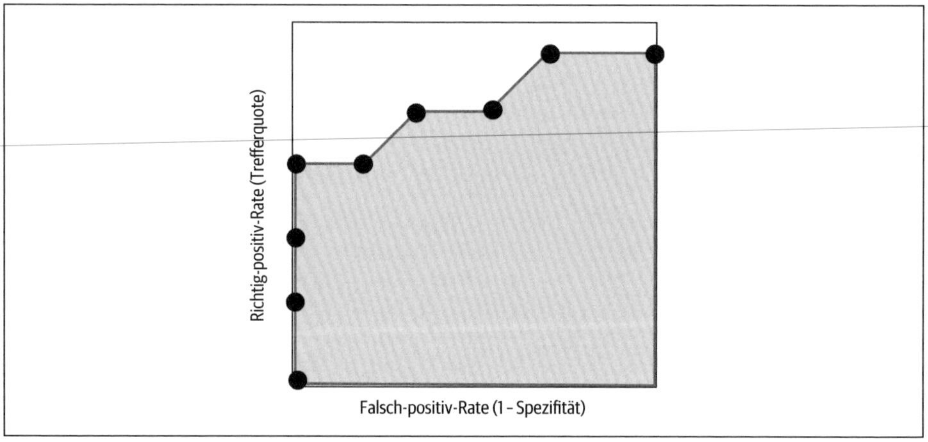

Abbildung 6-20: Eine ROC-Kurve

Damit können wir alle Testinstanzen (jeweils durch einen schwarzen Punkt dargestellt) auf einen Blick erfassen und ein ausgewogenes Verhältnis zwischen richtigen und falschen positiven Fällen finden.

Des Weiteren lassen sich verschiedene Modelle für maschinelles Lernen miteinander vergleichen, indem man für jedes Modell eigene ROC-Kurven erstellt. Wenn zum Beispiel in Abbildung 6-21 die obere Kurve eine logistische Regression und die untere Kurve einen Entscheidungsbaum (eine Technik des maschinellen Lernens, die wir in diesem Buch nicht behandeln) darstellt, können wir die Performance der beiden Modelle nebeneinander sehen. Die *Fläche unter der Kurve* (*Area Under the Curve*, AUC) ist ein gutes Maß dafür, welches Modell am besten geeignet ist. Da die obere Kurve (logistische Regression) eine größere Fläche bedeutet, dürfte die logistische Regression das bessere Modell sein.

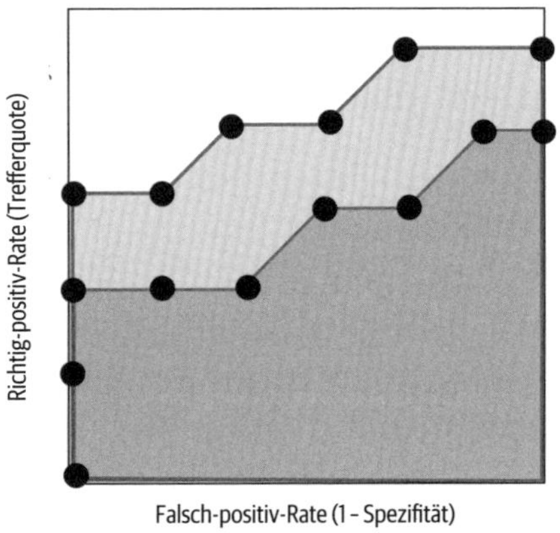

Abbildung 6-21: Zwei Modelle mit ihren jeweiligen ROC-Kurven anhand ihrer Fläche unter der Kurve vergleichen

Um die Fläche unter der Kurve als Bewertungsmaß zu verwenden, setzen Sie den Parameter `scoring` in der scikit-learn-API auf `roc_auc`, wie es Beispiel 6-18 für eine Kreuzvalidierung zeigt.

Beispiel 6-18: Die Fläche unter der Kurve als Parameter in der scikit-learn-API

```
# hier das scikit-learn-Modell einfügen

results = cross_val_score(model, X, Y, cv=kfold, scoring='roc_auc')
print("AUC:%.3f (%.3f)"% (results.mean(), results.std()))
# AUC: 0.791 (0.051)
```

Klassenungleichgewicht

Bevor wir dieses Kapitel abschließen, gibt es noch einen letzten Punkt zu beachten. Wie Sie bereits weiter oben beim Thema Wahrheitsmatrizen gesehen haben, tritt ein *Klassenungleichgewicht* auf, wenn die Daten nicht in allen Ergebnisklassen gleichmäßig vertreten sind. Dies ist ein Problem beim maschinellen Lernen. Leider sind die Daten bei vielen Problemstellungen unausgewogen, wie zum Beispiel bei der Vorhersage von Krankheiten, Sicherheitsverletzungen, Betrugserkennung usw. Klassenungleichgewicht ist immer noch ein offenes Problem, für das es keine optimale Lösung gibt. Allerdings sind verschiedene Techniken bekannt, die Sie ausprobieren können.

Erstens können Sie ganz naheliegende Dinge tun, zum Beispiel mehr Daten sammeln oder verschiedene Modelle ausprobieren sowie Wahrheitsmatrizen und ROC/AUC-Kurven verwenden. All dies wird dazu beitragen, schlechte Vorhersagen aufzuspüren und Fehler proaktiv abzufangen.

Eine weitere gängige Technik dupliziert Stichproben in der Minderheitenklasse, bis sie im Datensatz gleichmäßig vertreten ist. Wie Beispiel 6-19 zeigt, können Sie dies in scikit-learn an der Stelle tun, an der Sie die Daten in Trainings- und Testdaten aufteilen. Übergeben Sie die Option `stratify` mit der Spalte, die die Klassenwerte enthält. Dann wird versucht, die Daten jeder Klasse gleichmäßig zu repräsentieren.

Beispiel 6-19: Die Option stratify in scikit-learn verwenden, um Klassen in den Daten auszugleichen

```
X, Y = ...
X_train, X_test, Y_train, Y_test = \
        train_test_split(X, Y, test_size=.33, stratify=Y)
```

Es gibt auch eine Familie von Algorithmen namens SMOTE, die synthetische Stichproben der Minderheitenklasse erzeugen. Ideal wäre es jedoch, das Problem mithilfe von Modellen zur Erkennung von Anomalien anzugehen, die bewusst darauf ausgerichtet sind, seltene Ereignisse aufzuspüren. Allerdings suchen sie nach Ausreißern, was nicht unbedingt eine Klassifizierung darstellt, da es sich um nicht überwachte Algorithmen handelt. Alle diese Techniken gehören nicht zum Themenspektrum dieses Buchs, sind aber erwähnenswert, da sie bessere Lösungen für bestimmte Probleme bieten *können*.

Zum Schluss

Die logistische Regression ist das Standardmodell, um Wahrscheinlichkeiten und Klassifizierungen von Daten vorherzusagen. Logistische Regressionen können mehr als eine Kategorie vorhersagen und nicht nur wahr oder falsch liefern. Man modelliert einfach mit separaten logistischen Regressionen, ob die Daten zur jeweiligen Kategorie gehören oder nicht. Es gewinnt das Modell, das die höchste Wahrscheinlichkeit hervorbringt. In den meisten Fällen kann Ihnen scikit-learn die Arbeit abnehmen und erkennen, wenn Ihre Daten mehr als zwei Klassen zuzuordnen sind.

Dieses Kapitel hat nicht nur erläutert, wie man eine logistische Regression mithilfe von Gradientenabstieg und scikit-learn anpasst, sondern auch statistische Verfahren und Ansätze für maschinelles Lernen zur Validierung behandelt. Im Bereich der Statistik ging es um R^2 (das Bestimmtheitsmaß) und den p-Wert, während wir im

Bereich des maschinellen Lernens die Aufteilung in Trainings- und Testdaten, Wahrheitsmatrizen, die ROC-Kurve und die Fläche unter der Kurve (AUC) untersucht haben.

Wenn Sie mehr über logistische Regression erfahren möchten, empfiehlt sich die StatQuest-Playlist zur logistischen Regression von Josh Starmer. Ich muss Joshs Arbeit für die Unterstützung bei einigen Teilen dieses Kapitels loben, insbesondere für die Berechnung von R^2 und p-Werten für die logistische Regression. Auf jeden Fall sollten Sie sich seine Videos mit den fantastischen Eröffnungsjingles (*https://oreil.ly/tueJJ*) ansehen!

Wie immer werden Sie sich zwischen den beiden Welten der Statistik und des maschinellen Lernens bewegen. Viele Bücher und andere Quellen behandeln die logistische Regression aus der Perspektive des maschinellen Lernens. Aber versuchen Sie auch, Quellen zur Statistik zu finden. Beide Denkweisen haben ihre Vor- und Nachteile. Letztlich können Sie nur gewinnen, wenn Sie sich beiden anpassen können!

Übungen

Unter *https://bit.ly/3imidqa* finden Sie einen Datensatz mit den drei Eingabevariablen `RED`, `GREEN` und `BLUE` sowie einer Ausgabevariablen `LIGHT_OR_DARK_FONT_IND`. Damit soll vorhergesagt werden, ob eine helle oder eine dunkle Schrift (0 bzw. 1) für eine bestimmte Hintergrundfarbe (durch RGB-Werte angegeben) geeignet ist.

1. Führen Sie eine logistische Regression mit den obigen Daten durch, wobei Sie die dreifache Kreuzvalidierung und die Treffergenauigkeit als Metrik verwenden.
2. Erstellen Sie eine Wahrheitsmatrix, in der Sie die Vorhersagen mit den tatsächlichen Daten vergleichen.
3. Wählen Sie verschiedene Hintergrundfarben aus (z.B. mit einem RGB-Tool, das Sie unter *https://bit.ly/3FHywrZ* finden) und überprüfen Sie, ob die logistische Regression eine helle (0) oder eine dunkle (1) Schrift für jede dieser Farben sinnvoll auswählt.
4. Glauben Sie aufgrund der vorangegangenen Übungen, dass die logistische Regression geeignet ist, um eine helle oder dunkle Schrift für eine bestimmte Hintergrundfarbe vorherzusagen?

Die Antworten finden Sie in Anhang B.

KAPITEL 7

Neuronale Netze

Eine Regressions- und Klassifizierungstechnik, die in den letzten zehn Jahren eine Renaissance erlebt hat, ist das Konzept der neuronalen Netze. Gemäß der einfachsten Definition ist ein *neuronales Netz* eine mehrschichtige Regression, bestehend aus Schichten von Gewichten, Schwellenwerten (Bias-Werten) und nichtlinearen Funktionen, die zwischen Eingabevariablen und Ausgabevariablen liegen. *Deep Learning* ist eine bekannte Variante neuronaler Netze, die mehrere »verdeckte« (oder mittlere) Schichten (engl. *Hidden Layers*) von Knoten mit Gewichten und Schwellenwerten enthalten. Jeder Knoten ähnelt einer linearen Funktion, bevor der Wert an eine nichtlineare Funktion (eine sogenannte Aktivierungsfunktion) weitergegeben wird. Genau wie bei der linearen Regression, die Kapitel 5 beschrieben hat, dienen Optimierungsverfahren wie der stochastische Gradientenabstieg dazu, die optimalen Gewichts- und Schwellenwerte zu finden, um die Residuen zu minimieren.

Neuronale Netze bieten aufregende Lösungen für Probleme, die bisher mit Computern nur schwer zu realisieren waren. Angefangen bei der Erkennung von Objekten in Bildern bis hin zur Verarbeitung von Wörtern in Audiodateien haben neuronale Netze Tools hervorgebracht, die unser tägliches Leben beeinflussen. Dazu gehören virtuelle Assistenten und Suchmaschinen ebenso wie Fototools in unseren Smartphones.

Angesichts des Medienrummels und der kühnen Behauptungen, die die Schlagzeilen über neuronale Netze beherrschen, mag es überraschen, dass es sie bereits seit den 1950er-Jahren gibt. Der Grund für ihre plötzliche Popularität nach 2010 liegt in der wachsenden Verfügbarkeit von Daten und Rechenleistung. Der ImageNet-Wettbewerb zwischen 2011 und 2015 war wahrscheinlich der größte Motor für die Renaissance, denn er trieb die Performance bei der Klassifizierung von 1.000 Kategorien bei 1,4 Millionen Bildern auf eine Treffergenauigkeit von 96,4 %.

Wie jede Technik des maschinellen Lernens funktioniert sie allerdings nur bei eng definierten Problemen. Selbst Projekte zur Entwicklung von »autonom fahrenden« Autos verwenden kein durchgängiges Deep Learning, sondern arbeiten in erster Linie mit handcodierten Regelsystemen und CNNs (*Convolutional Neural Networks*), die als »Label Maker« für die Identifizierung von Objekten auf der Straße dienen. Wir kommen später in diesem Kapitel noch darauf zurück, damit Sie verstehen, wo neuronale Netze tatsächlich eingesetzt werden. Zunächst aber werden wir ein einfaches neuronales Netz in NumPy erstellen und dann scikit-learn als Bibliotheksimplementierung verwenden.

Wann man neuronale Netze und Deep Learning verwendet

Neuronale Netze und Deep Learning lassen sich für Klassifizierung und Regression verwenden. Wie schneiden sie im Vergleich zu linearer Regression, logistischer Regression und anderen Arten des maschinellen Lernens ab? Sicherlich haben Sie schon einmal die Redewendung gehört: »Wer als Werkzeug nur einen Hammer hat, sieht in jedem Problem einen Nagel.« Jede Art von Algorithmus hat Vor- und Nachteile, die von der Situation abhängen. Lineare und logistische Regression sowie Gradient-Boosted-Trees (die wir in diesem Buch nicht behandeln) eignen sich hervorragend für Vorhersagen bei strukturierten Daten. Darunter sind Daten zu verstehen, die sich leicht als Tabelle mit Zeilen und Spalten darstellen lassen. Allerdings sind die Daten bei Wahrnehmungsproblemen wie der Bildklassifizierung viel weniger strukturiert – d.h. nicht zeilenweise in einer Tabelle –, da wir versuchen, unscharfe Korrelationen zwischen Pixelgruppen zu finden, um Formen und Muster zu identifizieren. Ebenfalls zu den Wahrnehmungsproblemen gehört es, die nächsten vier oder fünf Wörter in einem einzugebenden Satz vorherzusagen oder die Wörter zu entziffern, die in einem Audioclip gesprochen werden.

In diesem Kapitel werden wir uns hauptsächlich auf einfache neuronale Netze mit nur einer verdeckten Schicht konzentrieren.

Varianten von neuronalen Netzen

Zu den Varianten von neuronalen Netzen gehören CNNs (*Convolutional Neural Networks*), die häufig zur Bilderkennung eingesetzt werden. Das LSTM (*Long Short-Term Memory*, langes Kurzzeitgedächtnis) dient der Vorhersage von Zeitreihen oder Prognosen. Rekurrente neuronale Netze verwendet man häufig für Anwendungen, die Text in Sprache umsetzen.

Wann ist es übertrieben, ein neuronales Netz zu verwenden?

Wahrscheinlich ist es übertrieben, neuronale Netze für das folgende Beispiel zu verwenden, da eine logistische Regression zweifellos praktischer wäre. Selbst ein formelhafter Ansatz würde sich eignen (*https://oreil.ly/M4W8i*). Allerdings bin ich schon immer ein Fan davon gewesen, das Wesen komplexer Techniken zu erfassen, indem ich sie auf einfache Probleme anwende. So lernt man die Stärken und Grenzen der Technik kennen, anstatt sich von großen Datensätzen ablenken zu lassen. Versuchen Sie deshalb, ohne neuronale Netze auszukommen, wenn einfachere Modelle praktischer sind. In diesem Kapitel brechen wir mit dieser Regel, um die Technik verständlicher vorzuführen.

Ein einfaches neuronales Netz

In diesem Abschnitt sollen Sie anhand eines einfachen Beispiels ein Gefühl für neuronale Netze bekommen. Ich möchte vorhersagen, ob eine Schrift bei einer bestimmten Hintergrundfarbe hell (1) oder dunkel (0) sein soll. Abbildung 7-1 zeigt einige Beispiele für verschiedene Hintergrundfarben. Die obere Reihe sieht am besten mit einer hellen Schrift aus, die untere Reihe lässt sich am besten mit einer dunklen Schrift lesen.

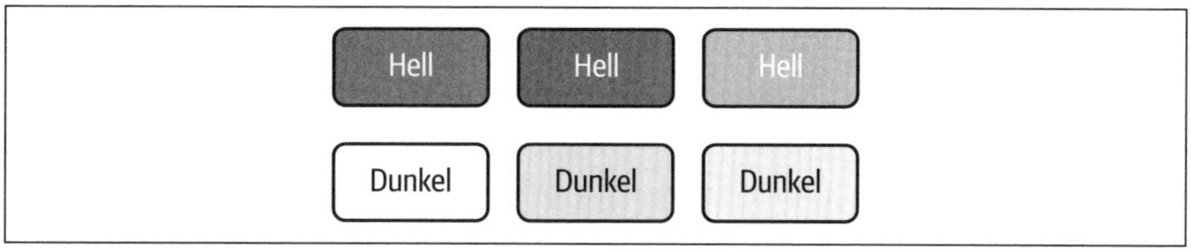

Abbildung 7-1: Helle Hintergrundfarben wirken am besten mit einer dunklen Schrift und dunkle Hintergrundfarben mit einer hellen Schrift.

In der Informatik verwendet man zur Darstellung von Farben unter anderem das RGB-Modell. Es beschreibt eine Farbe, die sich aus den Farbkomponenten Rot, Grün und Blau zusammensetzt. Die Werte der einzelnen Anteile können zwischen 0 und 255 liegen. Gemischt, ergeben sie die gewünschte Farbe. Wenn wir zum Beispiel im RGB-Modell die Werte für Rot, Grün und Blau auf (255, 140, 0) setzen, erhalten wir ein dunkles Orange und mit den Werten (255, 192, 203) ein Pink. Schwarz wird durch (0, 0, 0) dargestellt, die Farbe Weiß durch (255, 255, 255).

Unter dem Aspekt des maschinellen Lernens und der Regression haben wir es mit drei numerischen Eingabevariablen (`red` für Rot, `green` für Grün und `blue` für Blau) zu tun, um eine bestimmte Hintergrundfarbe zu erfassen. An diese Eingabevariablen müssen wir eine Funktion anpassen und ausgeben, ob eine helle (1) oder dunkle (0) Schrift für diese Hintergrundfarbe verwendet werden soll.

Farben durch RGB darstellen

Im Internet gibt es Hunderte von Farbauswahlpaletten, um mit RGB-Werten zu experimentieren. Eine davon finden Sie bei W3 Schools (*https://oreil.ly/T57gu*).

Beachten Sie, dass dieses Beispiel nicht weit davon entfernt ist, wie neuronale Netze bei der Erkennung von Bildern arbeiten, da jedes Pixel oft mit drei numerischen RGB-Werten modelliert wird. In diesem Fall konzentrieren wir uns nur auf ein »Pixel« als Hintergrundfarbe.

Wir beginnen zunächst mit einem Überblick und lassen alle Implementierungsdetails beiseite. Diesem Thema nähern wir uns nach der Zwiebelmethode, indem wir auf einem höheren Niveau beginnen und uns langsam in die Details schälen. Aus diesem Grund bezeichnen wir einen Prozess, der Eingaben entgegennimmt und Ausgaben erzeugt, vorerst einfach als »Mathemagie«. Wir haben drei numerische Eingabevariablen `R`, `G` und `B`, die durch diese Mathemagie verarbeitet werden. Dann gibt es eine Vorhersage zwischen 0 und 1 aus, wie Abbildung 7-2 zeigt.

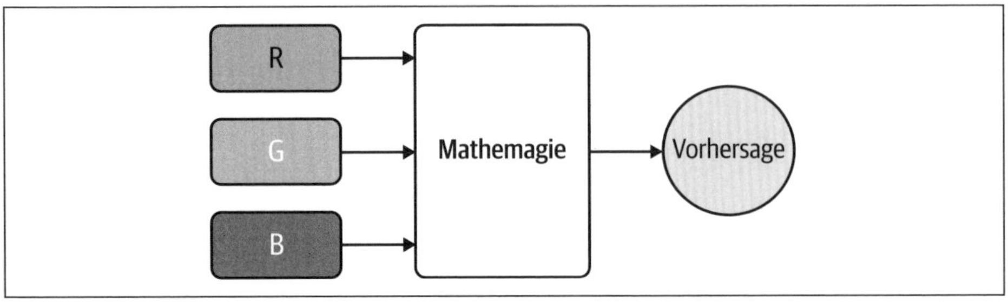

Abbildung 7-2: Wir haben drei numerische RGB-Werte, um eine Vorhersage für eine helle oder dunkle Schrift zu treffen.

Die Ausgabe dieser Vorhersage drückt eine Wahrscheinlichkeit aus. Solche Wahrscheinlichkeitsausgaben entsprechen dem gängigsten Modell für die Klassifizierung mit neuronalen Netzen. Ersetzt man RGB durch die numerischen Werte, ist zu sehen, dass Ausgaben kleiner als 0,5 auf eine dunkle Schrift und Ausgaben von mehr als 0,5 auf eine helle Schrift hinweisen, wie Abbildung 7-3 beispielhaft zeigt.

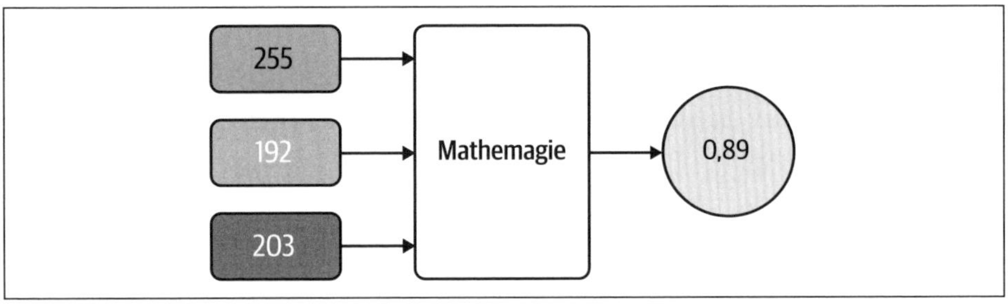

Abbildung 7-3: Wenn wir als Hintergrundfarbe Pink (255, 192, 203) eingeben, empfiehlt die Mathemagie eine helle Schrift, da die Ausgabewahrscheinlichkeit mit 0,89 größer als 0,5 ist.

Was also geht in dieser geheimnisvollen Mathe-Blackbox vor? Sehen Sie sich dazu Abbildung 7-4 an.

Es fehlt allerdings noch ein Teil dieses neuronalen Netzes, nämlich die Aktivierungsfunktionen, aber dazu kommen wir gleich. Zunächst einmal untersuchen wir, was hier vor sich geht. Die erste Schicht auf der linken Seite ist einfach eine Eingabeschicht für die drei Variablen, im Beispiel die roten, grünen und blauen Werte. In der verdeckten (mittleren) Schicht erzeugen wir drei *Knoten* oder Funktionen von Gewichten und Schwellenwerten zwischen den Eingaben und Ausgaben. Jeder Knoten ist im Wesentlichen eine lineare Funktion mit dem Anstieg W_i und dem Absolutglied B_i, die mit den Eingabevariablen X_i multipliziert und summiert werden. Jeder Eingabeknoten ist mit jedem verdeckten Knoten über ein Gewicht W_i

verbunden. Eine weitere Gruppe von Gewichten liegt zwischen den verdeckten Knoten und dem Ausgabeknoten. Zu jedem verdeckten Knoten und zum Ausgabeknoten wird ein Schwellenwert B_i addiert.

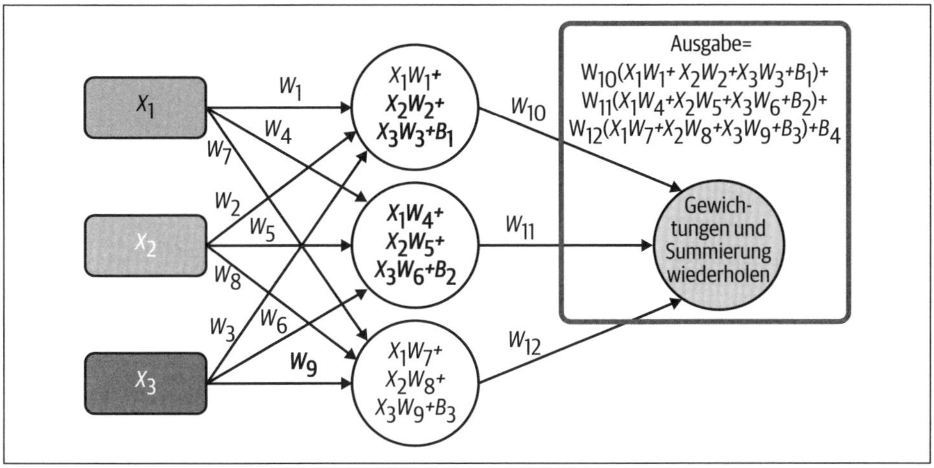

Abbildung 7-4: Die verdeckte Schicht des neuronalen Netzes wendet Gewichts- und Schwellenwerte auf jede Eingabevariable an. Auf diese Ausgaben wendet die Ausgabeschicht eine andere Gruppe von Gewichten und Schwellenwerten an.

Der Ausgabeknoten führt die gleiche Operation wiederholt aus, wobei die gewichteten und summierten Ausgaben aus der verdeckten Schicht in die letzte Schicht übernommen werden, die eine andere Gruppe von Gewichts- und Schwellenwerten anwendet.

Kurz gesagt, handelt es sich um eine Regression wie lineare oder logistische Regression, allerdings mit viel mehr Parametern, die für eine Lösung ermittelt werden sollen. Die Gewichts- und Schwellenwerte entsprechen den Parametern m und b bzw. β_1 und β_0 in einer linearen Regression. Wie bei einer linearen Regression verwenden wir den stochastischen Gradientenabstieg und minimieren den Verlust. Aber wir benötigen ein weiteres Tool namens *Backpropagation*, um die Gewichts- und Schwellenwerte W_i und B_i zu entflechten und ihre partiellen Ableitungen mithilfe der Kettenregel zu berechnen. Dazu kommen wir später in diesem Kapitel, doch wir gehen zunächst einmal davon aus, dass wir die Gewichts- und Schwellenwerte optimiert haben. Zuerst müssen wir über die Aktivierungsfunktionen sprechen.

Aktivierungsfunktionen

Eine *Aktivierungsfunktion* ist eine nichtlineare Funktion, die die in einem Knoten gewichteten und summierten Werte transformiert oder komprimiert. Dadurch ist das neuronale Netz in der Lage, die Daten effektiv zu trennen, um sie zu klassifizieren. Sehen Sie sich Abbildung 7-5 an. Wenn es keine Aktivierungsfunktionen gibt, sind die verdeckten Schichten nicht produktiv und führen nichts weiter als eine lineare Regression aus.

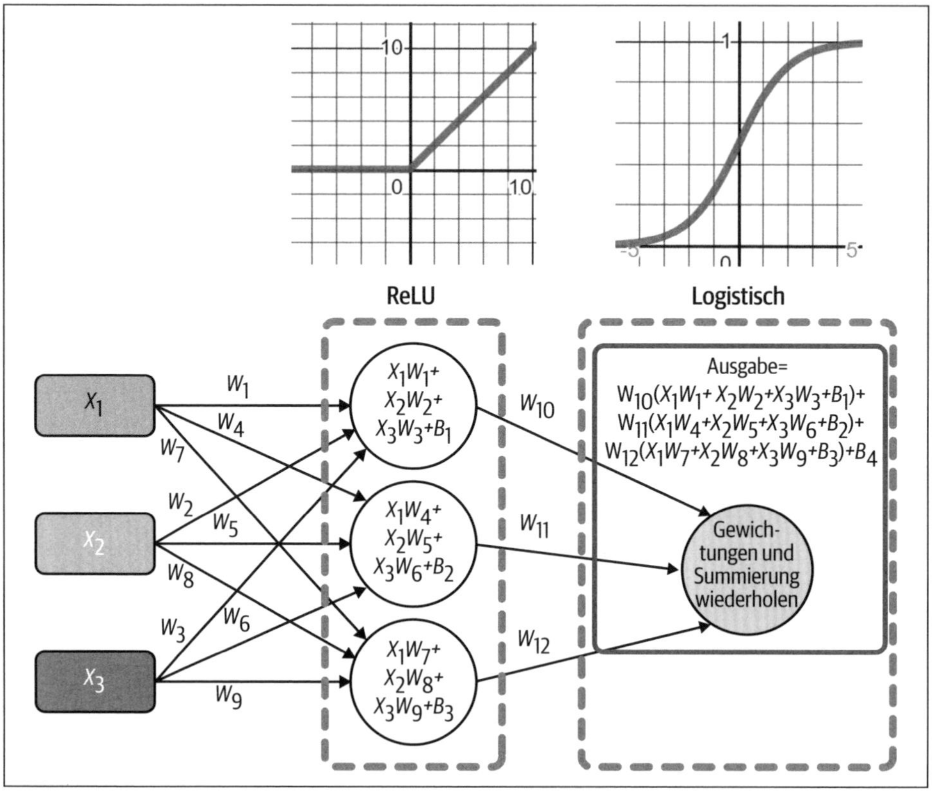

Abbildung 7-5: Aktivierungsfunktionen anwenden

Die *ReLU-Aktivierungsfunktion* nullt alle negativen Ausgaben, die von den verdeckten Knoten kommen. Wenn die Multiplikation von Gewichten, Schwellenwerten und Eingaben eine negative Zahl ergibt, wird das Ergebnis in 0 umgewandelt. Andernfalls bleibt die Ausgabe, wie sie ist. Abbildung 7-6 zeigt den Graphen der ReLU-Funktion, der mithilfe von SymPy (Beispiel 7-1) erzeugt wurde.

Beispiel 7-1: Graph der ReLU-Funktion

```
from sympy import *
# ReLU plotten
x = symbols('x') relu = Max(0, x) plot(relu)
```

ReLU steht für *Rectified Linear Unit* (zu Deutsch etwa gleichrichtende lineare Einheit). Das ist aber nur eine kunstvolle Umschreibung für »negative Werte in 0 umwandeln«. Da ReLU schnell ist und das *Problem der verschwindenden Gradienten* (*https://oreil.ly/QGlM7*) mildern kann, erfreut sich diese Funktion in den verdeckten Schichten von neuronalen Netzen und im Deep Learning großer Beliebtheit. Verschwindende Gradienten treten auf, wenn die Anstiege der partiellen Ableitungen so klein werden, dass sie sich vorzeitig 0 nähern und das Training zum Stillstand bringen.

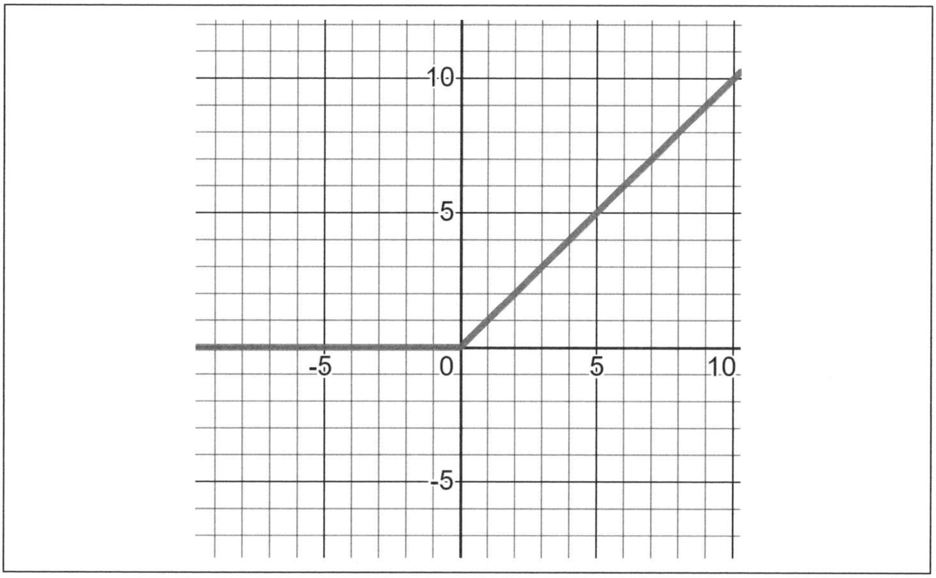

Abbildung 7-6: Graph der ReLU-Funktion

Der Ausgabeschicht fällt eine wichtige Aufgabe zu: Sie übernimmt die ganzen Berechnungen von den verdeckten Schichten des neuronalen Netzes und überführt sie in ein interpretierbares Ergebnis, wie zum Beispiel in Vorhersagen zur Klassifizierung. Die Ausgabeschicht für dieses spezielle neuronale Netz verwendet die *logistische Aktivierungsfunktion*, eine einfache Sigmoid-Kurve. Die logistische (oder Sigmoid-)Funktion ist in Kapitel 6 beschrieben worden, und sie zeigt, dass logistische Regression als Schicht in unserem neuronalen Netz fungiert. Der Ausgabeknoten gewichtet die Eingabewerte aus der verdeckten Schicht, addiert Schwellenwerte und summiert diese Teilergebnisse. Danach übergibt er den Ergebniswert an die logistische Funktion, die eine Zahl zwischen 0 und 1 liefert. Ähnlich wie bei der logistischen Regression in Kapitel 6 stellt diese Ausgabe eine Wahrscheinlichkeit dar, mit der für die in das neuronale Netz eingegebene Farbe eine helle Schrift empfohlen wird. Wenn der Ausgabewert größer oder gleich 0,5 ist, schlägt das neuronale Netz eine helle Schrift vor, bei einem Wert darunter aber eine dunkle Schrift.

Abbildung 7-7 zeigt den Graphen für die logistische Funktion, der mit SymPy erzeugt wurde (Beispiel 7-3).

Beispiel 7-2: Logistische Aktivierungsfunktion in SymPy

```
from sympy import *

# logistische Funktion plotten
x = symbols('x')
logistic = 1 / (1 + exp(-x))
plot(logistic)
```

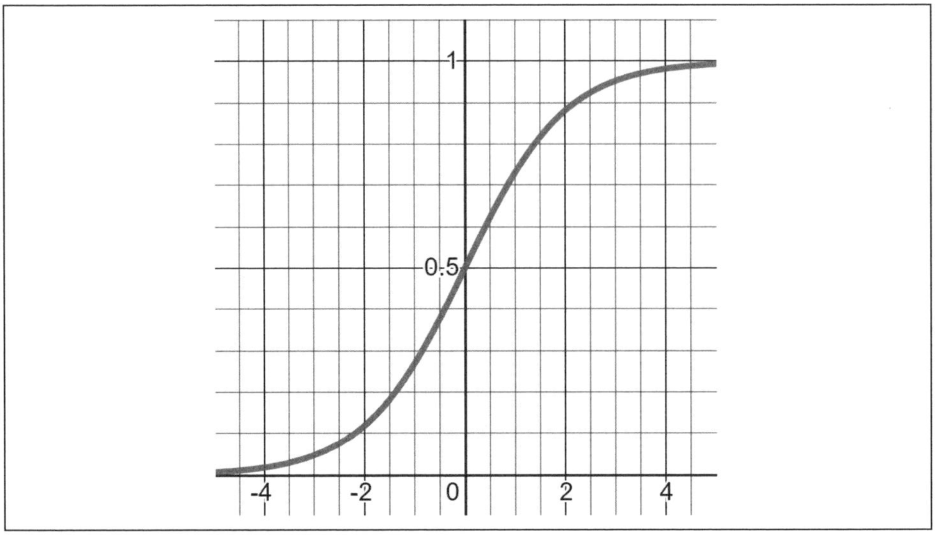

Abbildung 7-7: Logistische Aktivierungsfunktion

Wenn wir die Summe aus den gewichteten Eingabewerten und dem Schwellenwert eines Knotens an eine Aktivierungsfunktion übergeben, spricht man von einer *aktivierten Ausgabe*. Das heißt, der Wert wurde durch die Aktivierungsfunktion gefiltert. Wenn die aktivierte Ausgabe die verdeckte Schicht verlässt, ist das Signal bereit, in die nächste Schicht eingespeist zu werden. Die Aktivierungsfunktion kann das Signal verstärken, abschwächen oder unverändert lassen. Daher rühren die Analogien zum Gehirn als Netz von Neuronen, die durch Synapsen verbunden sind.

Angesichts der möglichen Komplexität fragen Sie sich vielleicht, ob es noch andere Aktivierungsfunktionen gibt. Tabelle 7-1 zeigt Ihnen einige übliche Funktionen.

Tabelle 7-1: Gängige Aktivierungsfunktionen

Bezeichnung	Schicht, in der die Funktion normalerweise verwendet wird	Beschreibung	Hinweise
Linear	Ausgabe	Lässt Werte unverändert.	Nicht häufig verwendet.
Logistisch	Ausgabe	S-förmige Sigmoid-Kurve.	Komprimiert Werte zwischen 0 und 1, unterstützt oftmals die binäre Klassifizierung.
Tangens hyperbolicus	verdeckte	tanh, s-förmige Sigmoid-Kurve zwischen –1 und 1.	Hilft beim »Zentrieren« der Daten, indem der Mittelwert nahe an 0 herangebracht wird.
ReLU	verdeckte	Wandelt negative Werte in 0 um.	Beliebte Aktivierung, die schneller als Sigmoid und tanh ist, entschärft das Problem der verschwindenden Gradienten und ist rechentechnisch günstig.

Tabelle 7-1: Gängige Aktivierungsfunktionen (Fortsetzung)

Bezeichnung	Schicht, in der die Funktion normalerweise verwendet wird	Beschreibung	Hinweise
Leaky ReLU	verdeckte	Multipliziert negative Werte mit 0,01.	Umstrittene Variante von ReLU, die negative Werte eher marginalisiert als eliminiert.
Softmax	Ausgabe	Sorgt dafür, dass die Summe aller Ausgabeknoten 1,0 ergibt.	Nützlich für Mehrfachklassifizierungen und die Neuskalierung der Ausgaben, sodass sie sich zu 1,0 addieren.

Dies ist keine umfassende Liste von Aktivierungsfunktionen, und theoretisch könnte jede Funktion eine Aktivierungsfunktion in einem neuronalen Netz sein.

Obwohl dieses neuronale Netz scheinbar zwei Klassen unterstützt (helle oder dunkle Schrift), ist es tatsächlich für eine Klasse modelliert: ob eine Schrift hell (1) oder nicht hell (0) sein sollte. Möchten Sie mehrere Klassen unterstützen, fügen Sie einfach weitere Ausgabeknoten für die einzelnen Klassen hinzu. Wenn Sie zum Beispiel versuchen, die handgeschriebenen Ziffern 0 bis 9 zu erkennen, erstellen Sie ein Netz mit zehn Ausgabeknoten, die jeweils die Wahrscheinlichkeit repräsentieren, dass es sich bei einem bestimmten Bild um die jeweilige Ziffer handelt. Bei mehreren Klassen können Sie natürlich auch Softmax als Ausgabeaktivierung verwenden. Abbildung 7-8 zeigt ein Beispiel für ein verpixeltes Bild einer Ziffer, bei dem die Pixel als einzelne Eingaben in das neuronale Netz zerlegt und dann durch zwei mittlere Schichten und eine Ausgabeschicht mit zehn Knoten geleitet werden. Die Ausgabeknoten stellen die Wahrscheinlichkeiten für die zehn Klassen (für die Ziffern 0 bis 9) dar.

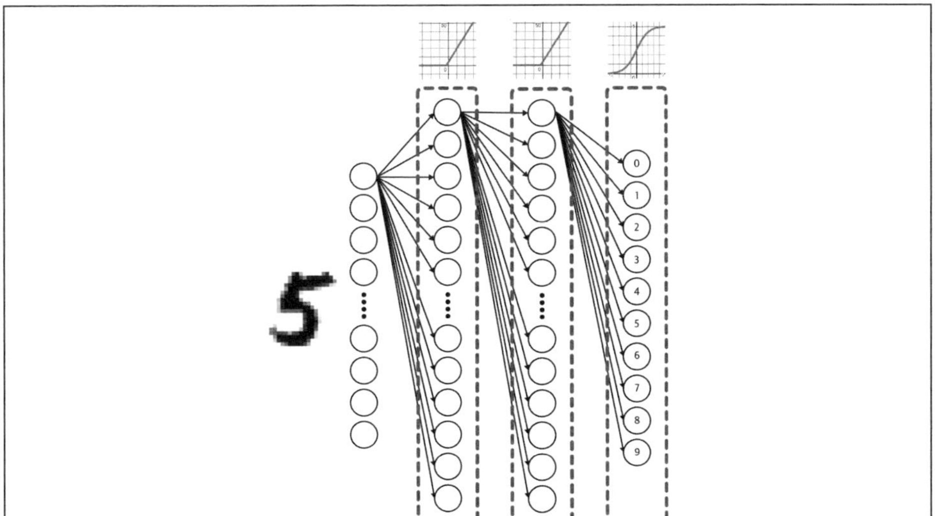

Abbildung 7-8: Ein neuronales Netz, das jedes Pixel als Eingabe verarbeitet und vorhersagt, welche Ziffer das Bild enthält

Ein Beispiel für die Verwendung des MNIST-Datensatzes in einem neuronalen Netz finden Sie in Anhang A.

Welche Aktivierungsfunktion soll ich verwenden?
Wenn Sie sich nicht sicher sind, welche Aktivierungsfunktionen Sie verwenden sollen, empfehlen wir ReLU für die mittleren Schichten und logistische (Sigmoid-)Funktionen für die Ausgabeschicht. Bei mehreren Klassifizierungen in der Ausgabe verwenden Sie Softmax für die Ausgabeschicht.

Forward Propagation

Halten wir fest, was Sie bisher mit NumPy gelernt haben. Beachten Sie, dass ich die Parameter (unsere Gewichtungs- und Schwellenwerte) noch nicht optimiert habe. Wir werden diese mit Zufallswerten initialisieren.

Der Python-Code in Beispiel 7-3 erstellt ein einfaches Feedforward-Netz, das noch nicht optimiert ist. *Feedforward* bedeutet, dass wir einfach eine Farbe in das neuronale Netz eingeben und sehen, was es ausgibt. Die Gewichte und Schwellenwerte initialisieren wir mit zufälligen Werten und werden sie später in diesem Kapitel optimieren. Erwarten Sie also noch keine brauchbare Ausgabe.

Beispiel 7-3: Ein einfaches neuronales Feedforward-Netz mit zufälligen Gewichten und Schwellenwerten

```
import numpy as np
import pandas as pd
from sklearn.model_selection import train_test_split

all_data = pd.read_csv("https://tinyurl.com/y2qmhfsr")

# die Eingabespalten extrahieren, auf Bereich 0 bis 1 skalieren
all_inputs = (all_data.iloc[:, 0:3].values / 255.0)
all_outputs = all_data.iloc[:, -1].values

# Datensatz in Trainings- und Testdaten aufteilen
X_train, X_test, Y_train, Y_test = train_test_split(all_inputs, all_outputs,
    test_size=1/3)
n = X_train.shape[0] # Anzahl der Trainingsdatensätze

# neuronales Netz erstellen, bei dem die Gewichte
# und Schwellenwerte mit Zufallswerten initialisiert sind
w_hidden = np.random.rand(3, 3)
w_output = np.random.rand(1, 3)

b_hidden = np.random.rand(3, 1)
b_output = np.random.rand(1, 1)

# Aktivierungsfunktionen
relu = lambda x: np.maximum(x, 0)
logistic = lambda x: 1 / (1 + np.exp(-x))

# Eingaben durch das neuronale Netz leiten,
# um vorhergesagte Ausgaben zu erhalten
```

```
def forward_prop(X):
    Z1 = w_hidden @ X + b_hidden.T
    A1 = relu(Z1)
    Z2 = w_output @ A1 + b_output
    A2 = logistic(Z2)
    return Z1, A1, Z2, A2

# Treffergenauigkeit berechnen
test_predictions = forward_prop(X_test.transpose())[3] #
 nur Ausgabeschicht A2 verarbeiten
test_comparisons = np.equal((test_predictions >= .5).flatten().astype(int), Y_test)
accuracy = sum(test_comparisons.astype(int) / X_test.shape[0])
print("ACCURACY: ", accuracy)
```

Hier sind einige Dinge anzumerken. Der Datensatz mit den Eingabewerten im RGB-Format und dem Ausgabewert (1 für hell und 0 für dunkel) ist in der CSV-Datei enthalten, die von *https://oreil.ly/1TZIK* heruntergeladen wird. Die R-, G- und B-Werte für die Eingabespalten skaliere ich um einen Faktor von 1/255 herunter, um die Werte in einen Bereich zwischen 0 und 1 zu bringen. Denn für das spätere Training ist es von Vorteil, wenn der Zahlenbereich komprimiert ist.

Außerdem habe ich zwei Drittel der Daten auf das Training und ein Drittel auf das Testen mit scikit-learn aufgeteilt, wie es Kapitel 5 erläutert hat. Die Variable `n` gibt einfach die Anzahl der Trainingsdatensätze an. Sehen Sie sich nun den Code in Beispiel 7-4 an.

Beispiel 7-4: Die Gewichtsmatrizen und Schwellenwertvektoren in NumPy

```
# neuronales Netz mit zufällig initialisierten Gewichten
# und Schwellenwerten erstellen
w_hidden = np.random.rand(3, 3)
w_output = np.random.rand(1, 3)

b_hidden = np.random.rand(3, 1)
b_output = np.random.rand(1, 1)
```

Die Anweisungen in Beispiel 7-4 deklarieren die Gewichte und Schwellenwerte sowohl für die verdeckte als auch für die Ausgabeschicht des neuronalen Netzes. Dies mag vielleicht nicht auf Anhieb zu erkennen sein, denn durch die Matrixmultiplikation lässt sich der Code mithilfe von linearer Algebra und NumPy sehr einfach formulieren.

Die Gewichte und Schwellenwerte werden mit Zufallswerten zwischen 0 und 1 initialisiert. Sehen wir uns zunächst die Gewichtsmatrix an. Wenn ich den Code in Beispiel 7-4 ausführe, erhalte ich folgende Matrizen:

$$W_{hidden} = \begin{bmatrix} 0.034535 & 0.5185636 & 0.81485028 \\ 0.3329199 & 0.53873853 & 0.96359003 \\ 0.19808306 & 0.45422182 & 0.36618893 \end{bmatrix}$$

$$W_{output} = \begin{bmatrix} 0.82652072 & 0.30781539 & 0.93095565 \end{bmatrix}$$

Die Matrix W_{hidden} enthält die Gewichte der verdeckten Schicht. Die erste Zeile enthält die Gewichte W_1, W_2 und W_3 des ersten Knotens, die zweite Zeile die Gewichte W_4, W_5 und W_6 des zweiten Knotens und die dritte Zeile die Gewichte W_7, W_8 und W_9 des dritten Knotens.

Die Ausgabeschicht hat nur einen Knoten, sodass dessen Matrix aus nur einer Zeile mit den Gewichten W_{10}, W_{11} und W_{12} besteht. Erkennen Sie hier ein Muster? Jeder Knoten wird als eine Zeile in einer Matrix dargestellt. Besteht eine Schicht aus drei Knoten, umfasst die Matrix drei Zeilen. Gibt es nur einen Knoten, hat die Matrix nur eine Zeile. Jede Spalte enthält einen Gewichtswert für diesen Knoten.

Werfen wir nun auch einen Blick auf die Schwellenwerte. Da es pro Knoten einen Schwellenwert gibt, sind drei Zeilen mit Schwellenwerten für die verdeckte Schicht und eine Zeile mit Schwellenwerten für die Ausgabeschicht vorhanden. Und da jedem Knoten nur ein Schwellenwert zugeordnet ist, gibt es auch nur eine Spalte:

$$B_{hidden} = \begin{bmatrix} 0.41379442 \\ 0.81666079 \\ 0.07511252 \end{bmatrix}$$

$$B_{output} = [0.58018555]$$

Vergleichen Sie jetzt diese Matrixwerte mit dem visualisierten neuronalen Netz, wie es Abbildung 7-9 zeigt.

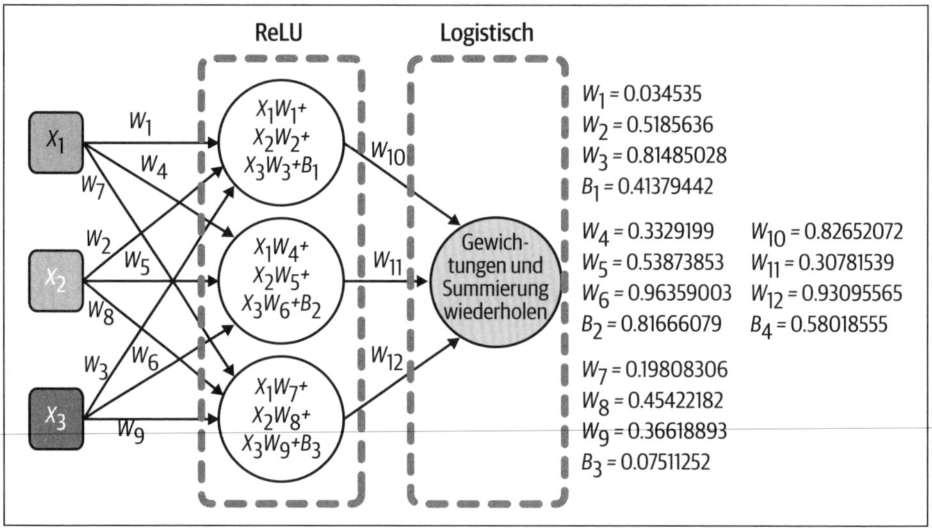

Abbildung 7-9: Visualisierung unseres neuronalen Netzes mit den Matrixwerten für die Gewichte und Schwellenwerte

Welchen Vorteil bietet diese Matrixform mit Gewichten und Schwellenwerten, abgesehen davon, dass die Darstellung äußerst kompakt ist? Sehen Sie sich dazu die Codezeilen in Beispiel 7-5 an.

Beispiel 7-5: Aktivierungsfunktionen und Forward-Propagation-Funktion für unser neuronales Netz

```
# Aktivierungsfunktionen
relu = lambda x: np.maximum(x, 0)
logistic = lambda x: 1 / (1 + np.exp(-x))

# leitet Eingaben durch das neuronale Netz, um vorhergesagte Ausgaben zu erhalten
def forward_prop(X):
    Z1 = w_hidden @ X + b_hidden.T
    A1 = relu(Z1)
    Z2 = w_output @ A1 + b_output
    A2 = logistic(Z2)
    return Z1, A1, Z2, A2
```

Der Code in Beispiel 7-5 ist wichtig, weil er das gesamte neuronale Netz mithilfe von Matrixmultiplikation und Matrix-Vektor-Multiplikation ausführt. Diese Operationen haben Sie in Kapitel 4 kennengelernt. Es sind nur wenige Codezeilen erforderlich, um eine Farbe mit drei RGB-Eingaben über die Gewichte, Schwellenwerte und Aktivierungsfunktionen zu leiten.

Zuerst deklariere ich die Aktivierungsfunktionen `relu()` und `logistic()`, die buchstäblich einen Eingabewert übernehmen und den Ausgabewert von der Kurve zurückgeben. Die Funktion `forward_prop()` führt das gesamte neuronale Netz für eine eingegebene Farbe `X` mit den RGB-Werten aus. Sie gibt die Matrixausgaben von vier Phasen zurück: `Z1`, `A1`, `Z2` und `A2`. Die »1« und die »2« kennzeichnen die Operationen, die zu den Schichten 1 bzw. 2 gehören. Das »Z« kennzeichnet eine nicht aktivierte Ausgabe der Schicht, und »A« ist die aktivierte Ausgabe der Schicht.

Die verdeckte Schicht wird durch `Z1` und `A1` dargestellt. Bei `Z1` handelt es sich um die Gewichte und Schwellenwerte, die auf `X` angewendet werden. Dann übernimmt `A1` die Ausgabe von `Z1` und leitet sie durch die ReLU-Aktivierungsfunktion. `Z2` übernimmt die Ausgabe von `A1` und wendet die Gewichte und Schwellenwerte der Ausgabeschicht an. Die Ausgabe wird wiederum über die Aktivierungsfunktion – die logistische Kurve – geschickt und wird zu `A2`. Die letzte Phase, `A2`, liefert die Vorhersagewahrscheinlichkeit aus der Ausgabeschicht mit einem Wert zwischen 0 und 1. Wir nennen diese Phase `A2`, weil sie die »aktivierte« Ausgabe von Schicht 2 ist.

Schlüsseln wir das Ganze genauer auf, beginnend mit `Z1`:

$$Z_1 = W_{hidden}X + B_{hidden}$$

Zuerst führen wir eine Matrix-Vektor-Multiplikation von W_{hidden} mit dem Vektor `X` der Eingabefarbe durch. Wir multiplizieren jede Zeile von W_{hidden} (da jede Zeile eine Gruppe von Gewichten für einen Knoten ist) mit dem Vektor `X` (dem RGB-Wert der eingegebenen Farbe). Zu diesem Ergebnis addieren wir dann die Schwellenwerte, wie Abbildung 7-10 zeigt.

$$Z_1 = W_{hidden}X + B_{hidden}$$

$$Z_1 = \begin{bmatrix} 0.034535 & 0.5185636 & 0.81485028 \\ 0.3329199 & 0.53873853 & 0.96359003 \\ 0.19808306 & 0.45422182 & 0.36618893 \end{bmatrix} \begin{bmatrix} 0.82652072 \\ 0.30781539 \\ 0.93095565 \end{bmatrix} + \begin{bmatrix} 0.41379442 \\ 0.81666079 \\ 0.07511252 \end{bmatrix}$$

$$Z_1 = \begin{bmatrix} 0.946755221909086 \\ 1.33805678888247 \\ 0.644441873391768 \end{bmatrix} + \begin{bmatrix} 0.41379442 \\ 0.81666079 \\ 0.07511252 \end{bmatrix}$$

$$Z_1 = \begin{bmatrix} 1.36054964190909 \\ 2.15471757888247 \\ 0.719554393391768 \end{bmatrix}$$

Abbildung 7-10: Die Gewichte und Schwellenwerte der verdeckten Schicht auf einen Eingabevektor X *mittels Matrix-Vektor-Multiplikation und Vektoraddition anwenden*

Der Vektor Z_1 ist die Rohausgabe der verdeckten Schicht, die wir aber noch durch die Aktivierungsfunktion schleusen müssen, um Z_1 in A_1 zu überführen. Nichts leichter als das. Übergeben Sie einfach jeden Wert in diesem Vektor an die ReLU-Funktion, was uns A_1 gibt. Da alle Werte positiv sind, hat die Funktion praktisch keine Auswirkungen.

$$A_1 = ReLU(Z_1)$$

$$A_1 = \begin{bmatrix} ReLU(1.36054964190909) \\ ReLU(2.15471757888247) \\ ReLU(0.719554393391768) \end{bmatrix} = \begin{bmatrix} 1.36054964190909 \\ 2.15471757888247 \\ 0.719554393391768 \end{bmatrix}$$

Wir nehmen nun die Ausgabe A_1 der verdeckten Schicht und übergeben sie an die letzte Schicht, um Z_2 und dann A_2 zu erhalten. A_1 wird zur Eingabe in die Ausgabeschicht.

$$Z_2 = W_{output}A_1 + B_{output}$$

$$Z_2 = \begin{bmatrix} 0.82652072 & 0.3078159 & 0.93095565 \end{bmatrix} \begin{bmatrix} 1.36054964190909 \\ 2.15471757888247 \\ 0.719554393391768 \end{bmatrix} + \begin{bmatrix} 0.58018555 \end{bmatrix}$$

$$Z_2 = \begin{bmatrix} 2.45765202842636 \end{bmatrix} + \begin{bmatrix} 0.58018555 \end{bmatrix}$$

$$Z_2 = \begin{bmatrix} 3.03783757842636 \end{bmatrix}$$

Schließlich übergeben wir diesen einzelnen Wert in Z_2 an die Aktivierungsfunktion, um A_2 zu erhalten. Das Ergebnis ist eine Vorhersage von etwa 0,95:

$$A_2 = logistic(Z_2)$$

$$A_2 = logistic([3.0378364795204])$$

$$A_2 = 0.954254478103241$$

Damit wird unser gesamtes neuronales Netz ausgeführt, obwohl wir es noch nicht trainiert haben. Nehmen Sie sich aber einen Moment Zeit, um sich zu vergegenwärtigen, dass wir alle diese Eingabewerte, Gewichte, Schwellenwerte und nichtlinearen Funktionen genommen und zu einem einzigen Wert umgewandelt haben, der als Vorhersage dient.

Auch hier ist `A2` die endgültige Ausgabe, die eine Vorhersage darüber trifft, ob die Hintergrundfarbe eine helle (1) oder eine dunkle (0) Schrift benötigt. Selbst wenn unsere Gewichte und Schwellenwerte noch nicht optimiert wurden, wollen wir die Treffergenauigkeit berechnen, wie Beispiel 7-6 zeigt. Transponieren Sie den Testdatensatz `X_test` und übergeben Sie ihn an die Funktion `forward_prop()`, wobei Sie aber nur den Vektor `A2` mit den Vorhersagen für jede Testfarbe verarbeiten. Vergleichen Sie dann die Vorhersagen mit den tatsächlichen Werten und berechnen Sie den Prozentsatz der richtigen Vorhersagen.

Beispiel 7-6: Die Treffergenauigkeit berechnen

```
# Treffergenauigkeit berechnen
test_predictions = forward_prop(X_test.transpose())[3]  # nur A2 verarbeiten
test_comparisons = np.equal((test_predictions >= .5).flatten().astype(int), Y_test)
accuracy = sum(test_comparisons.astype(int) / X_test.shape[0])
print("ACCURACY: ", accuracy)
```

Wenn ich den gesamten Code in Beispiel 7-3 ausführe, erhalte ich eine Treffergenauigkeit, die zwischen 55% und 67% liegt. Denken Sie daran, dass es sich um zufällig initialisierte Gewichte und Schwellenwerte handelt, sodass die Ergebnisse variieren werden. Angesichts der zufällig generierten Parameter mag dieser Wert zwar hoch erscheinen, doch bedenken Sie, dass die ausgegebenen Vorhersagen binär sind: hell oder dunkel. Ein zufälliger Münzwurf könnte daher ebenso gut dieses Ergebnis für jede Vorhersage liefern. Diese Zahl dürfte als nicht überraschend sein.

Nicht vergessen: auf unausgewogene Daten achten!

Wie schon Kapitel 6 erwähnt hat, sollten Sie nicht vergessen, Ihre Daten auf unausgewogene Klassen hin zu analysieren. Der gesamte Hintergrundfarbendatensatz ist etwas unausgewogen: Für 512 Farben ist eine Ausgabe von 0 vermerkt und für 833 Farben eine Ausgabe von 1. Dies kann die Treffergenauigkeit verzerren und der Grund dafür sein, dass unsere zufällig erzeugten Gewichte und Schwellenwerte zu einer Treffergenauigkeit von mehr als 50% tendieren. Wenn die Daten extrem unausgewogen sind (d.h., 99% der Daten gehören zu ein und derselben Klasse), sollten Sie mithilfe von Wahrheitsmatrizen die falsch positiven und falsch negativen Fälle ermitteln.

Ergibt das alles strukturell einen Sinn? Gegebenenfalls gehen Sie noch einmal alles bis zu diesem Punkt durch, bevor Sie weitermachen. Auf ein letztes Instrument müssen wir noch eingehen: die Optimierung der Gewichte und Schwellenwerte. Vielleicht brauchen Sie jetzt erst mal einen starken Kaffee, denn nun kommt der wohl anspruchsvollste mathematische Teil in diesem Buch!

Backpropagation

Bevor wir unser neuronales Netz mit stochastischem Gradientenabstieg optimieren, müssen wir herausfinden, wie sich die einzelnen Gewichts- und Schwellenwerte entsprechend ändern lassen, auch wenn alle miteinander vernetzt sind, um die Ausgabevariable zu erzeugen. Diese wird dann verwendet, um die Residuen zu berechnen. Wie findet man die Ableitung jeder Gewichts- und Schwellenwertvariablen (W_i bzw. B_i)? Hierfür benötigen wir die Kettenregel, die Kapitel 1 beschrieben hat.

Die Ableitungen von Gewichts- und Schwellenwerten berechnen

Wir sind noch nicht ganz so weit, um unser neuronales Netz durch stochastischen Gradientenabstieg zu trainieren. Zuerst müssen wir die partiellen Ableitungen nach den Gewichten W_i und Schwellenwerten B_i ermitteln, wozu wir die Kettenregel brauchen.

Auch wenn der Ablauf weitgehend gleich ist, gibt es beim stochastischen Gradientenabstieg für neuronale Netze eine Komplikation. Die Knoten in einer Schicht geben ihre Gewichte und Schwellenwerte in die nächste Schicht weiter, die dann einen weiteren Satz von Gewichten und Schwellenwerten anwendet. So entsteht eine zwiebelartige Verschachtelung, die wir entwirren müssen, und zwar beginnend bei der Ausgabeschicht.

Während des Gradientenabstiegs müssen wir herausfinden, welche Gewichte und Schwellenwerte um wie viel anzupassen sind, um die Gesamtkostenfunktion zu reduzieren. Die Kosten für eine einzelne Vorhersage ergeben sich aus der quadrierten Ausgabe des neuronalen Netzes A_2 minus dem tatsächlichen Wert Y:

$$C = (A_2 - Y)^2$$

Aber gehen wir eine Phase zurück. Die aktivierte Ausgabe A_2 ist einfach Z_2 mit der Aktivierungsfunktion:

$$A_2 = sigmoid(Z_2)$$

Dabei ist Z_2 wiederum das Ergebnis der auf die aktivierte Ausgabe A_1 der verdeckten Schicht angewendeten Gewichte und Schwellenwerte:

$$Z_2 = W_2 A_1 + B_2$$

A_1 entsteht aus Z_1, das an die ReLU-Aktivierungsfunktion übergeben wird:

$$A_1 = ReLU(Z_1)$$

Schließlich besteht Z_1 aus den X-Werten der Eingabeschicht, die durch die verdeckte Schicht gewichtet und mit einem Bias beaufschlagt werden:

$$Z_1 = W_1 X + B_1$$

Wir müssen die in den Matrizen und Vektoren W_1, B_1, W_2 und B_2 enthaltenen Gewichte und Schwellenwerte ermitteln, die unseren Verlust minimieren. Indem wir ihre Anstiege verändern, korrigieren wir die Gewichte und Schwellenwerte, die den meisten Einfluss auf die Verlustminimierung haben. Allerdings wird jede kleine Änderung an einem Gewicht oder Schwellenwert bis hin zur Verlustfunktion in der Ausgabeschicht weitergeleitet. Hier kann uns die Kettenregel helfen, diese Auswirkungen zu ermitteln.

Wie sieht nun die Beziehung zwischen einem Gewicht W_2 der zweiten Ausgabeschicht und der Kostenfunktion C aus? Wird das Gewicht W_2 geändert, führt das zu einer Änderung der aktivierten Ausgabe Z_2. Dadurch ändert sich dann auch die aktivierte Ausgabe A_2, was sich in der Kostenfunktion C niederschlägt. Mithilfe der Kettenregel kann man die Ableitung von C nach W_2 wie folgt definieren:

$$\frac{dC}{dW_2} = \frac{dZ_2}{dW_2}\frac{dA_2}{dZ_2}\frac{dC}{dA_2}$$

Wenn wir diese drei Gradienten miteinander multiplizieren, erhalten wir ein Maß dafür, wie sehr sich eine Änderung von W_2 auf die Kostenfunktion C auswirkt.

Wir werden nun diese drei Ableitungen berechnen. Beispiel 7-7 zeigt, wie sich mithilfe von SymPy die Ableitung der Kostenfunktion nach A_2 ermitteln lässt.

$$\frac{dC}{dA_2} = 2A_2 - 2y$$

Beispiel 7-7: Die Ableitung der Kostenfunktion nach A_2 berechnen

```
from sympy import *

A2, y = symbols('A2 Y')
C = (A2 - Y)**2
dC_dA2 = diff(C, A2)
print(dC_dA2) # 2*A2 - 2*Y
```

Als Nächstes berechnen wir die Ableitung von A_2 nach Z_2 (Beispiel 7-8). Wie oben beschrieben, ist A_2 die Ausgabe einer Aktivierungsfunktion, in diesem Fall der logistischen Funktion. Eigentlich bilden wir also die Ableitung einer Sigmoid-Kurve.

$$\frac{dA_2}{dZ_2} = \frac{e^{-Z_2}}{\left(1 + e^{-Z_2}\right)^2}$$

Beispiel 7-8: Die Ableitung von A_2 nach Z_2 ermitteln

```
from sympy import *

Z2 = symbols('Z2')

logistic = lambda x: 1 / (1 + exp(-x))

A2 = logistic(Z2)
dA2_dZ2 = diff(A2, Z2)
print(dA2_dZ2) # exp(-Z2)/(1 + exp(-Z2))**2
```

Die Ableitung von Z_2 nach W_2 ist letztlich A_1, da es sich um eine lineare Funktion handelt und der Anstieg zurückgegeben wird (Beispiel 7-9).

$$\frac{dZ_2}{dW_2} = A_1$$

Beispiel 7-9: Ableitung von Z_2 nach W_2

```
from sympy import *

A1, W2, B2 = symbols('A1, W2, B2')

Z2 = A1*W2 + B2
dZ2_dW2 = diff(Z2, W2)
print(dZ2_dW2) # A1
```

Bringt man alles zusammen, erhält man die Ableitung, um herauszufinden, wie stark sich eine Änderung eines Gewichts in W_2 auf die Kostenfunktion C auswirkt:

$$\frac{dC}{dw_2} = \frac{dZ_2}{dw_2}\frac{dA_2}{dZ_2}\frac{dC}{dA_2} = (A_1)\left(\frac{e^{-Z_2}}{\left(1+e^{-Z_2}\right)^2}\right)(2A_2 - 2y)$$

Wenn wir eine Eingabe X mit den drei Eingabewerten R, G und B ausführen, erhalten wir Werte für A_1, A_2, Z_2 und y.

Verirren Sie sich nicht in der Mathematik!

An dieser Stelle kann man sich leicht in der Mathematik verirren und vergessen, was man überhaupt erreichen wollte, nämlich die Ableitung der Kostenfunktion nach einem Gewicht (W_2) in der Ausgabeschicht zu finden. Wenn Sie sich im mathematischen Dickicht verlieren und vergessen, was Sie eigentlich tun wollten, treten Sie einen Schritt zurück, gehen spazieren, trinken einen Kaffee und vergegenwärtigen sich noch einmal, was Sie erreichen wollten. Sollte Ihnen das nicht gelingen, fangen Sie am besten noch einmal ganz von vorn an und arbeiten sich bis zu dem Punkt vor, an dem Sie sich verirrt haben.

Allerdings ist dies nur eine Komponente des neuronalen Netzes, die Ableitung nach W_2. Die SymPy-Berechnungen für die übrigen partiellen Ableitungen, die wir für die Verkettung benötigen, sind in Beispiel 7-10 zu sehen.

Beispiel 7-10: Berechnung aller partiellen Ableitungen, die für unser neuronales Netz erforderlich sind

```
from sympy import *

W1, W2, B1, B2, A1, A2, Z1, Z2, X, Y = \
    symbols('W1 W2 B1 B2 A1 A2 Z1 Z2 X Y')

# Ableitung der Kostenfunktion nach A2 berechnen
C = (A2 - Y)**2
dC_dA2 = diff(C, A2)
print("dC_dA2 = ", dC_dA2) # 2*A2 - 2*Y

# Ableitung von A2 nach Z2 berechnen
logistic = lambda x: 1 / (1 + exp(-x))
_A2 = logistic(Z2)
dA2_dZ2 = diff(_A2, Z2)
print("dA2_dZ2 = ", dA2_dZ2) # exp(-Z2)/(1 + exp(-Z2))**2

# Ableitung von Z2 nach A1 berechnen
_Z2 = A1*W2 + B2
dZ2_dA1 = diff(_Z2, A1)
print("dZ2_dA1 = ", dZ2_dA1) # W2

# Ableitung von Z2 nach W2 berechnen
dZ2_dW2 = diff(_Z2, W2)
print("dZ2_dW2 = ", dZ2_dW2) # A1

# Ableitung von Z2 nach B2 berechnen
dZ2_dB2 = diff(_Z2, B2)
print("dZ2_dB2 = ", dZ2_dB2) # 1

# Ableitung von A1 nach Z1 berechnen
relu = lambda x: Max(x, 0)
_A1 = relu(Z1)
d_relu = lambda x: x > 0 # Anstieg ist 1, wenn positiv, 0, wenn negativ
dA1_dZ1 = d_relu(Z1)
print("dA1_dZ1 = ", dA1_dZ1) # Z1 > 0

# Ableitung von Z1 nach W1 berechnen
_Z1 = X*W1 + B1
dZ1_dW1 = diff(_Z1, W1)
print("dZ1_dW1 = ", dZ1_dW1) # X

# Ableitung von Z1 nach B1 berechnen
dZ1_dB1 = diff(_Z1, B1)
print("dZ1_dB1 = ", dZ1_dB1) # 1
```

Beachten Sie, dass ReLU »zu Fuß« berechnet wurde und nicht mit der Funktion `diff()` von SymPy. Das hängt damit zusammen, dass Ableitungen mit stetigen Kurven arbeiten, nicht mit geknickten Verläufen, wie sie bei ReLU vorkommen. Das lässt sich leicht umgehen, indem man die Steigung für positive Zahlen auf 1 und für negative Zahlen auf 0 setzt. Dies ist sinnvoll, da negative Zahlen eine Gerade mit dem Anstieg 0 ergeben. Positive Zahlen hingegen werden wie mit einem 1-zu-1-Anstieg beibehalten.

Diese partiellen Ableitungen lassen sich miteinander verketten, um neue partielle Ableitungen nach den Gewichten und Schwellenwerten zu erzeugen. Wir wollen nun alle partiellen Ableitungen in W_1, W_2, B_1 und B_2 nach der Kostenfunktion ermitteln. Die Ableitung dC/dw_2 sind wir bereits durchgegangen. Hier ist sie zusammen mit den anderen drei verketteten Ableitungen, die wir benötigen, wiedergegeben:

$$\frac{dC}{dW_2} = \frac{dZ_2}{dW_2}\frac{dA_2}{dZ_2}\frac{dC}{dA_2} = (A_1)\left(\frac{e^{-Z_2}}{\left(1+e^{-Z_2}\right)^2}\right)(2A_2 - 2y)$$

$$\frac{dC}{dB_2} = \frac{dZ_2}{dB_2}\frac{dA_2}{dZ_2}\frac{dC}{dA_2} = (1)\left(\frac{e^{-Z_2}}{\left(1+e^{-Z_2}\right)^2}\right)(2A_2 - 2y)$$

$$\frac{dC}{dW_1} = \frac{dC}{DA_2}\frac{DA_2}{dZ_2}\frac{dZ_2}{dA_1}\frac{dA_1}{dZ_1}\frac{dZ_1}{dW_1} = (2A_2 - 2y)\left(\frac{e^{-Z_2}}{\left(1+e^{-Z_2}\right)^2}\right)(W_2)(Z_1 > 0)(X)$$

$$\frac{dC}{dB_1} = \frac{dC}{DA_2}\frac{DA_2}{dZ_2}\frac{dZ_2}{dA_1}\frac{dA_1}{dZ_1}\frac{dZ_1}{dB_1} = (2A_2 - 2y)\left(\frac{e^{-Z_2}}{\left(1+e^{-Z_2}\right)^2}\right)(W_2)(Z_1 > 0)(1)$$

Diese verketteten Gradienten verwenden wir, um den Anstieg für die Kostenfunktion C in Bezug auf W_1, B_1, W_2 und B_2 zu berechnen.

Automatische Differenzierung

Wie Sie sich überzeugen konnten, ist das Entwirren der Ableitungen selbst mit der Kettenregel und symbolischen Bibliotheken wie SymPy weiterhin mühsam. Aus diesem Grund erscheinen immer mehr differenzierbare Programmbibliotheken wie zum Beispiel die JAX-Bibliothek von Google (*https://oreil.ly/N96Pk*). Sie ist nahezu identisch mit NumPy, erlaubt aber die Berechnung von Ableitungen in Parametern, die als Matrizen verpackt sind.

Wenn Sie mehr über die automatische Differenzierung erfahren möchten, sei das YouTube-Video unter *https://youtu.be/wG_nF1awSSY* empfohlen, das gute Erklärungen bietet.

Stochastischer Gradientenabstieg

Wir sind nun bereit, mithilfe der Kettenregel den stochastischen Gradientenabstieg durchzuführen. Der Einfachheit halber fragen wir bei jeder Iteration nur einen Trainingsdatensatz ab. Batch- und Mini-Batch-Gradientenabstieg sind häufig in neuronalen Netzen und Deep Learning anzutreffen, doch es gibt schon genügend lineare Algebra und Analysis, um mit nur einem Exemplar pro Iteration klarzukommen.

Sehen Sie sich nun die vollständige Implementierung unseres neuronalen Netzes mit zurückgeführtem stochastischem Gradientenabstieg in Beispiel 7-11 an.

Beispiel 7-11: Ein neuronales Netz mit stochastischem Gradientenabstieg implementieren

```
import numpy as np
import pandas as pd
from sklearn.model_selection import train_test_split

all_data = pd.read_csv("https://tinyurl.com/y2qmhfsr")

# Die Lernrate steuert, wie schnell wir uns einer Lösung nähern.
# Ist sie zu klein, dauert die Ausführung zu lange.
# Ist sie zu groß, wird die Lösung möglicherweise verfehlt.
L = 0.05

# die Eingabespalten extrahieren, herunterskalieren auf 1/255
all_inputs = (all_data.iloc[:, 0:3].values / 255.0)
all_outputs = all_data.iloc[:, -1].values

# Datensatz in Trainings- und Testdaten aufteilen
X_train, X_test, Y_train, Y_test = train_test_split(all_inputs, all_outputs,
    test_size=1 / 3)
n = X_train.shape[0]

# neuronales Netz mit zufällig initialisierten
# Gewichten und Schwellenwerten erstellen
w_hidden = np.random.rand(3, 3)
w_output = np.random.rand(1, 3)

b_hidden = np.random.rand(3, 1)
b_output = np.random.rand(1, 1)

# Aktivierungsfunktionen
relu = lambda x: np.maximum(x, 0)
logistic = lambda x: 1 / (1 + np.exp(-x))

# Eingaben durch das neuronale Netz leiten, um vorhergesagte Ausgaben zu erhalten
def forward_prop(X):
    Z1 = w_hidden @ X + b_hidden
    A1 = relu(Z1)
    Z2 = w_output @ A1 + b_output
    A2 = logistic(Z2)
    return Z1, A1, Z2, A2

# Ableitungen von Aktivierungsfunktionen
d_relu = lambda x: x > 0
d_logistic = lambda x: np.exp(-x) / (1 + np.exp(-x)) ** 2

# Gibt Anstiege für Gewichte und Schwellenwerte
# mithilfe der Kettenregel zurück.
def backward_prop(Z1, A1, Z2, A2, X, Y):
    dC_dA2 = 2 * A2 - 2 * Y
```

```
    dA2_dZ2 = d_logistic(Z2)
    dZ2_dA1 = w_output
    dZ2_dW2 = A1
    dZ2_dB2 = 1
    dA1_dZ1 = d_relu(Z1)
    dZ1_dW1 = X
    dZ1_dB1 = 1

    dC_dW2 = dC_dA2 @ dA2_dZ2 @ dZ2_dW2.T

    dC_dB2 = dC_dA2 @ dA2_dZ2 * dZ2_dB2

    dC_dA1 = dC_dA2 @ dA2_dZ2 @ dZ2_dA1

    dC_dW1 = dC_dA1 @ dA1_dZ1 @ dZ1_dW1.T

    dC_dB1 = dC_dA1 @ dA1_dZ1 * dZ1_dB1

    return dC_dW1, dC_dB1, dC_dW2, dC_dB2

# Gradientenabstieg ausführen
for i in range(100_000):
    # Trainingsdaten zufällig auswählen
    idx = np.random.choice(n, 1, replace=False)
    X_sample = X_train[idx].transpose()
    Y_sample = Y_train[idx]

    # zufällig ausgewählte Trainingsdaten durch neuronales Netz leiten
    Z1, A1, Z2, A2 = forward_prop(X_sample)

    # Fehler über Backpropagation verteilen
    # und Anstiege für Gewichte und Schwellenwerte zurückgeben
    dW1, dB1, dW2, dB2 = backward_prop(Z1, A1, Z2, A2, X_sample, Y_sample)

    # Gewichte und Schwellenwerte aktualisieren
    w_hidden -= L * dW1
    b_hidden -= L * dB1
    w_output -= L * dW2
    b_output -= L * dB2

# Treffergenauigkeit berechnen
test_predictions = forward_prop(X_test.transpose())[3]  # nur A2 auswählen
test_comparisons = np.equal((test_predictions >= .5).flatten().astype(int), Y_test)
accuracy = sum(test_comparisons.astype(int) / X_test.shape[0])
print("ACCURACY: ", accuracy)
```

Hier passiert eine Menge, aber dieser Code baut auf allem auf, was Sie in diesem Kapitel gelernt haben. Wir führen 100.000 Durchläufe des stochastischen Gradientenabstiegs aus. Teilt man die Trainings- und Testdaten im Verhältnis 2/3 zu 1/3 auf, ergibt sich eine Treffergenauigkeit von 97 bis 99 % für den Testdatensatz, abhängig davon, wie sehr sich der Zufall auswirkt. Das bedeutet also, dass mein neuronales Netz nach dem Training 97 bis 99 % der Testdaten korrekt mit den richtigen Vorhersagen für helle/dunkle Schrift identifiziert.

Die Funktion backward_prop() ist hier der Schlüssel. Sie implementiert die Kettenregel, um den Fehler (das quadrierte Residuum) in den Ausgabeknoten zu übernehmen, ihn dann aufzuteilen und rückwärts an die Gewichte und Schwellenwerte der Ausgabeschicht und der verdeckten Schicht zu verteilen, um die Anstiege in Bezug auf die einzelnen Gewichte/Schwellenwerte zu erhalten. Dann nehmen wir diese Anstiege und korrigieren die Gewichte/Schwellenwerte in der for-Schleife, wobei wir mit der Lernrate L multiplizieren, wie Sie es bereits aus Kapitel 5 kennen. Die Matrix-Vektor-Multiplikation dient dazu, den Fehler rückwärts basierend auf den Anstiegen zu verteilen. Wir transponieren Matrizen und Vektoren bei Bedarf, damit die Dimensionen von Zeilen und Spalten übereinstimmen.

Wenn Sie das neuronale Netz etwas interaktiver machen möchten, zeigt der Code in Beispiel 7-12, wie Sie andere Hintergrundfarben (über einen RGB-Wert) eingeben und verfolgen können, ob das Netz eine helle oder dunkle Schrift vorhersagt. Hängen Sie ihn an das Ende des vorherigen Codes in Beispiel 7-11 an und probieren Sie ihn aus!

Beispiel 7-12: Eine interaktive Shell zum neuronalen Netz hinzufügen

```
# interagieren und mit neuen Farben testen
def predict_probability(r, g, b):
    X = np.array([[r, g, b]]).transpose() / 255
    Z1, A1, Z2, A2 = forward_prop(X)
    return A2

def predict_font_shade(r, g, b):
    output_values = predict_probability(r, g, b)
    if output_values > .5:
        return "DARK"
    else:
        return "LIGHT"

while True:
    col_input = input("Predict light or dark font. Input values R,G,B: ")
    (r, g, b) = col_input.split(",")
    print(predict_font_shade(int(r), int(g), int(b)))
```

Es ist zwar eine Menge Arbeit und Mathematik erforderlich, um ein eigenes neuronales Netz von Grund auf neu zu erstellen, doch erhalten Sie Einblicke in dessen wahres Wesen. Indem Sie sich durch die Schichten, die Analysis und die lineare Algebra arbeiten, erhalten Sie ein besseres Gefühl dafür, wie Bibliotheken für Deep Learning wie PyTorch und TensorFlow hinter den Kulissen vorgehen.

Wie Sie im Verlauf dieses Kapitels festgestellt haben, gibt es viele bewegliche Teile, die ein neuronales Netz zum Ticken bringen. Es kann hilfreich sein, einen Haltepunkt (engl. *Breakpoint*) an verschiedenen Teilen des Codes zu setzen, um festzustellen, was bei jeder Matrixoperation geschieht. Den Code können Sie auch in ein Jupyter Notebook übertragen, um einen besseren visuellen Überblick über jeden Schritt zu erhalten.

3Blue1Brown bei Backpropagation

3Blue1Brown hat einige klassische Videos veröffentlicht, die sich mit Backpropagation (*https://youtu.be/Ilg3gGewQ5U*) und der Analysis (*https://youtu.be/tIeHLnjs5U8*) hinter neuronalen Netzen befassen.

Die Bibliothek scikit-learn

Die Bibliothek scikit-learn bietet eine begrenzte Funktionalität für neuronale Netze. Wenn Sie sich ernsthaft mit Deep Learning befassen, werden Sie wahrscheinlich PyTorch oder TensorFlow ins Auge fassen und sich einen Computer mit einem leistungsfähigen Grafikprozessor zulegen wollen (eine gute Ausrede, um sich den Computer zu kaufen, auf den Sie schon immer scharf waren!). Wie mir zu Ohren gekommen ist, arbeiten heute alle coolen Kids mit PyTorch. Allerdings stellt scikit-learn einige komfortable Modelle zur Verfügung, darunter den `MLPClassifier` (steht für »Multi-Layer-Perceptron-Klassifizierer«). Dabei handelt es sich um ein neuronales Netz, das für die Klassifizierung entwickelt wurde und standardmäßig eine logistische Aktivierungsfunktion in der Ausgabeschicht verwendet.

Beispiel 7-13 ist eine scikit-learn-Version der Anwendung zur Klassifizierung der Hintergrundfarbe, die wir bisher entwickelt haben. Das Argument `activation` legt die Aktivierungsfunktion für die verdeckte Schicht fest.

Beispiel 7-13: Klassifizierer mit scikit-learn für ein neuronales Netz

```
import pandas as pd
# Daten laden
from sklearn.model_selection import train_test_split
from sklearn.neural_network import MLPClassifier

df = pd.read_csv('https://bit.ly/3GsNzGt', delimiter=",")

# Eingabevariablen extrahieren (alle Zeilen, alle Spalten außer der letzten Spalte)
# Hier empfiehlt sich eine lineare Skalierung.
X = (df.values[:, :-1] / 255.0)

# Ausgabespalte extrahieren (alle Zeilen, letzte Spalte)
Y = df.values[:, -1]

# Datensatz in Trainings- und Testdaten aufteilen
X_train, X_test, Y_train, Y_test = train_test_split(X, Y, test_size=1/3)

nn = MLPClassifier(solver='sgd',
                   hidden_layer_sizes=(3, ),
                   activation='relu',
                   max_iter=100_000,
                   learning_rate_init=.05)

nn.fit(X_train, Y_train)

# Gewichte und Schwellenwerte ausgeben
print(nn.coefs_ )
```

```
print(nn.intercepts_)

print("Training set score:%f"% nn.score(X_train, Y_train))
print("Test set score:%f"% nn.score(X_test, Y_test))
```

Dieser Code liefert bei mir eine Treffergenauigkeit von 99,3 % für meine Testdaten.

> **MNIST-Beispiel mit scikit-learn**
> In Anhang A finden Sie ein scikit-learn-Beispiel, das den MNIST-Datensatz verwendet und handgeschriebene Ziffern vorhersagt.

Grenzen von neuronalen Netzen und Deep Learning

Trotz all ihrer Stärken haben neuronale Netze bei bestimmten Aufgabentypen Schwierigkeiten. Durch die Gestaltungsmöglichkeiten von Schichten, Knoten und Aktivierungsfunktionen lässt sich ein solches Netz flexibel in nichtlinearer Weise an die Daten anpassen ... möglicherweise zu flexibel. Warum? Es kann zu einer Überanpassung an die Daten kommen. Andrew Ng, ein Pionier auf dem Gebiet des Deep Learning und der ehemalige Leiter von Google Brain, erwähnte dies 2021 in einer Pressekonferenz als Problem. Auf die Frage, warum maschinelles Lernen den Radiologen noch nicht ersetzt hat, antwortete er in einem Artikel der Zeitschrift *IEEE Spectrum* (*https://oreil.ly/ljXsz*) wie folgt:

> Wenn wir Daten aus dem Stanford-Krankenhaus sammeln und dann mit den Daten aus demselben Krankenhaus trainieren und testen, können wir tatsächlich Arbeiten veröffentlichen, die zeigen, dass [die Algorithmen] bei der Erkennung bestimmter Bedingungen mit menschlichen Radiologen vergleichbar sind.
>
> Überträgt man aber dasselbe Modell, dasselbe KI-System, auf ein älteres Krankenhaus in der Nähe mit einem älteren Gerät und der Techniker verwendet ein etwas anderes Protokoll der Bilderzeugung, stellt sich heraus, dass diese Daten abweichen und die Performance des KI-Systems erheblich verschlechtern. Im Unterschied dazu kann ein menschlicher Radiologe jederzeit zu dem älteren Krankenhaus gehen und dort alles richtig machen.
>
> Obwohl wir zu einem bestimmten Zeitpunkt anhand eines bestimmten Datensatzes zeigen können, dass es funktioniert, beweist die klinische Realität, dass in diese Modelle noch viel Arbeit bis zur Produktionsreife investiert werden muss.

Mit anderen Worten: Das maschinelle Lernen hat sich zu sehr an den Trainings- und Testdatensatz des Stanford-Krankenhauses angepasst. Bei der Übertragung auf andere Krankenhäuser mit anderer Technik verschlechterte sich die Leistung aufgrund der Überanpassung erheblich.

Die gleichen Herausforderungen stellen sich bei autonomen Fahrzeugen und selbstfahrenden Autos. Es genügt nicht, ein neuronales Netz nur auf ein einziges Stoppschild zu trainieren! Es muss auf zahllosen Kombinationen von Bedingungen rund um dieses Stoppschild trainiert werden: gutes Wetter, Regenwetter, Tag und Nacht, mit Graffiti verschmiert, durch einen Baum halb verdeckt, an verschiedenen Orten usw. Denken Sie bei Verkehrsszenarios an all die verschiedenen Fahrzeugtypen, Fußgänger, kostümierte Fußgänger und die unendliche Anzahl von Sonderfällen, die auftreten können! Es gibt einfach keine effektive Möglichkeit, alle Arten von Ereignissen auf der Straße zu erfassen, indem man lediglich mehr Gewichte und Schwellenwerte in ein neuronales Netz einbaut.

Aus diesem Grund verwenden autonome Fahrzeuge an sich neuronale Netze nicht durchgängig. Stattdessen werden verschiedene Software- und Sensormodule aufgeteilt, wobei ein Modul ein neuronales Netz verwenden kann, um einen Markierungsrahmen um ein Objekt zu zeichnen. Dann klassifiziert ein anderes Modul mit einem anderen neuronalen Netz das Objekt in diesem Rahmen, beispielsweise einen Fußgänger. Ab hier versucht herkömmliche regelbasierte Logik, den Weg des Fußgängers vorherzusagen, und festcodierte Logik wählt aus verschiedenen Bedingungen aus, wie reagiert werden soll. Das maschinelle Lernen beschränkt sich dabei auf das Erstellen von Beschriftungen und nicht auf die Taktik und die Manöver des Fahrzeugs. Hinzu kommt, dass einfache Sensoren wie Radar einfach einen Stopp veranlassen, wenn ein unbekanntes Objekt vor dem Fahrzeug entdeckt wird, und dies ist nur ein weiterer Teil des Technologiestapels, der weder maschinelles Lernen noch Deep Learning verwendet.

Das mag überraschen angesichts der Schlagzeilen in den Medien, die von neuronalen Netzen und Deep Learning schwärmen, dass sie Menschen in Spielen wie Schach und Go schlagen (*https://oreil.ly/9zFxM*) oder sogar Piloten in Kampfflugsituationen übertreffen (*https://oreil.ly/hbdYI*). In derartigen Umgebungen des verstärkenden Lernens muss man unbedingt berücksichtigen, dass es sich um Simulationen in geschlossenen Welten handelt, in denen unendliche Mengen an beschrifteten Daten erzeugt und durch eine virtuelle, endliche Welt gelernt werden können. Die reale Welt ist jedoch keine Simulation, in der wir unbegrenzte Datenmengen generieren können. Und da dies auch kein Philosophiebuch ist, verzichten wir auf die Diskussion, ob wir in einer Simulation leben. Sorry, Elon! Das Sammeln von Daten in der realen Welt ist aufwendig und schwierig. Hinzu kommt, dass die reale Welt mit unendlichen Unwägbarkeiten und seltenen Ereignissen gespickt ist. Alle diese Faktoren zwingen Praktiker des maschinellen Lernens dazu, die Mühen der Dateneingabe auf sich zu nehmen, um Bilder von Verkehrsobjekten (*https://oreil.ly/mhjvz*) und andere Daten zu beschriften. Start-ups im Bereich autonomer Fahrzeuge müssen diese Art der Dateneingabe mit simulierten Daten kombinieren, da die zur Generierung von Trainingsdaten erforderlichen Kilometer und Grenzszenarien zu astronomisch sind, als dass man sie einfach durch das Fahren einer Fahrzeugflotte über Millionen von Kilometern sammeln könnte.

Dies alles sind Gründe, warum die KI-Forschung gern auf Brettspiele und Videospiele zurückgreift, da sich so auf einfache und saubere Weise unbegrenzt viele beschriftete Daten erzeugen lassen. Francis Chollet, ein renommierter Software Engineer bei Google, der Keras für TensorFlow entwickelt hat (und von dem auch das großartige Buch *Deep Learning mit Python und Keras* (mitp) stammt), hat in einem Verge-Artikel (*https://oreil.ly/4PDLf*) einige Einblicke in diese Thematik gegeben:

> Das Problem ist, dass man, sobald man sich für ein Maß entschieden hat, jede verfügbare Abkürzung nehmen wird, um es [d.h. das Brett- bzw. Videospiel] zu spielen. Wenn man beispielsweise das Schachspiel als Maßstab für Intelligenz festlegt (was wir in den 1970er- bis 1990er-Jahren getan haben), bekommt man letztlich ein System, das Schach spielt, mehr nicht. Es gibt keinen Grund, anzunehmen, dass es überhaupt für irgendetwas anderes gut sein wird. Am Ende hat man Baumsuche und Minimax, doch das lehrt uns nichts über menschliche Intelligenz. Wenn man heute die Fähigkeiten in Videospielen wie *Dota* oder *StarCraft* als Stellvertreter für allgemeine Intelligenz heranzieht, tappt man in genau die gleiche intellektuelle Falle ...
>
> Wenn ich mir vornehme, *Warcraft III* mithilfe von Deep Learning auf einem übermenschlichen Niveau zu »lösen«, kann ich ziemlich sicher sein, dass ich es schaffen werde, solange ich Zugang zu genügend technischem Talent und Rechenleistung habe (die für eine Aufgabe wie diese in der Größenordnung von mehreren zehn Millionen Dollar liegt). Aber wenn ich es geschafft hätte, was hätte ich dann über Intelligenz oder Verallgemeinerung gelernt? Nun, nichts. Bestenfalls hätte ich technisches Wissen über die Skalierung von Deep Learning dazugewonnen. Ich sehe es also nicht wirklich als Forschung an, weil wir dadurch nichts lernen, was wir nicht schon wussten. Es gibt keine Antwort auf eine offene Frage. Würde die Frage lauten: »Können wir X auf einem übermenschlichen Niveau spielen?«, dann lautet die Antwort eindeutig: »Ja, solange man eine ausreichend dichte Stichprobe von Trainingssituationen erzeugen und sie in ein ausreichend aussagekräftiges Deep-Learning-Modell einspeisen kann.« Das wissen wir schon seit geraumer Zeit.

Wir müssen also aufpassen, dass wir die Leistung eines Algorithmus in einem Spiel nicht mit umfassenderen Fähigkeiten verwechseln, deren Lösung noch aussteht. Maschinelles Lernen, neuronale Netze und Deep Learning arbeiten alle an eng umrissenen Problemen. Sie sind nicht in der Lage, auf breiter Basis zu denken, ihre eigenen Aufgaben auszuwählen oder über Objekte nachzudenken, die sie noch nie gesehen haben. Wie jede codierte Anwendung tun sie nur das, wofür sie programmiert wurden.

Es geht aber nur darum, das Problem zu lösen, mit welchem Tool auch immer. Es sollte keine Vorliebe für neuronale Netze oder andere Werkzeuge geben, die Ihnen zur Verfügung stehen. Wenn man dies alles berücksichtigt, ist die Verwendung eines neuronale Netzes vielleicht nicht die beste Option für anstehende Aufgaben. Betrachten Sie immer das zu lösende Problem, ohne ein bestimmtes Werkzeug zum Hauptziel zu machen. Deep Learning einzusetzen, muss strategisch und gerechtfertigt sein. Sicherlich gibt es Anwendungsfälle, aber bei den meisten Ihrer alltäglichen Aufgaben werden Sie wahrscheinlich mehr Erfolg mit einfacheren und einseitigeren Modellen wie linearer Regression oder herkömmlichen regelbasierten Systemen haben. Doch wenn Sie Objekte in Bildern klassifizieren müssen und über das Budget und die Arbeitskräfte verfügen, um diesen Datensatz zu erstellen, dann dürfte Deep Learning die beste Wahl für Sie sein.

Steht ein KI-Winter bevor?

Sind neuronale Netze und Deep Learning nützlich? Auf jeden Fall! Und es lohnt sich zweifellos, diese Techniken zu erlernen. Dennoch ist es gut möglich, dass Sie in den

Medien, bei Politikern und bei Tech-Prominenten gesehen haben, wie Deep Learning als eine allgemeine künstliche Intelligenz gepriesen wird, die mit der menschlichen Intelligenz mithalten, wenn sie nicht sogar übertreffen kann und darüber hinaus dazu bestimmt ist, die Welt zu beherrschen. Ich habe an Vorträgen maßgebender Persönlichkeiten in der Softwareentwicklungsbranche teilgenommen, in denen Programmiererinnen und Programmierern gesagt wurde, dass maschinelles Lernen sie in ein paar Jahren arbeitslos machen wird und die KI das Codeschreiben übernimmt.

Fast ein Jahrzehnt später sind diese Vorhersagen immer noch nicht eingetreten, weil sie einfach nicht wahr sind. Wir haben weit mehr KI-Herausforderungen als Durchbrüche erlebt, und ich muss immer noch mein Auto selbst fahren und meinen Code selbst schreiben. Neuronale Netze orientieren sich *grob* am menschlichen Gehirn, sind aber keineswegs eine Nachbildung desselben. Ihre Fähigkeiten entsprechen bei Weitem nicht dem, was man in Filmen wie *The Terminator*, *Westworld* oder *WarGames* sieht. Stattdessen sind neuronale Netze und Deep Learning auf bestimmte Probleme beschränkt, zum Beispiel auf das Erkennen von Hunde- und Katzenfotos, nachdem sie an Tausenden von Bildern optimiert wurden. Wie bereits erwähnt, können sie weder nachdenken noch ihre eigenen Aufgaben auswählen, geschweige denn Unsicherheiten oder noch nie gesehene Objekte berücksichtigen. Neuronale Netze und Deep Learning tun nur das, wozu sie programmiert wurden.

Diese Diskrepanz könnte die Investitionen und Erwartungen in die Höhe getrieben haben, sodass eine Blase entstanden ist, die platzen könnte. Das würde zu einem weiteren »KI-Winter« führen, in dem Ernüchterung und Enttäuschung die Mittel für KI-Forschung versiegen lassen. In Nordamerika, Europa und Japan hat es seit den 1960er-Jahren bereits mehrere KI-Winter gegeben. Es ist gut möglich, dass ein weiterer KI-Winter bevorsteht, aber das bedeutet nicht, dass neuronale Netze und Deep Learning ihren Nutzen verlieren werden. Man wird sie weiterhin für die Probleme einsetzen, für die sie gut geeignet sind: Computervision, Erkennung von Audiodaten und natürlicher Sprache sowie einige andere Bereiche. Vielleicht entdecken Sie neue Wege, sie zu nutzen! Prinzipiell sollten Sie das einsetzen, was am besten funktioniert, sei es lineare Regression, logistische Regression, ein herkömmliches regelbasiertes System oder ein neuronales Netz. Es liegt viel mehr Kraft in der Einfachheit, das richtige Werkzeug mit dem richtigen Problem zu verbinden.

Zum Schluss

Neuronale Netze und Deep Learning bieten einige aufregende Anwendungen, und wir haben in diesem einen Kapitel nur an der Oberfläche gekratzt. Von der Bilderkennung bis zur Verarbeitung natürlicher Sprache gibt es immer wieder Anwendungsfälle für neuronale Netze und ihre verschiedenen Varianten des Deep Learning.

Sie haben von Grund auf gelernt, wie man ein einfaches neuronales Netz mit einer verdeckten Schicht strukturiert, um vorherzusagen, ob eine helle oder dunkle

Schrift vor einer einzugebenden Hintergrundfarbe verwendet werden soll. Außerdem haben wir einige fortgeschrittene Konzepte der Analysis angewendet, um partielle Ableitungen von verschachtelten Funktionen zu berechnen, und sie auf den stochastischen Gradientenabstieg angewendet, um unser neuronales Netz zu trainieren. Zudem sind Bibliotheken wie scikit-learn zur Sprache gekommen. In diesem Buch können wir aus Platzgründen nicht ausführlich auf TensorFlow, PyTorch und komplexere Anwendungen eingehen, doch gibt es hervorragende Quellen, um Ihr Wissen zu erweitern.

Bei *3Blue1Brown* findet sich eine fantastische Playlist über neuronale Netze und Backpropagation (*https://oreil.ly/VjwBr*), die Sie sich unbedingt ansehen sollten. Die *StatQuest Playlist* von Josh Starmer zu neuronalen Netzen (*https://oreil.ly/YWnF2*) ist ebenfalls hilfreich, insbesondere bei der Visualisierung von neuronalen Netzen als Manipulation von Mannigfaltigkeit. Ein weiteres großartiges Video über die Theorie der Mannigfaltigkeit finden Sie im Video *Art of the Problem* unter *https://youtu.be/e5xKayCBOeU*. Wenn Sie schließlich bereit sind, tiefer einzutauchen, sollten Sie sich die Bücher *Praxiseinstieg Machine Learning mit Scikit-Learn, Keras und TensorFlow* von Aurélien Géron (O'Reilly) und *Deep Learning mit Python und Keras*von Francois Chollet (mitp) ansehen.

Haben Sie es bis zum Ende dieses Kapitels geschafft und sind Sie der Meinung, alles im Rahmen des Möglichen aufgenommen zu haben, dann herzlichen Glückwunsch! Sie haben praktisch nicht nur gelernt, mit Wahrscheinlichkeit, Statistik, Analysis und linearer Algebra umzugehen, sondern diese Instrumente auch auf praktische Anwendungen wie lineare Regression, logistische Regression und neuronale Netze angewendet. Im nächsten Kapitel sprechen wir darüber, wie Sie weiter vorgehen und eine neue Phase Ihrer beruflichen Entwicklung einleiten können.

Übung

Wenden Sie ein neuronales Netz auf die Daten zur Mitarbeiterbindung an, mit denen wir in Kapitel 6 gearbeitet haben. Die Daten können Sie von *https://tinyurl.com/y6r7qjrp* importieren. Versuchen Sie, dieses neuronale Netz so zu erstellen, dass es Vorhersagen für diesen Datensatz trifft, und verwenden Sie die Treffergenauigkeit sowie Wahrheitsmatrizen, um die Performance zu bewerten. Ist es ein gutes Modell für dieses Problem? Warum oder warum nicht?

Es steht Ihnen frei, das neuronale Netz von Grund auf neu zu erstellen, aber Sie können auch scikit-learn, PyTorch oder eine andere Deep-Learning-Bibliothek nutzen, um Zeit zu sparen.

Die Antworten finden Sie in Anhang B.

KAPITEL 8

Karriereberatung und der Weg in die Zukunft

Das letzte Kapitel dieses Buchs ist Überlegungen gewidmet, wie es weitergehen soll. Sie haben einen umfassenden Überblick bekommen über Themen der angewandten Mathematik: Analysis, Wahrscheinlichkeit, Statistik und lineare Algebra. Dann haben Sie diese Techniken auf praktische Anwendungen übertragen, unter anderem auf lineare Regression, logistische Regression und neuronale Netze. In diesem Kapitel geht es darum, wie Sie dieses Wissen nutzen können, während Sie sich durch die seltsame, aufregende und ungewöhnlich vielfältige Landschaft einer Data-Science-Karriere bewegen. Ich möchte betonen, wie wichtig es ist, ein greifbares Ziel zu haben, auf das man hinarbeiten kann, und nicht nur Werkzeuge und Techniken auswendig zu lernen, ohne ein konkretes Problem vor Augen zu haben.

Da wir uns von grundlegenden Konzepten und angewandten Methoden wegbewegen, hat dieses Kapitel einen anderen Schwerpunkt als der Rest des Buchs. Vielleicht erwarten Sie, etwas darüber zu lernen, wie Sie diese Fertigkeiten zur mathematischen Modellierung in Ihrer Karriere gezielt und konkret anwenden können. Wenn Sie jedoch eine erfolgreiche Karriere in der Data Science anstreben, müssen Sie sich einige weitere Fachkenntnisse (engl. *Hard Skills*) wie SQL und Programmierung sowie Soft Skills aneignen, um ein professionelles Bewusstsein zu entwickeln. Letzteres ist besonders wichtig, damit Sie sich in dem sich wandelnden Berufsfeld nicht verirren und von unsichtbaren Marktkräften überrumpelt werden.

Ich bin nicht so vermessen, Ihre Karriereziele vorwegzunehmen oder zu mutmaßen, was Sie mit diesen Informationen zu erreichen hoffen. Da Sie dieses Buch lesen, werde ich jedoch ein paar sichere Wetten eingehen. Ich kann mir vorstellen, dass Sie an einer Data-Science-Karriere interessiert sind oder dass Sie bereits in der Datenanalyse gearbeitet haben und Ihre analytischen Kenntnisse formalisieren möchten. Vielleicht kommen Sie aus dem Bereich der Softwaretechnik und möchten sich mit KI und maschinellem Lernen vertraut machen. Oder Sie sind eine Art Projektmanagerin und müssen die Fähigkeiten eines Data-Science- oder KI-Teams verstehen, damit Sie die Aufgabenstellung entsprechend festlegen können. Möglicherweise sind Sie aber auch nur ein neugieriger Fachmann, der sich fragt, wie Mathematik nicht nur auf akademischer Ebene, sondern auch in der Praxis nützlich sein kann.

Ich werde mein Bestes tun, um auf die Anliegen all dieser Gruppen einzugehen und hoffentlich einige Karrieretipps zu verallgemeinern, die für die meisten Leserinnen und Leser nützlich sind. Beginnen wir mit der Neudefinition von Data Science. Wir haben sie objektiv untersucht und werden sie nun im Zusammenhang mit der beruflichen Entwicklung und der Zukunft des Fachgebiets betrachten.

> **Ist der Autor anekdotisch?**
>
> Es ist schwer, in Aufgaben wie dieser nicht anekdotisch zu klingen, da ich Karriereratschläge gebe, indem ich meine eigenen Erfahrungen (und die Erfahrungen anderer) mitteile, anstatt große gesteuerte Umfragen und Studien durchzuführen, wie ich es in Kapitel 3 befürworte. Aber hier ist mein Standpunkt: Ich habe mehr als zehn Jahre in der Fortune-500-Welt gearbeitet und den Wandel miterlebt, den die Data-Science-Bewegung in Unternehmen bewirkt hat. Ich habe auf vielen Tech-Konferenzen rund um den Globus gesprochen und unzähligen Kolleginnen und Kollegen zugehört, die mit »Das ist uns auch schon passiert!« reagiert haben. Ich lese viele Blogs und angesehene Publikationen, von *Wall Street Journal* bis *Forbes*. Und ich habe gelernt, die Diskrepanz zwischen den Erwartungen der Öffentlichkeit und der Realität zu erkennen. Besonders aufmerksam verfolge ich die Königsmacher, Vorreiterinnen und Mitläufer in verschiedenen Branchen und wie sie mithilfe von Data Science und künstlicher Intelligenz Märkte schaffen oder verfolgen. Derzeit unterrichte und berate ich Stakeholder in sicherheitskritischen Anwendungen künstlicher Intelligenz an der University of Southern California im Rahmen des *Aviation Safety and Security Program*.
>
> Einen Lebenslauf gebe ich hier nur an, um zu zeigen, dass ich zwar keine formellen Erhebungen und Studien durchgeführt habe und vielleicht nur anekdotische Informationen zusammenstelle, dass es aber Erzählungen gibt, die ich wiederholt bei all diesen Informationsquellen gefunden habe. Vicki Boykis, eine kluge Ingenieurin für maschinelles Lernen beim Tumblr, hat einen Blogartikel geschrieben, in dem sie ähnliche Ergebnisse wie ich veröffentlicht hat (*https://oreil.ly/vm8Vp*). Ich empfehle Ihnen sehr, ihn zu lesen. Meine Erkenntnisse können Sie gern mit Vorsicht genießen, aber achten Sie genau darauf, was in Ihrem eigenen Arbeitsumfeld geschieht. Und identifizieren Sie die Annahmen, die Ihr Management und Ihre Kollegen vertreten.

Data Science – neu definiert

Data Science ist die Analyse von Daten, um daraus verwertbare Erkenntnisse zu gewinnen. In der Praxis handelt es sich um eine Verschmelzung verschiedener datenbezogener Disziplinen: Statistik, Datenanalyse, Datenvisualisierung, maschinelles Lernen, Operations Research, Softwaretechnik … um nur einige zu nennen. So gut wie jede Disziplin, die mit Daten zu tun hat, kann als »Data Science« bezeichnet werden. Dieser Mangel an klaren Definitionen hat sich für das Fachgebiet als problematisch erwiesen. Schließlich ist alles, was nicht definiert ist, wie ein abstraktes Kunstwerk sehr interpretationsfähig. Aus diesem Grund tun sich Personalabteilungen schwer mit Stellenausschreibungen für »Data Scientists«, da diese Stellen sehr unterschiedlich sein können (*https://oreil.ly/NHnbu*). Abbildung 8-1 zeigt einen Regenschirm, unter dem sich verschiedene Disziplinen und Tools versammeln, die alle unter Data Science fallen.

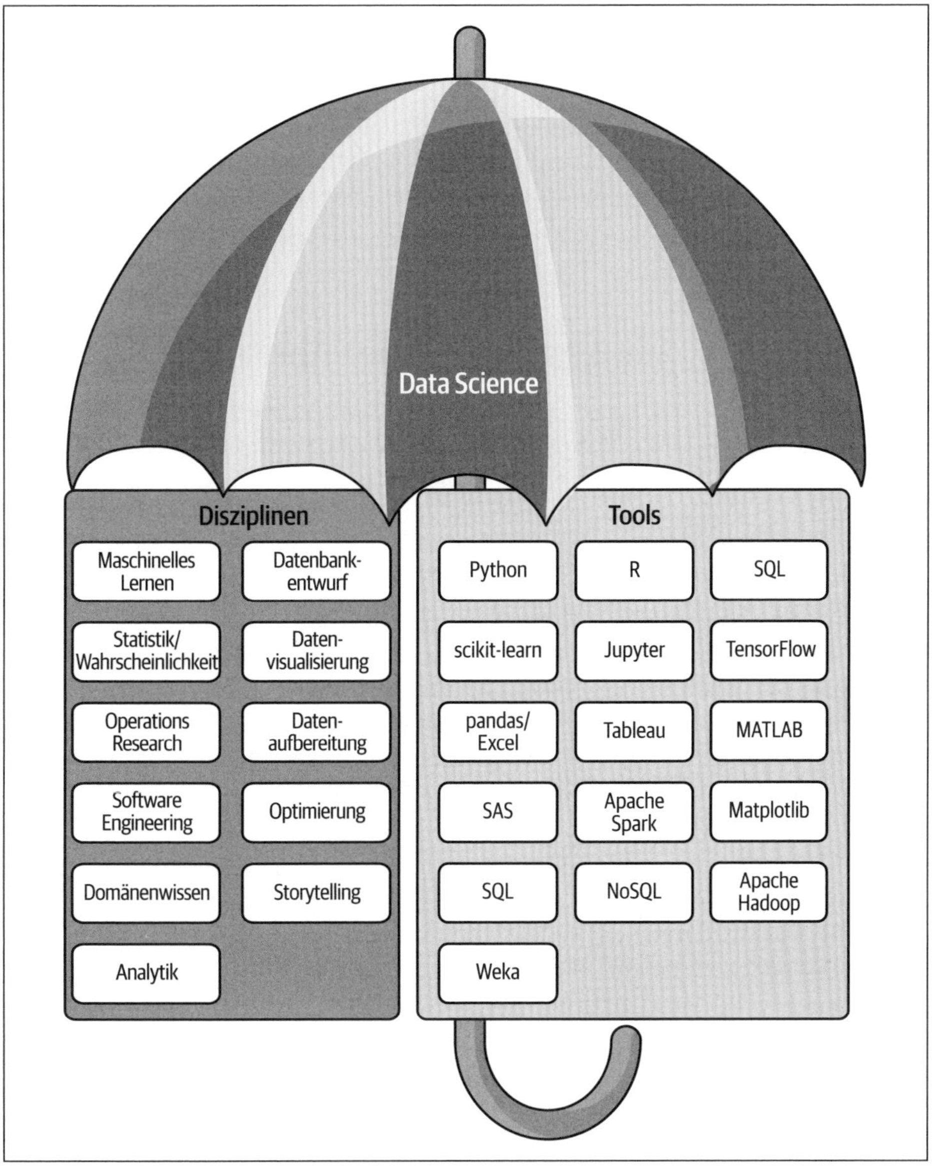

Abbildung 8-1: Der Schirm der Data Science

Wie sind wir hierhergekommen? Und wie kann eine lückenhafte Definition wie Data Science zu einer so starken Kraft in der Unternehmenswelt werden? Das Wichtigste: Wie beeinflusst ihre Definition (oder deren Fehlen) Ihre Karriere? Dies sind alles wichtige Fragen, die wir in diesem Kapitel erörtern.

Deswegen sage ich meinen Kunden, dass »Software Engineering mit Kenntnissen in Statistik, maschinellem Lernen und Optimierung« eine bessere Definition für *Data Science* ist. Lässt man eine dieser vier Disziplinen (Software Engineering, Statistik, maschinelles Lernen, Optimierung) weg, besteht die Gefahr, dass der Data Scientist keine Leistung erbringt. Die meisten Unternehmen haben sich schwergetan, klare Unterscheidungen zwischen den Fähigkeiten zu treffen, die einen effektiven Data Scientist ausmachen. Die obige Definition sollte aber Klarheit schaffen. Auch wenn manche meinen, dass Software Engineering eine umstrittene Anforderung ist, halte ich sie angesichts der Entwicklungsrichtung in der Industrie für unbedingt erforderlich. Auf diesen Punkt werde ich später noch ausführlich eingehen.

Doch um Data Science zu verstehen, ist es zunächst am besten, die Geschichte dieses Begriffs zu verfolgen.

Data Science – ein geschichtlicher Abriss

Data Science könnte man bis zu den Ursprüngen der Statistik zurückverfolgen – bis ins 17. oder sogar bis ins 8. Jahrhundert (*https://oreil.ly/tYPB5*). Der Kürze halber beginnen wir in den 1990er-Jahren. Analystinnen, Statistiker, Forscherinnen, »Quants«[1] und Datentechniker haben oft unterschiedliche Rollen bekleidet. Die Werkzeugkästen bestanden häufig aus Tabellenkalkulationen, R, MATLAB, SAS und SQL.

Nach dem Jahr 2000 haben sich die Dinge rapide geändert. Das Internet und vernetzte Geräte begannen, enorme Datenmengen zu generieren. Zusammen mit der Einführung von Hadoop hat Google die Analytik und Datenerfassung in ungeahnte Höhen katapultiert. Zum Jahr 2010 hin behaupteten die Führungskräfte von Google, dass Statistikerinnen und Statistiker im nächsten Jahrzehnt den »sexy« Job haben werden (*https://oreil.ly/AZgfM*). Was dann kam, war vorherzusehen.

Im Jahr 2012 hat die *Harvard Business Review* das Konzept namens »Data Science« bekannt gemacht und es als den »sexiest Job des 21. Jahrhunderts« deklariert. Nach dem Artikel in der *Harvard Business Review* stürzten sich viele Unternehmen und Mitarbeitende darauf, die Lücke in der Data Science zu füllen. Unternehmensberatungen waren vorbereitet und in der Lage, Fortune-500-Führungskräfte darin zu schulen, wie sie Data Science in ihre Unternehmen bringen können. SQL-Entwicklerinnen, Analysten, Forscher, Quants, Statistikerinnen, Physiker und unzählige andere Fachleute nannten sich in »Data Scientists« um. Technologieunternehmen, die der Meinung waren, dass traditionelle Bezeichnungen wie »Analyst«, »Statistiker« oder »Forscher« veraltet klingen, nannten diese Rollen in »Data Scientists« um.

Natürlich wurde das Management von Fortune-500-Unternehmen von der Führungsebene unter Druck gesetzt, auf den Data-Science-Zug aufzuspringen. Anfäng-

1 Quants – Finanzjargon: quantitative Analystinnen und Analysten (Fachleute, die mathematische und statistische Methoden im Finanzwesen verwenden) [Anm. d. Übers.]

lich hat man das damit begründet, dass riesige Mengen an Daten gesammelt werden, dass Big Data ein Trend wird und dass Data Scientists gebraucht werden, um Erkenntnisse aus den Daten zu gewinnen. Zu dieser Zeit wurde das Wort »datengesteuert« zu einer branchenübergreifenden Maxime. Die Unternehmenswelt glaubte, dass Daten im Gegensatz zu Menschen objektiv und unverzerrt seien.

Nicht vergessen: Daten sind weder objektiv noch unverzerrt!

Auch heute noch unterliegen viele Fach- und Führungskräfte dem Trugschluss, dass Daten objektiv und unverzerrt sind. Hoffentlich wissen Sie nach dem Lesen dieses Buchs, dass dies einfach nicht stimmt – falls Sie eine Auffrischung brauchen, warum das so ist, gehen Sie noch einmal zu Kapitel 3 zurück.

Management und Personalabteilungen von Unternehmen, die kaum eine Chance auf spezialisierte Deep-Learning-Doktoranden haben, die von FAANG (Facebook, Amazon, Apple, Netflix und Google) verschlungen wurden, und die immer noch unter dem Druck stehen, einen Haken hinter Data Science machen zu können, haben einen interessanten Zug getan. Sie haben bestehende Teams von Analystinnen, SQL-Entwicklern und Excel-Jockeys in »Data Scientists« umbenannt. Cassie Kozyrkov, die Chief Decision Scientist bei Google, hat dieses offene Geheimnis 2018 in einem Blogbeitrag auf Hackernoon (*https://oreil.ly/qNl53*) beschrieben:

> Mit jedem *Data-Scientist*-Titel, der mir zuteilwurde, hatte ich den Job bereits unter einem anderen Namen gemacht, bevor die Rebranding-Zensoren in der Personalabteilung die Mitarbeiterdatenbank ein wenig umgestaltet haben. Meine Aufgaben haben sich nicht im Geringsten geändert. Ich bin keine Ausnahme; in meinem Bekanntenkreis tummeln sich ehemalige Statistiker, Ingenieure für Entscheidungsunterstützung, quantitative Analysten, Mathematikprofessoren, Big-Data-Spezialisten, Business-Intelligence-Experten, Forscher, Software Engineers, Excel-Jockeys, Doktoranden aus Nischenberufen ... heute alles stolze Data Scientists.

Technisch gesehen, schließt Data Science keine dieser Berufsgruppen aus, denn sie alle nutzen Daten, um Erkenntnisse zu gewinnen. Natürlich gab es einige Vorbehalte seitens der wissenschaftlichen Community, die sich dagegen sträubte, Data Science als echte Wissenschaft zu krönen. Gibt es denn überhaupt eine Wissenschaft, die nicht mit Daten arbeitet? Im Jahr 2011 hat Pete Warden (der jetzt als TensorFlow-Leiter bei Google arbeitet) in einem O'Reilly-Artikel (*https://oreil.ly/HXgvI*) eine die Data-Science-Bewegung interessant verteidigt. Außerdem hat er die Argumente der Gegner bezüglich der fehlenden Definition klar formuliert:

> [Was die fehlende Definition für Data Science angeht, so ist dies] wahrscheinlich der schwerwiegendste Einwand und derjenige mit dem meisten Biss. Es gibt keine allgemein akzeptierte Grenze dafür, was innerhalb und außerhalb des Wirkungsbereichs von Data Science liegt. Ist es nur eine modische Umfirmierung der Statistik? Das glaube ich nicht, aber ich habe auch keine vollständige Definition parat. Meiner Ansicht nach hat der jüngste Überfluss an Daten etwas Neues in der Welt ausgelöst, und wenn ich mich umschaue, sehe ich Menschen mit gemeinsamen Merkmalen, die nicht in herkömmliche Kategorien passen. Diese Menschen neigen

> dazu, jenseits der engen Spezialgebiete zu arbeiten, die in der Welt der Unternehmen und Institutionen vorherrschen, und kümmern sich um alles – von der Suche nach den Daten über deren Verarbeitung in großem Maßstab bis hin zu ihrer Visualisierung und Aufbereitung als Story. Zudem scheinen sie damit zu beginnen, sich anzuschauen, was die Daten ihnen sagen können, und dann interessante Threads herauszugreifen, denen sie folgen können, anstatt den traditionellen Ansatz eines Wissenschaftlers zu verfolgen, der zuerst das Problem auswählt und dann Daten sucht, um es näher zu beleuchten.

Pete konnte ironischerweise auch keine Definition für Data Science liefern, aber er legte klar dar, warum Data Science mangelhaft, aber nützlich ist. Er wies auch auf die Abkehr der Forschung von der wissenschaftlichen Methode zugunsten von einst verschmähten Praktiken wie Data Mining hin, über die wir in Kapitel 3 gesprochen haben.

Nur wenige Jahre nach dem Artikel in der *Harvard Business Review* vollzog die Data Science einen interessanten Schwenk. Vielleicht war es eher eine Fusion mit KI und maschinellem Lernen als ein Schwenk. Wie auch immer, als maschinelles Lernen und Deep Learning um 2014 herum die Schlagzeilen beherrschten, wurden Daten als der »Treibstoff« für die Schaffung künstlicher Intelligenz verkauft. Dies hat natürlich den Wirkungsbereich von Data Science erweitert und zu einer Verschmelzung mit der KI- und Machine-Learning-Bewegung geführt. Insbesondere hat der ImageNet-Wettbewerb ein neues Interesse an KI geweckt und eine Renaissance des maschinellen Lernens und des Deep Learning ausgelöst. Unternehmen wie Waymo und Tesla versprachen selbstfahrende Autos in wenigen Jahren dank der Fortschritte beim Deep Learning, was die Schlagzeilen in den Medien und die Zahl der Bootcamp-Anmeldungen weiter anheizte.

Dieses plötzliche Interesse an neuronalen Netzen und Deep Learning hatte einen interessanten Nebeneffekt. Regressionstechniken wie Entscheidungsbäume, Support-Vektor-Maschinen und logistische Regression, die jahrzehntelang in der akademischen Welt und in spezialisierten Statistikberufen ein Schattendasein führten, traten zusammen mit Deep Learning ins Rampenlicht der Öffentlichkeit. Gleichzeitig senkten Bibliotheken wie scikit-learn die Einstiegshürde in dieses Gebiet. Die Kehrseite der Medaille war, dass Data-Science-Expertinnen und -Experten ausgebildet wurden, die zwar nicht verstanden, wie diese Bibliotheken oder Modelle funktionierten, sie aber trotzdem benutzten.

Da sich die Disziplin der Data Science schneller entwickelt hat als die Notwendigkeit, sie zu definieren, ist es nicht ungewöhnlich, dass die Rolle eines Data Scientists ein kompletter Platzhalter ist. Ich habe mehrere Personen kennengelernt, die in Fortune-500-Unternehmen als Data Scientists eingestellt waren. Einige von ihnen sind erfahrene Programmierer und vielleicht sogar in Software Engineering ausgebildet, haben aber keine Ahnung, was statistische Signifikanz ist. Andere bleiben auf Excel beschränkt und kennen kaum SQL, geschweige denn Python oder R. Ich habe Data Scientists getroffen, die sich selbst einige Funktionen in scikit-learn beigebracht haben, dann aber schnell ins Schwimmen geraten sind, weil das alles war, was sie wussten.

Was bedeutet das nun für Sie? Wie können Sie in einer derartig unübersichtlichen und chaotischen Landschaft erfolgreich sein? Das hängt davon ab, an welcher Art von Problemen oder Branchen Sie interessiert sind und dass Sie sich nicht vorschnell auf Arbeitgeber verlassen, um Rollen zu definieren. Man muss kein Data Scientist sein, um Data Science zu betreiben. Es gibt eine breite Palette von Bereichen, in denen Sie mit dem Wissen, das Sie jetzt bereits besitzen, arbeiten können. Dabei können Sie als Analyst, Forscher, Engineer für maschinelles Lernen, Berater und in unzähligen anderen Rollen tätig sein, die nicht unbedingt als Data Scientist bezeichnet werden.

Zunächst aber wollen wir uns mit einigen Möglichkeiten dazu befassen, in welche Richtung Sie weiterlernen und wie Sie Ihren eigenen Platz auf dem Arbeitsmarkt für Data Scientists finden können.

Ihr eigenes Profil schärfen

Um erfolgreich zu sein, braucht der praktische Data Scientist mehr als Kenntnisse in Statistik und maschinellem Lernen. In den meisten Fällen ist es unvernünftig, zu erwarten, dass Daten für maschinelles Lernen und andere Projekte ohne Weiteres verfügbar sind. Stattdessen werden Sie Datenquellen suchen, Skripte und Software entwickeln, Dokumente und Excel-Arbeitsmappen auswerten und sogar eigene Datenbanken erstellen. Mindestens 95% Ihres Programmieraufwands werden nichts mit maschinellem Lernen oder statistischer Modellierung zu tun haben, sondern mit dem Erstellen, Verschieben und Transformieren von Daten, damit sich diese verarbeiten lassen.

Darüber hinaus müssen Sie sich über das große Ganze und die Dynamik Ihres Unternehmens im Klaren sein. Ihre Chefetage könnte Annahmen treffen, wenn Ihre Rolle definiert wird, und es ist wichtig, diese Annahmen zu erkennen, damit Sie wissen, wie sie sich auf Sie auswirken. Auch wenn Sie sich auf die Branchenkenntnisse Ihrer Kunden und Führungskräfte verlassen, sollten Sie in der Lage sein, technisches Wissen zu vermitteln und das Machbare zu formulieren. Sehen wir uns dazu einige Hard und Soft Skills an, die Sie wahrscheinlich brauchen werden.

SQL-Kenntnisse

Mit der Abfragesprache *SQL* (*Structured Query Language*) lassen sich tabellarische Daten abrufen, transformieren und schreiben. Eine relationale Datenbank ist das gebräuchlichste Instrument, um Daten zu organisieren, indem sie Daten in Tabellen speichert, die miteinander verknüpft sind, ähnlich wie ein VLOOKUP in Excel. Plattformen für relationale Datenbanken wie MySQL, Microsoft SQL Server, Oracle, SQLite und PostgreSQL unterstützen SQL. Wie Sie vielleicht bemerken, sind SQL und relationale Datenbanken so eng miteinander verbunden, dass »SQL« oft in den Bezeichnungen der relationalen Datenbanken erscheint, beispielsweise in »MySQL« und »Microsoft SQL Server«.

Beispiel 8-1 zeigt eine einfache SQL-Abfrage, die die Felder `CUSTOMER_ID` und `NAME` aus einer Tabelle `CUSTOMER` abruft, und zwar nur die Datensätze, bei denen in der Spalte `STATE` das Kennzeichen von Texas, `'TX'`, steht.

Beispiel 8-1: Eine einfache SQL-Abfrage

```
SELECT CUSTOMER_ID, NAME
FROM CUSTOMER
WHERE STATE = 'TX'
```

Kurz gesagt, kommt man als Data Scientist ohne SQL-Kenntnisse kaum weiter. Unternehmen nutzen Data Warehouses, und SQL ist fast immer das Instrument, um Daten abzurufen. Zumindest sollten Sie mit den SQL-Schlüsselwörtern `SELECT`, `WHERE`, `GROUP BY`, `ORDER BY`, `CASE`, `INNER JOIN` und `LEFT JOIN` vertraut sein. Noch besser ist es, wenn Sie Unterabfragen, abgeleitete Tabellen, allgemeine Tabellenausdrücke und Fensterfunktionen kennen, um einen möglichst großen Nutzen aus Ihren Daten ziehen zu können.

Dreiste Werbung: ein SQL-Buch vom Autor!

Ich habe für O'Reilly ein SQL-Einsteigerbuch geschrieben: *Getting Started with SQL* (*https://oreil.ly/K2Na9*). Es umfasst kaum mehr als 100 Seiten, dürfte sich also in einem Tag durchlesen lassen. Das Buch behandelt die wesentlichen Elemente, einschließlich Verknüpfungen (Joins) und Aggregationen sowie das Erstellen einer eigenen Datenbank. Für das Buch wird SQLite verwendet, das sich in weniger als einer Minute einrichten lässt.

O'Reilly bietet weitere großartige SQL-Bücher, darunter bereits in der 3. Auflage *Einführung in SQL* von Alan Beaulieu und der *SQL – kurz & gut* in der 4. Auflage von Alice Zhao. Nachdem Sie meine 100 Seiten lange (englischsprachige) Einführung im Schnellgang absolviert haben, sollten Sie sich auch die beiden anderen Bücher zu Gemüte führen.

SQL ist ebenfalls entscheidend dafür, dass Python oder auch andere Programmiersprachen mit Datenbanken problemlos kommunizieren können. Wenn Sie von Python aus SQL-Abfragen an eine Datenbank senden, können Sie die Daten als Pandas-Dataframes, Python-Auflistungen und andere Strukturen zurückerhalten.

Beispiel 8-2 zeigt eine einfache SQL-Abfrage, die in Python mithilfe der Bibliothek SQLAlchemy ausgeführt wird. Zurückgegeben werden die Datensätze als benannte Tupel. Stellen Sie lediglich sicher, dass Sie die SQLite-Datenbankdatei von *https://bit.ly/3F8heTS* herunterladen und in Ihr Python-Projekt einfügen sowie die Anweisung `pip install sqlalchemy` ausführen.

Beispiel 8-2: Eine SQL-Abfrage mithilfe der Bibliothek SQLAlchemy in Python ausführen

```
from sqlalchemy import create_engine, text

engine = create_engine('sqlite:///thunderbird_manufacturing.db')
conn = engine.connect()
```

```
stmt = text("SELECT * FROM CUSTOMER")
results = conn.execute(stmt)

for customer in results:
    print(customer)
```

Wie sieht es mit Pandas und NoSQL aus?

Oft bekomme ich Fragen in Bezug auf »Alternativen« zu SQL, wie zum Beispiel NoSQL oder Pandas. Dabei handelt es sich eigentlich nicht um Alternativen, sondern um verschiedene Tools, die an anderer Stelle in der Data-Science-Werkzeugkette angesiedelt sind. Nehmen wir zum Beispiel Pandas. Mit dem Code in Beispiel 8-3 kann ich eine SQL-Abfrage erstellen, die alle Datensätze aus der Tabelle `CUSTOMER` abruft und sie in einen Pandas-Dataframe einfügt.

Beispiel 8-3: Die Ergebnisse einer SQL-Abfrage in einen Pandas-Dataframe einfügen

```
from sqlalchemy import create_engine, text
import pandas as pd

engine = create_engine('sqlite:///thunderbird_manufacturing.db')
conn = engine.connect()

df = pd.read_sql("SELECT * FROM CUSTOMER", conn)
print(df) # gibt SQL-Ergebnisse als Dataframe aus
```

SQL dient hier dazu, die Lücke zwischen der relationalen Datenbank und meiner Python-Umgebung zu schließen und die Daten in einen Pandas-Dataframe zu laden. Anspruchsvolle Berechnungen, für die SQL ausgelegt ist, lassen sich auf dem Datenbankserver mit SQL effizienter durchführen als lokal auf meinem Computer mit Pandas. Einfach ausgedrückt: Pandas und SQL können zusammenarbeiten und sind keine konkurrierenden Technologien.

Das Gleiche gilt für NoSQL, zu dem Plattformen wie Couchbase und MongoDB gehören. Auch wenn mir einige meiner Leserinnen und Leser vielleicht nicht zustimmen und stichhaltige Argumente vorbringen, bin ich der Meinung, dass der Vergleich von NoSQL mit SQL ein Vergleich von Äpfeln mit Birnen ist. Ja, beide speichern Daten und bieten Abfragemöglichkeiten, aber ich glaube nicht, dass sie dadurch konkurrieren. Sie haben verschiedene Qualitäten für unterschiedliche Anwendungsfälle. NoSQL steht für *Not only SQL* (Nicht nur SQL) und ist insbesondere darauf ausgelegt, unstrukturierte Daten zu speichern, beispielsweise Bilder oder formatfreie Texte. Demgegenüber ist SQL dafür konzipiert, strukturierte Daten zu speichern. SQL verwaltet die Datenintegrität strenger als NoSQL, allerdings auf Kosten des Rechenaufwands und der geringeren Skalierbarkeit.

SQL – die Verkehrssprache der Daten

Im Jahr 2015 spekulierten viele, dass SQL und relationale Datenbanken durch NoSQL und Technologien der verteilten Datenverarbeitung wie Apache Spark ersetzt würden. Ironischerweise hat sich SQL als so wichtig für Datennutzer erwiesen, dass man diesen Plattformen aufgrund der Nachfrage SQL-Schichten hinzugefügt hat. Zu diesen Technologien mit Schichtkonzepten gehören Presto (siehe das Buch *Learning and Operating Presto*, Lo Duca et al., O'Reilly), BigQuery (siehe *Google BigQuery: The Definitive Guide*, Lakshmanan und Tigani, O'Reilly, *https://oreil.ly/iCEWW*) und Apache Spark SQL (*Learning Spark*, Damji et.al., O'Reilly, *https://oreil.ly/IIPft*), um nur einige zu nennen. Die meisten Datenprobleme sind keine Big-Data-Probleme, und nichts funktioniert beim Abfragen von Daten so gut wie SQL. Aus diesem Grund hat sich SQL weiterhin durchgesetzt und seinen Platz als Verkehrssprache der Datenwelt behauptet.

Andererseits könnte die Förderung von NoSQL- und Big-Data-Plattformen eine Lektion über das Silver-Bullet-Syndrom[2] sein. Hadi Hariri von JetBrains hielt 2015 einen Vortrag zu diesem Thema (*https://oreil.ly/hPEIFs*), den Sie sich unbedingt ansehen sollten.

Programmierkenntnisse

Data Scientists verfügen in der Regel nicht über Programmierkenntnisse, zumindest nicht auf dem Niveau eines Software Engineers. Es wird jedoch immer wichtiger, auch programmieren zu können. Damit können Sie sich einen Vorteil verschaffen. Lernen Sie objektorientierte Programmierung, funktionale Programmierung, Komponententests (Unit-Tests), Versionskontrolle (z.B. Git und GitHub), Algorithmenanalyse (O-Notation), Kryptografie und andere relevante Informatikkonzepte und Sprachfeatures, die Ihnen begegnen.

Hier ist der Grund dafür: Angenommen, Sie hätten auf der Grundlage von Stichproben ein vielversprechendes Regressionsmodell erstellt, z.B. eine logistische Regression oder ein neuronales Netz. Sie bitten die internen Programmierer Ihrer IT-Abteilung, es in eine bestehende Software »einzubauen«.

Ihr Angebot wird misstrauisch beäugt. »Das müssen wir in Java umschreiben, nicht in Python«, sagt die eine zähneknirschend. »Wo sind denn Ihre Unit-Tests?«, fragt ein anderer. »Haben Sie keine Klassen oder Typen definiert? Wir müssen den Code objektorientiert umschreiben.« Hinzu kommt, dass sie die Mathematik Ihres Modells nicht verstehen und zu Recht befürchten, dass es sich mit Daten, die es noch nie gesehen hat, falsch verhält. Da Sie keine Unit-Tests definiert haben, was bei maschinellem Lernen nicht einfach ist, wissen sie nicht, wie sie die Qualität Ihres Modells überprüfen sollen. Außerdem fragen sie, wie man zwei Versionen des Codes (Python und Java) verwalten soll.

2 Das Silver-Bullet-Syndrom ist die Erwartung, dass ein einziges neues Tool oder ein neues Verfahren alle Produktivitätsprobleme einer Organisation auf wundersame Weise lösen wird. Diese Annahme ist fast ausnahmslos ein Irrtum.

Irgendwie fühlen Sie sich fehl am Platz und sagen: »Ich verstehe nicht, warum das Python-Skript nicht einfach eingebunden werden kann.« Ein Mitarbeiter antwortet nach einer langen Kunstpause: »Wir könnten einen Webservice mit Flask erstellen und damit vermeiden, den Code in Java umzuschreiben. Die anderen Probleme bleiben jedoch bestehen. Wir müssen uns dann um die Skalierbarkeit kümmern und um den hohen Datenverkehr, den der Webservice zu bewältigen hat. Moment ... vielleicht können wir den Dienst in der Microsoft Azure Cloud als VM-Skalierungsgruppe bereitstellen, aber wir müssen immer noch die Backends entwickeln. Egal wie man es angeht, das Ganze verlangt eine Überarbeitung.«

Das ist genau der Grund, warum viele Data Scientists über Arbeitsergebnisse verfügen, die niemals ihre Laptops verlassen. Tatsächlich ist es derart schwer geworden, maschinelles Lernen in die Produktion umzusetzen, dass es in den letzten Jahren zu einem beliebten und heißen Thema geworden ist. Zwischen Data Scientists und Software Engineers klafft eine enorme Lücke, sodass Data Scientists natürlich Druck verspüren, ebenfalls zum Software Engineer zu avancieren.

Dies mag erdrückend klingen, da bereits das Spektrum der Data Science mit ihren vielen Disziplinen und Anforderungen zu breit gefächert ist. Das soll jedoch nicht heißen, dass Sie Java lernen müssen. Als effektiver Software Engineer können Sie auch in Python (oder einer anderen Sprache, die Sie bevorzugen) arbeiten, doch Sie müssen gut darin sein. Lernen Sie objektorientierte Programmierung, Datenstrukturen, funktionale Programmierung, Parallelität und andere Entwurfsmuster. Zwei gute Bücher, die diese Themen für Python behandeln, sind *Fluent Python*, 2. Auflage, von Luciano Ramalho (O'Reilly) und *Der Weg zum Python-Profi: Ein Best-Practice-Buch für sauberes Programmieren* von Al Sweigart (dpunkt.verlag).

Data Science Gophers

Daniel Whitenack hat 2016 für O'Reilly den Artikel »Data Science Gophers« (*https://oreil.ly/j4z4F*) geschrieben, in dem er die Vorzüge der Programmiersprache Go für Data Science anpries. Bemerkenswert ist, dass er das Problem der Umsetzung von Data-Science-Modellen in die Produktion hervorhob, lange bevor es zu einer Mainstream-Diskussion wurde.

Danach sollten Sie lernen, praktische Aufgaben zu lösen. Dabei geht es unter anderem um Datenbank-APIs, Webdienste (*https://oreil.ly/gN9e7*), JSON-Parsing (*https://oreil.ly/N8uef*), reguläre Ausdrücke (*https://oreil.ly/IyD2P*), Web-Scraping (*https://oreil.ly/9oWWb*), Sicherheit und Kryptografie (*https://oreil.ly/oxliO*), Cloud Computing (Amazon Web Services, Microsoft Azure) und alles andere, was Ihnen hilft, ein System produktiv aufzubauen.

Wie bereits erwähnt, muss die Programmiersprache, die Sie beherrschen, nicht zwangsläufig Python sein. Es kommen auch andere Sprachen infrage, doch es empfiehlt sich, dass die Sprache universell verwendet wird und einsetzbar ist. Zu den Sprachen, die derzeit einen höheren Nutzbarkeitsgrad aufweisen, gehören Python, R, Java, C# und C++. Auf Apple- und Android-Geräten dominieren Swift und Kotlin, beides sind fantastische Sprachen mit guter Unterstützung. Obwohl viele dieser Sprachen nicht gerade zum Mainstream für Data-Science-Zwecke zählen, ist es mitunter hilfreich, neben Python wenigstens eine dieser Sprachen zu lernen, um weitere Erfahrungen zu sammeln

Was ist mit Jupyter Notebooks?

Data Scientists stehen oft im Ruf, schlechten Code zu schreiben. Dafür gibt es eine Reihe von Gründen, möglicherweise aber könnten die Arbeitsabläufe schuld sein, die durch Jupyter Notebooks gefördert werden.

Vielleicht haben Sie sich schon gefragt, warum ich Jupyter Notebooks in diesem Buch nicht verwende (oder empfehle). Bei Jupyter Notebooks handelt es sich um eine beliebte Plattform, um Data-Science-Code zu schreiben, aber so, dass man Notizen, ausführbare Codefragmente und Konsolen-/Diagrammausgaben an ein und demselben Ort platzieren kann. Dies kann durchaus ein hilfreiches Tool und eine komfortable Methode sein, mit den Daten eine Geschichte zu erzählen.

Davon abgesehen sind Notebooks einfach keine Voraussetzung, um in der Data Science zu arbeiten, es sei denn, Ihr Arbeitgeber verlangt sie. Der gesamte Code in diesem Buch wurde in einfachem Python ohne Notebooks realisiert. Ich habe mich bewusst dafür entschieden, weil ich den Leser nicht mit der Einrichtung zusätzlicher Werkzeuge belasten wollte. Das mag gegen Konventionen verstoßen, wird aber Ihre Karriere nicht hemmen.

Denn bei Licht besehen fördern Notebooks schlechte Programmiergewohnheiten. Sie sind vorteilhaft für Arbeitsabläufe, die eher auf Linearität und nicht auf Modularität ausgerichtet sind, unterstützen also nicht, dass wiederverwendbarer Code entsteht. Wiederverwendbarkeit ist wohl das grundlegendste Ziel der Softwareprogrammierung. Hinzu kommt, dass Notebook-Zellen, die die Codefragmente enthalten, in beliebiger Reihenfolge ausgeführt oder mehrfach wiederholt werden können. Wenn Sie nicht aufpassen, erzeugen Sie schnell verwirrende Zustände und Fehler, die im besten Fall zu offenkundigen Fehlern und im schlimmsten Fall zu subtilen Fehlberechnungen führen, die unbemerkt bleiben. Vor allem für Einsteiger ist dies eine verrückt machende Art, Python zu lernen, da diese technischen Fallen für sie nicht offensichtlich sind. Genauso gut kann es passieren, dass Sie auf ein Ergebnis stoßen und es präsentieren, nur um dann zu erkennen, dass es durch einen Fehler entstanden ist und demzufolge zu gut, um wahr zu sein.

Ich rate nicht unbedingt davon ab, Notebooks zu verwenden. Arbeiten Sie auf jeden Fall damit, wenn Sie das für sich und Ihren Arbeitsplatz als nutzbringend empfinden! Ich rate Ihnen aber, sich nicht auf sie zu verlassen. Joel Grus, Autor von *Einführung in Data Science* (O'Reilly), hielt auf der JupyterCon einen Vortrag zu diesem Thema, den Sie sich unter *https://oreil.ly/V00bQ* ansehen können.

Ankerverzerrung und erste Programmiersprachen

Es kommt häufig vor, dass Fachleute eine Vorliebe für Technologien und Plattformen, insbesondere Programmiersprachen, entwickeln und sich emotional darin verankern. Bitte tun Sie das nicht! Ein derartiger Tunnelblick ist nicht produktiv und ignoriert die Tatsache, dass jede Programmiersprache auf unterschiedliche Qualitäten und Anwendungsfälle ausgerichtet ist. Eine weitere Wahrheit ist, dass sich einige Programmiersprachen durchsetzen, andere dagegen nicht, und das oft aus Gründen, die nichts mit den Vorzügen der Sprachkonzeption zu tun haben. Wenn ein großes Unternehmen eine Sprache nicht unterstützt, stehen ihre Überlebenschancen schlecht.

In Kapitel 3 haben wir über die verschiedenen Arten von Verzerrungen gesprochen. Eine weitere Form ist die *Ankerverzerrung* (*https://oreil.ly/sXNh0*), die besagt, dass wir eine Vorliebe für das Erste haben, was wir lernen, z.B. eine Programmiersprache. Wenn Sie sich gezwungen fühlen, eine neue Sprache zu lernen, seien Sie aufgeschlossen, und geben Sie ihr eine Chance! Keine Sprache ist perfekt, es kommt vor allem darauf an, dass sie ihre Aufgabe erfüllt.

Seien Sie jedoch vorsichtig, wenn es kaum Unterstützung für die Sprache gibt, weil sie nicht mehr weiterentwickelt wird, keine Updates erhält oder es keinen zentralen Verwalter gibt. Beispiele hierfür sind VBA von Microsoft (*https://oreil.ly/B8c5A*), Ceylon (*https://oreil.ly/LJdw4*) von Red Hat und Haskell (*https://oreil.ly/ASnnN*).

Java-Bibliotheken für Data Science

Auch wenn sie nicht annähernd so populär wie die Python-Bibliotheken für Data Science sind, bietet Java mehrere äquivalente Bibliotheken, die nachdrücklich unterstützt werden. ND4J (*https://github.com/deeplearning4j/nd4j*) ist die NumPy-Version für die JVM (*Java Virtual Machine*), und SMILE (*https://haifengl.github.io/*) verkörpert die Bibliothek scikit-learn. Bei TableSaw (*https://github.com/jtablesaw/tablesaw*) handelt es sich um das Java-Äquivalent zu Pandas.

Apache Spark (*https://spark.apache.org/*) wurde tatsächlich auf der Java-Plattform geschrieben, und zwar mit Scala. Interessanterweise war Apache Spark eine Zeit lang treibende Kraft bei dem Versuch, Scala zu einer Mainstream-Sprache für Data Science zu machen, obwohl sie sich nicht in dem Maße etablieren konnte, wie die Scala-Gemeinschaft wahrscheinlich gehofft hatte. Deshalb wurden große Anstrengungen unternommen, um die Sprache mit Python, SQL und R kompatibel zu machen und nicht nur mit Java und Scala.

Datenvisualisierung

Eine weitere Technik, die Sie einigermaßen beherrschen sollten, ist die Datenvisualisierung. Hierzu ist es erforderlich, dass Sie Diagramme, Schaubilder und Funktionsgraphen erstellen können, die nicht nur dem Management Storys erzählen, sondern auch Ihnen selbst bei der Erforschung von Daten helfen. Zwar lassen sich Daten mit einem SQL-Befehl zusammenfassen, aber manchmal vermittelt Ihnen ein Balkendiagramm oder ein Streudiagramm in kürzerer Zeit eine bessere Vorstellung von Ihren Daten.

Wesentlich schwieriger zu beantworten ist die Frage, welche Tools für die Datenvisualisierung verwendet werden sollten, denn die Auswahlmöglichkeiten sind sehr breit gefächert. Wenn Sie in einer herkömmlichen Büroumgebung arbeiten, sind Excel und PowerPoint oft die bevorzugten Visualisierungstools. Und wissen Sie was? Diese Tools sind auch völlig in Ordnung! Ich verwende sie nicht für alles, aber sie eignen sich für die meisten Aufgaben. Brauchen Sie ein Streudiagramm für einen kleineren oder mittleren Datensatz? Oder ein Histogramm? Alles kein Problem! Sobald Sie Ihre Daten per Copy-and-paste in eine Excel-Arbeitsmappe übertragen haben, ist ein Diagramm in wenigen Minuten erstellt. Diese Vorgehensweise ist durchaus für einmalige Visualisierungen geeignet, und es ist keine Schande, mit Excel zu arbeiten, wenn es funktioniert.

Es gibt allerdings Situationen, in denen Sie Diagramme lieber per Skript erzeugen möchten, damit sie sich wiederverwenden oder in Ihren Python-Code integrieren lassen. Seit einiger Zeit ist *matplotlib* (*https://matplotlib.org/*) die erste Wahl, und Sie werden kaum ohne diese Bibliothek auskommen, wenn Sie Python als Plattform verwenden. Bei *Seaborn* (*https://seaborn.pydata.org/*) handelt es sich um einen Wrapper, der auf matplotlib aufsetzt, damit sich die Bibliothek für gängige Diagrammtypen einfacher verwenden lässt. Die Bibliothek SymPy, die wir für viele Beispiele im Buch verwendet haben, stützt sich auf matplotlib als Backend. Manche halten matplotlib allerdings für so ausgereift, dass sie sich schon dem Legacy-Status nähert. Bibliotheken wie Plotly sind auf dem Vormarsch und benutzerfreundlich. Zudem basieren sie auf der JavaScript-Bibliothek *D3.js* (*https://d3js.org/*). Ich persönlich bin mit *Manim* (*https://www.manim.community/*) erfolgreich. Die Visualisierungen im Stil von 3Blue1Brown sind außergewöhnlich und rufen einen Wow!-Effekt beim Kunden hervor. Zudem ist die API angesichts der realisierten Animationsleistung überraschend einfach zu verwenden. Allerdings handelt es sich um eine junge Bibliothek, die noch nicht ganz ausgereift ist. Rechnen Sie also damit, dass Sie Code möglicherweise erheblich ändern müssen, wenn eine neue Version der Bibliothek veröffentlicht wird.

Sie können praktisch nichts falsch machen, wenn Sie alle diese Lösungen ausprobieren. Und wenn Ihre Arbeitgeberin oder Ihr Kunde keine Lösung vorgibt oder bevorzugt, finden Sie sicherlich eine, die für Sie am besten funktioniert.

Kommerzielle lizenzierte Plattformen wie *Tableau* (*https://www.tableau.com/products/desktop*) sind bis zu einem gewissen Grad geeignet. Konzeptionell sind sie darauf ausgerichtet, proprietäre Software zu erstellen, die auf Visualisierung spezialisiert ist, und eine Drag-and-drop-Benutzeroberfläche zu schaffen, die auch für technisch nicht versierte Benutzer zugänglich ist. Für Tableau gibt es sogar ein Whitepaper mit dem Titel »Make Everyone in Your Organization a Data Scientist« (Machen Sie jeden in Ihrem Unternehmen zu einem Data Scientist, *https://www.tableau.com/learn/whitepapers/make-everyone-your-organization-data-scientist*), was dem bereits erwähnten Problem bei der Definition des Data Scientist nicht gerade zuträglich ist. Als Schwierigkeiten habe ich bei Tableau ausgemacht, dass das Tool nur gut visualisieren kann und eine teure Lizenz benötigt. Zwar können Sie Python in gewisser Weise mit TabPy integrieren, sollten aber lieber auf die bereits erwähnten ausgereiften Open-Source-Bibliotheken zurückgreifen, es sei denn, Ihr Arbeitnehmer besteht auf Tableau.

Softwarelizenzen können politisch sein

Stellen Sie sich vor, Sie hätten eine Python- oder Java-Anwendung entwickelt, die einige Benutzereingaben verlangt, verschiedene Datenquellen abruft und verarbeitet, einige sehr individuelle Algorithmen ausführt und dann eine Visualisierung sowie eine Tabelle mit den Ergebnissen erzeugt. Nach Monaten harter Arbeit präsentieren Sie das Ergebnis in einem Meeting, doch dann meldet sich einer der Manager und fragt: »Warum machen wir das nicht einfach in Tableau?«

Häufig kann sich das Management nur schwer damit abfinden, dass Tausende von Dollars für die Lizenzen von Unternehmenssoftware ausgegeben wurden, Sie aber mit einer leistungsfähigeren (wenn auch komplexeren) Open-Source-Software daherkommen, für die keine Lizenzkosten anfallen. Betonen Sie, dass Tableau diese Algorithmen oder jene integrierten Workflows, die Sie erstellen mussten, nicht unterstützt. Schließlich ist Tableau lediglich eine Visualisierungssoftware. Es ist keine Plattform, auf der Sie den Code von Grund auf neu schreiben, um eine maßgeschneiderte, hochgradig individualisierte Lösung zu erstellen.

Führungskräften wird oft der Eindruck vermittelt, dass Tableau, Alteryx oder ein anderes kommerzielles Tool alles kann. Schließlich haben sie eine Menge Geld dafür ausgegeben und wurden vom Anbieter wahrscheinlich mit überzeugenden Verkaufsargumenten geködert. Selbstverständlich wollen sie die Kosten rechtfertigen und möglichst viele Mitarbeitende die Lizenz nutzen lassen. Wahrscheinlich haben sie noch mehr Geld investiert, um die Belegschaft für den Einsatz der Software zu schulen, und sie wollen, dass andere Ihre Arbeit verwalten und pflegen können.

Reagieren Sie darauf. Wenn Sie das vom Unternehmen angeschaffte Tool einsetzen sollen, prüfen Sie, ob es praktikabel ist. Müssen Sie mit Einschränkungen rechnen oder mit erheblichen Kompromissen bei der Benutzerfreundlichkeit, empfiehlt es sich, dies höflich und offen anzusprechen.

Branchenkenntnisse

Vergleichen wir zwei Branchen: Film-Streaming (z.B. Netflix) und Luftverteidigung (z.B. Lockheed Martin). Haben sie etwas gemeinsam? Wohl kaum! Beide sind technologieorientierte Unternehmen, aber das eine streamt Filme für Verbraucher, und das andere baut bewaffnete Flugzeuge.

Wenn ich Unternehmen in Bezug auf künstliche Intelligenz und Systemsicherheit berate, weise ich als Erstes darauf hin, dass diese beiden Branchen eine sehr unterschiedliche Risikotoleranz haben. Ein Unternehmen für Streaming-Dienste kann sich damit brüsten, dass es ein KI-System hat, das lernt, welche Filme es den Kunden empfehlen soll. Aber wäre es katastrophal, wenn es eine schlechte Empfehlung ausspräche? Schlimmstenfalls bleibt ein leicht verärgerter Verbraucher zurück, der zwei Stunden mit einem Film verschwendet hat, der ihm nicht gefällt.

Aber wie sieht es bei einem Unternehmen der Luft- und Weltraumverteidigung aus? Wenn ein Kampfjet eine KI an Bord hat, die automatisch Ziele bekämpft, wie katastrophal wäre es dann, wenn sie sich irren würde? Wir sprechen hier über Menschenleben, nicht über Filmempfehlungen!

Zwischen beiden Branchen klafft eine breite Lücke hinsichtlich der Risikotoleranz. Natürlich wird das Unternehmen der Luft- und Weltraumverteidigung bei der Implementierung eines experimentellen Systems weitaus konservativer vorgehen. Bürokratie und Sicherheitsarbeitsgruppen werden also jedes Projekt, das sie als unannehmbar risikoreich erachten, bewerten und stoppen – und das zu Recht. Interessant ist jedoch, dass der Erfolg der KI in den Start-ups des Silicon Valley – insbesondere bei Anwendungen mit geringen Risiken wie etwa Filmempfehlungen – bei den Führungskräften der Verteidigungsindustrie eine FOMO (*Fear Of Missing Out* – die Angst, etwas zu verpassen) ausgelöst hat. Dies liegt wahrscheinlich daran, dass die unterschiedlichen Risikotoleranzen der beiden Bereiche nicht genügend hervorgehoben werden.

Natürlich gibt es zwischen diesen beiden Branchen ein breites Spektrum an Risiken, das von »verärgerter Benutzer« bis zu »Verlust von Menschenleben« reicht. Banken können mithilfe von KI bestimmen, wer für einen Kredit infrage kommt, doch das birgt das Risiko, bestimmte Bevölkerungsgruppen zu diskriminieren. Die Strafjustiz hat mit KI in Bewährungs- und Überwachungssystemen experimentiert, nur um auf die gleichen Diskriminierungsprobleme zu stoßen. Soziale Medien können mit KI (*https://oreil.ly/VoK95*) bestimmen, welche Beiträge von Benutzern akzeptabel sind, doch sie verärgern ihre Benutzer, wenn sie »harmlose« (falsch positive) Inhalte unterdrücken, wie auch den Gesetzgeber, wenn »schädliche« (falsch negative) Inhalte nicht unterdrückt werden.

Diese Beispiele verdeutlichen, dass Sie Ihre Branche kennen müssen. Wenn Sie viel mit maschinellem Lernen zu tun haben, werden Sie wahrscheinlich Branchen mit geringem Risiko bevorzugen, in denen falsch positive und falsch negative Ergebnisse niemanden gefährden oder verärgern. Doch wenn Ihnen das nicht zusagt und Sie an kühneren Anwendungen, wie selbstfahrenden Autos (*https://oreil.ly/sOYs6*), oder in Luftfahrt oder Medizin arbeiten wollen, müssen Sie damit rechnen, dass Ihre Modelle für maschinelles Lernen häufig zurückgewiesen werden.

In diesen Branchen mit erhöhtem Risiko sollte es Sie nicht überraschen, wenn spezielle Doktortitel oder andere formale Nachweise verlangt werden. Selbst mit einem spezialisierten Doktortitel verschwinden falsch positive und falsch negative Ergebnisse nicht auf magische Weise. Ist eine solche Spezialisierung nicht in Ihrem Sinn, sind Sie wahrscheinlich besser dran, wenn Sie sich neben dem maschinellen Lernen auch mit anderen Tools befassen, unter anderem mit Softwaretechnik, Optimierung, Statistik und Geschäftsregelsystemen/Heuristik.

Produktives Lernen

In einem Stand-up-Special aus dem Jahr 2008 vergleicht der Comedian Brian Regan seinen Mangel an Neugierde mit dem von Zeitungslesern. Mit dem Hinweis darauf, dass eine Geschichte auf der Titelseite nie abgeschlossen ist, erklärt er, er habe keine Lust, auf die angegebene Seite zu blättern, um zu erfahren, wie sie ausgeht. »Und nach einem neunjährigen Prozess kamen die Geschworenen schließlich zu dem Urteil: Fortsetzung auf Seite 22, Spalte C ... Ich werde es wohl nie erfahren«, witzelt er abfällig. Dann karikiert er diejenigen, die die Seiten umblättern, indem er ausruft: »Ich will es wissen! Ich will etwas lernen!«

Auch wenn Brian Regan möglicherweise selbstironisch sein wollte, hatte er in einem Punkt recht. Ein Thema nur um seiner selbst willen zu lernen, ist kaum eine Motivation, und Desinteresse ist nicht immer etwas Schlechtes. Wenn Sie ein Mathelehrbuch in die Hand nehmen, ohne ein Ziel vor Augen zu haben, werden Sie wahrscheinlich entmutigt und frustriert aufgeben. Man muss auf ein Projekt oder ein Ziel hinarbeiten wollen. Und wenn man ein Thema uninteressant findet, warum sollte man sich die Mühe machen, es zu lernen? Als ich mir erlaubte, das Interesse an Themen zu verlieren, die ich nicht für relevant hielt, war das für mich unglaublich befreiend. Noch überraschender war es, dass meine Produktivität in die Höhe schnellte.

Das heißt nicht, dass Sie nicht neugierig sein sollten. Allerdings gibt es um uns herum so viele Informationen, dass es von unschätzbarem Wert ist, Prioritäten darin zu setzen, was man lernt. Stellen Sie Fragen, warum etwas nützlich ist, und wenn es darauf keine klaren Antworten gibt, gehen Sie einfach weiter! Jeder spricht über Natural Language Processing? Das bedeutet nicht, dass Sie das auch tun müssen! Die meisten Unternehmen brauchen die Verarbeitung natürlicher Sprache ohnehin nicht, also ist es in Ordnung zu sagen, dass sich der Aufwand bei Ihnen nicht lohnt.

Ganz gleich, ob Sie Projekte in Ihrem Job bearbeiten oder Ihre eigenen zum Selbststudium kreieren, Sie sollten etwas Greifbares haben, auf das Sie hinarbeiten können. Nur *Sie* sind in der Lage, zu entscheiden, was sich zu lernen lohnt, und Sie können die FOMO abschütteln, indem Sie Dinge verfolgen, die Sie für interessant und relevant halten.

Praktiker vs. Ratgeber

Dies mag nach einer Verallgemeinerung klingen, aber im Wesentlichen gibt es zwei Arten von Wissensexpertinnen und -experten: Praktiker und Ratgeber. Um Ihren Vorteil zu finden, müssen Sie erst einmal wissen, welcher Typ Sie sein wollen, und Ihre berufliche Entwicklung entsprechend gestalten.

In der Welt von Data Science und Analytik sind die Praktiker diejenigen, die Code schreiben, Modelle erstellen, Daten durchforsten und versuchen, direkt einen Wert zu schaffen. Ratgeber sind wie Berater, die dem Management sagen, ob die Unternehmensziele vernünftig sind, die bei strategischen Entscheidungen helfen und die die Richtung vorgeben. Manchmal kann sich ein Praktiker zu einem Ratgeber hocharbeiten. Manchmal sind Ratgeber niemals Praktiker gewesen. Jede Rolle hat ihre Vor- und Nachteile.

Einem Praktiker macht es vielleicht Spaß, Code zu schreiben, Daten zu analysieren und konkrete Arbeiten auszuführen, die direkt einen Mehrwert schaffen. Ein Vorteil für den Praktiker besteht darin, dass er tatsächlich Hard Skills entwickelt und besitzt. Wenn man sich allerdings in Code, Mathematik und Daten vergräbt, verliert man leicht den Blick für das große Ganze und den Kontakt mit dem übrigen Unternehmen und der Branche. Von Führungskräften höre ich häufig Beschwerden darüber, dass ihre Data Scientists an Problemen arbeiten wollen, die *sie* interessant finden, die aber keinen Mehrwert für das Unternehmen darstellen. Ich habe auch schon Beschwerden von Praktikern gehört, die sich eine exponierte Stellung und Aufstiegschancen wünschen, sich aber in ihrem Unternehmen zurückgesetzt und versteckt fühlen.

Ein Ratgeber hat zugegebenermaßen in mancher Hinsicht den leichteren Job. Er berät die Führungskräfte, liefert ihnen Informationen und trägt zur strategischen Ausrichtung eines Unternehmens bei. In der Regel gehört er nicht zu den Menschen, die Code schreiben oder Daten auswerten, er hilft aber dem Management dabei, Leute einzustellen, die dies tun. Das Karriererisiko ist ein anderes, da sie sich nicht wie die Praktiker um Sprint-Termine, Codefehler oder fehlerhafte Modelle kümmern müssen. Aber sie müssen darauf achten, sachkundig, glaubwürdig und relevant zu bleiben.

Damit Sie als Ratgeber effektiv sind, müssen Sie sich *wirklich* gut auskennen und Dinge wissen, die anderen unbekannt sind. Es muss sich um entscheidende und relevante Informationen handeln, die genau auf die Bedürfnisse Ihrer Kunden abgestimmt sind. Um relevant zu bleiben, müssen Sie jeden Tag lesen, lesen und noch mehr lesen … Informationen suchen und zusammenfassen, die andere übersehen. Es genügt nicht, mit maschinellem Lernen, Statistik und Deep Learning vertraut zu sein. Beobachten Sie genau sowohl die Branche Ihrer Kunden als auch andere Branchen und finden Sie heraus, wer erfolgreich ist und wer nicht. Außerdem müssen Sie lernen, die richtige Lösung mit dem richtigen Problem zusammenzubringen, und zwar in einer Geschäftslandschaft, in der viele nach der Silver Bullet suchen. Und um all dies zu erreichen, müssen Sie ein effektiver Kommunikator sein und Informationen so weitergeben, dass sie Ihren Kunden helfen, und nicht nur zeigen, was Sie wissen.

Das größte Risiko für einen Ratgeber besteht darin, Informationen weiterzugeben, die sich als falsch herausstellen. Manche Berater sind recht effektiv darin, die Schuld auf externe Faktoren zu schieben, wie zum Beispiel »Niemand in der Branche hat das kommen sehen!« oder »Das ist ein Sechs-Sigma-Ereignis!«, was bedeutet, dass ein unerwünschtes Ereignis eine Chance von eins zu einer halben Milliarde hatte, aber trotzdem eingetreten ist. Ein anderes Risiko besteht darin, dass man nicht über die Hard Skills eines Praktikers verfügt und von der technischen Seite des Unternehmens abgekoppelt wird. Deshalb ist es ratsam, sich regelmäßig mit Programmieren und Modellieren zu beschäftigen oder zumindest die technische Fachliteratur zu studieren.

Letztlich versucht ein guter Ratgeber, eine Brücke zwischen der Kundschaft und seinem Ziel zu schlagen, wobei oft eine bestehende Wissenslücke gefüllt werden muss. Es geht nicht darum, möglichst viele Stunden an Arbeit zu erfinden und in Rechnung zu stellen, sondern wirklich herauszufinden, was einen Kunden beunruhigt, und ihm seinen Nachschlaf zu sichern.

Erfolg ist nicht immer auch Rentabilität

Stellen Sie fest, wie Ihr Kunde »Erfolg« definiert! Unternehmen setzen auf KI, maschinelles Lernen und Data Science, um erfolgreich zu sein, richtig? Doch was ist Erfolg?

Ist es Rentabilität? Nicht immer. In unserer hochspekulativen Wirtschaft kann Erfolg eine weitere Reihe von Risikokapitalfinanzierungen, Kundenzuwachs oder Umsatzsteigerung, vielleicht sogar eine hohe Bewertung sein, wenn das Unternehmen Millionen oder Milliarden Dollar verliert. Keine dieser Kennzahlen hat etwas mit Rentabilität zu tun.

Warum ist das so? Die Toleranz gegenüber langfristigen Investitionen von Risikokapital hat dazu geführt, dass die Rentabilität an den Rand gedrängt wird, weil man glaubt, dass sie erst in ferner Zukunft erreicht wird. Es ist jedoch möglich, dass dies zu Blasen führt, ähnlich wie beim Dotcom-Boom im Jahr 2000.

Am Ende muss ein Unternehmen rentabel sein, um langfristig erfolgreich zu bleiben, doch nicht alle verfolgen dieses Ziel. Viele Gründer und Investoren wollen einfach nur das Wachstum mitnehmen und sich auszahlen lassen, bevor die Blase platzt, oft wenn das Unternehmen durch einen Börsengang an die Öffentlichkeit verkauft wird.

Was heißt das für Sie? Ob Sie Praktiker oder Ratgeber sind, in einem Start-up oder in einem Fortune-500-Unternehmen arbeiten – Sie sollten erkennen, was Ihren Kunden oder Arbeitgeber motiviert. Streben sie höhere Bewertungen an? Echte Rentabilität? Den inneren Wert oder den wahrgenommenen Wert? Dies wirkt sich direkt darauf aus, woran Sie arbeiten und was Ihre Kunden hören wollen, und Sie können dementsprechend beurteilen, ob Sie in der Lage sind, ihnen zu helfen oder nicht.

Möchten Sie mehr über Risikokapital, spekulative Bewertung und die Auswirkungen der Start-up-Kultur erfahren, empfiehlt sich das fantastische Buch *The Cult of We* (*https://www.cultofwe.com/*) von den Wall-Street-Journal-Autoren Eliot Brown und Maureen Farrell.

Wenn Projekte auf der Grundlage von Tools und nicht von Problemen geplant werden, ist es sehr wahrscheinlich, dass dem Projekt kein Erfolg beschieden sein wird. Das bedeutet, dass Sie als Ratgeber Ihre Fertigkeiten zum Zuhören verbessern und die Fragen identifizieren müssen, die Kunden nur schwer stellen können, geschweige denn Antworten darauf haben. Wenn eine große Fast-Food-Kette Sie beauftragt hat, sie bei ihrer »KI-Strategie« zu unterstützen, und Sie sehen, wie die

Personalabteilung sich beeilt, Deep-Learning-Talente einzustellen, ist es Ihre Aufgabe zu fragen: »Welche Probleme wollen Sie mit Deep Learning lösen?« Falls Sie keine klare Antwort bekommen, sollten Sie die Geschäftsleitung dazu ermutigen, einen Schritt zurückzutreten und zu prüfen, mit welchen echten Problemen sie als Branche konfrontiert sind. Ist die Personalplanung ineffizient? Nun, hierfür brauchen sie kein Deep Learning. Lineare Programmierung ist gefragt! Dies mag einigen Leserinnen und Lesern vollkommen klar zu sein, doch viele Führungskräfte tun sich heutzutage schwer damit, diese Unterscheidungen zu treffen. Mehr als einmal bin ich Anbietern und Beratern begegnet, die ihre linearen Programmierlösungen als KI bezeichnen, was dann semantisch mit Deep Learning in einen Topf geworfen werden kann.

Worauf Sie bei Data-Science-Jobs achten sollten

Um den Stellenmarkt für Data Scientists zu verstehen, ist es vielleicht hilfreich, einen Vergleich mit einer bekannten amerikanischen Fernsehserie zu ziehen.

Im Jahr 2010 lief die US-Fernsehserie *Better Off Ted* (im deutschen Fernsehen *Better Off Ted – Die Chaos AG*). Eine Folge mit dem Titel »Jabberwocky« (Staffel 1, Folge 12) brachte etwas Wesentliches über Buzzwords in Unternehmen zum Ausdruck. In der Serie erfindet Ted, die Hauptfigur, ein fiktives Projekt »Jabberwocky« in seiner Firma, um abgezweigte Mittel zu verschleiern. Das Ergebnis ist witzig: Sein Manager, der CEO und schließlich das gesamte Unternehmen beginnen, an dem Projekt »Jabberwocky« zu arbeiten, ohne überhaupt zu wissen, was es ist. Die Situation eskaliert weiter, und Tausende von Mitarbeitern geben vor, an »Jabberwocky« zu arbeiten, während sich niemand fragt, woran sie eigentlich arbeiten. Der Grund: Niemand will zugeben, dass er nicht auf dem Laufenden ist und von etwas Wichtigem nichts weiß.

Der *Jabberwocky-Effekt* ist eine anekdotische Theorie, die besagt, dass eine Branche oder ein Unternehmen ein Buzzword bzw. ein Projekt auch dann weiterverfolgen kann, wenn niemand zufriedenstellend definiert hat, was es ist. Organisationen können diesem Verhalten zyklisch zum Opfer fallen, indem sie erlauben, dass Begriffe ohne Definition in Umlauf gebracht werden, und indem Gruppenverhalten diese Mehrdeutigkeit zulässt. Zu den gängigen Beispielen gehören Blockchain, künstliche Intelligenz, Data Science, Big Data, Bitcoin, Internet der Dinge, Quantencomputer, NFTs, »datengesteuert«, Cloud Computing und digitale Disruption. Selbst konkrete, hochkarätige und spezifische Projekte können zu mysteriösen Buzzwords werden, die nur wenige verstehen, aber über die viele sprechen.

Um den Jabberwocky-Effekt zu stoppen, müssen Sie als Katalysator für einen produktiven Dialog fungieren. Seien Sie neugierig auf die Methoden und Mittel (nicht nur auf die Eigenschaften oder Ergebnisse) eines Projekts oder einer Initiative. Wenn es um eine Rolle geht: Stellt das Unternehmen Sie ein, um an »Jabberwocky« oder an praktischen und spezifischen Projekten zu arbeiten? Sind sie Opfer von Buzzwords geworden, und stellen sie Sie wegen der FOMO ein? Oder gibt es tatsächlich einen spezifischen und funktionalen Bedarf, für den sie Sie einstellen wollen? Von diesen Entscheidungen kann es abhängen, ob sich Ihre Rolle gut in das Unternehmen einpasst und Sie weiterbringt oder eine frustrierende Verzögerung in Ihrer Karriere bedeutet.

Vor diesem Hintergrund wollen wir nun einige Dinge betrachten, auf die Sie bei Data-Science-Jobs achten sollten, angefangen bei der Rollendefinition.

Rollendefinition

Angenommen, Sie würden als Data Scientist eingestellt. Das Vorstellungsgespräch lief gut. Sie haben Fragen zu Ihrer Rolle gestellt und klare Antworten erhalten. Ihnen wird eine Stelle angeboten, und vor allem sollten Sie wissen, an welchen Projekten Sie arbeiten werden.

Entscheiden Sie sich immer für eine Rolle, die klar definiert ist und konkrete Ziele hat. Es darf kein Rätselraten darüber geben, woran Sie arbeiten sollen. Noch besser ist es, wenn Sie eine Führung mit einer klaren Vision haben, die weiß, was das Unternehmen braucht. Sie werden zum Ausführenden klar definierter Ziele und kennen Ihre Kunden.

Wenn Sie dagegen in einer Funktion eingestellt wurden, weil die Abteilung »datengesteuert« sein möchte oder einen Wettbewerbsvorteil in »Data Science« anstrebt, ist dies ein Warnsignal. Aller Wahrscheinlichkeit nach wird man Ihnen aufbürden, selbst die Probleme zu finden, die gelöst werden sollen, und alle niedrig hängenden Früchte aufzuspüren und zu verwerten. Wenn Sie um strategische Führung bitten, wird Ihnen gesagt, dass Sie »maschinelles Lernen« auf die Angelegenheit anwenden sollen. Wenn man nur einen Hammer hat, sieht natürlich alles wie ein Nagel aus. Data-Science-Teams fühlen sich unter Druck gesetzt, eine Lösung zu bieten (z. B. maschinelles Lernen), bevor sie überhaupt ein Ziel oder ein zu lösendes Problem haben. Ist das Problem erst einmal gefunden, erweist es sich als schwierig, die Zustimmung der Stakeholder zu bekommen und die Ressourcen aufeinander abzustimmen, sodass der Fokus von einer niedrig hängenden Frucht zur nächsten wandert.

Das Problem dabei ist, dass Sie für eine Rolle eingestellt wurden, die auf einem Buzzword und nicht auf einer Funktion basiert. Eine unzureichende Rollendefinition führt in der Regel zu anderen Problemen, auf die ich als Nächstes eingehe. Kommen wir nun zum organisatorischen Fokus.

Organisatorischer Fokus und Akzeptanz

Ein weiterer Faktor, auf den Sie achten sollten, ist die Ausrichtung der Organisation auf bestimmte Ziele und die Frage, ob alle Beteiligten davon überzeugt sind.

Seit dem Data-Science-Boom haben viele Unternehmen eine Umstrukturierung vorgenommen und ein zentrales Data-Science-Team eingerichtet. Die Führungskräfte haben die Vision, dass das Data-Science-Team andere Abteilungen durchstreift, berät und dabei hilft, datengesteuert zu werden und innovative Techniken wie maschinelles Lernen einzusetzen. Auch können sie damit beauftragt werden, Datensilos zwischen den Abteilungen aufzubrechen. Auf dem Papier mag diese Idee zwar gut aussehen, doch viele Unternehmen stellen fest, dass sie mit diversen Herausforderungen verbunden ist.

Das hat folgenden Grund: Das Management stellt ein Data-Science-Team zusammen, aber es gibt kein klares Ziel. Daher wird dieses Team damit beauftragt, nach Problemen zu suchen, die es lösen kann, anstatt bekannte Probleme lösen zu dürfen. Wie bereits erwähnt, sind Data-Science-Teams dafür berüchtigt, dass sie eine Lösung haben (z.B. maschinelles Lernen), bevor ein Ziel definiert ist. Deshalb sind sie besonders schlecht als treibende Kraft beim Aufbrechen von Datensilos geeignet, da dies völlig außerhalb ihres Fachgebiets liegt.

Datensilos aufbrechen ist ein IT-Job!

Es ist unsinnig bzw. unangebracht, ein Data-Science-Team einzusetzen, um in einer Organisation »Datensilos aufzubrechen«. Datensilos sind oft auf eine fehlende Data-Warehousing-Infrastruktur zurückzuführen, und die Abteilungen bewahren ihre Daten in Tabellenkalkulationen und geheimen Datenbanken auf, anstatt sie in einer zentralisierten und unterstützten Datenbank zu speichern.

Wenn Datensilos als Problem angesehen werden, braucht man Server, Cloud-Instanzen, zertifizierte Datenbankadministratoren, Sicherheitsprotokolle und eine IT-Taskforce, die all dies zusammenbringt. Ein Data-Science-Team ist dazu nicht in der Lage, da es wahrscheinlich nicht über das erforderliche Fachwissen, das Budget und die organisatorischen Befugnisse verfügt, um dies zu bewerkstelligen – Ausnahmen sind hier sehr kleine Unternehmen.

Ist ein Problem erst einmal gefunden, erweist es sich als schwierig, die Zustimmung der Stakeholder zu bekommen und die Ressourcen aufeinander abzustimmen. Sollte sich eine Gelegenheit bieten, ist eine starke Führung erforderlich, die folgende Aufgaben umsetzt:

- ein klar definiertes Ziel und eine Roadmap festlegen,
- ein Budget bereitstellen, um Daten zu sammeln und die Infrastruktur zu unterstützen,
- Zugang zu den Daten erlangen und die Eigentumsrechte an den Daten aushandeln,
- Stakeholder-Akzeptanz und deren Fachwissen einbinden sowie
- Zeit und Meetings mit den Stakeholdern budgetieren.

Diese Anforderungen sind viel schwieriger zu erfüllen, *nachdem* ein Data-Science-Team eingestellt wurde, als vorher, da die Aufgaben des Data-Science-Teams reaktiv untersucht und budgetiert werden. Wenn die oberste Führungsebene die Ressourcen nicht aufeinander abstimmt und die Zustimmung nicht von allen erforderlichen Parteien eingeholt hat, wird das Data-Science-Projekt nicht erfolgreich sein. Deshalb gibt es eine ganze Reihe von Artikeln, in denen Unternehmen vorgeworfen wird, nicht bereit zu sein für Data Science – von *Harvard Business Review* (*https://oreil.ly/IlicW*) bis zu *MIT Sloan Review* (*https://oreil.ly/U9C9F*).

Es ist besser, in einem Data-Science-Team zu arbeiten, das organisatorisch in derselben Abteilung angesiedelt ist wie sein Kunde. Informationen, Budgets und Kommunikation werden freier und kohärenter geteilt. Somit gibt es weniger Spannungen, da die abteilungsübergreifende Politik dadurch entschärft wird, dass alle im selben Team arbeiten und nicht im politischen Wettbewerb.

Datenzugriff ist politisch

Es ist kein Geheimnis, dass Unternehmen ihre Daten schützen, aber das liegt nicht nur an Sicherheits- oder Misstrauensbedenken. Daten selbst sind ein hochpolitisches Gut, und viele Menschen zögern, selbst ihren eigenen Kollegen Zugang zu gewähren. Sogar Abteilungen innerhalb desselben Unternehmens werden aus diesem Grund keine Daten untereinander austauschen: Sie wollen nicht, dass andere ihre Arbeit machen, und schon gar nicht, dass sie sie falsch machen. Für die Interpretation der Daten ist möglicherweise *deren* gesamtes Fach- und Domänenwissen erforderlich. Immerhin sind ihre Daten ihr Geschäft! Und wenn Sie um Zugriff auf *deren* Daten bitten, dann sieht es so aus, als ob sie in *deren* Geschäft eindringen wollten.

Hinzu kommt, dass Data Scientists ihre Fähigkeit überschätzen können, fremde Datensätze zu interpretieren, und gleichzeitig überzeugt davon sind, das dazu erforderliche Fachwissen zu besitzen. Um diese Barriere zu überwinden, müssen Sie mit jedem Partner, der über Fachkenntnisse verfügt, Vertrauen und Akzeptanz aufbauen, einen Wissenstransfer aushandeln und ihm gegebenenfalls eine wichtige Rolle im Projekt übertragen.

Genügend Ressourcen

Eine weitere Gefahr, auf die Sie achten sollten, ist die unzureichende Ausstattung mit Ressourcen für Ihre Arbeit. Es kann sehr schwierig sein, eine Aufgabe zu lösen, ohne über alles zu verfügen, was Sie dafür brauchen. Natürlich ist es von unschätzbarem Wert, kämpferisch und einfallsreich zu sein. Doch selbst die kämpferischste Softwaretechnikerin oder der furchtloseste Data-Scientist-Rockstar kann sich schnell überfordert fühlen. Manchmal braucht man Dinge, die Geld kosten, und Ihre Führungskraft kann sie nicht einplanen. Angenommen, Sie bräuchten eine Datenbank, um Prognosen treffen zu können. Die Verbindung zur Datenbank eines Drittanbieters ist schlecht, es kommt häufig zu Ausfällen und Verbindungsabbrüchen. Das Letzte, was Sie hören wollen, ist, dass »Sie es richten sollen«, aber das ist Ihre Situation. Sie denken darüber nach, die Datenbank lokal zu replizieren. Dafür müssen Sie aber 40 GB pro Tag speichern, und demzufolge brauchen Sie einen Server oder eine Cloud-Instanz. Jetzt sind Sie eindeutig überfordert, ein Data Scientist wird zu einer IT-Abteilung ohne IT-Budget!

In derartigen Situationen müssen Sie sich überlegen, wie Sie Einsparungen vornehmen können, ohne dass Ihr Projekt darunter leidet. Ist es möglich, nur die neuesten anfallenden Daten zu speichern und den Rest zu löschen? Können Sie ein Python-

Skript zur Fehlerbehandlung erstellen, das bei einem Verbindungsabbruch erneut eine Verbindung herstellt, während die Daten in Batches aufgeteilt werden, sodass die Übertragung ab dem letzten erfolgreichen Batch wieder aufgenommen werden kann?

Wenn sich dieses Problem bzw. diese Lösung spezifisch anhört: Ja, ich musste das tun, und ja, es hat funktioniert! Es ist befriedigend, mit Workarounds aufzuwarten und einen Prozess zu rationalisieren, ohne dass dadurch weitere Kosten anfallen. Aber für viele Datenprojekte brauchen Sie zwangsläufig Datenpipelines, Server, Cluster, GPU-basierte Workstations und andere rechentechnische Ressourcen, die ein Desktopcomputer nicht bieten kann. Mit anderen Worten: Diese Dinge können Geld kosten, und Ihre Organisation ist möglicherweise nicht in der Lage, sie zu budgetieren.

Wo bleibt die mathematische Modellierung?

Wenn Sie sich fragen, wieso Sie für Regression, Statistik, maschinelles Lernen und andere angewandte Mathematik eingestellt wurden, nur um dann festzustellen, dass Sie in der IT arbeiten, ist das im derzeitigen Unternehmensklima nicht ungewöhnlich.

Allerdings arbeiten Sie mit Daten, und das kann zwangsläufig zu IT-ähnlicher Arbeit führen. Wichtig ist, dass Sie sicherstellen, dass Ihre Fertigkeiten immer noch zu der Stelle und dem gewünschten Ergebnis passen. Darauf werden wir im Rest dieses Kapitels eingehen.

Vernünftige Ziele

Dies ist ein wichtiger Punkt, auf den Sie achten sollten. In einer Landschaft, die von Hypes und hochfliegenden Versprechungen geprägt ist, können Sie es leicht mit unvernünftigen Zielen zu tun bekommen.

Es gibt Situationen, in denen ein Manager einen Data Scientist einstellt und von ihm erwartet, dass er mühelos einsteigt und dem Unternehmen einen exponentiellen Mehrwert bringt. Dies kann durchaus der Fall sein, sofern das Unternehmen vieles noch manuell erledigt und sich überall Möglichkeiten zur Automatisierung bieten. Wenn das Unternehmen beispielsweise die gesamte Arbeit in Tabellenkalkulationen erledigt und die Prognosen auf reinen Vermutungen beruhen, ist dies eine großartige Gelegenheit für einen Data-Science-Experten, die Prozesse mit einer Datenbank zu rationalisieren und selbst mit einfachen Regressionsmodellen Fortschritte zu erzielen.

Stellt das Unternehmen hingegen einen Data Scientist ein, der maschinelles Lernen in die Software speziell für den Zweck implementieren soll, Objekte in Bildern zu erkennen, ist dies viel schwieriger. Ein gut informierter Data Scientist muss dem Management erklären, dass dieses Unterfangen mindestens Hunderttausende von Dollars kosten wird! Es müssen nicht nur Bilder gesammelt werden, es ist auch manueller Aufwand erforderlich, um die Objekte in den Bildern zu beschriften (*https://oreil.ly/ov7S5*). Und das ist nur das Sammeln der Daten!

Häufig verbringt ein Data Scientist seine ersten 18 Monate damit, dem Management zu erklären, warum er noch nicht geliefert hat, weil er immer noch versucht,

Daten zu sammeln und zu bereinigen, was rund 95 % des Aufwands beim maschinellen Lernen ausmacht. Das Management ist dann oftmals desillusioniert, weil es dem populären Narrativ erlegen ist, dass maschinelles Lernen und KI manuelle Prozesse überflüssig machen würden, nur um dann festzustellen, dass es manuelle Prozesse gegen andere manuelle Prozesse – die Beschaffung beschrifteter Daten – getauscht hat.

Seien Sie also vorsichtig bei Umgebungen, die unvernünftige Ziele setzen, und finden Sie diplomatische Wege, um die Erwartungen des Managements auf ein realisierbares Niveau zu bringen. Das gilt insbesondere dann, wenn andere dem Management einen »Easy-Button« versprochen haben. In ansonsten seriösen Wirtschaftsmagazinen und hochdotierten Unternehmensberatungen wird häufig behauptet, dass die superintelligente KI vor der Tür steht. Führungskräften, denen es an technischem Fachwissen mangelt, können diesem Hype zum Opfer fallen.

Cui bono?

Der lateinische Ausdruck *cui bono?* bedeutet »wem nützt es?«. Diese Frage sollte man sich stellen, wenn man versucht, sich einen Reim auf Verhaltensweisen zu machen, während der Jabberwocky-Effekt in vollem Gange ist. Wenn die Medien Geschichten über künstliche Intelligenz verbreiten, wer profitiert dann davon? Egal wie Ihre Antwort ausfällt, die Medien profitieren auch von den Klicks und den Werbeeinnahmen. Hochdotierte Unternehmensberatungen erzeugen mehr abrechenbare Stunden rund um die »KI-Strategie«. Ein Chiphersteller kann mit Deep Learning werben, um mehr Grafikkarten zu verkaufen, und Cloud-Plattformen können mehr Datenspeicher und CPU-Zeit für maschinelle Lernprojekte verkaufen.

Was haben alle diese Parteien gemeinsam? Sie nutzen KI nicht nur als Mittel, um ihre Produkte zu verkaufen, sie haben auch kein langfristiges Interesse am Erfolg ihrer Kunden. Sie verkaufen Einheiten, kein Projektergebnis, ähnlich dem Verkauf von Schaufeln während des Goldrauschs.

Ich behaupte jedoch nicht, dass die Motivationen der Medien und der Anbieter skrupellos sind. Es ist die Aufgabe der Mitarbeitenden, Geld für ihr Unternehmen zu verdienen und für ihre Familien zu sorgen. Die Behauptungen, mit denen ihr Produkt beworben wird, mögen sogar legitim und realisierbar sein. Es ist jedoch nicht von der Hand zu weisen, dass eine einmal aufgestellte Behauptung nur schwer wieder zurückgenommen werden kann, selbst wenn sie sich als unerreichbar erweist. Viele Unternehmen würden eher umschwenken und ihre Bemühungen neu ausrichten, als zuzugeben, dass sich ihre Behauptungen nicht bewahrheitet haben. Seien Sie sich also dieser Dynamik bewusst und fragen Sie immer: »Cui bono?«

Mit bestehenden Systemen konkurrieren

Diese Vorsichtsmaßnahme könnte unter »vernünftige Ziele« fallen, aber ich denke, dass diese Situation so häufig vorkommt, dass sie eine eigene Kategorie verdient. Eine subtile, aber problematische Art von Rolle ist diejenige, die mit einem bestehenden System konkurriert, das eigentlich nicht kaputt ist. Solche Situationen können in Arbeitsumgebungen auftreten, in denen es an Aufgaben mangelt, die aber einen geschäftigen Eindruck hinterlassen müssen.

Ihr Arbeitgeber hat vor einigen Jahren einen Anbieter beauftragt, ein System zur Umsatzprognose zu installieren. Nun bittet Sie Ihr Vorgesetzter, das Prognosesystem zu verbessern, indem Sie die Genauigkeit um 1 % erhöhen.

Erkennen Sie hier das statistische Problem? Wenn Sie Kapitel 3 gelesen haben, wissen Sie, dass 1 % als statistisch nicht signifikant erscheint und der Zufall Ihnen dieses eine Prozent praktisch ohne Ihr Zutun bescheren kann. Umgekehrt ist es genauso möglich, dass der Zufall die Ergebnisse in die entgegengesetzte Richtung verschiebt, und Marktkräfte, die sich Ihrer Kontrolle entziehen, gegebenenfalls jede Anstrengung Ihrerseits zunichtemachen. Ein Quartal mit schlechten Umsätzen und Faktoren, auf die Sie keinen Einfluss haben (zum Beispiel Konkurrenten, die in den Markt Ihres Unternehmens eindringen), führt zu einem Umsatzrückgang von –3 % und nicht zu einem Anstieg von 1 %, den Sie ohnehin mit p-Hacking erreicht hätten.

Abgesehen von der Redundanz der Arbeit besteht hier das allgemeine Problem darin, dass das Ergebnis nicht in Ihrem Einflussbereich liegt. Dies kann zu einer suboptimalen Situation führen. Es ist eine Sache, wenn das bestehende System, mit dem man konkurriert, beschädigt und rudimentär ist oder vollständig manuell und ohne Automatisierung betrieben wird. Konkurrieren Sie jedoch mit einem System, das nicht beschädigt ist, bringen Sie sich selbst in eine ungünstige Position. Wenn Sie solche Projekte auf sich zukommen sehen, sollten Sie, wenn möglich, die Flucht ergreifen.

Woran arbeite ich eigentlich?

Kann ein Data Scientist in einer Rolle eingestellt werden, die trotz guter Arbeit und sorgfältigen Anstrengungen keinen Wert hervorbringt? Ja. Faktoren, auf die man keinen Einfluss hat, können selbst die beste Arbeit zunichtemachen, und es ist wichtig, ein wachsames Auge darauf zu haben.

Die Komödie *Office Space* von Mike Judge aus dem Jahr 1999 (in deutschen Kinos unter dem Titel *Office Space – Alles Routine*) wurde für viele Beschäftigte in den Vereinigten Staaten zum Kultklassiker. Im Film checkt der IT-Mitarbeiter und Protagonist Peter Gibbons mental aus einem Programmierjob aus, bei dem er acht verschiedenen Managern unterstellt ist. Auf die Frage von Beratern für den Personalabbau, was er denn den ganzen Tag mache, antwortet er ehrlich, dass er »etwa 15 Minuten echte Arbeit« machen würde. Den Rest des Films werde ich für Uneingeweihte nicht spoilern, aber wie bei jeder guten Komödie ist das Ergebnis wahrscheinlich nicht das, was Sie erwarten.

Um auf das vorherige Beispiel zurückzukommen: Ein System zu ersetzen, das nicht beschädigt ist, würde der verstorbene Anthropologe David Graeber als *Bullshit-Job* bezeichnen (entschuldigen Sie meine Ausdrucksweise). Nach Graeber ist ein Bullshit-Job eine Form der bezahlten Beschäftigung, die so vollständig sinnlos, unnötig oder schädlich ist, dass sogar die Beschäftigten selbst die Existenz der Beschäftigung nicht rechtfertigen können, auch wenn sie sich durch ihre Arbeitsbedingungen gezwungen fühlen, dies nicht zuzugeben. In seinem Buch *Bullshit Jobs* und seinem viralen Artikel (*https://www.strike.coop/bullshit-jobs*) aus dem Jahr 2013 stellt Graeber die These auf, dass diese Jobs so alltäglich geworden sind, dass sie sowohl den Arbeitnehmern als auch der Wirtschaft psychologischen Schaden zufügen.

Auch wenn Graebers Arbeit durchsetzt ist von Verzerrungen durch Selbstselektion und anekdotischen Erkenntnissen und das Fehlen empirischer Beweise Anlass zur Kritik gibt, kann man kaum behaupten, dass diese Bullshit-Jobs nicht existieren. Zu Graebers Verteidigung sei gesagt, dass dies empirisch schwer zu messen ist und dass nur wenige Arbeitnehmer eine Umfrage ehrlich beantworten werden aus Angst, ihre eigene Karriere zu gefährden.

Sind Karrieren in der Data Science vor diesen Problemen sicher? Cassie Kozyrkov, Chief Decision Scientist bei Google, erzählt eine seltsame Anekdote, die zur Beantwortung dieser Frage beiträgt:

> Vor einigen Jahren beklagte sich ein befreundeter technischer Direktor, der in der Technologiebranche tätig ist, über seine nutzlosen Data Scientists. »Ich glaube, du stellst Data Scientists so ein, wie ein Drogenbaron einen Tiger für seinen Hinterhof kauft«, sagte ich ihm. »Ihr wisst nicht, was ihr mit dem Tiger wollt, aber alle anderen Drogenbarone haben einen.«

Ach du Schande! Ist es möglich, dass das Management Data Scientists einstellt, um die Glaubwürdigkeit und das Ansehen eines Unternehmens zu steigern? Wenn Sie sich in einem Job wiederfinden, der nicht darauf ausgerichtet ist, Werte zu schaffen, sollten Sie strategisch überlegen, wie Sie positive Veränderungen bewirken können. Können Sie Möglichkeiten schaffen, anstatt darauf zu warten, dass andere sie schaffen? Können Sie die Verantwortung für die von Ihnen identifizierten Initiativen übernehmen und so Ihre Karriere vorantreiben? Wenn dies nicht möglich ist, sollten Sie sich selbst befähigen, bessere Möglichkeiten zu verfolgen.

Eine Rolle ist nicht das, was Sie erwartet haben

Was tun Sie, wenn Sie eine Stelle antreten und feststellen, dass sie nicht Ihren Erwartungen entspricht? Man hat Ihnen zum Beispiel gesagt, Ihre Aufgaben würden in den Bereichen Statistik und maschinelles Lernen liegen, aber Sie finden sich stattdessen in einer IT-ähnlichen Tätigkeit wieder, da die Datengrundlage des Unternehmens für maschinelles Lernen einfach nicht genügend ausgereift ist.

Vielleicht könnten Sie Limonade machen. Sicherlich können Sie akzeptieren, dass sich Ihre Rolle als Data Scientist in eine IT-Rolle verwandelt, und sich dabei vielleicht einige Datenbank- und Programmierkenntnisse aneignen. Vielleicht werden Sie sogar als SQL-Expertin oder technischer Guru unentbehrlich, und das kann beruflich sehr angenehm sein. Indem Sie die Datenoperationen und Arbeitsabläufe Ihres Unternehmens rationalisieren, bereiten Sie Ihr Unternehmen besser auf anspruchsvollere Anwendungen vor, die sich bereits am Horizont abzeichnen. Wenn

Ihre Abläufe reibungslos funktionieren, können Sie die Zeit investieren, um zu lernen und sich beruflich in den Bereichen weiterzuentwickeln, die Sie interessieren.

Haben Sie hingegen erwartet, sich mit statistischen Analysen und maschinellem Lernen zu befassen, und müssen stattdessen fehlerhafte Tabellenkalkulationen, Microsoft-Access- und VBA-Makros debuggen, werden Sie wahrscheinlich enttäuscht sein. In dieser Situation sollten Sie sich zumindest für Veränderungen einsetzen. Machen Sie sich dafür stark, modernere Tools einzusetzen, plädieren Sie für Python und eine moderne Datenbankplattform wie MySQL oder sogar SQLite. Wenn Sie das erreichen können, haben Sie zumindest eine Plattform, die weitere Innovationen zulässt, und sind der Anwendung der Konzepte in diesem Buch ein gutes Stück näher gekommen. Dies wird auch dem Unternehmen zugutekommen, da die Unterstützung und die Flexibilität der Tools zunehmen und Python-Talente eher verfügbar sind als veraltete Techniken wie Microsoft Access und VBA.

Was ist Schatten-IT?

Der Begriff *Schatteninformatik* oder *Schatten-IT* (*https://de.wikipedia.org/wiki/Schatten-IT*) beschreibt informationstechnische Systeme, die Büroangestellte außerhalb ihrer IT-Abteilung betreiben. Dazu können Datenbanken, Skripte und Prozesse sowie Software von Lieferanten und Mitarbeitern gehören, die ohne Mitwirkung der IT-Abteilung entstanden sind.

Schatten-IT war früher in Unternehmen verpönt, da sie nicht reguliert ist und außerhalb des Kontrollbereichs der IT-Abteilung läuft. Wenn Finanz-, Marketing- und andere Abteilungen, die nicht zur IT-Abteilung gehören, ihre eigenen IT-Operationen betreiben wollen, kann dies dem Unternehmen versteckte Kosten in Form von Ineffizienz und Sicherheitsproblemen verursachen. Es kann zu unschönen politischen Auseinandersetzungen kommen, wenn IT-Abteilungen und Nicht-IT-Abteilungen aneinandergeraten und sich gegenseitig beschuldigen, sich nicht an die eigenen Richtlinien zu halten oder einfach Rollen zu übernehmen, um ihren Arbeitsplatz zu sichern.

Ein Vorteil der Data-Science-Bewegung besteht jedoch darin, dass sie die Schatten-IT als Notwendigkeit für Innovation akzeptiert hat. Nicht-IT-Mitarbeitende können Prototypen sowie Datensätze, Python-Skripte und Regressionstools erstellen. Die IT-Abteilung kann dann diese Neuerungen aufgreifen und sie formal unterstützen, wenn sie ausgereift sind. Dies ermöglicht es dem Unternehmen auch, beweglicher zu agieren. Eine Änderung einer Geschäftsregel lässt sich schnell in ein Python-Skript oder eine hausinterne Datenbank überführen, anstatt ein Ticket beim IT-Helpdesk anzulegen. Ob diese Änderung strengen Tests und bürokratischen Verfahren unterworfen werden sollte, ist sicherlich ein Kompromiss zwischen Kosten und Reaktionsbereitschaft.

Alles in allem sollten Sie sich, wenn Sie sich in einer Schatten-IT-Rolle wiederfinden (was wahrscheinlich ist), darum bemühen, die Risiken zu verstehen, und sich mit der IT-Abteilung gut stellen. Sind Sie erfolgreich, kann es förderlich und lohnend sein, Ihr Unternehmen auf diese Weise zu unterstützen. Spüren Sie einen möglichen Konflikt mit Ihrer IT-Abteilung, sollten Sie dies Ihrer Führung offen mitteilen.

Können Sie wahrheitsgemäß sagen, dass es sich bei Ihrer Arbeit um »Prototyping« und »Untersuchung« handelt, kann Ihre Führung argumentieren, dass dies nicht in den Zuständigkeitsbereich der IT-Abteilung fällt. Werden Sie jedoch niemals ohne die Unterstützung Ihrer Führung abtrünnig und überlassen Sie es ihr, sich mit der Politik zwischen den Abteilungen zu befassen.

Existiert Ihr Traumjob nicht?

Zwar können Sie jederzeit eine Stelle aufgeben, aber Sie sollten auch immer prüfen, wie realistisch Ihre Erwartungen sind. Sind die Spitzentechnologien, die Sie anpeilen, vielleicht zu fortschrittlich?

Wenn beispielsweise die Verarbeitung natürlicher Sprache etwas ist, das Sie wirklich verfolgen möchten, Sie aber feststellen, dass es noch keine geeigneten Karrieremöglichkeiten gibt, ist es vielleicht am besten, in die akademische Welt zu wechseln und Forschung zu betreiben. Es gibt zwar Unternehmen wie Alphabet, die akademisch anmutende Forschung betreiben, aber viele der Mitarbeitenden kommen aus dem akademischen Umfeld.

Halten Sie also Ihre Erwartungen realistisch, wenn Sie sich auf dem Arbeitsmarkt umsehen. Übersteigen Ihre Erwartungen das, was der Arbeitsmarkt bieten kann, sollten Sie unbedingt den akademischen Weg in Betracht ziehen. Das gilt auch dann, wenn für die von Ihnen angestrebte Stelle häufig ein Doktortitel oder bestimmte akademische Qualifikationen vorausgesetzt werden und dies ein Hindernis für die Ausübung Ihres Traumjobs darstellt.

Wie geht es weiter?

Nachdem wir uns nun mit der Data-Science-Landschaft beschäftigt haben, stellt sich die Frage: Wie geht es weiter? Und wie sieht die Zukunft der Data Science aus?

Betrachten wir zunächst die Hürden, die mit der Berufsbezeichnung »Data Scientist« verbunden sind. Hier verbirgt sich implizit die Anforderung, über ein grenzenloses Wissen zu verfügen, was vor allem darauf zurückzuführen ist, dass es keine standardisierte Definition mit einem begrenzten Anwendungsbereich gibt. Wenn wir aus den letzten zehn Jahren, in denen wir die Data-Science-Bewegung beobachtet haben, etwas gelernt haben, dann, dass es auf die Definition ankommt. Ein Data Scientist entwickelt sich zu einem Software Engineer mit Kenntnissen in Statistik, Optimierung und maschinellem Lernen. Ein Data Scientist trägt vielleicht nicht einmal mehr die Bezeichnung Data Scientist. Die Anforderungen sind zwar viel breiter gefächert als zu der Zeit, als der Data Scientist zum »sexiest Job des 21. Jahrhunderts« gekürt wurde, aber diese Fähigkeiten werden auch immer wichtiger.

Eine weitere Möglichkeit ist die Spezialisierung auf enger gefasste Titel, die in den letzten Jahren immer häufiger zu beobachten ist. Rollen wie Computer Vision Engineer, Data Engineer, Data Analyst, Researcher, Operations Research Analyst und Consultant erleben ein Comeback. Die Rolle des Data Scientists sieht man immer seltener, und dieser Trend wird sich in den nächsten zehn Jahren wahrscheinlich fortsetzen, vor allem aufgrund der Spezialisierung der Rollen. Es ist sicherlich eine gute Möglichkeit, diesem Trend zu folgen.

Wichtig ist, anzumerken, dass sich der Arbeitsmarkt (zumindest in den USA) drastisch verändert hat, und deshalb brauchen Sie die in diesem Kapitel aufgeführten Wettbewerbsvorteile. Während Data Scientists im Jahr 2014 noch als Einhörner galten, die sechsstellige Gehälter erzielten, können heute auf eine bestimmte Stelle für Data Scientists in einem beliebigen Unternehmen leicht Hunderte oder Tausende von Bewerbungen eingehen, obwohl nur ein fünfstelliges Gehalt in Aussicht steht. Studiengänge und Bootcamps für Data Scientists haben zu einem enormen Boom des Angebots an Fachkräften für Data Science geführt. Daher ist es sehr schwierig, eine Stelle als Data Scientist oder in der Data Science im Allgemeinen zu bekommen. Es ist deshalb keine schlechte Idee, sich um Positionen wie Analyst, Operations Research und Softwareentwickler zu bemühen! Vicky Boykis, eine Ingenieurin für maschinelles Lernen bei Tumblr, bringt es in ihrem Blogartikel »Data Science is Different Now« wohl am besten auf den Punkt (*https://oreil.ly/vm8Vp*):

> Denken Sie daran, dass das ultimative Ziel ... darin besteht, die Scharen zu übertreffen, die Data-Science-Studiengängen, Bootcamps und Tutorials belegen.
>
> Sie wollen einen Fuß in die Tür bekommen, *eine datenorientierte Stelle besetzen* und sich in Richtung Ihres Traumjobs bewegen, während Sie so viel wie möglich über die Tech-Branche im Allgemeinen herausfinden?
>
> Lassen Sie sich nicht von der Analyse lähmen. Suchen Sie sich einen kleinen Teil von etwas aus und beginnen Sie dort. Tun Sie etwas Kleines. Lernen Sie etwas Kleines, bauen Sie etwas Kleines. Erzählen Sie anderen Menschen davon. Denken Sie daran, dass Ihr erster Job in der Data Science wahrscheinlich nicht der eines Data Scientists sein wird.

Zum Schluss

Dieses Kapitel unterscheidet sich von den anderen in diesem Buch, aber es ist wichtig, wenn Sie sich in der Arbeitswelt der Data Science zurechtfinden und das Wissen aus diesem Buch effektiv anwenden wollen. Es mag verwirrend sein, statistische Werkzeuge und maschinelles Lernen zu studieren, nur um dann festzustellen, dass ein großer Teil der Joblandschaft Sie in eine andere Arbeit drängt. In diesem Fall sollten Sie die Gelegenheit nutzen, weiterzulernen und Ihre Fähigkeiten zu erweitern. Wenn Sie Ihr grundlegendes mathematisches Wissen mit Ihren Kenntnissen in Programmier- und Softwaretechnik kombinieren, wird Ihr Wert um das Zehnfache steigen, weil Sie die Kluft zwischen IT und Data Science verstehen.

Denken Sie daran, dem Hype zugunsten praktischer Lösungen auszuweichen, und lassen Sie sich nicht so sehr von der technischen Sichtweise gefangen nehmen, sodass die Marktkräfte Sie überrumpeln. Verstehen Sie die Motivationen des Managements und der Führungskräfte sowie die Motivationen der Menschen im Allgemeinen. Verstehen Sie, *warum* Dinge funktionieren, und nicht nur, *wie* sie funktionieren. Seien Sie neugierig, *warum* eine Technik oder ein Werkzeug ein Problem löst, und nicht nur, *wie* die technischen Aspekte davon funktionieren.

Lernen Sie nicht nur um des Lernens willen, sondern um Fähigkeiten zu entwickeln und das richtige Werkzeug mit dem richtigen Problem zu verbinden. Eine der effektivsten Methoden zu lernen ist, sich ein Problem (kein Werkzeug!) herauszugreifen, das Sie interessant finden. Wenn man diesen Faden aufnimmt, kommt man zu einer anderen Sache, die einen neugierig macht, und dann zu einer anderen und wieder zu einer anderen. Sie haben ein Ziel vor Augen? Dann bewegen Sie sich weiter in unbekanntes Terrain, und Sie sollten auch wissen, wann Sie sich aus bestimmten Gebieten zurückziehen müssen. Es ist absolut lohnend, diesen Ansatz zu verfolgen, und es ist erstaunlich, wie viel Fachwissen Sie in kurzer Zeit erwerben können.

ANHANG A

Ergänzende Themen

In diesem Anhang finden Sie ergänzende Informationen zu folgenden Themen:

- LaTeX-Rendering mit SymPy
- Binomialverteilung von Grund auf
- Beta-Verteilung von Grund auf
- Den Satz von Bayes ableiten
- CDF und inverse CDF von Grund auf
- Ereigniswahrscheinlichkeit mit e im Zeitverlauf vorhersagen
- Bergsteigeralgorithmus und lineare Regression
- Bergsteigeralgorithmus und logistische Regression
- Eine kurze Einführung in lineare Optimierung
- MNIST-Klassifizierer mit scikit-learn

LaTeX-Rendering mit SymPy

Wenn Sie mit der mathematischen Notation vertrauter werden, kann es hilfreich sein, Ihre SymPy-Ausdrücke in dieser Schreibweise darzustellen.

Am schnellsten geht das, wenn Sie die SymPy-Funktion `latex()` auf Ihren Ausdruck anwenden und das Ergebnis in einen LaTeX-Mathematik-Viewer kopieren.

Beispiel A-1 zeigt den Code, der einen einfachen Ausdruck in einen LaTeX-String umwandelt. Selbstverständlich ist es auch möglich, die Ergebnisse von Ableitungen, Integralen und anderen SymPy-Operationen im LaTeX-Format darzustellen. Wir wollen hier aber das Beispiel einfach halten.

Beispiel A-1: Einen Ausdruck mithilfe von SymPy in LaTeX umwandeln

```
from sympy import *

x,y = symbols('x y')

z = x**2 / sqrt(2*y**3 - 1)
```

```
print(latex(z))

# Ausgabe:
# \frac{x^{2}}{\sqrt{2 y^{3} - 1}}
```

Der ausgegebene String `\frac{x^{2}}{\sqrt{2 y^{3} - 1}}` ist formatiertes MathLaTeX, und es gibt eine Vielzahl von Tools und Dokumentformaten, die sich an diese Formatierung anpassen lassen. Um aber den MathLaTeX-String einfach wiederzugeben, geben Sie ihn in einen LaTeX-Gleichungseditor ein. Die beiden folgenden Editoren stehen Ihnen beispielsweise online zur Verfügung:

- Lagrida LaTeX Equation Editor (*https://latexeditor.lagrida.com/*)
- CodeCogs Equation Editor (*https://latex.codecogs.com/*)

Abbildung A-1 zeigt, wie der LaTeX-Editor von Lagrida den obigen mathematischen Ausdruck darstellt.

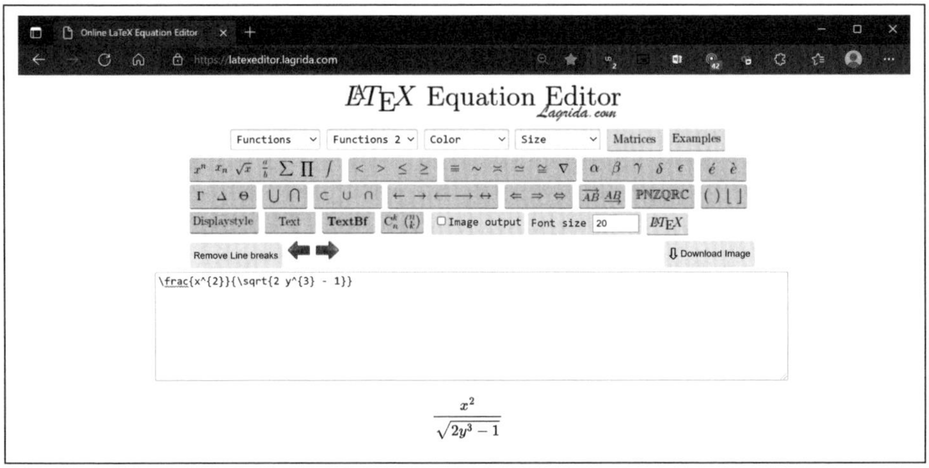

Abbildung A-1: Die LaTeX-Ausgabe von SymPy mit einem Mathematik-Editor anzeigen

Wenn Sie sich den Copy-and-paste-Schritt sparen möchten, können Sie den LaTeX-String wie in Beispiel A-2 direkt als Argument an die URL des CodeCogs LaTeX Editor anfügen. Die gerenderte mathematische Gleichung erscheint dann in Ihrem Browser.

Beispiel A-2: Ein MathLaTeX-Rendering mittels CodeCogs öffnen

```
import webbrowser
from sympy import *

x,y = symbols('x y')

z = x**2 / sqrt(2*y**3 - 1)

webbrowser.open("https://latex.codecogs.com/png.image?\dpi{200}" + latex(z))
```

Falls Sie mit Jupyter arbeiten, können Sie MathLaTeX auch mithilfe von Plug-ins rendern (*https://oreil.ly/mWYf7*).

Binomialverteilung von Grund auf

Wenn Sie eine Binomialverteilung von Grund auf implementieren wollen, finden Sie in Beispiel A-3 alle Bestandteile, die Sie dafür benötigen.

Beispiel A-3: Eine Binomialverteilung von Grund auf erstellen

```
# Die Fakultät einer Zahl wird berechnet, indem die Zahl mit den in absteigender
# Richtung folgenden Ganzzahlen bis hinab zu 1 multipliziert wird.
# BEISPIEL: 5! = 5 * 4 * 3 * 2 * 1

def factorial(n: int):
    f = 1
    for i in range(n):
        f *= (i + 1)
    return f

# Erzeugt den Koeffizienten, der für die Binomialverteilung erforderlich ist.
def binomial_coefficient(n: int, k: int):
    return factorial(n) / (factorial(k) * factorial(n - k))

# Die Binomialverteilung liefert die Wahrscheinlichkeit von k Ereignissen bei
# n Versuchen, wobei die Wahrscheinlichkeit p für k auftretende
# Ereignisse gegeben ist.
def binomial_distribution(k: int, n: int, p: float):
    return binomial_coefficient(n, k) * (p ** k) * (1.0 - p) ** (n - k)

# 10 Versuche, wobei jeder eine Erfolgswahrscheinlichkeit von 90% hat.
n = 10
p = 0.9

for k in range(n + 1):
    probability = binomial_distribution(k, n, p)
    print("{0} - {1}".format(k, probability))
```

Mit den Funktionen `factorial()` und `binomial_coefficient()` können wir eine Funktion für die Binomialverteilung von Grund auf erstellen. Die Fakultätsfunktion multipliziert aufeinanderfolgende Ganzzahlen in einem Bereich von 1 bis n. Zum Beispiel liefert die Fakultät von 5! das Ergebnis 1 * 2 * 3 * 4 * 5 = 120.

Mit der Funktion für Binomialkoeffizienten können Sie k Ergebnisse aus n Möglichkeiten ohne Beachtung der Reihenfolge auswählen. Wenn $k = 2$ und $n = 3$, liefert die Funktion die Mengen (1,2) bzw. (1,2,3). Zwischen diesen beiden Mengen wären die möglichen verschiedenen Kombinationen (1,3), (1,2) und (2,3). Das sind drei Kombinationen, die einen Binomialkoeffizienten von 3 ergeben. Natürlich können wir mit der Funktion `binomial_coefficient()` das ganze Permutieren vermeiden, indem wir stattdessen mit Fakultäten und Multiplikation arbeiten.

Bei der Implementierung von `binomial_distribution()` multiplizieren wir den Binomialkoeffizienten mit der Wahrscheinlichkeit, dass `p` Erfolge `k`-mal auftreten (daher die Potenz). Dann multiplizieren wir dieses Ergebnis mit dem umgekehrten Fall, d.h. mit der Wahrscheinlichkeit des Misserfolgs `1.0 - p`, der `n - k`-mal auftritt. Somit können wir die Wahrscheinlichkeit `p` für das Eintreten oder Nichteintreten eines Ereignisses über mehrere Versuche hinweg berücksichtigen.

Beta-Verteilung von Grund auf

Um eine Beta-Verteilung von Grund auf zu erstellen, können Sie wieder auf die Funktion `factorial()`, die wir für die Binomialverteilung verwendet haben, sowie die Funktion `approximate_integral()`, die wir in Kapitel 1 erstellt haben, zurückgreifen.

Genau wie in Kapitel 1 platzieren wir Rechtecke unter der Kurve für den Bereich, der uns interessiert, wie Abbildung A-2 zeigt.

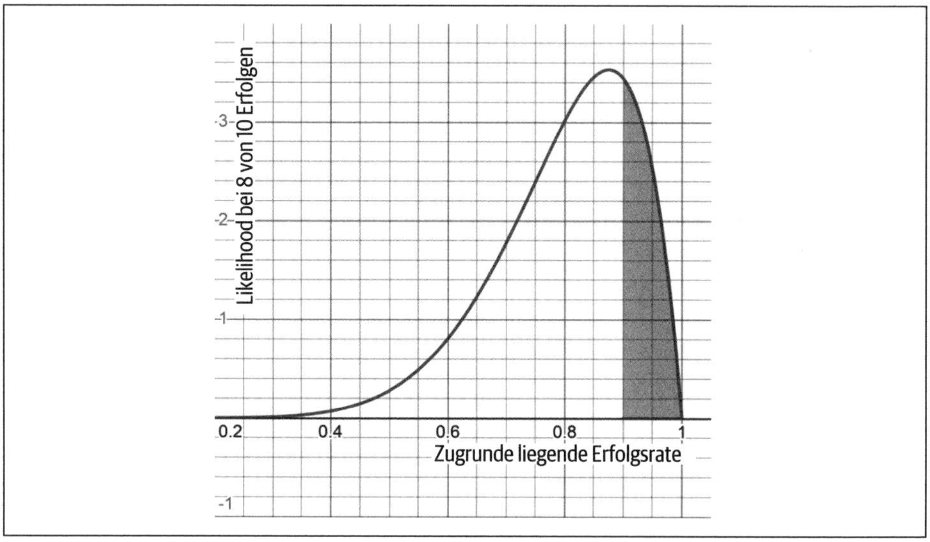

Abbildung A-2: Rechtecke unter der Kurve platzieren, um die Fläche bzw. die Wahrscheinlichkeit zu ermitteln

Wir verwenden hier nur sechs Rechtecke. Eine bessere Genauigkeit erhält man mit mehr Rechtecken. Implementieren wir nun die Funktion `beta_distribution()` von Grund auf und integrieren wir 1.000 Rechtecke zwischen 0,9 und 1,0, wie Beispiel A-4 zeigt.

Beispiel A-4: Beta-Verteilung von Grund auf

```
# Die Fakultät einer Zahl wird berechnet, indem die Zahl mit den in absteigender
# Richtung folgenden Ganzzahlen bis hinab zu 1 multipliziert wird.
# BEISPIEL: 5! = 5 * 4 * 3 * 2 * 1
def factorial(n: int):
    f = 1
    for i in range(n):
        f *= (i + 1)
    return f

def approximate_integral(a, b, n, f):
    delta_x = (b - a) / n
    total_sum = 0

    for i in range(1, n + 1):
```

```
        midpoint = 0.5 * (2 * a + delta_x * (2 * i - 1))
        total_sum += f(midpoint)

    return total_sum * delta_x

def beta_distribution(x: float, alpha: float, beta: float) -> float:
    if x < 0.0 or x > 1.0:
        raise ValueError("x must be between 0.0 and 1.0")

    numerator = x ** (alpha - 1.0) * (1.0 - x) ** (beta - 1.0)
    denominator = (1.0 * factorial(alpha - 1) * factorial(beta - 1)) / \
            (1.0 * factorial(alpha + beta - 1))

    return numerator / denominator

greater_than_90 = approximate_integral(a=.90, b=1.0, n=1000,
    f=lambda x: beta_distribution(x, 8, 2))
less_than_90 = 1.0 - greater_than_90

print("GREATER THAN 90%: {}, LESS THAN 90%: {}".format(greater_than_90,
    less_than_90))
```

Wie Sie dem Code entnehmen können, übergeben wir der Funktion `beta_distribution()` eine Wahrscheinlichkeit `x`, einen Wert `alpha` als Erfolgsmaßzahl und einen Wert `beta`, der die Fehler quantifiziert. Die Funktion gibt zurück, wie wahrscheinlich es ist, dass wir eine gegebene Wahrscheinlichkeit `x` beobachten. Aber auch hier müssen wir eine Fläche innerhalb eines Bereichs von `x`-Werten finden, um eine Wahrscheinlichkeit für die Beobachtung der Wahrscheinlichkeit `x` zu erhalten.

Erfreulicherweise haben wir in Kapitel 1 die Funktion `approximate_integral()` definiert, auf die wir hier zurückgreifen. Wie in den letzten Zeilen des Codes zu sehen, können wir sowohl die Wahrscheinlichkeit, dass die Erfolgsrate größer als 90 % ist, als auch die Wahrscheinlichkeit, dass sie kleiner als 90 % ist, berechnen.

Den Satz von Bayes ableiten

Wenn Sie verstehen wollen, warum der Satz von Bayes funktioniert, anstatt mir einfach zu glauben, lassen Sie uns ein Gedankenexperiment durchführen. Nehmen wir an, ich hätte eine Grundgesamtheit von 100.000 Personen. Wir multiplizieren sie mit unseren gegebenen Wahrscheinlichkeiten, um die Anzahl der Kaffeetrinker und die Anzahl der Krebskranken zu ermitteln:

$$N = 100{,}000$$

$$P(\text{Coffee Drinker}) = .65$$

$$P(\text{Cancer}) = .005$$

$$\text{Coffee Drinkers} = 65{,}000$$

$$\text{Cancer Patients} = 500$$

Wir haben 65.000 Kaffeetrinker und 500 Krebspatienten. Wie viele von diesen 500 Krebspatienten sind nun Kaffeetrinker? Wir erhalten eine bedingte Wahrscheinlichkeit $P(\text{Coffee Drinker}|\text{Cancer})$, die wir mit diesen 500 Personen multiplizieren können, was uns 425 Krebspatienten, die Kaffee trinken, liefert:

$$P(\text{Coffee Drinker}|\text{Cancer}) = .85$$

$$\text{Coffee Drinkers with Cancer} = 500 \times .85 = 425$$

Wie hoch ist nun der Prozentsatz der Kaffeetrinker, die Krebs haben? Welche beiden Zahlen müssen wir dividieren? Wir haben bereits die Anzahl der Personen, die Kaffee trinken *und* an Krebs erkrankt sind. Daher setzen wir diese Zahl ins Verhältnis zur Gesamtzahl der Kaffeetrinker:

$$P(\text{Cancer}|\text{Coffee Drinker}) = \frac{\text{Coffee Drinkers with Cancer}}{\text{Coffee Drinkers}}$$

$$P(\text{Cancer}|\text{Coffee Drinker}) = \frac{425}{65{,}000}$$

$$P(\text{Cancer}|\text{Coffee Drinker}) = 0.006538$$

Moment mal! Haben wir gerade unsere bedingte Wahrscheinlichkeit umgedreht? Ja, das haben wir! Zu Anfang hatten wir $P(\text{Coffee Drinker}|\text{Cancer})$, und am Ende haben wir $P(\text{Cancer}|\text{Coffee Drinker})$. Indem wir zwei Teilmengen der Grundgesamtheit nehmen (65.000 Kaffeetrinker und 500 Krebspatienten) und dann eine kombinierte Wahrscheinlich mit der bereits ermittelten bedingten Wahrscheinlichkeit anwenden, kommen wir auf 425 Personen in unserer Grundgesamtheit, die sowohl Kaffee trinken als auch Krebs haben. Diese Zahl dividieren wir dann durch die Anzahl der Kaffeetrinker, um die Wahrscheinlichkeit zu ermitteln, an Krebs erkrankt zu sein, wenn man Kaffeetrinker ist.

Aber was hat das mit dem Satz von Bayes zu tun? Konzentrieren wir uns auf den Ausdruck $P(\text{Cancer}|\text{Coffee Drinker})$ und erweitern wir ihn mit allen Ausdrücken, die wir zuvor berechnet haben:

$$P(\text{Cancer}|\text{Coffee Drinker}) = \frac{100{,}000 \times P(\text{Cancer}) \times P(\text{Coffee Drinker}|\text{Cancer})}{100{,}000 \times P(\text{Coffee Drinker})}$$

Beachten Sie, dass die Grundgesamtheit N von 100.000 sowohl im Zähler als auch im Nenner steht und sich somit kürzen lässt. Kommt Ihnen die Formel jetzt bekannt vor?

$$P(\text{Cancer}|\text{Coffee Drinker}) = \frac{P(\text{Cancer}) \times P(\text{Coffee Drinker}|\text{Cancer})}{P(\text{Coffee Drinker})}$$

Das sollte doch mit dem Satz von Bayes übereinstimmen!

$$P(\text{A}|\text{B}) = \frac{P(\text{B}|\text{A}) * P(B)}{P(A)}$$

$$P(\text{Cancer}|\text{Coffee Drinker}) = \frac{P(\text{Cancer}) \times P(\text{Coffee Drinker}|\text{Cancer})}{P(\text{Coffee Drinker})}$$

Wenn Sie also nicht ganz klarkommen mit dem Satz von Bayes oder mit der Intuition dahinter kämpfen, versuchen Sie einfach, Teilmengen einer festen Grundgesamtheit anhand der angegebenen Wahrscheinlichkeiten zu bilden. Dann können Sie den Weg zurückverfolgen, um eine bedingte Wahrscheinlichkeit umzukehren.

CDF und inverse CDF von Grund auf

Um Flächen für die Normalverteilung zu berechnen, können Sie natürlich die Methode mit gepackten Rechtecken verwenden, die Kapitel 1 beschrieben hat und die weiter oben in diesem Anhang auf die Beta-Verteilung angewandt wurde. Dadurch kommt man ohne die kumulative Verteilungsfunktion (CDF, *Cumulative Distribution Function*) aus und packt einfach Rechtecke unter die Wahrscheinlichkeitsdichtefunktion (PDF, *Probability Density Function*). Mit dieser Methode können wir die Wahrscheinlichkeit ermitteln, dass ein Golden Retriever zwischen 61 und 62 Pfund[1] wiegt, wie Beispiel A-5 zeigt, das 1.000 Rechtecke unter die normale PDF packt.

Beispiel A-5: Die Normalverteilungsfunktion in Python

```
import math

def normal_pdf(x: float, mean: float, std_dev: float) -> float:
    return (1.0 / (2.0 * math.pi * std_dev ** 2) ** 0.5) *
      math.exp(-1.0 * ((x - mean) ** 2 / (2.0 * std_dev ** 2)))

def approximate_integral(a, b, n, f):
    delta_x = (b - a) / n
    total_sum = 0

    for i in range(1, n + 1):
        midpoint = 0.5 * (2 * a + delta_x * (2 * i - 1))
        total_sum += f(midpoint)

    return total_sum * delta_x

p_between_61_and_62 = approximate_integral(a=61, b=62, n=7,
  f= lambda x: normal_pdf(x,64.43,2.99))

print(p_between_61_and_62) # 0.0825344984983386
```

Wir erhalten eine Wahrscheinlichkeit von 8,25 %, dass ein Golden Retriever zwischen 61 und 62 Pfund wiegt. Falls wir eine CDF einsetzen wollen, die bereits für

1 Zweifellos ist Pfund keine SI-Einheit. Das SI (Système international d'unités, das internationale Einheitensystem) ist in der ganzen Welt verbreitet und in der Regel auch für den amtlichen und geschäftlichen Verkehr vorgeschrieben. In der ganzen Welt? Nein, die USA sind eine Ausnahme. Belassen wir es aber bei Pfund, anstatt alles in Kilogramm umzurechnen. [Anm. d. Übers.]

uns integriert ist und keine Rechteckpackung benötigt, können wir sie von Grund auf deklarieren, wie Beispiel A-6 zeigt.

Beispiel A-6: Eine inverse CDF (namens ppf()) in Python verwenden

```
import math

def normal_cdf(x: float, mean: float, std_dev: float) -> float:
    return (1 + math.erf((x - mean) / math.sqrt(2) / std_dev)) / 2

mean = 64.43
std_dev = 2.99

x = normal_cdf(66, mean, std_dev) - normal_cdf(62, mean, std_dev)

print(x)  # Ausgabe: 0.49204501470628936
```

Die Funktion `math.erf()` wird als *Fehlerfunktion* bezeichnet und häufig verwendet, um kumulative Verteilungen zu berechnen. Um schließlich die inverse CDF neu zu erstellen, müssen Sie die Inverse der Funktion `erf()` namens `erfinv()` verwenden. Beispiel A-7 berechnet 1.000 zufällig generierte Gewichte von Golden Retrievern und verwendet eine von Grund auf neu codierte inverse CDF.

Beispiel A-7: Zufällige Gewichte von Golden Retrievern generieren

```
import random
from scipy.special import erfinv

def inv_normal_cdf(p: float, mean: float, std_dev: float):
    return mean + (std_dev * (2.0 ** 0.5) * erfinv((2.0 * p) - 1.0))

mean = 64.43
std_dev = 2.99

for i in range(0,1000):
    random_p = random.uniform(0.0, 1.0)
    print(inv_normal_cdf(random_p, mean, std_dev))
```

Ereigniswahrscheinlichkeit mit e im Zeitverlauf vorhersagen

Sehen wir uns einen weiteren Anwendungsfall für *e* an, der für Sie nützlich sein könnte. Angenommen, Sie wären ein Hersteller von Propangastanks. Natürlich soll der Tank weder lecken noch sonst eine Gefährdung darstellen, insbesondere nicht in der Nähe von offenen Flammen und Funken. Beim Testen einer neuen Tankkonstruktion stellt Ihre Ingenieurin fest, dass der Tank in einem bestimmten Zeitraum mit einer Wahrscheinlichkeit von 5 % undicht wird.

Es liegt auf der Hand, dass bereits diese Zahl inakzeptabel hoch ist, aber Sie möchten wissen, wie sich diese Wahrscheinlichkeit im Laufe der Zeit entwickelt. Also fragen Sie sich: »Wie hoch ist die Wahrscheinlichkeit, dass ein Leck innerhalb von 2 Jahren auftritt? Innerhalb von 5 Jahren? 10 Jahren?« Würde die Wahrscheinlichkeit, dass der Tank undicht wird, nicht höher werden, je mehr Zeit vergeht? Hier kommt uns wieder die eulersche Zahl zu Hilfe!

$$P_{leak} = 1.0 - e^{-\lambda T}$$

Diese Funktion modelliert die Wahrscheinlichkeit eines Ereignisses im Zeitverlauf oder in diesem Fall, dass der Tank nach der Zeit T undicht wird. Hier sind wieder e die eulersche Zahl, λ die Ausfallrate über jeder Zeiteinheit (jedes Jahr) und T die verstrichene Zeit (Anzahl der Jahre).

Abbildung A-3 zeigt die grafische Darstellung dieser Funktion, wobei T die x-Achse, die Wahrscheinlichkeit eines Lecks die y-Achse und $\lambda = 0{,}05$ ist.

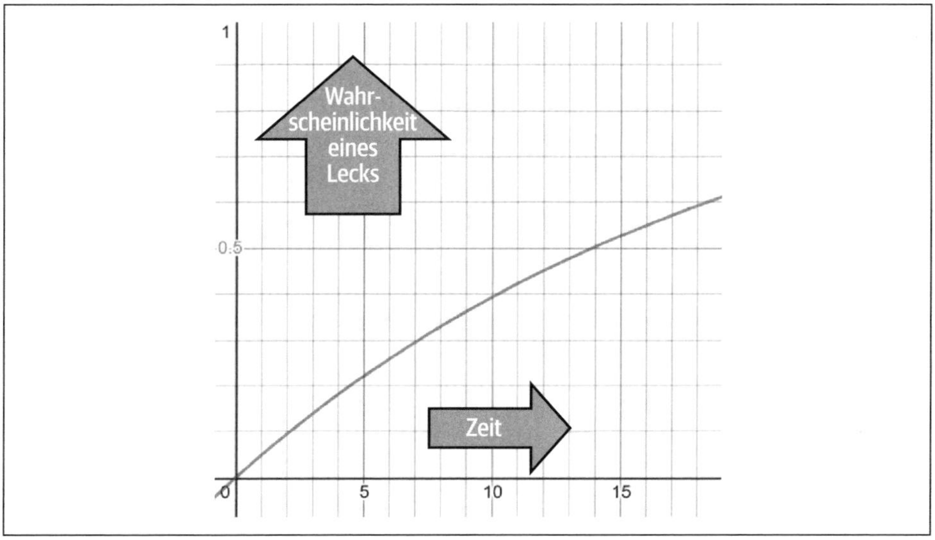

Abbildung A-3: Die Wahrscheinlichkeit eines Lecks im zeitlichen Verlauf vorhersagen

Beispiel A-8 zeigt, wie wir diese Funktion in Python für $\Lambda = 0{,}05$ und $T = 5$ Jahre modellieren.

Beispiel A-8: Code für die Vorhersage der Wahrscheinlichkeit eines Lecks im Zeitverlauf

```
from math import exp

# Wahrscheinlichkeit eines Lecks in einem Jahr
p_leak = .05

# Anzahl der Jahre
t = 5

# Wahrscheinlichkeit eines Lecks innerhalb von fünf Jahren
# 0.22119921692859512
p_leak_5_years = 1.0 - exp(-p_leak * t)

print("PROBABILITY OF LEAK WITHIN 5 YEARS: {}".format(p_leak_5_years))
```

Die Wahrscheinlichkeit, dass ein Tank nach 2 Jahren versagt, liegt bei 9,5 %, innerhalb von 5 Jahren bei 22,1 % und in 10 Jahren bei 39,3 %. Je mehr Zeit vergeht, desto wahrscheinlicher wird der Tank undicht. Diese Formel können wir verallgemeinern, um jedes Ereignis mit einer bestimmten Wahrscheinlichkeit in einem bestimmten Zeitraum vorherzusagen.

Bergsteigeralgorithmus und lineare Regression

Wenn Ihnen die Analysis-Themen bei der Entwicklung von Algorithmen für maschinelles Lernen von Grund auf als zu kompliziert erscheinen, können Sie es auch mit einer eher brachialen Methode probieren. Versuchen wir es mit einem *Bergsteigeralgorithmus* (engl. *Hill Climbing*), bei dem wir m und b nach dem Zufallsprinzip anpassen, indem wir für eine bestimmte Anzahl von Iterationen Zufallswerte hinzufügen. Diese Zufallswerte sind positiv oder negativ (was eine Addition zu einer Subtraktion macht), und wir behalten nur Anpassungen bei, die unsere Quadratsumme verbessern.

Aber können wir einfach eine beliebige Zufallszahl als Anpassung erzeugen? Wir werden kleinere Schritte bevorzugen, gelegentlich aber auch größere Schritte zulassen, wenn sie erforderlich sind. Das beste Tool hierfür ist eine Standardnormalverteilung mit einem Mittelwert von 0 und einer Standardabweichung von 1. Wie Kapitel 3 erläutert hat, weist eine Standardnormalverteilung eine hohe Wertedichte nahe 0 auf, und je weiter der Wert von 0 entfernt ist (sowohl in negativer als auch in positiver Richtung), desto unwahrscheinlich wird der Wert, wie Abbildung A-4 veranschaulicht.

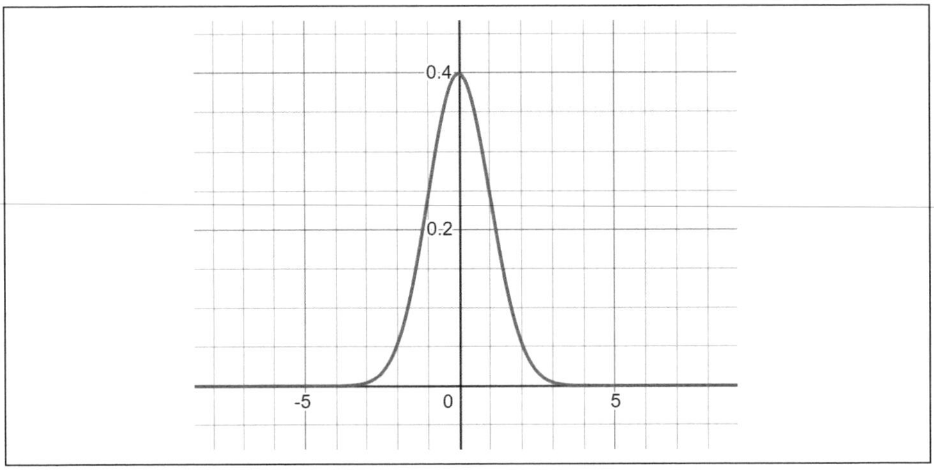

Abbildung A-4: Die meisten Werte in einer Standardnormalverteilung sind klein und liegen nahe bei 0, während größere Werte in den Ausläufern weniger häufig vorkommen.

Zurück zur linearen Regression: Wir beginnen mit `m` und `b` bei 0 oder einem anderen Startwert. Dann passen wir für 150.000 Iterationen in einer `for`-Schleife `m` und `b` mit Zufallswerten an, indem wir Stichprobenwerte aus einer Standardnormalverteilung addieren. Wenn eine zufällige Anpassung die Quadratsumme verbessert bzw. verkleinert, behalten wir die Werte bei. Doch wenn sich die Quadratsumme erhöht, machen wir die zufällige Anpassung rückgängig. Mit anderen Worten, wir behalten nur die Anpassungen bei, die die Quadratsumme verbessern. Sehen Sie sich dazu Beispiel A-9 an.

Beispiel A-9: Den Bergsteigeralgorithmus für lineare Regression verwenden

```
from numpy.random import normal
import pandas as pd

# Punkte aus CSV-Datei importieren
points = [p for p in pd.read_csv("https://bit.ly/2KF29Bd").itertuples()]

# das Modell erstellen
m = 0.0
b = 0.0

# Anzahl der Iterationen
iterations = 150000

# Anzahl der Punkte
n = float(len(points))

# Initialisieren mit einem wirklich großen Verlust, der mit
# Sicherheit durch einen kleineren Wert ersetzt werden wird
best_loss = 10000000000000.0
for i in range(iterations):

    # "m" und "b" zufällig anpassen
    m_adjust = normal(0,1)
    b_adjust = normal(0,1)

    m += m_adjust
    b += b_adjust

    # Verlust berechnen, d.h. die Gesamtsumme der Fehlerquadrate
    new_loss = 0.0
    for p in points:
        new_loss += (p.y - (m * p.x + b)) ** 2

    # Hat sich der Verlust verbessert, neue Werte behalten, sonst rückgängig machen.
    if new_loss < best_loss:
        print("y = {0}x + {1}".format(m, b))
        best_loss = new_loss
    else:
        m -= m_adjust
        b -= b_adjust

print("y = {0}x + {1}".format(m, b))
```

Den Fortschritt des Algorithmus können Sie verfolgen, und letztlich sollten Sie eine angepasste Funktion erhalten, die in etwa wie `y = 1,9395722...x + 4,7318340...` aussieht. Lassen Sie uns diese Antwort überprüfen. Wenn ich mit Excel oder Desmos eine lineare Regression ausführe, bekomme ich bei Desmos das Ergebnis `y = 1.93939x + 4.73333`. Nicht schlecht! Ich bin ziemlich nah dran!

Weshalb brauchen wir dann eine Million Iterationen? Durch Experimentieren habe ich herausgefunden, dass die Lösung bei genügend Iterationen nicht mehr wirklich besser wird und nahe der optimalen Werte für `m` und `b` konvergiert, um die Quadratsumme zu minimieren. Viele Bibliotheken und Algorithmen für maschinelles Lernen ermöglichen es, die Anzahl der auszuführenden Iterationen mit einem Parameter festzulegen. Genau das geschieht auch im Code von Beispiel A-9 mit `iterations = 150000`. Die Anzahl muss so groß sein, dass sie ungefähr bei der richtigen Antwort konvergiert, aber nicht so groß, dass Rechenzeit verschwendet wird, wenn bereits eine akzeptable Lösung gefunden wurde.

Vielleicht stellen Sie sich auch die Frage, warum ich `best_loss` mit einer sehr großen Zahl initialisiert habe. Das geschieht mit der Absicht, den besten Verlust mit einem bekannten Wert zu initialisieren, bei dem ich sicher weiß, dass er überschritten wird, sobald die Suche beginnt. Dann wird er nämlich in jeder Iteration mit dem neuen Verlust verglichen, um festzustellen, ob sich eine Verbesserung ergeben hat. Genauso gut hätte ich auch den Wert `float('inf')` für positive Unendlichkeit anstelle einer sehr großen Zahl verwenden können.

Bergsteigeralgorithmus und logistische Regression

Genau wie im vorherigen Beispiel für die lineare Regression können Sie den *Bergsteigeralgorithmus* (*Hill Climbing*) auf logistische Regression anwenden. Auch hier können Sie diese Technik einsetzen, wenn Ihnen die Analysis-Version mit der Berechnung der partiellen Ableitungen auf einmal zu viel wird.

Der Bergsteigeralgorithmus ist identisch: `m` und `b` werden mit Zufallswerten aus einer Normalverteilung angepasst. Allerdings haben wir eine andere Zielfunktion, die Maximum-Likelihood-Schätzung, wie sie Kapitel 6 beschrieben hat. Daher nehmen wir nur zufällige Anpassungen vor, die die Likelihood-Schätzung erhöhen, und nach genügend Iterationen sollten wir bei einer angepassten logistischen Regression konvergieren.

Beispiel A-10 zeigt das alles.

Beispiel A-10: Den Bergsteigeralgorithmus für eine einfache logistische Regression verwenden

```
import math
import random

import numpy as np
import pandas as pd

# Desmos-Diagramm: https://www.desmos.com/calculator/6cb10atg3l

points = [p for p in pd.read_csv("https://tinyurl.com/y2cocoo7").itertuples()]

best_likelihood = -10_000_000
b0 = .01
b1 = .01

# Maximum-Likelihood berechnen
```

```
def predict_probability(x):
    p = 1.0 / (1.0001 + math.exp(-(b0 + b1 * x)))
    return p

for i in range(1_000_000):

    # b0 oder b1 zufällig auswählen und mit zufälligen Werten anpassen
    random_b = random.choice(range(2))

    random_adjust = np.random.normal()

    if random_b == 0:
        b0 += random_adjust
    elif random_b == 1:
        b1 += random_adjust

    # gesamte Likelihood berechnen
    true_estimates = sum(math.log(predict_probability(p.x)) \
        for p in points if p.y == 1.0)
    false_estimates = sum(math.log(1.0 - predict_probability(p.x)) \
        for p in points if p.y == 0.0)

    total_likelihood = true_estimates + false_estimates

    # Hat sich Likelihood verbessert, zufällige Anpassung beibehalten,
    # sonst rückgängig machen.
    if best_likelihood < total_likelihood:
        best_likelihood = total_likelihood
    elif random_b == 0:
        b0 -= random_adjust
    elif random_b == 1:
        b1 -= random_adjust

print("1.0 / (1 + exp(-({0} + {1}*x))".format(b0, b1))
print("BEST LIKELIHOOD: {0}".format(math.exp(best_likelihood)))
```

In Kapitel 6 finden Sie weitere Einzelheiten zur Maximum-Likelihood-Schätzung und zur logistischen Funktion sowie den Grund für die Verwendung der Funktion `log()`.

Eine kurze Einführung in lineare Optimierung

Eine Technik, mit der jeder Data Scientist vertraut sein sollte, ist die *lineare Optimierung* (häufig auch *lineare Programmierung*, engl. *Linear Programming*)[2], die ein System von Ungleichheiten löst, indem sie Gleichungssysteme mit »Schlupfvariablen« (engl. *Slack Variables*) anpasst. Wenn es sich bei den Variablen in einem System der linearen Optimierung um diskrete Ganzzahlen oder Binärwerte (0 oder 1) handelt, spricht man von *ganzzahliger linearer Optimierung*. Werden linear stetige und ganzzahlige Variablen verwendet, spricht man auch von einem *gemischt-ganzzahligen Programm*.

2 Zur Terminologie von »Linear Programming« bzw. »linearer Optimierung/Programmierung« siehe *https://de.wikipedia.org/wiki/Ganzzahlige_lineare_Optimierung*. Anm. d. Übers.

Mit linearer Programmierung und ihren Varianten lässt sich eine breite Palette klassischer KI-Probleme lösen, selbst wenn sie eher von Algorithmen als von Daten getrieben wird. Es mag zwar zweifelhaft klingen, lineare Programmiersysteme als KI zu bezeichnen, doch ist dies bei vielen Anbietern und Unternehmen gängige Praxis, da es den wahrgenommenen Wert steigert.

In der Praxis ist es am besten, die vielen verfügbaren Solver-Bibliotheken zu nutzen, die Ihnen die lineare Programmierung abnehmen. Am Ende dieses Abschnitts finden Sie aber auch Quellen dazu, wie Sie es von Grund auf neu programmieren. Für diese Beispiele verwenden wir PuLP (*https://pypi.org/project/PuLP*), obwohl auch Pyomo (*https://www.pyomo.org/*) eine Option ist. Darüber hinaus setzen wir auf grafische Intuition, obwohl sich Probleme mit mehr als drei Dimensionen nur schwer visualisieren lassen.

Unser Beispiel geht davon aus, dass Sie zwei Produktlinien haben: den iPac und den iPac Ultra. Der iPac wirft einen Gewinn von 200 Dollar ab, der iPac Ultra 300 Dollar.

Die Montagelinie kann allerdings nur 20 Stunden arbeiten. Es dauert 1 Stunde, um den iPac zu produzieren, und 3 Stunden, um einen iPac Ultra herzustellen.

Pro Tag stehen nur 45 Kits bereit, wobei für einen iPac 6 Kits erforderlich sind, für einen iPac Ultra 2 Kits.

Unter der Annahme, dass der gesamte Vorrat verkauft wird – wie viele der iPac und iPac Ultra sollten wir verkaufen, um den Gewinn zu maximieren?

Zunächst betrachten wir die erste Einschränkung und schlüsseln sie auf:

> … dass die Montagelinie nur 20 Stunden arbeiten kann und es 1 Stunde dauert, um den iPac zu produzieren, und 3 Stunden, um einen iPac Ultra herzustellen.

Wir können dies als Ungleichung ausdrücken, wobei x die Anzahl der iPac-Einheiten und y die Anzahl der iPac-Ultra-Einheiten angibt. Beide Werte müssen positiv sein, und Abbildung A-5 zeigt, wie sich dies grafisch darstellen lässt.

$$x + 3y \leq 20(x \geq 0, y \geq 0)$$

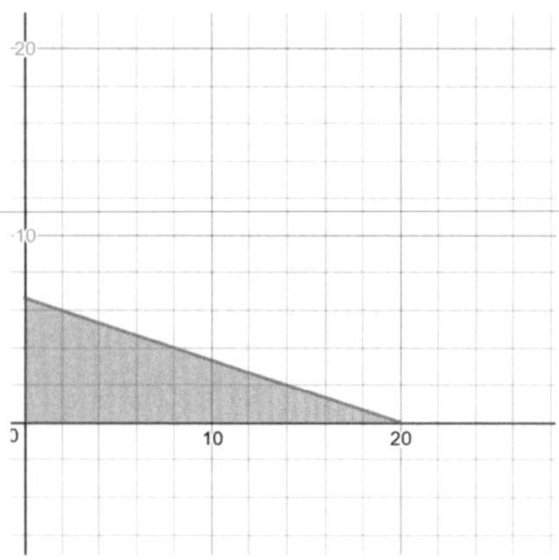

Abbildung A-5: Die erste Einschränkung grafisch darstellen

Betrachten wir nun die zweite Einschränkung:

> Pro Tag stehen nur 45 Kits bereit, wobei für einen iPac 6 Kits erforderlich sind, für einen iPac Ultra 2 Kits.

Diese Einschränkung können wir ebenso modellieren und grafisch darstellen, wie Abbildung A-6 zeigt.

$$6x + 2y \leq 45 (x \geq 0, y \geq 0)$$

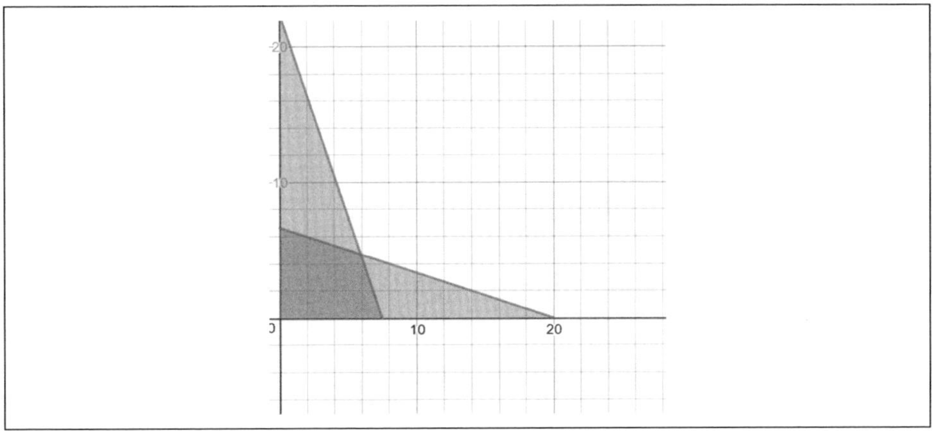

Abbildung A-6: Die zweite Einschränkung grafisch darstellen

Wie Abbildung A-6 zeigt, überschneiden sich diese beiden Bedingungen. Unsere Lösung liegt irgendwo in diesem Überschneidungsbereich, den wir als *zulässige Menge* (engl. *Feasible Region*) bezeichnen. Schließlich maximieren wir unseren Gewinn *Z*, der unter Berücksichtigung der Gewinnbeträge für das iPac und das iPac Ultra wie folgt ausgedrückt wird:

$$Z = 200x + 300y$$

Wenn wir diese Funktion als Gerade darstellen, können wir *Z* so weit wie möglich erhöhen, bis die Gerade nicht mehr in die zulässige Menge fällt. Dann notieren wir die x- und y-Werte, wie es Abbildung A-7 veranschaulicht.

Desmos-Diagramm der Zielfunktion

Wenn Sie Darstellungen wie die in Abbildung A-7 in interaktiver und animierter Form sehen möchten, schauen Sie auf die Desmos-Seite, zum Beispiel für dieses Diagramm unter *https://oreil.ly/RQMBT*.

Wenn diese Gerade die zulässige Menge »gerade so berührt«, wenn Sie den Gewinn *Z* so weit wie möglich erhöhen, landen Sie auf einem Scheitelpunkt oder in einer Ecke der zulässigen Menge. Der Scheitelpunkt liefert die x- und y-Werte, die den Gewinn maximieren, wie aus Abbildung A-8 hervorgeht.

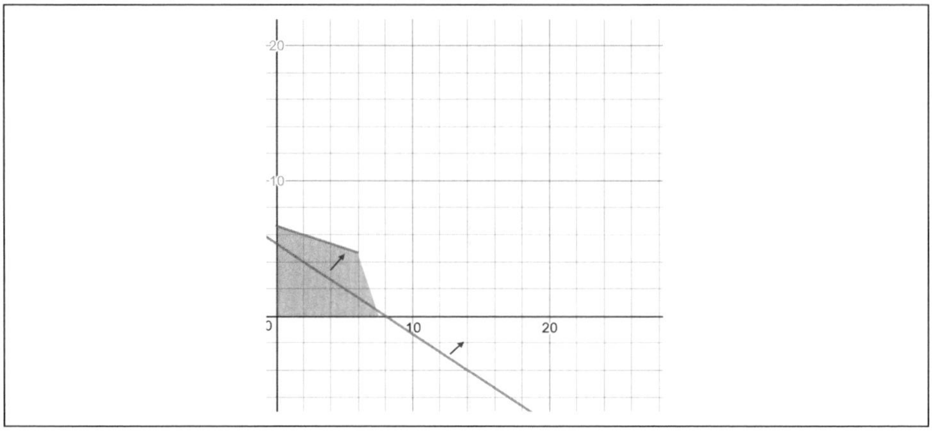

Abbildung A-7: Verschieben der Zielwertgeraden, bis sie nicht mehr in die zulässige Menge fällt

Wir könnten dies mit NumPy und einer Reihe von Matrixoperationen numerisch lösen, einfacher ist es aber mithilfe von PuLP, wie in Beispiel A-11 gezeigt. Beachten Sie, dass `LpVariable` die Variablen definiert, für die eine Lösung gefunden werden soll. Die Variable `LpProblem` bezeichnet das System der linearen Optimierung, das mithilfe von Python-Operationen Nebenbedingungen und Zielfunktionen hinzugefügt. Dann wird `solve()` auf dem `LpProblem` aufgerufen, um die Variablen zu lösen.

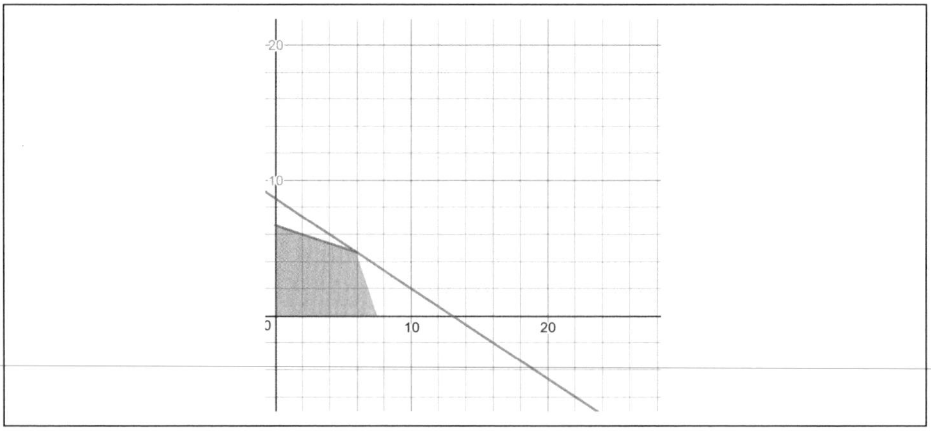

Abbildung A-8: Maximierte Zielfunktion für unser System der linearen Optimierung

Beispiel A-11: Ein System der linearen Optimierung mithilfe von Python PuLP lösen

```
# GRAPH" https://www.desmos.com/calculator/iildqi2vt7

from pulp import *

# die Variablen deklarieren
x = LpVariable("x", 0)      # 0<=x
y = LpVariable("y", 0)      # 0<=y

# definiert das Problem
prob = LpProblem("factory_problem", LpMaximize)
```

```
# definiert die Nebenbedingungen
prob += x + 3*y <= 20
prob += 6*x +2*y <= 45

# definiert die zu maximierende Zielfunktion
prob += 200*x + 300*y

# das Problem lösen
status = prob.solve()
print(LpStatus[status])

# Ausgabe der Ergebnisse: x = 5.9375, y = 4.6875
print(value(x))
print(value(y))
```

Vielleicht fragen Sie sich, ob es sinnvoll ist, 5,9375 und 4,6875 Einheiten zu bauen. Lineare Optimierung ist viel effizienter, wenn man stetige Werte in den Variablen akzeptieren kann, und vielleicht können Sie sie im Nachhinein einfach runden. Bei bestimmten Arten von Problemen ist es jedoch unabdingbar, ganzzahlige Variablen und Binärvariablen als diskrete Typen zu behandeln.

Um zu erzwingen, dass die Variablen `x` und `y` als Ganzzahlen behandelt werden, übergeben Sie ein Kategorienargument `cat=LpInteger`, wie Beispiel A-12 zeigt.

Beispiel A-12: Erzwingen, dass Variablen ganzzahlig gelöst werden

```
# Variablen deklarieren
x = LpVariable("x", 0, cat=LpInteger) # 0<=x
y = LpVariable("y", 0, cat=LpInteger) # 0<=y
```

Grafisch gesehen, bedeutet dies, dass wir unsere zulässige Menge mit diskreten Punkten füllen und nicht mit einem stetigen Bereich. Unsere Lösung wird nicht unbedingt auf einem Scheitelpunkt landen, sondern auf dem Punkt, der dem Scheitelpunkt am nächsten liegt (siehe Abbildung A-9).

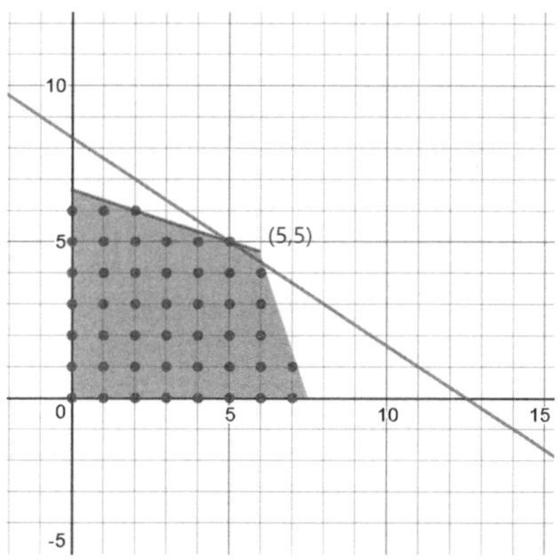

Abbildung A-9: Ein System der linearen Optimierung

Bei der linearen Optimierung gibt es einige Sonderfälle, wie sie in Abbildung A-10 dargestellt sind. Manchmal kann es viele Lösungen geben, manchmal aber auch überhaupt keine.

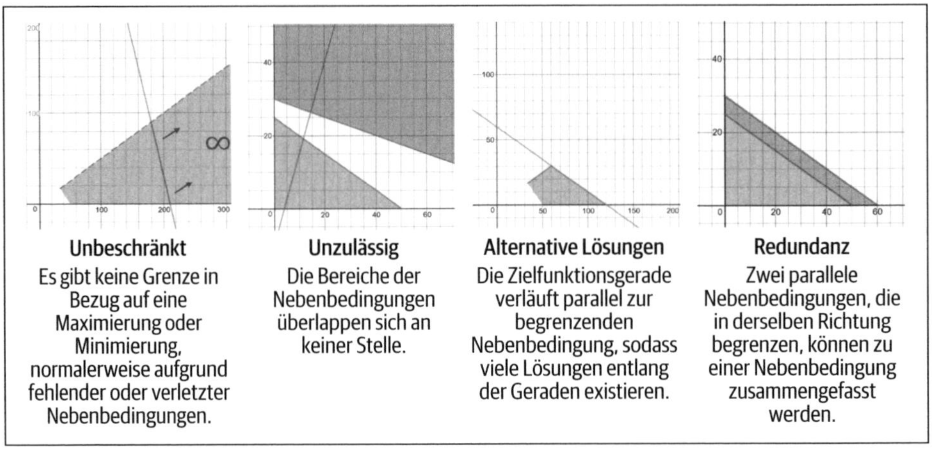

Abbildung A-10: Sonderfälle der linearen Optimierung

Dies ist nur ein kurzes Einführungsbeispiel in lineare Optimierung, und leider reicht der Platz in diesem Buch nicht aus, um dem Thema gerecht zu werden. Lineare Optimierung lässt sich für überraschend viele Probleme einsetzen, zum Beispiel für die Planung begrenzter Ressourcen (wie Arbeitskräfte, Serveraufträge oder Räume), das Lösen von Sudokus und die Optimierung von Finanzportfolios.

Mehr über lineare Optimierung können Sie beispielsweise mit YouTube-Videos lernen, unter anderem bei PatrickJMT (*https://oreil.ly/lqeeR*) und Josh Emmanuel (*https://oreil.ly/jAHWc*). Um tiefer in die diskrete Optimierung einzusteigen, empfiehlt sich der umfangreiche Kurs auf Coursera von Professor Pascal Van Hentenryck (*https://oreil.ly/aVGxY*).

MNIST-Klassifizierer mit scikit-learn

Beispiel A-13 zeigt, wie Sie das neuronale Netz von scikit-learn für die Klassifizierung handgeschriebener Ziffern verwenden können.

Beispiel A-13: Ein neuronales Netz in scikit-learn als Klassifizierer handgeschriebener Ziffern

```
import numpy as np
import pandas as pd

# Daten laden
from sklearn.model_selection import train_test_split
from sklearn.neural_network import MLPClassifier

df = pd.read_csv('https://bit.ly/3ilJc2C', compression='zip', delimiter=",")
```

```
# Eingabevariablen extrahieren (alle Zeilen, alle Spalten außer der letzten Spalte)
# Hinweis: Hier sollte eine lineare Skalierung erfolgen.
X = (df.values[:, :-1] / 255.0)

# Ausgabespalte extrahieren (alle Zeilen, letzte Spalte)
Y = df.values[:, -1]

# Jede Gruppe zählen, um sicherzustellen, dass die Stichproben gleichverteilt sind.
print(df.groupby(["class"]).agg({"class" : [np.size]}))

# Trainings- und Testdaten trennen
# Mit dem Parameter 'stratify' stelle ich sicher, dass jede
# Klasse in beiden Mengen proportional dargestellt wird.
X_train, X_test, Y_train, Y_test = train_test_split(X, Y,
    test_size=.33, random_state=10, stratify=Y)

nn = MLPClassifier(solver='sgd',
                   hidden_layer_sizes=(100, ),
                   activation='logistic',
                   max_iter=480,
                   learning_rate_init=.1)

nn.fit(X_train, Y_train)

print("Training set score:%f"% nn.score(X_train, Y_train))
print("Test set score:%f"% nn.score(X_test, Y_test))

# Heatmap anzeigen
import matplotlib.pyplot as plt
fig, axes = plt.subplots(4, 4)

# Globales Minimum/Maximum verwenden, um sicherzustellen, dass alle
# Gewichte auf der gleichen Skala erscheinen.
vmin, vmax = nn.coefs_[0].min(), nn.coefs_[0].max()
for coef, ax in zip(nn.coefs_[0].T, axes.ravel()):
    ax.matshow(coef.reshape(28, 28), cmap=plt.cm.gray, vmin=.5 * vmin, vmax=.5 * vmax)
    ax.set_xticks(())
    ax.set_yticks(())

plt.show()
```

ANHANG B
Lösungen zu den Übungen

Kapitel 1

1. Der Wert 62,6738 ist rational, weil er eine endliche Anzahl von Dezimalstellen hat und demzufolge als Bruch 626738 / 10000 ausgedrückt werden kann.
2. $10^7 10^{-5} = 10^{7 + -5} = 10^2 = 100$
3. $81^{1/2} = \sqrt{(81)} = 9$
4. $25^{3/2} = (25^{1/2})^3 = 5^3 = 125$
5. Der Endbetrag ist 1.161,47 Dollar. Das Python-Skript sieht folgendermaßen aus:

```
from math import exp

p = 1000 r = .05 t = 3
n = 12

a = p * (1 + (r/n))**(n * t)

print(a) # Ausgabe: 1161.4722313334678
```

6. Der Endbetrag ist 1161,83 Dollar. Das Python-Skript sieht folgendermaßen aus:

```
from math import exp

p = 1000 # Kapital, Anfangsbetrag
r = .05 # Zinssatz, pro Jahr
t = 3.0 # Zeit, Anzahl der Jahre

a = p * exp(r*t)

print(a) # Ausgabe: 1161.834242728283
```

7. Die Ableitung der Funktion ist $6x$, was eine Steigung von 18 bei $x = 3$ ergibt. Der SymPy-Code sieht so aus:

```
from sympy import *

# 'x' für SymPy deklarieren
```

```
x = symbols('x')

# nun die Funktion einfach mit Python-Syntax deklarieren
f = 3*x**2 + 1

# die Ableitung der Funktion berechnen
dx_f = diff(f)
print(dx_f) # Ausgabe: 6*x
print(dx_f.subs(x,3)) # 18
```

8. Die Fläche unter der Kurve zwischen 0 und 2 beträgt 10. Der SymPy-Code sieht so aus:

```
from sympy import *

# 'x' für SymPy deklarieren
x = symbols('x')

# nun einfach per Python-Syntax die Funktion deklarieren
f = 3*x**2 + 1

# das Integral der Funktion bezüglich x für die Fläche
# zwischen x = 0 und x = 2 berechnen
area = integrate(f, (x, 0, 2))

print(area) # Ausgabe: 10
```

Kapitel 2

1. 0,3 × 0,4 = 0,12; siehe den Abschnitt »Kombinierte Wahrscheinlichkeiten« auf Seite 58.
2. (1 – 0,3) + 0,4 – ((1 – 0,3) × 0,4) = 0,82; siehe den Abschnitt »Vereinigungswahrscheinlichkeiten« auf Seite 59. Denken Sie auch daran, dass wir nach KEIN REGEN suchen, sodass diese Wahrscheinlichkeit von 1,0 zu subtrahieren ist.
3. 0,3 × 0,2 = 0,06; siehe den Abschnitt »Bedingte Wahrscheinlichkeit und der Satz von Bayes« auf Seite 61.
4. Der folgende Python-Code berechnet eine Wahrscheinlichkeit von 0,822, wobei die Wahrscheinlichkeiten, dass 50 oder mehr Passagiere nicht erscheinen, aufsummiert werden:

```
from scipy.stats import binom

n = 137
p = .40

p_50_or_more_noshows = 0.0

for x in range(50,138):
    p_50_or_more_noshows += binom.pmf(x, n, p)

print(p_50_or_more_noshows) # 0.822095588147425
```

5. Mithilfe der Beta-Verteilung, die der folgende SciPy-Code zeigt, ermitteln Sie die Fläche bis 0,5 und subtrahieren sie von 1,0. Das Ergebnis beträgt etwa 0,98, sodass diese Münze höchstwahrscheinlich nicht fair ist.

```
from scipy.stats import beta

heads = 15
tails = 4

p = 1.0 - beta.cdf(.5, heads, tails)

print(p) # 0.98046875
```

Kapitel 3

1. Der Mittelwert beträgt 1,752 und die Standardabweichung etwa 0,021. Der Python-Code sieht folgendermaßen aus:

```
from math import sqrt

sample = [1.78, 1.75, 1.72, 1.74, 1.77]

def mean(values):
    return sum(values) /len(values)

def variance_sample(values):
    mean = sum(values) / len(values)
    var = sum((v - mean) ** 2 for v in values) / len(values)
    return var

def std_dev_sample(values):
    return sqrt(variance_sample(values))

mean = mean(sample)
std_dev = std_dev_sample(sample)

print("MEAN: ", mean) # 1.752
print("STD DEV: ", std_dev) # 0.02135415650406264
```

2. Ermitteln Sie mit der CDF den Wert zwischen 20 und 30 Monaten, was eine Fläche von etwa 0,06 ergibt. Der Python-Code sieht so aus:

```
from scipy.stats import norm

mean = 42
std_dev = 8

x = norm.cdf(30, mean, std_dev) - norm.cdf(20, mean, std_dev)

print(x) # 0.06382743803380352
```

3. Der mittlere Filamentdurchmesser für eine Spule liegt mit einer Wahrscheinlichkeit von 99% zwischen 1,7026 und 1,7285 mm^2. Der Python-Code sieht folgendermaßen aus:

```
from math import sqrt
from scipy.stats import norm

def critical_z_value(p, mean=0.0, std=1.0):
    norm_dist = norm(loc=mean, scale=std)
    left_area = (1.0 - p) / 2.0
    right_area = 1.0 - ((1.0 - p) / 2.0)
    return norm_dist.ppf(left_area), norm_dist.ppf(right_area)

def ci_large_sample(p, sample_mean, sample_std, n):
    # Der Stichprobenumfang muss größer als 30 sein.

    lower, upper = critical_z_value(p)
    lower_ci = lower * (sample_std / sqrt(n))
    upper_ci = upper * (sample_std / sqrt(n))

    return sample_mean + lower_ci, sample_mean + upper_ci

print(ci_large_sample(p=.99, sample_mean=1.715588,
    sample_std=0.029252, n=34))
# (1.7026658973748656, 1.7285101026251342)
```

4. Die Marketingkampagne hat mit einem p-Wert von 0,01888 gearbeitet. Der Python-Code sieht wie folgt aus:

```
from scipy.stats import norm

mean = 10345
std_dev = 552

p1 = 1.0 - norm.cdf(11641, mean, std_dev)

# von der Symmetrie profitieren
p2 = p1

# p-Wert beider Ausläufer
# Ich hätte auch einfach mit 2 multiplizieren können.
p_value = p1 + p2

print("Two-tailed P-value", p_value)
if p_value <= .05:
    print("Passes two-tailed test")
else:
    print("Fails two-tailed test")

# Der zweiseitige p-Wert beträgt 0.01888333596496139.
# zweiseitiger Test bestanden
```

Kapitel 4

1. Der Vektor landet auf [2, 3]. Der Python-Code sieht wie folgt aus:

```
from numpy import array

v = array([1,2])

i_hat = array([2, 0])
```

```
j_hat = array([0, 1.5])

# diese Gerade korrigieren
basis = array([i_hat, j_hat])

# Vektor v in w transformieren
w = basis.dot(v)

print(w) # [2. 3.]
```

2. Der Vektor landet auf [0, –3]. Der Python-Code sieht wie folgt aus:

```
from numpy import array

v = array([1,2])

i_hat = array([-2, 1])
j_hat = array([1, -2])

# diese Gerade korrigieren
basis = array([i_hat, j_hat])

# Vektor v in w transformieren
w = basis.dot(v)

print(w) # [ 0, -3]
```

3. Die Determinante lautet 2,0. Der Python-Code sieht wie folgt aus:

```
import numpy as np
from numpy.linalg import det

i_hat = np.array([1, 0])
j_hat = np.array([2, 2])

basis = np.array([i_hat,j_hat]).transpose()

determinant = det(basis)

print(determinant) # 2.0
```

4. Ja, weil es die Matrixmultiplikation erlaubt, mehrere Matrizen zu einer einzigen Matrix zu kombinieren, die dann eine konsolidierte Transformation darstellt.
5. x = 19,8; y = –5,4; z = –6. Der Code sieht wie folgt aus:

```
from numpy import array
from numpy.linalg import inv

A = array([
    [3, 1, 0],
    [2, 4, 1],
    [3, 1, 8]
])

B = array([
    54,
    12,
    6
```

```
])

X = inv(A).dot(B)

print(X) # [19.8 -5.4 -6. ]
```

6. Ja, die Matrix ist linear abhängig. Obwohl wir mit NumPy eine gewisse Gleitkommaungenauigkeit haben, ist die Determinante effektiv 0:

```
from numpy.linalg import det
from numpy import array

i_hat = array([2, 6])
j_hat = array([1, 3])

basis = array([i_hat, j_hat]).transpose()
print(basis)

determinant = det(basis)

print(determinant) # -3.330669073875464e-16
```

Die Probleme mit der Gleitkommadarstellung lassen sich mit SymPy umgehen. Als Determinante bekommen Sie den Wert 0:

```
from sympy import *

basis = Matrix([
    [2,1],
    [6,3]
])

determinant = det(basis)

print(determinant) # 0
```

Kapitel 5

1. Es gibt viele Tools und Ansätze, um eine lineare Regression durchzuführen, wie Kapitel 5 beschrieben hat. Der folgende Code zeigt eine Lösung mit scikit-learn. Der Anstieg beträgt 1,76 und der y-Achsenabschnitt 4,69.

```
import pandas as pd
import matplotlib.pyplot as plt
from sklearn.linear_model import LinearRegression

# Punkte importieren
df = pd.read_csv('https://bit.ly/3C8JzrM', delimiter=",")

# Eingabevariablen extrahieren (alle Zeilen, alle Spalten außer der letzten
Spalte)
X = df.values[:, :-1]

# Ausgabespalte extrahieren (alle Zeilen, letzte Spalte)
Y = df.values[:, -1]
```

```
# eine Gerade an die Punkte anpassen
fit = LinearRegression().fit(X, Y)

# m = 1.75919315, b = 4.69359655
m = fit.coef_.flatten()
b = fit.intercept_.flatten()
print("m = {0}".format(m))
print("b = {0}".format(b))

# im Diagramm anzeigen
plt.plot(X, Y, 'o') # Scatterplot
plt.plot(X, m*X+b)  # Gerade
plt.show()
```

2. Wir bekommen eine hohe Korrelation von 0,92 und einen Testwert von 23,83 mit einem statistischen Signifikanzintervall von ±1,9844. Diese Korrelation ist zweifellos nützlich und statistisch signifikant. Der Code sieht folgendermaßen aus:

```
import pandas as pd

# Daten in einen Pandas-Dataframe einlesen
df = pd.read_csv('https://bit.ly/3C8JzrM', delimiter=",")

# Korrelationen zwischen Variablen ausgeben
correlations = df.corr(method='pearson')
print(correlations)

# AUSGABE:
#          x        y
# x  1.00000  0.92421
# y  0.92421  1.00000

# statistische Signifikanz testen
from scipy.stats import t
from math import sqrt

# Größe der Stichprobe
n = df.shape[0]
print(n)
lower_cv = t(n - 1).ppf(.025)
upper_cv = t(n - 1).ppf(.975)

# Korrelationskoeffizient abrufen
r = correlations["y"]["x"]

# den Test durchführen
test_value = r / sqrt((1 - r ** 2) / (n - 2))

print("TEST VALUE: {}".format(test_value))
print("CRITICAL RANGE: {}, {}".format(lower_cv, upper_cv))

if test_value < lower_cv or test_value > upper_cv:
    print("CORRELATION PROVEN, REJECT H0")
else:
    print("CORRELATION NOT PROVEN, FAILED TO REJECT H0 ")
```

```
# p-Wert berechnen
if test_value > 0:
    p_value = 1.0 - t(n - 1).cdf(test_value)
else:
    p_value = t(n - 1).cdf(test_value)

# zweiseitig, also mit 2 multiplizieren
p_value = p_value * 2
print("P-VALUE: {}".format(p_value))

"""
TEST VALUE: 23.835515323677328
CRITICAL RANGE: -1.9844674544266925, 1.984467454426692
CORRELATION PROVEN, REJECT HO
P-VALUE: 0.0 (extremely small)
"""
```

3. Bei $x = 50$ liegt das Vorhersageintervall zwischen 50,79 und 134,51. Der Code sieht wie folgt aus:

```
import pandas as pd
from scipy.stats import t
from math import sqrt

# die Daten laden
points = list(pd.read_csv('https://bit.ly/3C8JzrM', delimiter=",") \
    .itertuples())

n = len(points)

# lineare Regressionsgerade
m = 1.75919315
b = 4.69359655

# Vorhersageintervall x = 50 berechnen
x_0 = 50
x_mean = sum(p.x for p in points) / len(points)

t_value = t(n - 2).ppf(.975)

standard_error = sqrt(sum((p.y - (m * p.x + b)) ** 2 for p in points) / \
    (n - 2))

margin_of_error = t_value * standard_error * \
                  sqrt(1 + (1 / n) + (n * (x_0 - x_mean) ** 2) / \
                       (n * sum(p.x ** 2 for p in points) - \
        sum(p.x for p in points) ** 2))

predicted_y = m*x_0 + b

# Vorhersageintervall berechnen
print(predicted_y - margin_of_error, predicted_y + margin_of_error)
# 50.792086501055955 134.51442159894404
```

4. Die Testdatensätze schneiden mäßig gut ab, wenn sie gedrittelt und k-fach validiert werden, wobei $k = 3$ ist. Es ergibt sich ein Mittelwert von etwa 0,83 in

der mittleren Quadratsumme (MSE) und einer Standardabweichung von 0,03 über die drei Datensätze.

```
import pandas as pd
from sklearn.linear_model import LinearRegression
from sklearn.model_selection import KFold, cross_val_score

df = pd.read_csv('https://bit.ly/3C8JzrM', delimiter=",")

#
 Eingabevariablen extrahieren (alle Zeilen, alle Spalten außer der letzten Sp
alte)
X = df.values[:, :-1]

# Ausgabespalte extrahieren (alle Zeilen, letzte Spalte)\
Y = df.values[:, -1]

# eine einfache lineare Regression durchführen
kfold = KFold(n_splits=3, random_state=7, shuffle=True)
model = LinearRegression()
results = cross_val_score(model, X, Y, cv=kfold)
print(results)
print("MSE: mean=%.3f (stdev-%.3f)"% (results.mean(), results.std()))
"""
[0.86119665 0.78237719 0.85733887]
MSE: mean=0.834 (stdev-0.036)
"""
```

Kapitel 6

1. Die Genauigkeit ist äußerst hoch, wenn Sie diesen Code über scikit-learn ausführen. In meinem Fall habe ich eine mittlere Genauigkeit von mindestens 99,9 % für die Testläufe.

```
import pandas as pd
from sklearn.linear_model import LogisticRegression
from sklearn.metrics import confusion_matrix
from sklearn.model_selection import KFold, cross_val_score

# die Daten laden
df = pd.read_csv("https://bit.ly/3imidqa", delimiter=",")

X = df.values[:, :-1]
Y = df.values[:, -1]

kfold = KFold(n_splits=3, shuffle=True)
model = LogisticRegression(penalty='none')
results = cross_val_score(model, X, Y, cv=kfold)

print("Accuracy Mean:%.3f (stdev=%.3f)"% (results.mean(),
results.std()))
```

2. Die Wahrheitsmatrix liefert eine äußerst hohe Anzahl von richtig positiven und richtig negativen Fällen und sehr wenige falsch positive und falsch negative Fälle. Führen Sie den folgenden Code aus, um sich selbst davon zu überzeugen:

```
import pandas as pd
from sklearn.linear_model import LogisticRegression
from sklearn.metrics import confusion_matrix
from sklearn.model_selection import train_test_split

# die Daten laden
df = pd.read_csv("https://bit.ly/3imidqa", delimiter=",")

# Eingabevariablen extrahieren (alle Zeilen, alle Spalten außer der letzten
Spalte)
X = df.values[:, :-1]

# Ausgabespalte extrahieren (alle Zeilen, letzte Spalte)\
Y = df.values[:, -1]

model = LogisticRegression(solver='liblinear')

X_train, X_test, Y_train, Y_test = train_test_split(X, Y, test_size=.33)
model.fit(X_train, Y_train)
prediction = model.predict(X_test)
"""
Die Wahrheitsmatrix wertet die Genauigkeit innerhalb jeder Kategorie aus.
[[truepositives falsenegatives]
 [falsepositives truenegatives]]

Die Diagonale stellt korrekte Vorhersagen dar, sodass wir hier höhere
Werte wünschen.
"""
matrix = confusion_matrix(y_true=Y_test, y_pred=prediction)
print(matrix)
```

3. Der nachstehende Code zeigt eine interaktive Shell, um die vom Benutzer eingegebenen Farben zu testen. Probieren Sie auch Schwarz (0,0,0) und Weiß (255,255,255), um festzustellen, ob dunkle bzw. helle Schriften korrekt vorhergesagt werden.

```
import pandas as pd
from sklearn.linear_model import LogisticRegression
import numpy as np
from sklearn.model_selection import train_test_split

# die Daten laden
df = pd.read_csv("https://bit.ly/3imidqa", delimiter=",")

#
 Eingabevariablen extrahieren (alle Zeilen, alle Spalten außer der letzten Sp
alte)
X = df.values[:, :-1]

# Ausgabespalte extrahieren (alle Zeilen, letzte Spalte)
Y = df.values[:, -1]

model = LogisticRegression(solver='liblinear')

X_train, X_test, Y_train, Y_test = train_test_split(X, Y, test_size=.33)
model.fit(X_train, Y_train)
prediction = model.predict(X_test)
```

```
# eine Vorhersage testen
while True:
    n = input("Input a color {red},{green},{blue}: ")
    (r, g, b) = n.split(",")
    x = model.predict(np.array([[int(r), int(g), int(b)]]))
    if model.predict(np.array([[int(r), int(g), int(b)]]))[0] == 0.0:
        print("LIGHT")
    else:
        print("DARK")
```

4. Ja, die logistische Regression ist sehr effektiv bei der Vorhersage von hellen oder dunklen Schriftarten für eine bestimmte Hintergrundfarbe. Die Genauigkeit ist nicht nur extrem hoch, sondern die Wahrheitsmatrix zeigt auch hohe Werte in der Diagonalen von rechts oben nach links unten und niedrigere Werte in den anderen Zellen.

Kapitel 7

Natürlich kann man mit verschiedenen verdeckten Schichten, Aktivierungsfunktionen, Größen der Testdatensätze usw. experimentieren. Ich habe es mit einer verdeckten Schicht, die drei Knoten umfasst, und einer ReLU-Aktivierung versucht und hatte Mühe, gute Vorhersagen für meinen Testdatensatz zu erhalten. Die Wahrheitsmatrizen und die Genauigkeit waren durchweg schlecht, und keine der Konfigurationsänderungen, die ich vorgenommen hatte, brachten Verbesserungen.

Die Gründe für das Versagen des neuronalen Netzes sind wahrscheinlich darin zu suchen, dass zum einen der Testdatensatz zu klein für ein neuronales Netz ist (das äußerst datenhungrig ist) und es zum anderen einfachere und effektivere Modelle wie die logistische Regression für derartige Probleme gibt. Das soll nicht heißen, dass sich keine funktionierende Konfiguration finden lässt. Allerdings muss man aufpassen, dass gute Ergebnisse nicht durch p-Hacking entstehen, weil sich das Netz zu sehr an die wenigen vorhandenen Trainings- und Testdaten anpasst.

Hier der Code, den ich verwendet habe:

```
import pandas as pd

# Daten laden
from sklearn.metrics import confusion_matrix
from sklearn.model_selection import train_test_split
from sklearn.neural_network import MLPClassifier

df = pd.read_csv('https://tinyurl.com/y6r7qjrp', delimiter=",")

# Eingabevariablen extrahieren (alle Zeilen, alle Spalten außer der letzten Spalte)
X = df.values[:, :-1]

# Ausgabespalte extrahieren (alle Zeilen, letzte Spalte)
Y = df.values[:, -1]

# in Trainings- und Testdaten aufteilen
X_train, X_test, Y_train, Y_test = train_test_split(X, Y, test_size=1/3)
```

```
nn = MLPClassifier(solver='sgd',
                   hidden_layer_sizes=(3, ),
                   activation='relu',
                   max_iter=100_000,
                   learning_rate_init=.05)

nn.fit(X_train, Y_train)

print("Training set score:%f"% nn.score(X_train, Y_train))
print("Test set score:%f"% nn.score(X_test, Y_test))

print("Confusion matrix:")
matrix = confusion_matrix(y_true=Y_test, y_pred=nn.predict(X_test))
print(matrix)
```

Index

Symbole

3Blue1Brown 138, 154, 256, 261, 276

A

Ableitungen 41
  Exponentialfunktion 35
  partielle 44
Absolutwerte 162
Aktivierungsfunktionen 237
  logistische 239
  ReLU 238
  Softmax 240
Algebra, lineare 121
Algorithmen
  Bergsteiger- 304
  Hill Climbing 304
  SMOTE 230
Alternativhypothese 107
Ankerverzerrung 275
Apache Spark 275
approximate_integral() 51, 299
Area Under the Curve (AUC) 229
array() 123, 135
Aufteilung in Trainings- und Testdaten 191
Ausgabe, aktivierte 240
Ausgabevariablen 24
Ausreißer 85

B

Backpropagation 248
backward_prop() 255
Basis 30
Basisvektoren 131
  dreidimensionale 138
Batch-Gradientenabstieg 175
Bayes, Satz von 62, 227
Bergsteigeralgorithmus 304
  Regression, lineare 304
  Regression, logistische 306
Bestätigungsverzerrung 80
Bestimmtheitsmaße 185
  McFaddens Pseudo-R2 217
  testen 193
beta.cdf() 69
beta_distribution() 298, 299
Beta-Verteilung 67, 298
Bibliotheken
  Apache Spark 275
  D3.js 276
  JAX 252
  Korrelationskoeffizienten 179
  Manim 124, 276
  matplotlib 26, 276
  ND4J 275
  Plotly 26, 159
  PuLP 308
  Pyomo 308
  scikit-learn 159, 256
  Seaborn 276
  SMILE 275
  SQLAlchemy 270
  statsmodel 180
  SymPy 26, 32
Big Data, Zielscheibenfehler 116
bimodal 86
binom.pmf() 66
Binomialverteilung 65, 297
bivariate Wahrscheinlichkeiten 58
Brahmagupta 20
Branchen, Kenntnisse 277
Breakpoints 255
Bullshit-Job 288

C

CDF (Cumulative Distribution Function) 69, 94
  inverse 97
Chancen 56
  Logarithmen 215
  Umwandeln in Wahrscheinlichkeiten 56
Chancenverhältnis 216
Chi-Quadrat-Verteilung 221
Codebeispiele 16
Computeralgebra 40
corr() 179
Couchbase 271

D

D3.js 276
Dataframe 271
Data Mining 76
Data Science, Definition 265
Daten
  Aufteilung Training/Test 190
  Ausreißer 85
  bimodale 86
Datenvisualisierung 275
Deep Learning 233
deskriptive Statistik 78
Desmos 305
  Beta-Verteilung 68
Determinanten 141
Determinationskoeffizient 185
Diagonalmatrizen 146
diff() 251
dof (degree of freedom) 222
doit() 30
dot() 135
Dreiecksmatrizen 146

E

Eigenvektoren 151
Eigenwerte 151
Eingabevariablen 24
Einheitsmatrizen 145
einseitige Tests 109
Elwes, Dr. Richard 19
Ereignisse, sich gegenseitig ausschließende 59
eulersche Zahl 21, 35, 202, 302
evalf() 40
Excel
  Regression, lineare 305
  VLOOKUP 269
exp() 37, 203, 208
Exponent 30

F

Faktorisierung 151
Feasible Region 309
Feedforward 242
Fehler 160
  Standardfehler der Schätzung 187
  Summe der Fehlerquadrate 186
Fehlerfunktion 302
Fisher, Ronald 106
Fläche unter der Kurve 49, 229
flatten() 205
FOMO (Fear Of Missing Out – Angst, etwas zu verpassen) 278
Freiheitsgrade 116, 181, 222
Funktionen 24
  Aktivierungs- 237
  approximate_integral() 51, 299
  array() 123, 135
  backward_prop() 255
  beta.cdf() 69
  beta_distribution() 298, 299
  binom.pmf() 66
  corr() 179
  deklarieren 24
  diff() 251
  doit() 30
  evalf() 40
  exp() 37, 203, 208
  Fehlerfunktion 302
  fit() 159
  flatten() 205
  krummlinige 27
  lambdify() 172
  latex() 295
  log() 33, 208, 307
  logistic() 245
  logistische 201
  Logit- 214
  Log-Odds 214
  math.erf() 302
  norm.cdf() 96
  norm.ppf() 98
  predict() 205
  predict_prob() 205
  range() 29
  relu() 245
  score() 193
  symbols() 43

train_test_split() 193
z_score() 100
z_to_x() 100

G

ganze Zahlen 20
ganzzahlige lineare Optimierung 307
gaußsches Eliminationsverfahren 151
Gauß-Verteilung 91
gemischt-ganzzahliges Programm 307
gewichteter Mittelwert 83
Gleichungen, in geschlossener Form 164
Gleichverteilung 102
Gleitkommaunterlauf 208
Gradienten, verschwindende 238
Gradientenabstieg 167
Batch- 175
Mini-Batch- 175
stochastischer 175
Graeber, David 288
Grenzwerte 39
Grenzwertsatz, zentraler 101
Grundgesamtheiten 78
Stichproben 78
Grundwahrheit 77
Grus, Joel 274

H

Haltepunkte 255
Hard Skills 263
Hauptkomponentenanalyse 151
Hill Climbing 304
Histogramm 92
Hülle, lineare 129
Hypothesen
Alternativ- 107
Null- 107
Schwellenwerte 109
Tests 109
Hypothesentests 107

I

Identitätsmatrizen 145
if, komprimieren 207
inferenzielle Statistik 78
Integer 20
Integrale 49
inverse Matrizen 145
irrationale Zahlen 21
is_sample 90

J

Jabberwocky 282
JAX 252
Jupyter Notebook 255

K

Kettenregel 47
k-fache Validierung 194
KI-Winter 259
Klassenungleichgewicht 229
Klassifizierer, MLPClassifier 256
Klassifizierung, handgeschriebene Ziffern 312
Knoten 236
kommutativ 127
Komplexität 165
Konfidenzintervalle 103
scikit-learn 191
Vorhersageintervalle 188
Konfidenzniveau 103
Konfusionsmatrizen 225
kontinuierliche Variablen 199
Kontrollvariablen 107
Konventionen 16
Korrelation
negative 178
positive 178
Korrelationskoeffizienten 178
Pearson- 178
Korrelationsmatrix 179
Kreis (Pi) 21
Kreuzvalidierung 193
Leave-One-Out- 191
kritischer t-Wert 116
kumulative Verteilungsfunktion 69, 94
Kurve, Fläche unter der 49
kürzen 31

L

lambdify() 172
LaTeX 295
latex() 295
Leave-One-Out-Kreuzvalidierung (LOOCV) 191, 195
Lernen
maschinelles 156
produktives 279
statistisches 156
Lernrate 167, 255
Likelihood
Maximum-Likelihood-Schätzung 204
Wahrscheinlichkeit 56

Limes 39
lineare Algebra 121
lineare Hülle 129
lineare Optimierung 307
lineare Programmierung 150
lineare Regression 155
  Matrixzerlegung 166
  scikit-learn 159
lineare Transformationen 131
  Determinanten 141
LinearRegression 159, 193
linear unabhängig 129
Listen, Vektoren 122
log() 33, 208, 307
Logarithmen 33
  Chancen 215
  log() 33
  natürliche 38
Logarithmusfunktionen
  Standardbasis 37
logistic() 245
logistische Funktionen 201
logistische Regression 199
  durchführen 202
  scikit-learn 204
Logit-Funktion 214
log likelihood fit 218
Log-Odds 202, 214
LOOCV (Leave-One-Out-Kreuzvalidierung) 195
LpProblem 310
LpVariable 310

M

Manim 124, 276
maschinelles Lernen, statistisches Lernen 156
math 203
math.erf() 302
Mathematics 1001 (Elwes) 19
matmul() 139
matplotlib 26, 276
Matrixmultiplikation 138
Matrix-Vektor-Multiplikation 134
Matrixzerlegung 151
Matrizen 132
  Diagonal- 146
  Dreiecks- 146
  dünnbesetzte 146
  Einheits- 145
  Identitäts- 145
  inverse 145, 165
  Korrelations- 179
  QR-Zerlegung 151
  quadratische 144
  Sparse Matrices 146
Maximum-Likelihood-Schätzung 204, 306
McFaddens Pseudo-R2 217
McKinney, Wes 154
Median 84
Median, Quantil 85
Menge, zulässige 309
Mini-Batch-Gradientenabstieg 175
Mittelwerte, gewichtete 83
MLPClassifier 256
MNIST 312
  scikit-learn 257
Modalwert 85
Modelle, LinearRegression 159
Modus 85
MongoDB 271
MSE (mittlere Summe der Quadrate) 194
Multikollinearität 191
multiple lineare Regression 196
multivariate Wahrscheinlichkeiten 58

N

Naive Bayes 63
natürliche Logarithmen 38
natürliche Zahlen 20
ND4J 275
negative Korrelation 178
neuronale Netze 233
  Aktivierungsfunktionen 237
  Deep Learning 234
  einfache 235
  Varianten 234
Ng, Andrew 196, 257
norm.cdf() 96
norm.ppf() 98
Normalverteilung 91
  Entdeckung 91
  Standardabweichung 94
NoSQL 271
Nullhypothese 107
NumPy
  array() 123
  Vektoren 123

O

Odds-Ratio 216
Operationen, Reihenfolge 21

Operatoren
@ 139
dot() 135
matmul() 139
Optimierung
gemischt-ganzzahlige 307
lineare 307
Overfitting 174

P

Pakete, math 203
Pandas
Dataframe 271
Korrelationskoeffizienten 179
Parabeln 27
Parameter, scoring 229
partielle Ableitungen 44
PatrickJMT 154
Pearson-Korrelation 178
p-Hacking 114, 177, 196
Plattformen
Excel 159
Python 159
R 159
Plotly 26, 159
positive Korrelation 178
Potenzen 30
Potenzgesetze 30
Potenzregel 32
predict() 205
predict_prob() 205
Problem der verschwindenden Gradienten 238
Produktregel 59
Programmierung 272
lineare 150
PuLP 308
Punktprodukt 135
p-Werte 106
scikit-learn 191
Pyomo 308
Python, Listen 122

Q

QR-Zerlegung 151, 167
quadratische Matrizen 144
Quadratsumme 162
MSE (mittlere Summe der Quadrate) 194
Quantile 85
Quartile 85
Quellen 15

R

R 159
Randwahrscheinlichkeit 58
range() 29
rationale Zahlen 20
Receiver Operating Characteristics (ROC) 228
Reduzieren 205
Regression 155
einfache lineare 156
lineare 155
logistische 199
multiple lineare 196
Überanpassung 174
Regularisierung 205
Reihenfolge, Operationen 21
relu() 245
ReLU-Aktivierungsfunktion 238
Residuen 160
Absolutwerte 162
Risikotoleranz 277
ROC-Kurve 228
(Receiver Operating Characteristics) 228
R-Quadrat 217

S

Satz von Bayes 62, 227
Schatteninformatik 290
Schichten
Hidden Layers 233
verdeckte 233
Schlupfvariablen 307
Schwellenwerte, Hypothesen 109
scikit-learn 159
Aufteilung Training/Test 192
logistische Regression 204
multiple lineare Regression 196
neuronale Netze 256
scoring 229
SciPy, binom.pmf() 66
score() 193
scoring 229
Seaborn 276
Selbstselektion 80
Sigmoid 202
Sigmoid-Kurve 95
Skalare 127
skalieren 127
SMILE 275
Smith, Gary 116
SMOTE 230
Softmax 240

Soft Skills 263
Solver 124
Spann 129
Sparse Matrices 146
Spektralzerlegung 151
SQL (Structured Query Language) 269
  Alternativen 271
SQLAlchemy 270
sqrt() 88
Standardabweichung 86, 88
  Grundgesamtheit 86
  Normalverteilung 94
  Stichprobe 89
Standardfehler der Schätzung 187
Standardnormalverteilung 98, 304
Statistik 75
  deskriptive 78
  inferenzielle 78, 100
  Wahrscheinlichkeit 57
statistisches Lernen 156
statistisch signifikant 106
StatQuest 89, 261
statsmodel 180
std_dev() 88
  Parameter für Stichprobe 90
Stichproben 78
  Größe 103
  Verzerrung 80
Stichprobenverzerrung
  Selbstselektion 80
stochastischer Gradientenabstieg 175
Störvariablen 80
stratify 230
Streuung, Variationskoeffizient 100
subs() 44
Survival Bias 81
symbols() 43
SymPy 26, 32
  LaTeX 295

T

Tableau 276
Tangente 41
Tests
  einseitige 109
  zweiseitige 110, 181
Texas Sharpshooter Fallacy 117
train_test_split() 193
Transformationen
  lineare 131
  rückgängig machen 145
t-Verteilung 115, 181
t-Werte, kritische 116

U

Überanpassung 173
Überlebenden-Verzerrung 81
unabhängige Variablen 24
UNC (University of North Carolina) 85
Unendlichkeit
  SymPy 39
  Zeichen 39
Unteranpassung 175

V

Validierung, k-fache 194
Validierungssatz 196
Variablen 23
  kontinuierliche 199
  Schlupf- 307
  unabhängige 24
variance() 88
  Parameter für Stichprobe 90
Varianz 86, 174
  Grundgesamtheit 86
  Stichprobe 89
  Überanpassung 173
Variationskoeffizient 100
Vektoren 121
  Addition 125
  Basis- 131
  lineare Hülle 129
  Listen 122
  Skalare 127
  skalieren 127
  Spann 129
  Transformationen, lineare 131
Vereinigungswahrscheinlichkeiten 59
Vertauschen, subs() 44
Verteilungen
  Beta- 67, 298
  Binomial- 65, 297
  Chi-Quadrat- 221
  Freiheitsgrade 181
  Gauß- 91
  Gleich- 102
  Normal- 91
  Standardnormal- 98, 304
  t- 115, 181
Verzerrungen 78
  Anker- 275
  Arten 80

Bestätigungs- 80
sqrt() 88
std_dev() 88
Überlebenden- 81
variance() 88
VLOOKUP 269
Vorhersageintervalle 187

W

Wahrheitsmatrizen 224, 225
Wahrscheinlichkeiten
bedingte 61
Begriff 55
bivariate 58
eulersche Zahl 302
kombinierte 58
Likelihood 56
multivariate 58
Produktregel 59
Rand- 58
Satz von Bayes 62
Statistik 57
Umwandeln in Chancen 57
Vereinigungs- 59
Wahrscheinlichkeitsverteilungen 65, 68
Gauß-Verteilung 91
Normalverteilung 91

X

XKCD 81

Z

Zahlen 20
eulersche 21, 35
ganze 20
Integer 20
irrationale 21
Kreiszahl 21
natürliche 20
rationale 20
Zahlentheorie 20
zentraler Grenzwertsatz 101, 102
Zielscheibenfehler 116
Ziffern, handgeschriebene 312
z_score() 100
z_to_x() 100
zulässige Menge 309
zweiseitige Tests 110
z-Werte 98

Über den Autor

Thomas Nield ist der Gründer der Nield Consulting Group sowie Dozent bei O'Reilly Media und an der University of Southern California. Er hat Freude daran, technische Inhalte für diejenigen verständlich und gut nutzbar zu machen, die mit ihnen nicht vertraut sind oder sich von ihnen abgeschreckt fühlen. Thomas Nield unterrichtet regelmäßig Kurse zu Datenanalyse, Machine Learning, mathematischer Optimierung, KI-Systemsicherheit und praktischer künstlicher Intelligenz. Er ist Autor von zwei Büchern, *Getting Started with SQL* (O'Reilly) und *Learning RxJava* (Packt). Außerdem ist er der Gründer und Erfinder von Yawman Flight, einem Unternehmen, das Handsteuerungen für Flugsimulatoren und unbemannte Luftfahrzeuge entwickelt.

Kolophon

Die Tiere auf dem Cover von *Mathe-Basics für Data Scientists* sind Afrikanische Striemen-Grasmäuse (*Rhabdomys pumilio*). Diese Nagetiere sind in der südlichen Hälfte des afrikanischen Kontinents in verschiedenen Lebensräumen wie Savanne, Wüste, Ackerland, Buschland und sogar in Städten zu finden. Striemen-Grasmäuse haben vier dunkle Streifen, die sich über ihren Rücken ziehen. Schon bei der Geburt sind diese Streifen als pigmentierte Linien auf der unbehaarten Haut der Jungtiere sichtbar.

Die Färbung des Fells der Grasmaus variiert von dunkelbraun bis grau-weiß, mit helleren Seiten und Bäuchen. Im Allgemeinen wird die Art etwa 18 bis 21 Zentimeter lang (ohne den Schwanz, dessen Länge ungefähr der Körperlänge entspricht) und wiegt 30 bis 55 Gramm. Die Maus ist vor allem tagsüber aktiv und ernährt sich als Allesfresser von Samen, Pflanzen und Insekten. In den Sommermonaten neigt sie dazu, mehr Pflanzen und Samen zu fressen, und sie legt sich Fettreserven an, um Zeiten mit begrenztem Nahrungsangebot zu überstehen.

Vierstreifen-Grasmäuse sind aufgrund ihres weiten Verbreitungsgebiets leicht zu beobachten, und es wurde festgestellt, dass sie zwischen einer einzelgängerischen und einer sozialen Lebensweise wechseln. Während der Fortpflanzungszeit leben sie in der Regel getrennt (vielleicht, um einen übermäßigen Fortpflanzungswettbewerb zu vermeiden), und die Weibchen sind in ihren Höhlen territorial. Außerhalb der Fortpflanzungszeit schließen sich Mäuse zu Gruppen zusammen, um Nahrung zu suchen, Feinden auszuweichen und sich gegenseitig zu wärmen.

Viele der Tiere auf den O'Reilly-Covern sind vom Aussterben bedroht, doch jedes einzelne von ihnen ist für den Erhalt unserer Erde wichtig.

Die Umschlagillustration zu diesem Buch stammt von Karen Montgomery, sie basiert auf einem Stich aus *The Museum of Natural History*. Den Umschlagsentwurf haben Karen Montgomery und Michael Oréal erstellt. Auf dem Cover verwenden wir die Schriften Gilroy Semibold und Guardian Sans, als Textschrift die Linotype Birka, die Überschriftenschrift ist die Adobe Myriad Condensed, und die Nichtproportionalschrift für Codes ist LucasFont's TheSans Mono Condensed.